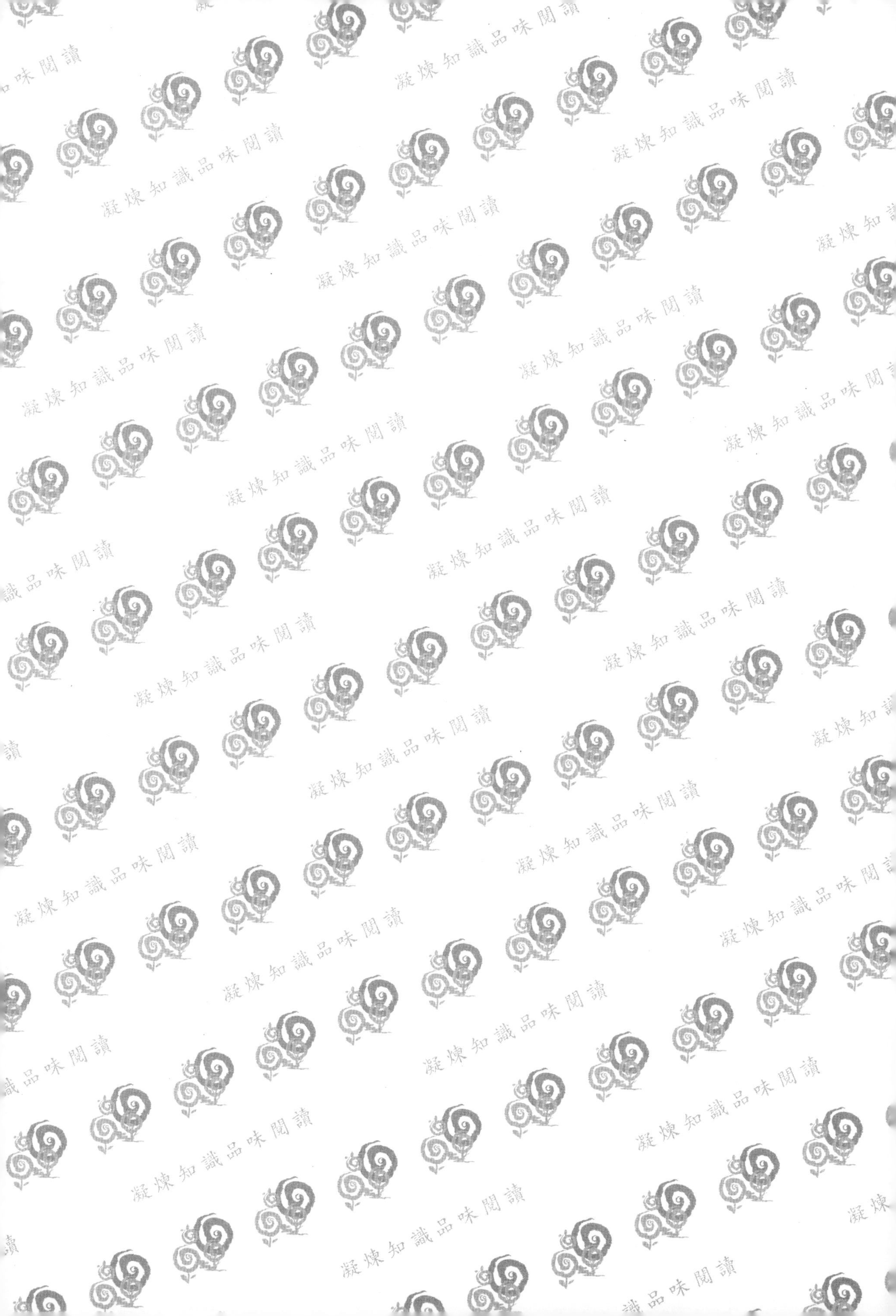
凝煉知識品味閱讀

凝煉知識品味閱讀

物聯網
智慧應用與實務

五南圖書出版公司 印行

廖文華、張志勇、趙志民、劉雲輝 著

推薦序一

我很榮幸受邀，為大同大學資訊經營系兼校務研究辦公室執行長廖文華教授、淡江大學張志勇教授、海洋大學趙志民教授與藍新科技劉雲輝執行副總合寫的《物聯網智慧應用與實務》教科書作序。它名為教科書，但是理論與實務並蓄，深入淺出的說明，讓學界與業界人士皆容易閱讀。本書說明企業身處互聯網+的商場上如何創新轉型，也指出機會與挑戰，是本架構清晰而值得好好鑽研的實用書！

《物聯網智慧應用與實務》一書分成15章，先談物聯網簡介，並點出新商業模式與商機，介紹新通訊技術如何大幅強化互聯網+的應用。作者重點式的解釋幾個主要應用領域，如金融、工業4.0、O2O新電子商務等；而大數據分析是深化其營運效能之主要分析工具。當下對物聯網最大的顧慮是：網路安全、隱私保護、具有深度學習能力的機器人是否會取代人類、物聯網應用之道德規範與法律遵循等等，尚須許多努力去克服。物聯網資料非常龐大，自然需要雲端運算與儲存，更需有良好管理平臺，增進其效率。

臺灣的企業如何從大量標準品代工製造，轉型為創造價值的客製化商品服務，的確是相當挑戰之路，期待本書能為學界與業界人士提供實用的參考與省思。 謹以此序代表本人對作者貢獻此書的敬意與謝意！

大同公司　董事長

林郭文艷　謹序

2018年8月

推薦序二

現今的學生如果只具有單一的專業知識，已經無法應付瞬息萬變和多元的職場需求，因此培養學生跨領域思考和學習，學用合一已經成為教育現場的重點。

廖執行長長期專注於物聯網的課程設計和教學，出版過相關的物聯網教科書。但是本物聯網的內容不同於以往的書籍，作者除了大同大學廖文華教授還有淡江大學張志勇教授、海洋大學趙志民教授，都是國內物聯網領域的專家，而且還包含了業界的藍新科技劉雲輝執行副總，是本學術理論與業界經驗融合的教科書。

本書的特色除了物聯網的專業技術外，更著重跨領域的結合，使得不論是資工、資管、電機、機械、管理、設計等領域的學生都可從物聯網產品的設計、網路技術、大數據分析、雲端物聯網的平臺應用、商業模式的探討等，達到跨領域思考和動手實作的實務學習。

大同大學　校長

何明果

推薦序三

物聯網發展早期是依託RFID技術的物流網路，但隨著技術和應用的發展，現今的物聯網內涵及應用已經發生巨大的變化。推動物聯網變化的關鍵因素為電信網路3G到4G、雲端技術發展、智慧型手機進步、互聯網應用整合等。這四大關鍵因素再加上大數據及AI的分析應用萃取，使得物聯網應用發展百花齊放，各行業的經理人都必須認真看待物聯網在企業應用的課題，研究它對於企業經營如何應用，如何產生更高競爭力。

本書中詳列各種物聯網的應用，例如，交通運輸、生活照顧、O2O整合、工業應用、共享經濟、物聯網金融以及加上互聯網後的新商機等，詳細說明物聯網的具體應用。並且在物聯網的架構上，從感知層、網路層到應用層，技術上如何以物聯網平臺來實現終端設備的「管、控、營」一體化，為上層提供應用開發和統一介面，整合終端設備到業務使用的通道等相關知識，讓讀者有清楚的概念了解物聯網。從另一個角度，企業主管了解物聯網的架構及影響後，評估如何實施物聯網解決方案提高競爭力，此部分仍具有挑戰性。例如，是否與商業策略連結、如何確保物聯網資安、是否需要跨部門合作、技術人才資源是否足夠、蒐集哪些數據資料以及數據如何整合應用、如何透過網路傳送資料確保數據資料完整，如何加入邊緣運算來強化架構效益等。企業如果能夠事先規劃好克服這些挑戰，實施物聯網就能夠展現具體成果。

本書是一本貫通理論與實務的好書，書中提出多種產業的商業模式案例，物聯網與智慧機器人的應用、資訊安全威脅種類，內容精彩易懂。更可貴的是，每個章節都有習題及參考文獻，幫助讀者在閱讀後能夠回顧思考，並且進行延伸閱讀，由淺而深一窺全貌。臺灣雖小，但是資訊軟硬體的實力堅強，物聯網的生態涵蓋半導體、感知元件、網路傳輸、雲端技術和資料分析等各種技術，這些技術在臺灣資訊產業聚落完整，期待在產官學研的合作努力下，物聯網加上AI的應用加值，提升臺灣產業的競爭力。

大同世界科技公司　董事長

沈柏延

推薦序四

「物聯網是通往智慧之鑰」，現今許多計畫都冠上智慧之名，無非是希望系統更聰明，協助做出明智的判斷。物聯網在智慧化的過程裡面，不論在設備聯網，以及大量資料收集，都扮演關鍵性的角色。很高興看到廖教授等四人專書發表，這本書裡面涵蓋許多重要的物聯網主題，並且包含許多務實的系統概念，相信讀者能從其中學到個人的智慧，並且提升工作上的智慧。

交通大學　講座教授

曾煜棋

作者序

現今國內許多大專院校的物聯網課程主要開設在理工學院，課程內容主要注重在物聯網的網路技術和感測器硬體的控制。事實上物聯網是一最好的跨領域課程，除了網路通訊技術外，還包括數據的收集、雲端的資料儲存、大數據分析、各行業的新商機和商業模式，整合成物聯網的生態系。物聯網的整合應用需要理工、商業、管理和設計等不同領域的人才合作，才能創造最大的價值。

本書的內容特別注重跨領域學習，整合物聯網的各層面，包含物聯網通訊技術、新商機、商業模式，生態系和共享經濟。物聯網也與各領域結合成新的營運模式，例如物聯網加上金融科技即成為物聯網金融，加上工業4.0成為工業物聯網（Industry IoT, IIoT），加上人工智慧成為人工智慧物聯網（AIoT）。此外本書也結合許多實務的教材，應用各種雲端物聯網平臺，帶領讀者實作物聯網的各種場域。本書適合跨領域的物聯網應用與實務課程，整合各專業領域的人才，產生巨大的創造力。希望此書的出版，讓多元的人才一起合作，創造更具爆發性和創造性的物聯網應用。

最後，本書的完成要感謝許多學者和先進的指導和建議，也要感謝作者各研究室的成員共同協助才能順利完成本書。

廖文華、張志勇、趙志民、劉雲輝

2018年8月

目　錄

第一章

物聯網簡介與應用

1-1 物聯網簡介

1-2 物聯網發展

1-3 物聯網服務

1-4 物聯網應用

1-5 物聯網開發平臺

1-6 習題

1-1 物聯網簡介

隨著科技進步，不論食、衣、住、行、育、樂各方面植入嵌入式晶片的電子產品越來越多，提升了人們生活中的便利性與即時性。這些電子產品之間需要溝通與協同合作，因此物聯網（Internet of Thing, IoT）的概念應運而生。在現代社會中，網路早已成為人與人之間重要的溝通管道之一，網路的目的是透過資訊科技將人與人連結在一起，物聯網技術的興起不只將人連結在一起，而且賦予物件智慧並可以與其他物件或人溝通。換言之，未來網路不再只是人與人的溝通管道，更是聯繫全球物與物、人與物的橋梁。

互聯網為人們生活上帶來便利性，傳遞訊息和接收新知不必再像從前處處受到限制，讓資訊的交流更加迅速，也使得人與人之間的互動更為密切。物聯網的出現更是徹底顛覆了大家以往對於互聯網的刻板印象。連上互聯網、交換訊息和分享資訊，不再只侷限在人與人之間或人與物之間，物體也將具有智慧及抉擇的能力。物聯網的發展將使得人與人、人與物或物與物之間，擁有更為緊密的合作，將大大地改變人類的生活型態。目前人們生活中最容易接觸到的智慧物件就是智慧手機，智慧手機內建觸控螢幕、電子羅盤、三軸加速度感測器、影像感測器（CCD）、麥克風和全球定位系統（GPS）等感測硬體及各種應用軟體，另外也配備 3G、藍牙（Bluetooth）和 WiFi 等無線通訊模組，智慧手機非常接近物聯網所要求的智慧物件，如圖 1-1 所示。智慧手機裝置各種感測器與相關應用程式，透過網路的資料傳輸，即可進行各項智慧服務，例如物流服務、人文藝術服務、智慧學習服務、智慧醫療服務、智慧家居服務、智慧交通服務以及智慧綠能服務等不同層面之應用範圍。

到底物聯網如何改變人們的生活，物聯網下的活動模式與傳統又有什麼不同呢？我們以智慧冰箱為例來說明。智慧冰箱當溫度過高壞掉時，會自動發出維修訊息；厲害一點的冰箱還能和瓦斯及資料庫串聯，向瓦斯行訂購一桶瓦斯；如果冰箱裡喜歡的甜點吃完了，也能連接上電商平臺自動訂購。物聯網的架構有感知層、網路層和應用層三個層級，如圖 1-2 所示。「感知層」為三層中的最底層，用以感知數據資料。智慧物件透過溫度、濕度、位

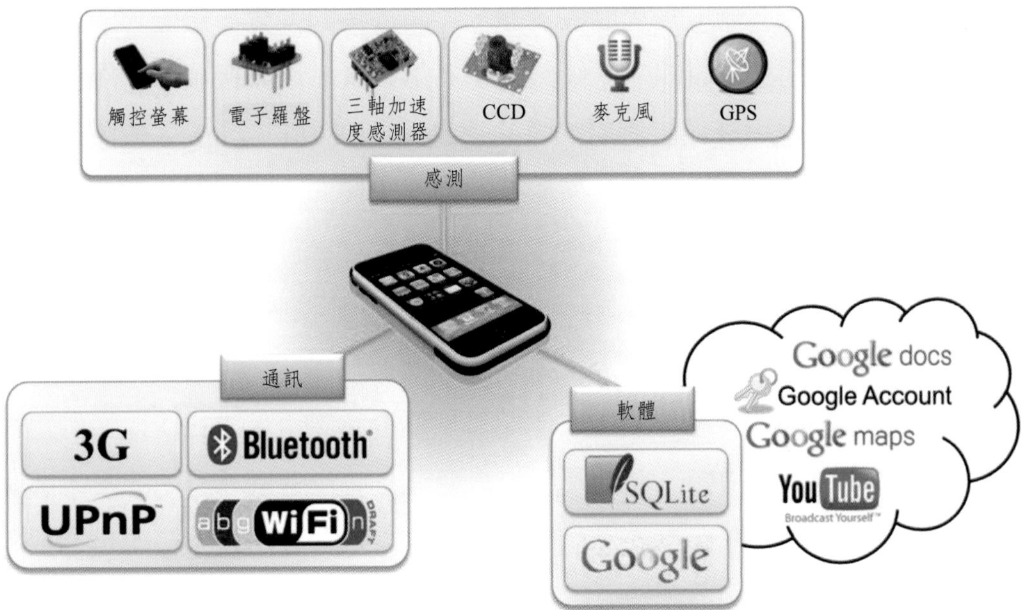

圖 1-1　智慧手機

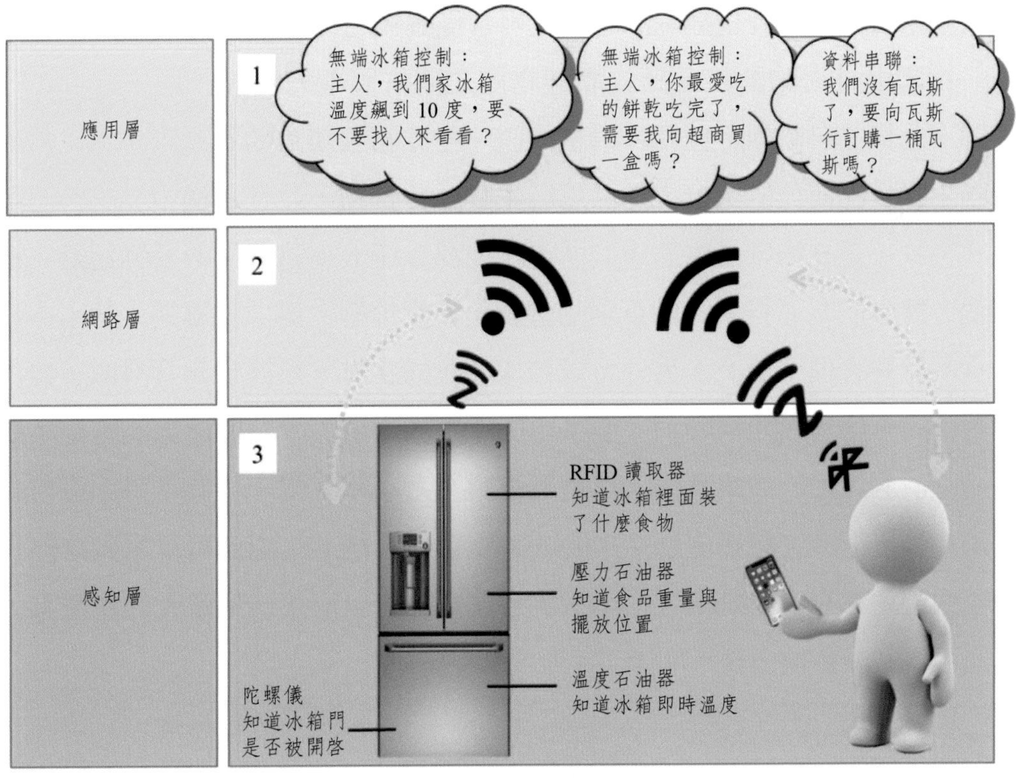

圖 1-2　物聯網的架構

置和壓力等各種感測器取得周圍的資訊，如同人類的嗅覺、聽覺、觸覺和視覺等感官，得知周遭的資訊。「網路層」為第二層，用以接收感知層的數據資料，並傳送至應用層。感測層的資訊透過 4G、WiFi、Zigbee 或藍牙等無線通訊技術傳遞給雲端的主機，就像人的神經一樣。「應用層」為最貼近現實生活中使用者的層次，有效地運用接收到的數據資料。雲端主機接收網路層傳來的資訊後，透過大數據分析或人工智慧做出反應服務使用者，如同人類的大腦。

當感測器整合在智慧冰箱中，冰箱可以透過食物上的 RFID 標籤得知物品的資訊，如食物的種類、產地及製造日期等，並且透過冰箱中的壓力感測器感知物品的重量。在保存的過程中利用門內的陀螺儀判斷冰箱門是否被開啟，並且利用溫度感測器感知溫度。冰箱透過無線通訊的技術將資料回傳到雲端的伺服器，若發現冰箱門開啟時，則開始監測溫度，一段時間後溫度高於正常食物保存的溫度，且冰箱門是開啟狀態，會推論是有人拿取食物後忘記關閉冰箱門，可發送提醒訊息給使用者提醒關門。

物聯網技術的興起，讓物體與物體之間依照事先定義好的規則，自行溝通、運算並自動執行任務。舉例來說，當冰箱感知食物不足時，可以透過串聯生鮮食品商城的 API，提供遠端生鮮採買食物，並且透過金流支付應用程式付款，建立物聯網生態中的「電子商務系統」。冰箱中的食物紀錄，根據個人健康狀況資料庫，計算食品營養與熱量提醒，提供物聯網生態系中的「食品營養管理系統」。另外可以依據冰箱的食材，根據食譜資料庫，提供相對應的食譜，形成物聯網生態系中的「烹飪系統」。同時冰箱的監控系統也隨時偵測設備的健康狀態，與電器維護業者串聯，當產生異常時即可自動通知檢修，形成物聯網生態系中的「家電設備系統」。由此可以看到雖然只是一個智慧冰箱，但是結合物聯網的各個部分可以形成一個多元的生態系，彼此合作完成多項任務，如圖 1-3 所示。

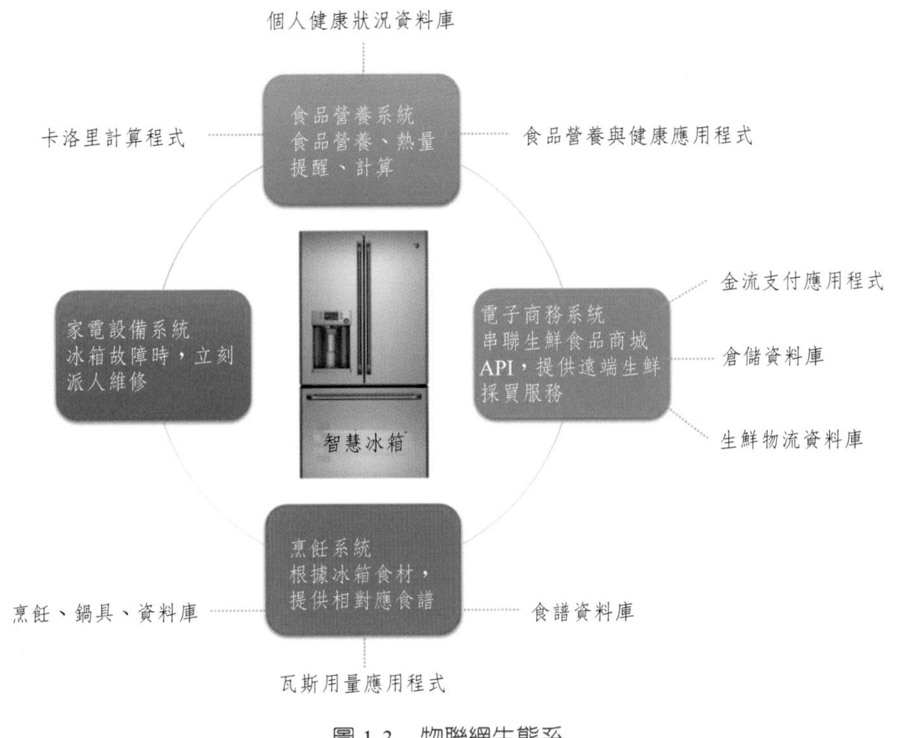

圖 1-3　物聯網生態系

1-2　物聯網發展

網路應用不斷地深化，現有的資訊內容已無法滿足快速變化的商業環境，人們需要實現人與物、物與物之間的順暢溝通，提升資訊透明度，並對外界的變化即時做出正確的回應。當所有的物體都具備連結網路的能力，物體彼此間能相互溝通與互動，物聯網的世界便具體成形了。物聯網包含「網路」與「事物」，事物代表一些實體設備，如智慧設備和感測器。人們透過網路能夠隨時與這些設備通訊，而設備與設備之間也能夠透過網路溝通。Cisco 提出的萬物互聯（Internet of Everything, IoE）是指物聯網系統對於適應異質設備，以及不同的自主網路間相容的重要性。隨著物聯網技術應用到工業生產領域，工業物聯網（Industrial IoT, IIoT）也逐漸受到重視，感測設備精確且密集的進行資料收集或是通訊，將所有工業相關的技術、銷售與產品體驗統合起來，建立具有資源效率的智慧工廠，並在商業流程及價值流程中整合客戶以及商業夥伴。

物聯網發展至今，主要的應用是以人為中心，透過互聯網串連不同產業，形成各種的服務模式。人們多數的時間都是與網路連結，透過智慧裝置上網存取資料或分享資料，對大數據進行分析了解過去預測未來，讓決策更加準確與可靠。透過物聯網的感測技術，可收集來自社群、交通、購物和生活等大數據，經過分析後提升產品品質、產品售後服務及電子商務更多樣化和精準的服務。此外，物聯網也帶來全新的消費模式，以消費者為中心，消費者並不需要增加額外的花費，便能取得更好的服務。對生產商而言，不同於傳統的商業模式，透過大數據分析更能針對使用者喜好生產產品，藉以提高銷售額及生產效能。也可藉由數據提供生產商好的策略或建議，從中收取廣告及諮詢費用，此種消費模式達成三贏的局面，也意味著此模式中富含大量的新商機。

現在物聯網的相關應用更加強調智慧判斷，其中智慧種類分為「智慧物件」以及「智慧網路」。與以前的系統架構相比，智慧網路最大的差異在於無論是實體層（感測器或是智慧標籤）或是通訊層（通信協定）都是開放且標準化。同時環境中的智慧物件（有 IP 位置）是可被搜尋和擴增其應用，例如交通流量監測的節點，可以擴增為環境汙染監測或是交通安全評估。

物聯網結合了各種末端設備和設施，包括嵌有各式感知元件的行動終端設備、工業系統、大樓安全系統、家庭智慧設施或智慧視訊監視系統等。這些嵌有智慧元件的設備或設施透過各種無線或有線，長距離或短距離之通訊網路，實現互聯互通和應用整合，以雲端運算為基礎的 SaaS 營運模式，在內網（Intranet）、專網（Extranet）和互聯網（Internet）環境下，採用適當的資訊安全保障機制，提供安全可控的即時線上監測、定位追蹤、警報連動、調度指揮、遠端控制、安全防範、遠端維護保全、線上升級、統計報表、決策支援及領導桌面等管理和服務功能。以下是物聯網中使用的關鍵技術，如圖 1-4 所示：

- **RFID**

無線射頻辨識技術（Radio Frequency Identification, RFID），是物聯網

中相當重要的技術。其原理主要是透過無線訊號識別特定目標，並讀寫相關數據，不需識別系統與目標間建立機械或光學接觸。目前 RFID 已經成為生活上相當常見的應用，例如大賣場中常見到 RFID 的使用，除了賣場人員能夠掌握庫存狀況之外，也可以達到防盜的效果。

RFID

- 主要是透過無線訊號識別特定目標，並讀寫相關數據，不需識別系統與目標間建立機械或光學接觸。

感測器（Sensor）

- 物聯網環境的架構分成感知層、網路層與應用層，應用是由感測資料開始，因此感測器可說是物聯網的必備要素之一。

NB-IoT

- NB-IoT 是低功耗廣域網路的一種，屬於新興無線通訊技術，具有低功耗、低資料量，可支援大量設備連結的特性。

邊緣運算（Edge Computing）

- 過去從終端設備接收訊號，把資料傳回雲端，把指令下達設備。但聯網常常又貴又慢，把一部分的運算能力放進終端設備上。

圖 1-4　物聯網中使用的關鍵技術

- **感測器（Sensor）**

物聯網環境中的應用是由感測資料開始，因此感測器可說是物聯網的必備要素之一。現在感測器的應用已經十分普遍，除了早期開始運用於火災警報偵測外，農業也大量地使用感測器監控溫度、濕度與日照等影響作物生長的因素，並且建立完整的智慧通報與回應系統。近年來廣泛被討論的工業 4.0 中，感測器也扮演重要的角色，感測器早已運用在生產的環節中。

- **NB-IoT**

NB-IoT 是一種低功耗廣域網路，屬於新興無線通訊技術。不同於傳統的 WiFi 和藍牙，NB-IoT 具有低功耗、低資料量及可支援大量設備連結的特性。與 4G 一個基地臺超過五百至一千個連結就會發生壅塞的情況不同，

NB-IoT 可允許五萬至十萬個連結。加上 NB-IoT 傳輸速度較慢，成本較低，是物聯網應用的關鍵技術。

- **邊緣運算（Edge Computing）**

邊緣運算是相對於雲端運算的概念，也就是雲端運算是將運算放上雲端，邊緣運算是將運算放在靠近用戶端終端設備如手機、監視器、錄影機等。過去發展人工智慧，從終端設備接收訊號，要透過聯網把資料傳回雲端，經運算後將指令送達設備。但聯網常常又貴又慢，因此催生邊緣運算的需求，把一部分的運算能力放進終端設備，例如監視器或汽車上。

現今企業運用物聯網面臨最大的挑戰在於策略，也就是企業想藉由物聯網技術達到什麼樣的策略目標。目前常見的幾個方向包括增進與消費者間的互動、優化企業流程降低營運成本以及創造新的商業營運模式等。但是企業在開始投入物聯網時，對於這些問題大都還沒有很清楚的答案。另一方面，想要進行物聯網投資時，企業必須要涉獵更多的技術，而不再只限於內部的基礎架構。科技的複雜性也成為企業必須克服的挑戰，因此資料銀行的概念逐漸興起，提供儲存、分析與使用巨量且多元的使用者資料的服務，此類公司將成為物聯網發展的骨幹之一。Google、Apple 與 Amazon 都是資料銀行概念的體現者，也已經著手將這些資料賦予價值。在掌握資料的情形下，每個聯網的智慧物件都有發展電子商務的機會，我們的杯子、桌子和冰箱等連網物體，可能成為一個商業行為的管道。但這些可連網的物件可能連螢幕或鍵盤都沒有，因此要有更安全和更方便的支付工具。為了讓這些設備能夠彼此辨識和通訊，開放硬體的概念與推動十分重要。

1-3　物聯網服務

物聯網對日常生活的影響至關重要，它正在改變組織和消費者與實體世界的互動方式。組織透過電子化的方式觀察或管理使用者，將這些數據視為決策的依據，進一步影響人類的生活。透過此過程可優化系統的流程或效能，不論對於使用者或是組織都能節省時間和增加效率。在組織不斷發展創新的過程中，除了了解客戶之外，更重要的是創造滿足客戶需求的產品或服務。目前物聯網設備大多屬於消費電子產品，使用者需要花費大量的金錢在這些設備上，因此如何吸引使用者使用是非常重要的問題。

對於想要利用物聯網增加競爭力的服務提供商而言，需要充分利用物聯網的特性，增強當前與未來產品競爭力，增加產品附加價值或是改善公司的營運狀況。例如家用電器業者 Whirlpool，採用物聯網技術推出智慧家電，並且藉由感測器收集的數據，提供特殊狀況警示、預測機器問題與安排維修，以互動方式讓使用者擁有全新的家電體驗，進而強化客戶關係。農業機具供應商 John Deere 在農業機具上加裝感測器，收集當地偵測到的雨量、溫度與濕度等數據，並且從土壤狀態、氣候的情況和雨水等變數中，分析彼此的影響，藉由物聯網技術找出提高農民收益的方案，如今已成功轉型為農業資訊的服務供應商。

物聯網為傳統的產業或服務帶來了重大的變革，企業需要跳脫依賴硬體販售獲取利潤的舊思維，轉而仰賴資料獲取與交換。也就是說使用者購買產品時不用付錢，相關成本將由第三方廠商吸收，但是消費者所有的交易行為模式數據，均與第三方廠商分享。以企業的觀點而言，在物聯網的環境下，企業的競爭力不僅著重本身的能力，同時還包含了合作共贏的思想和組成的多樣化，透過合作展現出企業的組織能力，因此尋找其他適合的合作企業是一件非常重要的工作。創造或加入一個生態系對硬體的生產者而言，是一個至關重要的選擇。

以一般消費的觀點來看，物聯網已不只是套用或是改進原始的商業模式，而是充分的利用雲端運算，進而取得不同於他人的競爭優勢。物聯網所創造與獲得的價值與傳統企業是大相逕庭。在這股趨動力下，各企業公司搶搭這波風潮，創造出不同於以往的新商機。

在傳統產業中，經營產品的相關活動時，必須能夠增加公司產品及服務的價值，最後提升客戶的購買意願。也就是說想要創造價值就必須辨識客戶的需求，進而根據需求設計出更精良的解決方案，最後創造或衍生出新商機。當近似的產品提供的功能大多已經完備齊全時，各家公司或廠商便開始進行價格戰競爭，最後此產品就因利潤過低而被淘汰。這種商業模式從工業革命後一直維持到現今，甚至每天都還在大型超市或百貨商場中持續進行。在這種消費模式下，創造商機的機會就會愈來愈少。對於物聯網來說，早已不僅侷限於販售實體商品，可利用低廉的價格出售產品擴展客源，衍生後續更大的利益價值。此種物聯網的商業模式是建立在產品出售後，提供良好、完善的售後服務，並探討、分析客戶的其他隱性需求，進而創造出其他意想不到的收入來源。

透過各種線上的更新服務，可以定期更新和優化使用者手中的產品。企業也可以透過產品的追蹤，進一步了解使用者的各種使用狀況，進而即時回應客戶的需求。最後製造商或銷售商利用雲端運算與數據分析，收集、分析並了解相關的產品資訊，更準確地預測使用者的需求，創造完美的客戶體驗。過去使用者和大多數產品的關係，都被定義在「使用」和「被使用」的關係。但今日在物聯網技術的驅動下，使用者和產品間的關係已漸漸從「使用」，更進一步的轉換成「行為了解」，使用者與產品之間有更多的互動關係。例如，血糖機將使用者的血糖資料上傳雲端，並提供警訊、即時短訊，甚至與生技產品合作，提供相關的保健藥品。智慧冰箱可記錄冰箱內物品的使用狀況及使用者的飲食習慣及卡洛里等，並進一步提供安全存量警訊及推薦菜色，也可與超市合作，進行自動購買食材，與保險公司合作，進行健康評估等。透過物聯網的感測聯網技術，可提供更完善的服務，進而衍生出完全不同的新商機。以下介紹在物聯網的新形態服務模式，如圖 1-5 所示：

- **資料分享與串流**

這種模式被形容為「羊毛出在狗身上，豬來買單」。由於「資料為王」綿延不絕的特性，讓硬體價格相對變得低廉甚至免費。這種模式對現行臺灣的硬體廠商來說，是殺傷力最大也是物聯網浪潮下最需警惕的一種商業模式。因為臺灣廠商的商業模式絕大部分以硬體銷售為主，缺乏像 Google、Facebook 與支付寶等公司，後端有大型雲端服務平臺，能不斷深入消費者生活、創造應用場景，獲得綿延不絕的交易利潤。

圖 1-5　物聯網的新形態服務模式

• **產品即服務**

透過現今互聯網，當消費者端的硬體連網後，企業就會得到大量的使用者資料，藉由大數據分析或加值服務，幫使用者解決問題。這類型的商業模式稱為「產品即服務（Product-as-a-Service, PaaS）」，前端簡單的偵測硬體設備，藉由網路傳輸，搭配後端的加值服務，變成一個完整的商業模式，並不是單單僅銷售或租用前端設備的輕連結。

• **共享經濟**

一種共用人力與資源的社會運作方式，包括不同個人與組織對商品和服務的創造、生產、分配、交易和消費的共享。常見的型式有汽車共享、公共自行車以及交換住宿等。消費者使用時才付費，而且是用多少才付多少，是一種「租借」的模式，商品的製造、維修等都是公司負責，例如汽車共享公司 Zipcar、公共自行車 YouBike 和交換住宿 Airbnb 等。

1-4 物聯網應用

物聯網是增進生活或企業品質的一大推手，物聯網改變我們的生活以及企業的運作方式。生活方面透過提供異質整合的通訊環境，更容易測量真實環境的數據並且更簡單的分享。在工業方面則能促進生產自動化以及監控，管理人員能夠透過遠端管理生產線中每個環節設備的狀態，透過自我測量以及遠程檢查設備狀態，節省維護或是布署設備的總體成本。物聯網在感知層收集個別的資料，這些資料進入網路層後，透過網路傳遞，形成互為連通且彼此分享的資料網路。最後進入應用層，這些資料網路會依照不同的產業或是不同的應用，形成有用的資訊。我們將列舉一些生活周遭的物聯網應用情境，介紹物聯網如何增加使用者生活的便利與可靠性，同時也將介紹其背後的商業模式。

1-4-1 交通運輸

Tesla 研發的電動車相對於汽油車而言擁有很多的優勢。採用電動機驅動的汽車在同等功率下，動力輸出更加強勁，能源效率更高，可以說非常適合現今城市駕駛頻繁起停的路況。另外電動車的結構簡單，無需傳統的變速箱、傳動系統、離合器和機油，因此故障率低，也大大降低保養維修的成本。除此之外，Tesla計畫將所有綠色能源方案串連起來，賣的不只是電動車本身的硬體，還包含其背後的能源解決方案。Tesla 與太陽能公司 SolarCity 整合，SolarCity 將用戶屋頂收集的太陽能，轉存到 Tesla 的充電站成為 Tesla 電動車的電力來源，如圖 1-6 所示。Tesla 於各地建立充電站提供車主免費充電，等於跟 Tesla 買的不只是車，而是買完整的交通運輸服務。

生活中人們關切的一個非常重要的停車位不足問題。每次開車出門都會擔心是否找的到停車位，而為找停車位引發的交通事故或糾紛也層出不窮。美國舊金山人口密度極高，導致交通相對更為壅塞，停車的問題也更加嚴重。舊金山市政府為解決此問題，與 Streetline 公司合作「SFpark」智慧停車系統，結合無線網路、感測器、收費柱、流量計算與行動裝置應用程式等

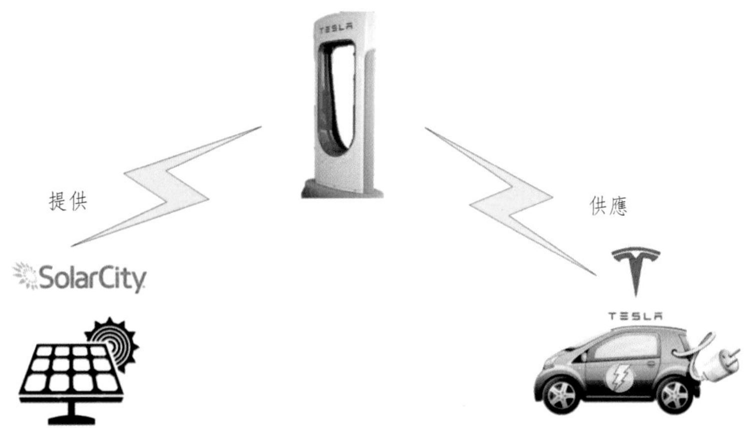

圖 1-6　Tesla 的能源解決方案

技術，達到智慧管理停車位的目的。該系統分成兩個階段，第一階段是近距離尋找車位，系統在每個車位設置感測器來偵測車位狀態，當車位空閒時，感測器可以透過網路發出訊號給附近的行車，附近的車輛收到感測器發出的訊號後，就能得知附近那裡有空閒的車位可以停車。第二階段則是提供使用者透過網路查詢車位位置，系統除了發送空車位訊息給附近的行車外，也會透過無線網路將資料上傳至雲端，民眾可上網站查詢目的地附近的停車位情形。協助民眾尋找停車位畢竟只是緩解之道，根本的問題還是鼓勵民眾多使用大眾運輸工具，降低路上的車輛數量。因此系統在統計車位使用情況後，可以根據車位供需市場，動態調整停車費用；若車位很多但使用人數很少，系統會調降停車費；相對地，若車位一位難求，系統則會提高停車費。如此一來可以利用價格門檻，降低民眾開車出門的意願，讓民眾多多搭乘大眾交通運輸工具。

1-4-2 生活照顧

隨著老齡化時代的到來，各國的老齡人口逐漸攀升，而年輕人大都忙於工作和事業，沒有太多的時間在家照顧老人。更有甚者，在中國傳統觀念的影響下，大部分老年人不願意住養老院，所以老人的看護問題已成為一個社會問題。Pepper 是一款具備陪伴、社交與照護功能的人形機器人，如

圖 1-7 所示。軟銀廣邀開發者在 Pepper 的開放系統上，開發各種的應用程式。居家陪伴是 Pepper 主要的功能之一，Pepper 能夠辨別主人的情緒，並做出適當的反應。舉例來說，當你心情不好時，Pepper 會扮鬼臉，或是主動播放你最喜愛的歌曲。Pepper 也具備機器學習的功能，隨著時間的累積，每臺 Pepper 的情緒反應都不太一樣，變成最契合主人的機器人。透過 Pepper Creator Community，讓開發者能夠實際接觸 Pepper，也可到線上開發社群進行交流，在 Pepper 上開發多元的應用。搭配感測器收集到的資料，透過網路傳輸到雲端，藉由分析收集的資料可以判斷老人的身體狀況。另外也可以利用物聯網技術判斷老人家是否跌倒，體溫、血壓數值是否發生異常，若是，可透過無線網路立即通知子女或是醫護人員。老人看護系統無論是對個人，家庭還是社會都發揮重要的作用，讓父母享受子女的關心和照顧，同時也享受健康的身體，讓子女在發展事業的同時也可以兼顧照顧父母，緩解生活的壓力。

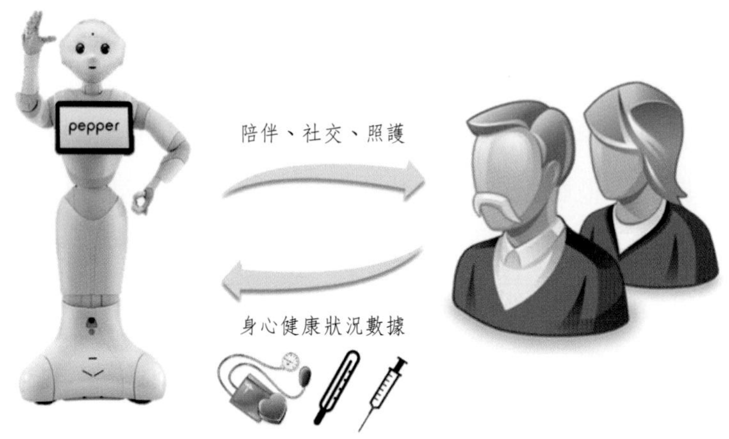

圖 1-7　Pepper 是具備陪伴、社交與照護功能的機器人

1-4-3 O2O 虛擬與實體

傳統的購物通常是在實體店面中挑選及採購，然而，在今日互聯網快速發展的環境中，實體店面的購買者通常會在網路中給予評價，好的評價可以

透過資訊的傳播將口碑擴散，帶動更多數位世界中的用戶，到實體店面進行採購與消費。而實體店面所進行的線下服務，也有其無可取代的價值，例如面對面的服務可以讓消費者買的更安心，這樣的購買或使用經驗也讓用戶更為信賴。一開始的 O2O（Online to Offline）環境中，線上主要的功能是推廣傳播商家的資訊，廠商通常結合手機 App、電視廣告以及網路行銷的力量，只要消費者完成幾個簡單的步驟，就可以透過手機 App 獲得各式獎品跟折價券，讓使用者有安裝其 App 的動機。接下來 O2O 商業模式的演進，主要的特色就是展開大量的團購模式，客戶透過某個搜索平臺或者團購平臺接觸到不同的商家。而用戶可以隨時隨地在手機 App 上訂餐或者購物，並可以隨時在線下的餐廳吃飯或者提取在線上購買的商品。這個時期的模式有利於用戶比較同一領域的不同商家，減少了用戶繁瑣的搜索過程，加快了用戶消費的節奏。O2O 更進一步融入用戶的生活，讓 O2O 不僅僅是一種宣傳模式，而是在其基礎上添加了互動模式，用戶可以在看到心動的商品時便先行訂購。目前 O2O 的發展已經引入一條龍的模式，包括線上選購、線上下單以及線上支付等流程，如圖 1-8 所示。將以前的電子商務模式，轉變成高頻化，同

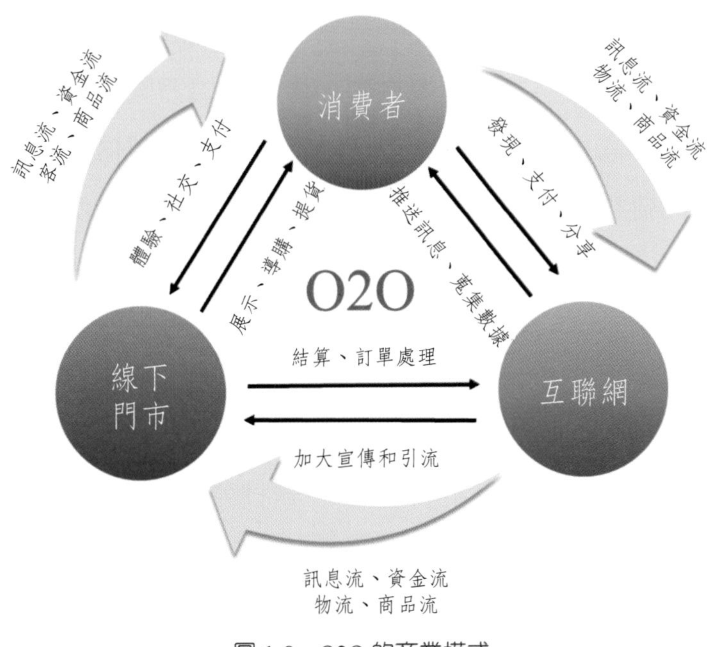

圖 1-8　O2O 的商業模式

時物聯網的技術與商業模式更加成熟，讓線上線下實現更高層次的融合，與用戶的生活無縫接軌。由於傳統的服務業一直處於等待客戶進入實體店面光顧的被動狀態，而新的 O2O 模式發展打破了低效能的禁錮，在新模式的推動和資本的催化下使得上門按摩、上門送餐、上門生鮮、上門化妝和滴滴打車等各種服務性的電商 O2O 蓬勃發展，讓線上購買線下服務的模式更加接近用戶的日常生活。

1-4-4 工業物聯網

工業物聯網是用來提升製造業的電腦化、數位化與智慧化，將所有工業相關的技術、銷售與產品體驗統合起來，建立具有資源效率的智慧工廠，並在商業流程及價值流程中整合客戶以及商業夥伴。其技術基礎是整合物聯網、智慧機器人、智慧機臺、智慧工廠、大數據與虛實整合，建構出一個有感知意識的新型智慧工業世界。透過分析各種大數據，直接生產能滿足客戶的客製化產品，並透過銷量預測、運輸、智慧生產及行銷，即時精準的生產或調度現有資源、減少多餘成本與浪費等，如圖 1-9 所示。近來全球化和個人化的意識抬頭，消費者開始厭倦千篇一律的產品規格，轉而要求突顯個人風格的客製化產品。生產單一產品的機器面臨重大的挑戰，機器必須透過物聯網的技術和感測器改善其製程與良率，機器和機器間更應透過協調，輸入不同的原料生產不同種類的產品，並透過市場的預測評估原料的配置、機器的生產與維修的排程、智慧品管及運輸管理以及隨時考慮使用者感受。以前機器按照一定的標準作業流程製作產品，而現今網路普及，機器設備智慧化，為了應付少量多樣的消費者文化，設備必須變得更聰明。生產機器的效率要好，良率要高，工廠內所有設備、物料、半成品、成品嵌入 RFID Tag 或感測器，透過物聯網的感測器大量採集生產資訊，以便於生產過程中調整製程及監控。資訊透過網路匯集到雲端，進行數據分析，分析生產時聲音、震動、溫度、濕度、機器所設定參數和良率間的關連性，建立一個生產模型。透過模型的操作，當機臺的製程出現問題時可即早發現，可調整機臺的參數或維修排程以確保產品的品質。更進一步，機器還可以自己讀取訂單，隨著訂單做出不同的配置流程。總之，智慧機臺能使用最佳的參數並自行讀取訂單，縮短生產時間、節省成本、提高良率和預測品質，並且做好機器的維修排程，使設備能達到最佳使用效率。

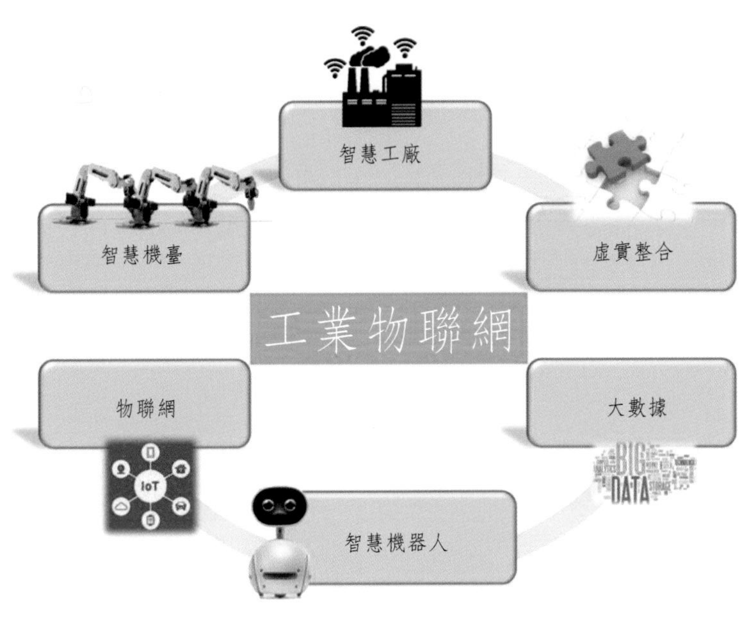

圖 1-9　工業物聯網整合的技術

1-4-5 共享經濟

共享經濟將擁有閒置資源的機構或個人，利用分享閒置的資源創造價值，帶來生產和生活模式的轉變，形成一個零邊際成本的社會。物聯網連接數量龐大的設備是共享經濟的一個關鍵因素。目前世界各國已經積極運用共享經濟模式，帶領出新經濟的正面效益。許多民生的問題也能運用共享經濟的模式解決，例如交通、停車位、觀光和能源等。若同時整合其他科技發展，如物聯網、循環經濟、綠色消費、智慧製造和交通運輸等，可創造出更多新的商機和服務模式。另外，因智慧聯網的趨勢、智慧手機的普及、社群分享的活絡、雲端大數據及人工智慧技術等快速發展，不論有形或無形資源的共享經濟模式正在不斷地發展中。共享經濟的特點是集結群眾智慧與資源，開創出新的供需市場。消費者不必負擔企業壟斷供應鏈成本的轉嫁，去除中間各種資源、人力與時間的浪費。共享經濟同時提供與傳統不同類型的服務，帶動科技應用、商業模式和消費價值等的變革，也重塑全球產業生產營運、組織、服務分工與供應鏈體系。共享經濟將尚未被使用的「閒置資產」再利用，如以 P2P 方式共享網路上各種閒置資源的「線上網路」、可以隨時在線上平臺或社群取得不同資源使用權的「即時便利」、透過線上社群流通並集結群眾智慧和社群凝聚力的「社群共享」以及創造互利互惠和永續經營的三方共享平臺造就「平臺價值」，如圖 1-10 所示。

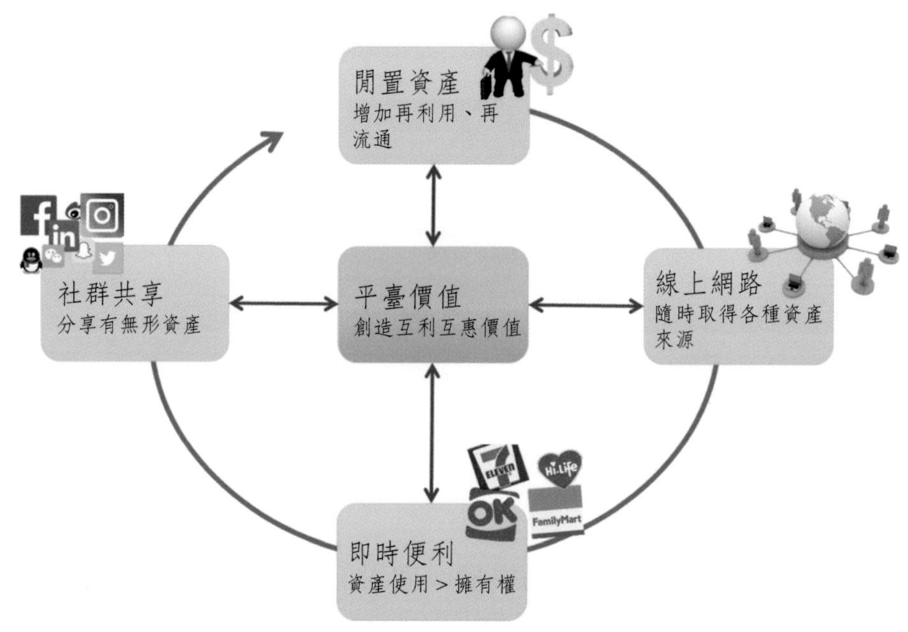

圖 1-10　共享經濟的平臺價值

1-4-6 物聯網金融

物聯網金融是指物聯網的金融服務與創新，涉及各種物聯網應用，使得金融服務由面對人延伸到整個實體世界，實現商業網路、服務網路與金融網路融合，加上服務自動化，創造出新的商業模式，推動金融業的變革。物聯網的核心價值在於物體連上網路後產生的數據，對於業務流程建立在數據之上的傳統金融業而言，若能善用物聯網技術，將能大幅改善現有的商業模式並提升顧客體驗，如圖 1-11 所示。物聯網金融促使物聯網和金融相互影響與融合並相互依存，物聯網應用在許多金融領域，如行動支付、保費計算和機器人理財等。金融服務也不斷滲透到物聯網的應用，如停車費計算、租車計費和隨選視訊計費等。

物聯網產生的大數據通常具有時間、位置、環境和行為等多樣性。對金融機構而言，物聯網提供的不是人與人的溝通訊息，而是物與物、物與人的連動訊息。透過對巨量訊息數據的存儲、挖掘和深入分析，透視客戶的行為屬性，成為金融機構的服務戰略和業務決策。物聯網本質上是將物體透過感測設備與互聯網連接起來，實現識別和管理，所以物聯網的基礎仍然是互聯網，是在互聯網基礎上延伸擴展的網路。同樣地，物聯網金融本質上是對物聯網上物體的訊息進行綜合處理、分析和判斷，開展相對應的金融服務。物體訊息生成後的標識、傳輸、處理、儲存與交換共用的整個流程都是在互聯網上進行，因此物聯網金融是互聯網金融的深化發展，甚至是超越互聯網金融。

圖 1-11　物聯網金融的核心價值

1-5 物聯網開發平臺

近年來物聯網市場的蓬勃發展，各個行業對物聯網平臺的需求越來越高。物聯網平臺可以實現底層終端設備的「管、控、營」一體化，為上層提供應用開發和統一介面，構建終端設備和業務的端到端通道。各個物聯網平臺強調的重點和提供的服務也有很大的差異，各個物聯網平臺也並不都能提供完整物聯網功能。在本節中將比較不同的物聯網開發平臺，說明它們的優缺點。以下是比較不同的開發平臺考慮到一些因素：

- 靈活性：平臺接受不同協定下的靈活性，取決於平臺的服務整合，也就是整合其他外部系統的能力。
- 可擴展性：當只有少量的設備連接到物聯網平臺時功能正常，但是當連接設備數量大幅增加時，是否問題就會發生。物聯網平臺應該能夠處理設備數量增加帶來的複雜性。
- 服務：每個平臺具有哪些強大的服務，最重要的是在開發過程中使用的數據存儲、數據可視化和設備閘道服務。
- 連接的難易度：連接物件的難易度，根據創建閘道的時間和難度來衡量。
- 分析的難易度：數據存取以及轉移成可視化分析的難易度。
- 價格：雖然平臺都有一段時間的免費試用帳戶，例如 AWS 可以在不超過限制的情況下，無需付費即可使用，有趣的是相同類型的服務卻有不同的付款方式。
- 應用環境：依據業務戰略的需求，開發新功能和應用程序的可能性。

以下將分別介紹 Microsoft Azure IoT、AWS IoT 和 IBM Watson IoT Platform 等物聯網開發平臺的特性，表 1-1 是這三種開發平臺的比較。

- **Microsoft Azure IoT**

Microsoft Azure 平臺可以連接到 Sigfox 設備。數據可被儲存在儲存器的帳戶中。此外，串流分析服務可以將數據傳輸到 Microsoft 提供的 Power BI 工具，達成視覺化服務。

表 1-1　物聯網開發平臺的比較

	Microsoft Azure IoT	AWS IoT	IBM Watson IoT Platform
網路協定	H7TP,AMQP, MQTT	HTTP, MQTT, WebSockets	HTTP, MQTT
認證的硬體	Intel, Raspberry Pi 2, Freescale, Texas Instruments	Broadcom, Marvell, Renesas, Texas Instruments, Microchip, Intel	ARM mbed, Texas Instruments, Raspberry Pi, Arduino Uno
SDK / 程式語言	Net, Java, C, Node.js	Java, C, Node.js	C#, C, Python, Java, Node.js
連結	設定容易	設定容易	設定困難
分析	設定容易	設定中等	設定困難
價格	收費依據連結到 IoT Hub 的設備數量和每天的數據傳輸量	收費依據每百萬的數據傳輸量	收費依據連結的設備數量、數據傳輸量和數據儲存量

- **AWS IoT**

AWS IoT 平臺可以連接到 Sigfox 設備。它是使用 DynamoDB 服務可以輕鬆解析和儲存數據。使用 Redash 平臺是一個專門的可視化服務，可以輕鬆連接到 DynamoDB 服務，並且可以分析儲存的數據。AWS IoT 的規則引擎也不斷處理設備收集的數據並傳送到其他 AWS 服務。

- **IBM Watson IoT Platform**

IBM Watson IoT 是一個可以讓開發人員設置、建構和管理所有連接設備的平臺，應用程式可以存取它們的即時數據。REST 和即時的 API 可以將設備傳送來的數據轉送到 IBM Bluemix。IBM Watson IoT 平臺和 Sigfox 設備間的連結不容易，需要深入了解 Node-Red 如何工作，才能分析從設備發送過來的數據。要完成架構的整體配置，必須有各種 IBM 不同相關的帳戶。

1-6　習題

1. 請說明物聯網的架構並舉例說明。
2. 請說明物聯網的生態系並舉例說明。
3. 請簡述物聯網的發展過程。
4. 請說明物聯網中使用的關鍵技術。

5. 請說明物聯網的新形態服務模式。
6. 請說明物聯網在交通運輸的應用。
7. 請說明物聯網在生活照顧的應用。
8. 請說明物聯網在 O2O 虛擬與實體的應用。
9. 請說明物聯網在工業物聯網的應用。
10. 請說明物聯網在共享經濟的應用。
11. 請說明物聯網在物聯網金融的應用。

參考文獻

1. 臺灣受恩股份有限公司團隊、張志勇、石貴平、廖文華、游國忠，「物聯網與穿戴式裝置概論與實務應用」，碁峰資訊，2017。
2. 張志勇、石貴平、翁仲銘、廖文華，「物聯網智慧應用及技術特訓教材」，碁峰資訊，2016。
3. 廖文華、張志勇，「雲端運算概論」，五南出版社，2016。
4. 張志勇、翁仲銘、石貴平、廖文華，「物聯網概論」，碁峰資訊，2013。
5. C. C. Aggarwal, N. Ashish, and A. Sheth, "The Internet of Things: A Survey from the Data-Centric Perspective," In: C. C. Aggarwal (Ed.), Managing and Mining Sensor Data, *Springer*, pp. 383-428, 2013.
6. E. Ahmed, I. Yaqoob, I. A. T. Hashem, I. Khan, A. I. A. Ahmed, M. Imran, and A. V. Vasilakos, "The Role of Big Data Analytics in Internet of Things," *Computer Networks*, Vol. 129, pp. 459-471, 2017.
7. P. A. Albinsson and B. Y. Perera, "The Rise of the Sharing Economy: Exploring the Challenges and Opportunities of Collaborative Consumption," *Praeger Security Intl*, 2018.
8. L. Atzori, A. Iera, and G. Morabito, "The Internet of Things: A Survey," *Computer Networks*, Vol. 54, No. 15, pp. 2787-2805, 2010.
9. Z. Bi, L. D. Xu, and C. Wang, "Internet of Things for Enterprise Systems of

Modern Manufacturing," *IEEE Transactions on Industrial Informatics*, Vol. 10, No. 2, pp. 1537-1546, 2014.

10. E. Borgia "The Internet of Things Vision: Key Features, Applications and Open Issues," *Computer Communications*, Vol. 54, pp. 1-31, 2014.

11. A. Botta, W. de Donato, V. Persico, and A. Pescapé, "Integration of Cloud Computing and Internet of Things: A Survey," *Future Generation Computer Systems*, Vol. 56, pp. 684-700, 2016.

12. R. Buyya and A. V. Dastjerdi, "Internet of Things: Principles and Paradigms," *Morgan Kaufmann*, 2016.

13. R. M. Dijkman, B. Sprenkels, T. Peeters, and A. Janssen, "Business Models for the Internet of Things," *International Journal of Information Management*, Vol. 35, No. 6, pp.672-678, 2015.

14. S. Chen, H. Xu, D. Liu, B. Hu, and H. Wang, "A Vision of IoT: Applications, Challenges, and Opportunities With China Perspective," *IEEE Internet of Things Journal*, Vol. 1, No. 4, pp. 349-359, 2014.

15. S. K. Datta, C. Bonnet, and N. Nikaein, "An IoT Gateway Centric Architecture to Provide Novel M2M Services," *IEEE world forum on Internet of Things (WF-IoT)*, 2014.

16. S. Cirani, L. Davoli, G. Ferrari, R. Leone, P. Medagliani, M. Picone, and L. Veltri, "A Scalable and Self-Configuring Architecture for Service Discovery in the Internet of Things," *IEEE Internet of Things Journal*, Vol. 1, No. 5, pp. 508-521, 2014.

17. M. C. Domingo, "An Overview of the Internet of Things for People with Disabilities," *Journal of Network and Computer Applications*, Vol. 35, No. 2, pp. 584-596, 2012.

18. Y. Du and Y. Tang, "Study on the Development of O2O E-commerce Platform of China from the Perspective of Offline Service Quality," *International Journal of Business and Social Science*, Vol. 5, No. 4, pp. 308-312, 2014.

19. E. Fernandes, A. Rahmati, K. Eykholt, and A. Prakash, "Internet of Things Security Research: A Rehash of Old Ideas or New Intellectual Challenges?" *IEEE Security & Privacy*, Vol. 15, No. 4, pp. 79-84, 2017.
20. A. Gluhak, S. Krco, M. Nati, D. Pfisterer, N. Mitton, and T. Razafindralambo, "A Survey on Facilities for Experimental Internet of Things Research," *IEEE Communications Magazine*, Vol. 49, No. 11, pp. 58-67, 2011.
21. J. Gubbi, R. Buyya, S. Marusic, and M. Palaniswami, "Internet of Things (IoT): A Vision, Architectural Elements, and Future Directions," *Future Generation Computer Systems*, Vol. 29, No. 7, pp. 1645-1660, 2013.
22. O. Hersent, D. Boswarthick, and O. Elloumi, "The Internet of Things: Key Applications and Protocols," *Wiley*, 2012.
23. J. Jin, J. Gubbi, S. Marusic, M. Palaniswami, "An Information Framework for Creating a Smart City Through Internet of Things," *IEEE Internet of Things Journal*, Vol. 1, No. 2, pp. 112-121, 2014.
24. S. L. Keoh, S. S. Kumar, and H. Tschofenig, "Securing the Internet of Things: A Standardization Perspective," *IEEE Internet of Things Journal*, Vol. 1, No. 3, pp. 265-275, 2014.
25. M. Kranz, "Success with the Internet of Things Requires More Than Chasing the Cool Factor," *Harvard Business Review*, 2017.
26. I. Lee and K. Lee, "The Internet of Things (IoT): Applications, Investments, and Challenges for Enterprises," *Business Horizons*, Vol. 58, No. 4, pp. 431-440. 2015.
27. J. Lin, W. Yu, N. Zhang, X. Yang, H. Zhang, and W. Zhao, "A Survey on Internet of Things: Architecture, Enabling Technologies, Security and Privacy, and Applications," *IEEE Internet of Things Journal*, Vol. 4, No. 5, pp. 1125-1142, 2017.
28. W. Lumpkins, "The Internet of Things Meets Cloud Computing," *IEEE Consumer Electronics Magazine*, Vol. 2, No. 2, pp. 47-51, 2013.

29. A. M. Ortiz, D. Hussein, S. Park, S. N. Han, and N. Crespi, "The Cluster between Internet of Things and Social Networks: Review and Research Challenges," *IEEE Internet of Things Journal*, Vol. 1, No. 3, pp. 206-215, 2014.
30. M. R. Palattella, N. Accettura, X. Vilajosana, T. Watteyne, L. A. Grieco, G. Boggia, and M. Dohler, "Standardized Protocol Stack for the Internet of (Important) Things," *IEEE Communications Surveys & Tutorials*, Vol. 15, No. 3, pp. 1389-1406, 2013.
31. P. Patierno, "An IoT Platforms Match: Microsoft Azure IoT vs Amazon AWS IoT," [Online] https://paolopatierno.wordpress.com/2015/10/13/an-iot-platforms-match-microsoft-azure-iot-vs-amazon-aws-iot/
32. C. Perera, C. H. Liu, S. Jayawardena, and M. Chen, "A Survey on Internet of Things from Industrial Market Perspective," *IEEE Access*, Vol. 2, pp. 1660-1679, 2015.
33. C. Perera, A. Zaslavsky, P. Christen, and D. Georgakopoulos, "Context Aware Computing for The Internet of Things: A Survey," *IEEE Communications Surveys & Tutorials*, Vol. 16, No. 1, pp. 414-454, 2014.
34. P. P. Ray, "A Survey of IoT Cloud Platforms," *Future Computing and Informatics Journal*, Vol. 1, 35-46, 2016.
35. S. Savazzi, V. Rampa, and U. Spagnolini, "Wireless Cloud Networks for the Factory of Things: Connectivity Modeling and Layout Design," *IEEE Internet of Things Journal*, Vol. 1, No. 2, pp. 180-195, 2014.
36. P. Schulte and G. Liu, "FinTech Is Merging with IoT and AI to Challenge Banks: How Entrenched Interests Can Prepare," *The Journal of Alternative Investments*, Vol. 20, No. 3, 2018, pp. 41-57.
37. A. Shevat, "Designing Bots: Creating Conversational Experiences," *O'Reilly Media*, 2017.
38. J. A. Stankovic, "Research Directions for the Internet of Things," *IEEE*

Internet of Things Journal, Vol. 1, No. 1, pp. 3-9, 2014.

39. F. Tao, Y. Cheng, L. D. Xu, L. Zhang, and B. H. Li, "CCIoT-CMfg: Cloud Computing and Internet of Things-Based Cloud Manufacturing Service System," *IEEE Transactions on Industrial Informatics*, Vol. 10, No. 2, pp. 1435-1442, 2014.
40. C.-W. Tsai, C.-F. Lai, M.-C. Chiang, and L. T. Yang, "Data Mining for Internet of Things: A Survey," *IEEE Communications Surveys & Tutorials*, Vol. 16, No. 1, pp. 77-97, 2014.
41. D. Uckelmann, M. Harrison, and F. Michahelles (Eds.), "Architecting the Internet of Things," *Springer*, 2011.
42. Q. Wu, G. Ding, Y. Xu, S. Feng, Z. Du, J. Wang, and K. Long, "Cognitive Internet of Things: A New Paradigm Beyond Connection," *IEEE Internet of Things Journal*, Vol. 1, No. 2, pp. 129-143, 2014.
43. L. D. Xu, W. He, and S. Li, "Internet of Things in Industries: A Survey," *IEEE Transactions on Industrial Informatics*, Vol. 10, No. 4, pp. 2233-2243, 2014.
44. A. Zanella, N. Bui, A. Castellani, L. Vangelista, and M. Zorzi, "Internet of Things for Smart Cities," *IEEE Internet of Things Journal*, Vol. 1, No. 1, pp. 22-32, 2014.
45. G. Zervas, D. Proserpio, and J. W. Byers, "The Rise of the Sharing Economy: Estimating the Impact of Airbnb on the Hotel Industry," *Journal of Marketing Research*, Vol. 54, No. 5, pp. 687-705, 2017.

第二章

物聯網新商機

2-1 互聯網＋之新商機

2-2 消費模式改革的新商機

2-3 物聯網新商機的未來趨勢與挑戰

2-4 習題

2-1 互聯網＋之新商機

2-1-1 什麼是互聯網＋

「互聯網＋」指的是互聯網發展新型態或新業態，主要以互聯網為基礎，將互聯網融入於各個產業及各個領域之中，以提高生產力和創新力的全新商業模式。「互聯網＋」以人為中心，透過互聯網串連不同產業，所形成的各種服務模式。透過手機與 3G 和 WiFi 等無線連結，人們大多數的時間都與網路連結，並且常透過臉書、LINE、微信、淘寶網、PC Home、Google 和 YouTube 等雲平臺，上網存取資料或分享資料。這些活動的資料透過網路可以保存在雲端形成大數據，這些大數據可以進一步分析，挖掘出數據的價值，使人們更加了解過去所發生的事，並能更精準預測未來可能發生的事情，讓執行決策時的判斷更可靠和更有依據。「互聯網＋ X 產業」中的 X 可以是任何一個產業，如圖 2-1 所示。

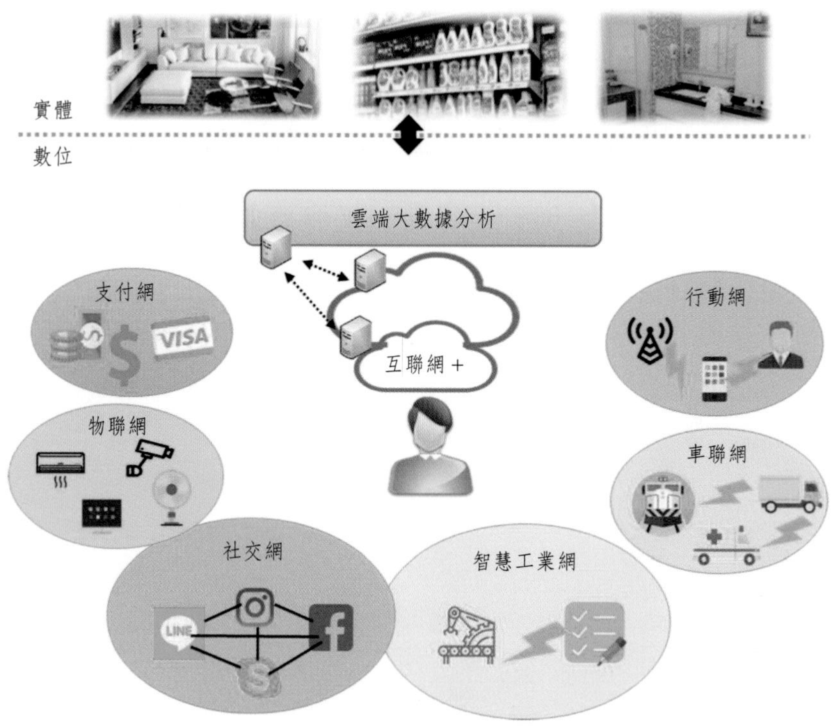

圖 2-1 「互聯網＋」使傳統產業迭代升級

以互聯網為基礎已漸漸衍生出許許多多不同的網路，以下進一步舉例說明互聯網 +X 在數位世界中已形成的各種創新的網路服務。

1.「互聯網＋支付」

互聯網＋支付將形成支付網。透過行動支付，某個人幾點鐘在某個地方買了某個東西將被記錄、收集與分析，使系統能更有智慧地對個人進行適時且依其需求的推薦，如圖 2-2 所示。

圖 2-2　「互聯網＋支付」

2.「互聯網＋物」

互聯網＋物將形成物聯網，透過智慧物件內建的感測器及無線連結上網，可以收集更多的資訊，有助於更加了解關心事務並進行更精準的決策及判斷，如圖 2-3 所示。例如手環中嵌入三軸加速度計，便可感測手部的活動進而知道戴著手環的主人每天走了幾步路以及睡覺是否因翻身而睡不好等；又如門上嵌入了磁簧開關這種感測器，便能偵測開關門的動作；透過冰箱聯網，可了解居家長輩從冰箱中拿了哪些食物；透過飲水機或水杯聯網可了解長輩每日的喝水量；而透過家中的血壓計、血糖機、體重計和藥盒的聯網，系統可記錄長輩的生理資訊及用藥情況；而聰明的智慧床墊，也可偵測長輩的睡眠狀況。

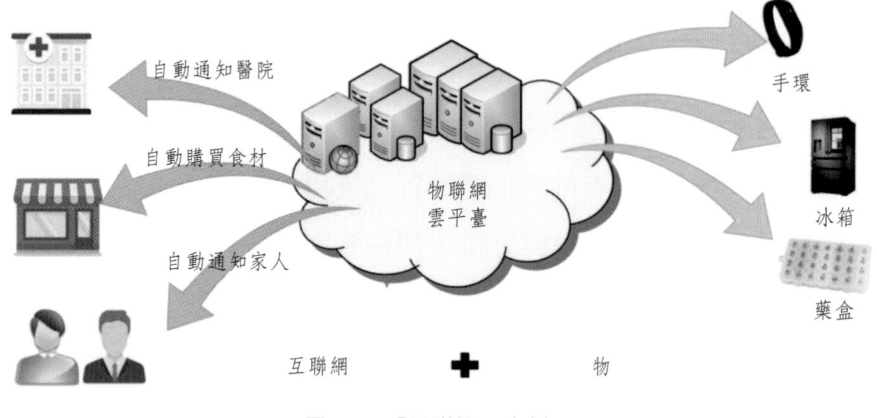

圖 2-3 「互聯網＋支付」

3.「互聯網＋朋友」

互聯網＋朋友將形成社群網，如圖 2-4 所示。例如 Facebook、LINE、微信和 QQ 等這些社群網中，人除了有許多實體世界的朋友，可能也有許多虛擬世界從未見過面的朋友。在這樣的社群網中，我們將心情、照片、生活點滴、飲食或娛樂等資訊分享給朋友知道，而朋友的按「讚」或是接續留言，也都是一種關懷和精神支持。

圖 2-4 「互聯網＋朋友」

4.「互聯網 + 設備」

互聯網 + 設備將形成工業 4.0 效能。傳統的工業強調製造設備每天的自動化產能，在工業 4.0 的帶領下，製造設備之間能透過網路溝通，彼此共同合作以達到協同生產、生產排程、設備維護和設備運作最佳化等目的。互聯網技術已應用於各行各業之中，但「互聯網＋」不僅僅是指與某一行業的融合運作，而是利用雲端運算、大數據、物聯網與互聯網等相關技術，使不同行業間互相合作並交互結合，創造出更有效率也更個性化的產品，如圖 2-5 所示。例如 Facebook 上的個人化廣告、YouTube 的推薦及廣告影片、工廠製作個人化訂單的銷量預測、原料供給、生產排程、智慧運輸及銷售等，都是透過雲端運算及大數據來提供個人化的產品，並從其中創造更多的商機。

圖 2-5　互聯網＋設備

「互聯網＋」的本質是傳統產業的線上化、數據化、資訊化、自動化並進而智慧化。互聯網＋相當強調資訊及資料的流動與分享，從中產生出價值。資訊及資料流動的範圍愈廣，分享的人愈多價值就愈大，而從分析資訊及資料創造出商機的可能性也愈多。

2-1-2 資料科技帶來的商機

資訊科技（Information Technology, IT）所強調的是自我內部控制及管理，而資料科技（Data Technology, DT）則是以服務大眾和激發生產力為主的技術。DT 相較於 IT 而言，更講究開放、透明、分享及合作。換言之，IT 是以自我為中心而 DT 是以他人為中心，如圖 2-6 所示。以下我們說明 DT

許多重要的特性。

1. 重視客戶體驗

DT 時代相當強調客戶或用戶對產品的體驗，即使用者體驗。相較於傳統的產品不斷增加自身功能，企圖包山包海將所有的功能集於一身以提供大量的服務，現今客戶更重視的是體驗，不要求完美的產品，而是期待根據客戶需求而製作的產品。也因此藉由互聯網來交換資料，再透過運算資料去分析銷售和客戶是成功的關鍵之一。

2. 資料透明度是基礎

處於 DT 的時代，大數據的資料雲端運算處理，將會消除商業間的邊界，讓商業主體互相自由聯通。這個理想是建立在資料和資訊完全透明的基礎之上。DT 意指使他人更加強大的利他主義，因此會有愈來愈多人參與團體，團體會愈來愈強大，也愈來愈有商機。

當世界正在走向 DT 時代，運算經濟愈來愈龐大的同時，對各企業來講既是一個轉機也是一個危機。如何運用互聯網來與傳統行業結合，並建立好的互聯網生態環境，從中獲取更大的利潤，都是企業進一步掌握 DT 並創造商機的機會。例如根據客戶需求改變服務模式，同時配合上下游產業製作個人化商品，並將收集的數據販售給其他企業，同時利用該資金提供更好的客戶服務，並蒐集更多客戶資訊等。

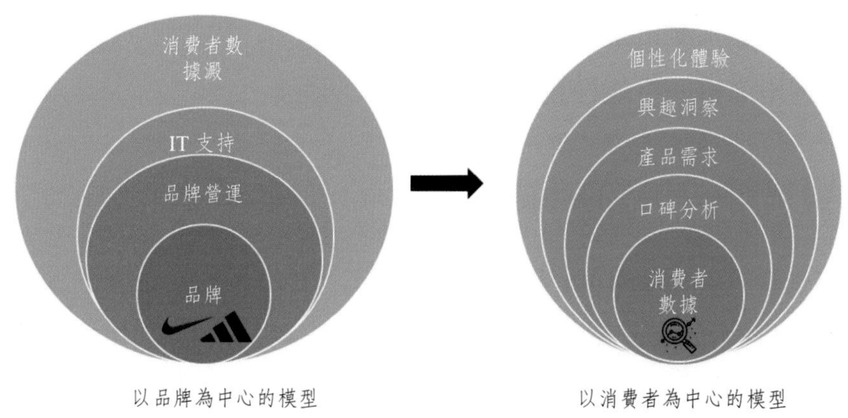

圖 2-6　從 IT 到 DT

2-1-3 共享經濟帶來的新商機

「互聯網＋」帶來許多新的商機，而共享經濟就是其中之一。生活中有許多閒置資源，例如閒置的別墅、家中的空房間以及沒有人使用的汽車等。這些資源不被使用的情況下都是一種浪費，而共享經濟就是要將這些資源能更常被使用，將資源的「擁有權」及「使用權」拆開來。Airbnb 就一個非常經典的例子，屋主將暫時沒人有住的空房或空屋透過互聯網刊登在網站上，而遊客可以根據需求來選擇適合的地點、房型承租。此模式讓空屋更有效率地被利用，屋主可以獲得額外的收入，遊客也有更多的物件可選擇，Airbnb 則透過這項服務從中向屋主收取廣告費用，同時也透過大數據分析並根據使用者習慣推播合適的物件，如圖 2-7 所示。

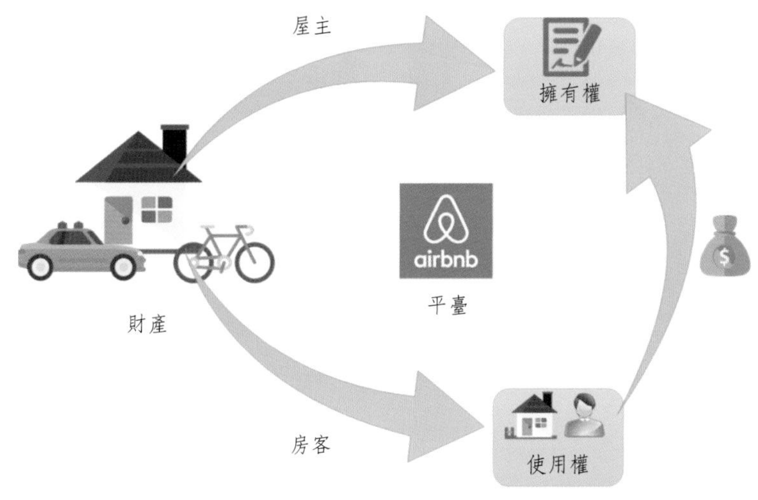

圖 2-7　Airbnb 的共享經濟

共享經濟還有一項特質就是去仲介化，透過物聯網達到快速廣泛的媒合，使分享行為成為一個制度化的商業模式。去仲介化後不需透過繁瑣的手續，僅須透過 App 或網站確認有無空閒資源（如空房）可以使用。對使用者來說，不僅降低交易成本，也提高資訊透明度，同時也建立了大量使用者行為的資訊，有助於未來提供個人化服務，從中獲取更大的利潤。

2-1-4 重視客戶服務

「互聯網＋」相當重視客戶服務，透過產業間各企業的合作來達成一條龍的服務。例如售出一輛汽車後，提供車輛維修、導航和保養等服務，同時蒐集該車主的駕駛習慣，告知車主哪些零件可能需要更換並推薦保養及維修地點。不同於傳統僅賺取出售汽車的利潤，「互聯網＋」下的客戶服務，是從頭到尾提供全方位的售後服務，並從中賺取更多的利潤。也因為更重視客戶體驗，客戶得到良好的服務後，回流率也會相對增加，企業進而可獲得更多的商機，如圖 2-8 所示。

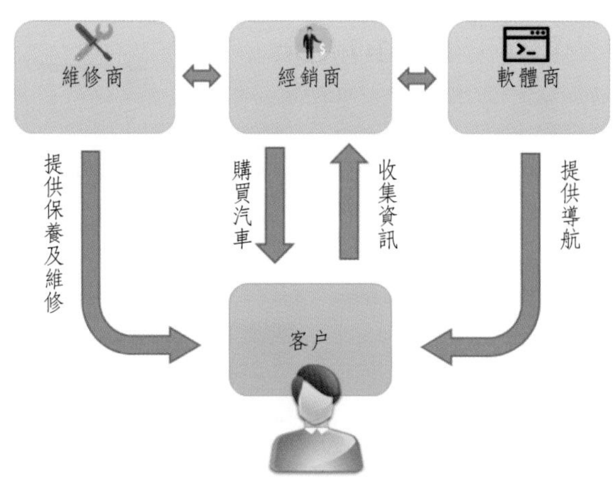

圖 2-8　提供完整的客戶服務

2-2　消費模式改革的新商機

現今急速發展的物聯網技術，對於商業模式的創新與改革具有極大的影響。物聯網已不單單只是被套用或是改進原始的商業模式，而是充分的利用雲端運算進而取得不同於他人的競爭優勢。因此，物聯網所創造出與獲得的價值跟傳統企業大相逕庭，在這股趨動力之下，各式各樣企業公司搶搭這波風潮，創造出各式不同於以往的新商機。以下，我們進一步說明物聯網對產業的影響與其產生的新商機。

2-2-1 傳統產業 vs. 物聯網

2-2-1-1 創造商機之不同

在傳統產業中，經營產品相關的活動時，必須能夠增加公司產品及服務的價值，最後提升客戶的購買意願。相對來說，想要創造價值就必須要辨識客戶群的需求，進而根據需求來設計出更精良的解決方案，最後便能夠創造或衍生出新商機。當近似產品所提供的功能大多已經完備齊全時，各家公司或廠商便開始進行價格戰，到最後此產品就因利潤過低而被淘汰掉了。這種商業模式已經從工業革命後維持到現在，每天也都還在我們的大型電器超市或百貨商場中持續運行著，然而這種生產模式能夠創造商機的機會越來越少，也無法從原有之商機延伸出更多的利潤。

但是現今透過互聯網結合物聯網的技術，完成產品購買已經不再只是一個買賣關係的結束，而是另一個享受服務的起點，如圖 2-9 所示。透過各種線上的更新服務，產品的最新特性和功能都可以直接讓使用者手上的產品被定期更新和優化。當然企業也可以透過產品的追蹤來進一步了解使用者的各種使用狀況，進而能夠即時回應客戶需求。最後，製造商或銷售商再利用最新的雲端運算與數據分析技術，使得與產品相關的資訊可以被收集、分析、了解和預測，公司將因此而能夠更加準確地預測使用者的需求，讓客戶得到更好的體驗。

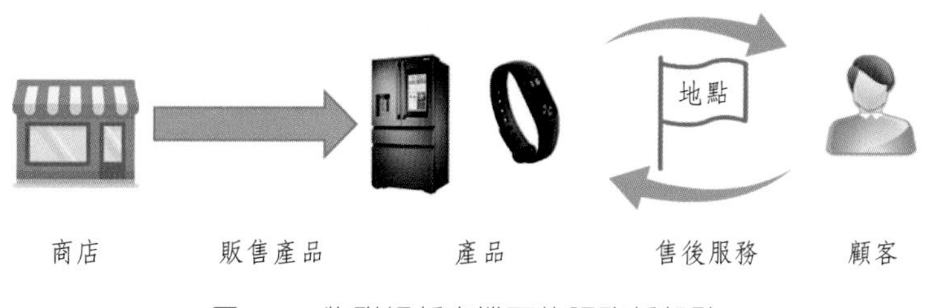

圖 2-9　物聯網新商機下的服務新起點

2-2-1-2 獲取商機之不同

在傳統產業或是現今大多數的製造業眼中，獲取商機的概念就是合理定價每個產品，最後再從零散的產品銷售中，使利潤與效益獲得最大化。然而，對於物聯網來說，產品銷售早已不僅僅局限於販售實體商品，而是利用十分低廉的價格提供產品，進而擴展客源，並衍生出後續更大的利益價值。物聯網獲取商機的根本原理，便是在產品出售後，提供良好和完善的售後服務，並探討並分析該客戶的其他隱性需求，進而創造出其他異想不到的收入來源。表 2-1 為傳統思維與物聯網思維的差異。

表 2-1　傳統思維與物聯網思維的差異

		傳統產業思維	物聯網思維
價值創造	顧客需求	被動得知使用者狀況，單純解決目前生活需求	主動積極得知使用者狀況，即時解決問題，滿足需求
	產品	獨立式產品，隨著時間流逝而過時	透過無線互相連接，不斷提供服務
	資料重要性	單純統計資料，提供更貴之新產品	資訊彙整分析，使產品創造出更好服務
價值獲取	獲利方法	盡可能推銷，銷售下一個產品	不停分析資料，提供良好服務進而販售資料
	控制點	商品優勢、品牌依賴	使產品具獨特性且與使用者有所聯繫
	未來發展	運用核心能力，現有資源與他人競爭	了解各系統其他夥伴狀況，合作拓展商機

2-2-2 物聯網下的新商機

2-2-2-1 物聯網服務的重要性

在過去，使用者和大多數產品的關係，都被定義在「使用」和「被使用」的關係。在今日物聯網技術的驅動下，人和產品之間的關係，已漸漸從「使用」更進一步的轉換成「行為了解」，使用者與產品之間有更多的互動關係。例如，血糖機能把使用者的血糖資料傳上網路，並提供警訊或即時短訊，甚至與生技產品合作；智能冰箱可記錄冰箱內容物的使用狀況及使用者的飲食習慣和卡洛里等，並進一步提供安全存量警訊及推薦菜色，甚至與營銷公司合作自動購買食材，與保險公司合作執行健康評估等。這些產品能夠透過物聯網的聯網技術及感測技術，提供更完善的服務，進而延伸出完全不同的新商機。

隨著科技的進步，硬軟體設備的成本也日漸降低，導致企業越來越無法依靠單純販售產品來賺取利潤。若能提供良好的售後服務或是讓每個使用者有良好的使用體驗，能夠完善的收集與分析個人資料與喜好，進而能夠提供每個消費者不同的個人化需求，才能夠為公司帶來更多的利益價值與利潤。

1. 實體通路變身體驗館

現今社會的主流消費模式，已漸漸轉向網路購物，那實體通路還有存在的必要嗎？如果有，它獨特的優勢又在哪裡？答案其實主要就是「體驗」。在全美擁有約 700 家分店的居家用品商 Lowe's 就與微軟展開合作，運用微軟的擴增實境（Augmented Reality, AR）裝置 HoloLens，在賣場中的廚房展間向消費者即時展示設計方案，讓消費者在購買商品前就能預覽情境，協助消費者買到最適合的商品，進而創造出與以前的通路完全不同之商機。

2. 連網裝置了解消費者的需求

自從蘋果發表無線通訊傳輸方案 iBeacon 之後，美國 Walmart、Macy's、McDonald's、和日本 PARCO 百貨等大型零售業者都紛紛布建 iBeacon 元件。而在臺灣，燦坤、義大世界 Outlet 以及臺北 101 等也陸續跟進。透過 iBeacon 收集到的資料，零售業者不僅可以分析人流，還可以做到更精準的行銷，進而利用分析出來的數據，精確地掌握到消費者的隱性需求，徹底掌握消費者數位化之購物行為，創造比以往更多的商機。

3. 社群參與衍生的商機

今日零售業者紛紛打造線上、線下社群，加強消費者與企業公司的參與和連結，而消費正是群體向企業展現認同的一種方式。為了更加精準地抓住消費者，零售商會建立線上和線下社群，推行會員制度並提供加值服務，甚至還會為消費者打造虛擬社群，使消費者有歸屬感，讓消費者離不開品牌，進而創造消費者的需求，商機便隨之產生，如圖 2-10 所示。例如瑞典家飾零售商 IKEA，透過部落格或 Facebook 等社群媒體，與忠實消費者持續互動。另外英國高檔超市 Waitrose 則會邀請消費者將自己的食譜上傳到自家烹飪網站 Waitrose Kitchen，讓消費者一邊購物一邊與品牌產生更深的連結。

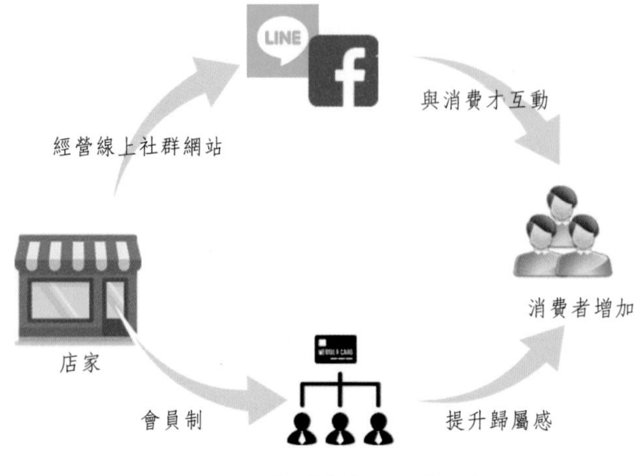

圖 2-10　社群參與衍生的商機

2-2-2-2 所有權轉向使用權

過去大多數的消費者想要某個東西的第一個概念，便是直接去購買並擁有這個東西。現在，共享經濟提供了一個嶄新的概念：將關注放在使用這個東西並享受服務，得到東西的擁有權已漸漸被使用權所取代。著名的 Uber 就是個很好的例子，該公司可以說是全世界最大的計程車公司，但是 Uber 公司並沒有任何一臺計程車，如圖 2-11 所示。大家每天都在使用的臉書，可以說是全世界數一數二的社交平臺，但他自己並沒有甚麼內容。現在這個社會中，大家所漸漸習慣的使用權和租借權早已漸漸地取代了所有權。對使用者來說，能夠在任何時刻都能享受到自己需要的服務，將會比持有擁有權更為重要。

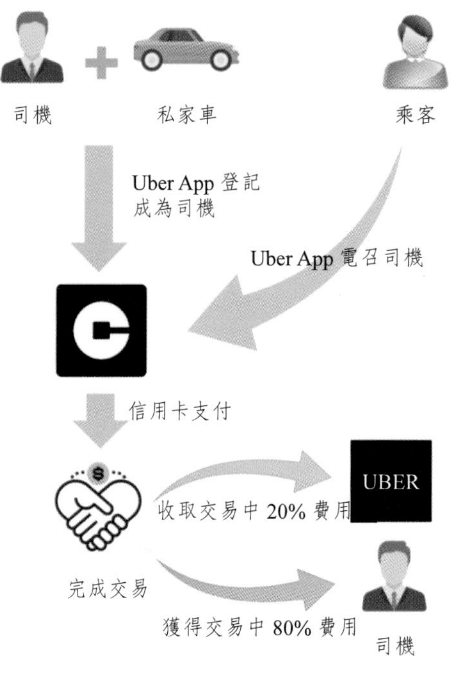

圖 2-11　Uber 運作模式

過去大多數人都關注於產品本身的價值，若要再擴大利潤便要將目光投注在每件產品背後中所能提供的服務，這就是現在大家耳熟能詳的隨選經濟（On-demand Economy）。也就是說當人們有需求的時候工廠才會生產，最後再將產品轉換成服務，並將服務提供給消費者滿足其需求。這樣的營運方式完全不同於以往的消費模式，讓消費者只需要付少許的金錢，便可以滿足當下所需之需求，進而創造出共享經濟下完全不同於以往的商機。

2-2-2-3 羊毛出在狗身上，豬來買單

大多數人對於成本及利潤的觀念是「羊毛出在羊身上」，也就是說客戶需要用自己口袋中的錢購買商品。若是商品價值提高，客戶就必須花更多的錢去購買商品。然而在物聯網的概念下，許多身邊的物體將提升為智慧物件而連上網路，諸如智慧家庭中所建置的電器用品及物聯網相關的產品。雖然說智能與安全的主題明確，但是業者仍會擔憂新產品的昂貴造價將使大眾遲遲無法下手。在這個傳統思維下，要讓消費者花較高的價格買下產品的機

會，必定需要仰賴長期累積起來的「信任」與「習慣」才有可能促成。

物聯網所興起的創新交易模式中，早已不是單純花錢購買產品這麼簡單的狀況，而是轉變成「羊毛出在狗身上，豬來買單」。這樣轉變的主要原因是物聯網的產品與「資訊」有較強的連結力，大多數物聯網的廠商都將目標放在商品能夠提供甚麼樣式的服務，也就是商品背後的「資訊」。換言之，「羊」是廣大的客戶群們，「狗」是提供、販售商品的公司，然而最後的「豬」就是需要這些資訊的大公司了。

例如 Google 旗下最著名的智慧家居子公司 Nest，提供許多居家安全與便利的功能，如智慧溫控和煙霧偵測等。這些最新的科技產品造價都不便宜，若是套用以前的消費模式，這種產品必定會叫好不叫座，最終被更便宜的產品取代。然而 Nest 卻與愛爾蘭最大的電力公司合作，只要讓民眾與電力公司簽署兩年合約，便可以讓 Nest 的專業人員到府免費安裝智慧恆溫器，也就是說本來需要民眾支付購買的金額變成電力公司來買單，然而電力公司同時也能夠享有 Nest 使用者們的廣大數據，而 Nest 也將自己的硬體價值完全的轉移到資料上，這就是標準的「羊毛出在狗身上，豬來買單」的例子，如圖 2-12 所示。

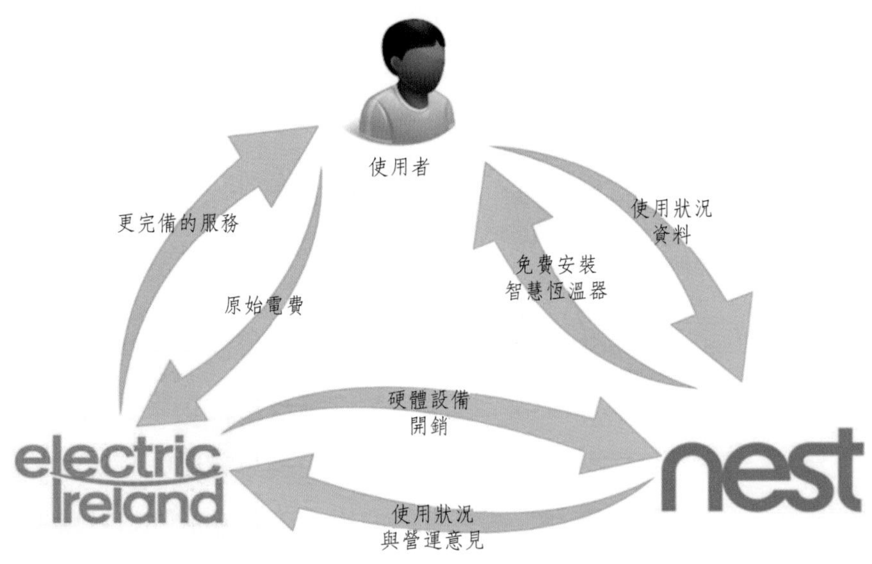

圖 2-12　羊毛出在狗身上，豬來買單

2-3 物聯網新商機的未來趨勢與挑戰

2-3-1 未來趨勢

物聯網把許多物品用互聯網互相聯結起來，透過這些物品上的感測器收集數據，再將數據透過雲端儲存和分析後，提供個人化電子商務服務。試想在未來，當你走在路上經過超市時，手機會自動通知家中的冰箱這個「正在超市附近」的訊息，冰箱則開始查詢其內容物，找出缺少的食材或飲料並傳送訊息至手機，同時結合超商特價商品來製作出個人化直郵廣告後顯示在螢幕。這是透過物聯網物品與物品間互相溝通後，再將最合適的結果透過手機將適時按需地將產品推薦給每個客戶的例子。

透過物聯網的感測技術，將可收集生活中來自各種社群、交通、購物和生活等數據，並可將其數據分析後，提供更多樣化及更精準的服務。也就是說使用大數據可提升產品、產品售後服務及電子商務等價值。此外，物聯網也帶來全新的消費模式。新模式以消費者為中心，消費者並不需要增加額外的花費，便能取得更好的服務。對生產商而言，透過大數據分析更能針對使用者喜好來生產產品，藉此提高銷售總額及生產效能；對服務商而言，則是可將數據轉為有用的策略或建議，並進一步提供給生產商，從中收取廣告及諮詢費用。此種消費模式是一種三贏的局面，這也意味著新模式中富含大量的新商機，如圖 2-13 所示。

騰訊免費線上演唱會就是一個經典的例子。騰訊在 2015 年 5 月舉辦張學友五首歌、半小時的免費線上演唱會。騰訊共花費一百萬元人民幣取得授權及籌備才得以舉辦這場演唱會，如果是張學友的實體演唱會，票價一定是幾千元起跳而且有錢也不一定搶到。但在騰訊線上演唱會中，不但不需要擠破頭去搶票，民眾觀看演唱會更是完全不用花費任何一毛錢。

這樁在外行人看來穩賠不賺的生意，騰訊卻相當積極舉辦。其從中獲取大量利益的原因，與新的商業模式中操作思維轉變為「羊毛出在狗身上，豬來買單」有相當大的關係，如圖 2-14 所示。因此，只要找到願意出錢買單的人就有商機存在，這也是免費線上演唱會有利可圖的關鍵原因。

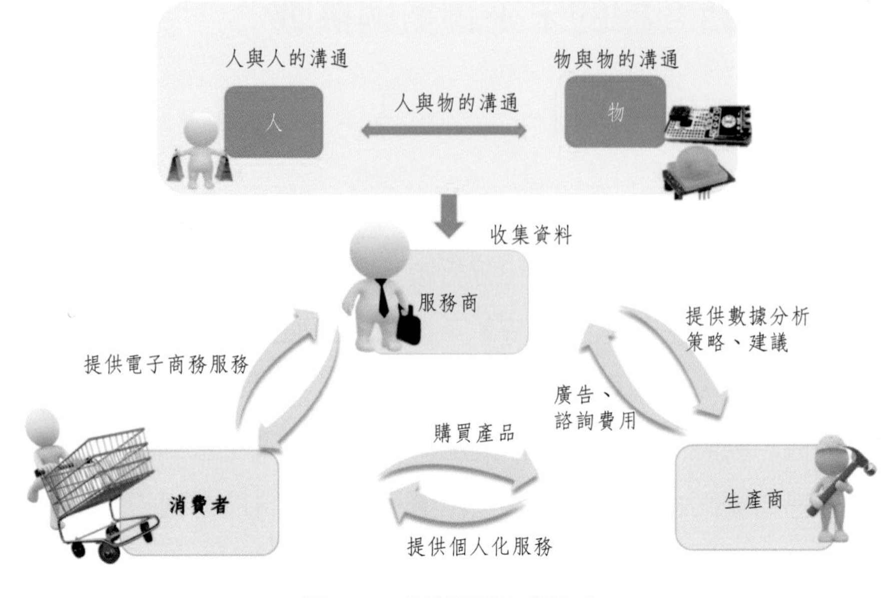

圖 2-13　物聯網新商業模式

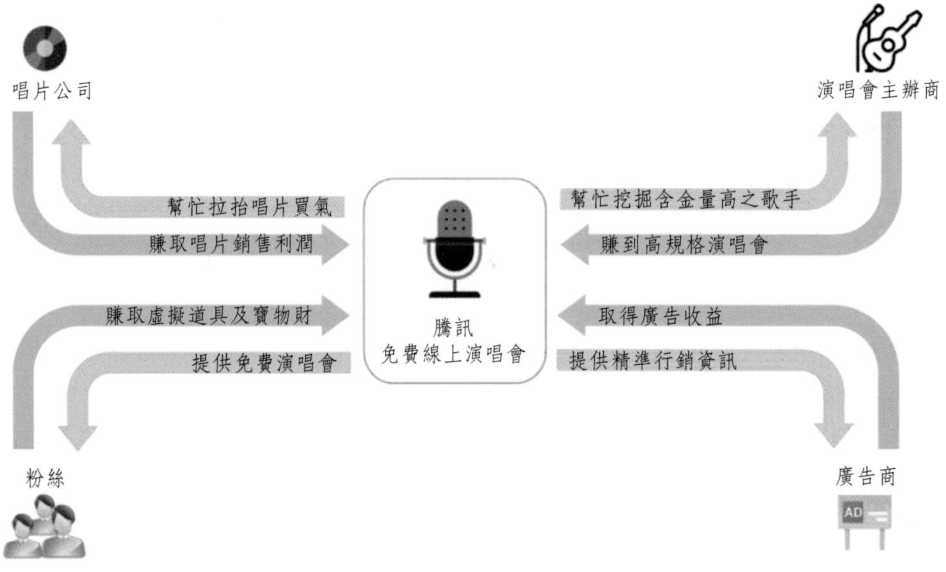

圖 2-14　騰訊免費演唱會模式

2-3-2 未來挑戰

物聯網的商業模式相當重視資訊的蒐集、分享及交流，不論是蒐集物品上的感測器資料或是蒐集使用者的上網行為，都對提供新創的客戶服務有相當大的幫助。但全面蒐集個人資料時所牽涉到的資安及隱私問題仍是一大挑戰，是尚待克服的重要問題。蒐集大量的使用者資訊，雖然有助於提供更加個人化及更加方便的服務，但企業的內部管理也變得相當重要。如果沒有嚴格控管這些個人資料的使用，可能會導致許多隱私資訊被有心人士取得，造成詐騙或推銷電話猖獗等問題，反而降低了生活品質。除了嚴格控管外，資訊安全的重要性也不可忽略，駭客假如能夠輕易的侵入資料儲存中心，取得大量的資料，不僅僅會造成使用者的恐慌，對企業而言更是商譽上的損失。因此，在物聯網的時代中，如何在取得資料最大化的情況下，又不失其安全性，蒐集個人資料時同時顧及客戶隱私，這將是各企業所面臨的首要問題，如圖 2-15 所示。

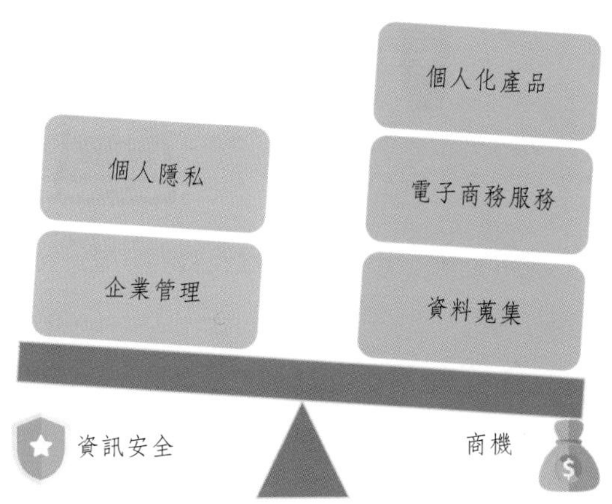

圖 2-15　在資訊安全及商機中取得平衡

物聯網中感測器的布建也是一大挑戰。布建在戶外的感測器依賴電池供電來支撐運作，假如電池使用壽命很短，需要常常更新感測器造成感測器布建成本過高，因此如何使用更省電、效率更高的無線網路技術，以及開發新的電池能源獲取技術來降低成本，將是一大挑戰，亦是布建大量感測器的關鍵之一。

最後，物聯網的服務如果要充分發揮潛力，就不能過分依賴智慧型手機。物聯網服務應該無所不在，才能在任何地點及任何時間提供服務。每個物聯網設備需要具備自己的通訊功能，才能夠在沒有手機的情況下，使物聯網服務無所不在。舉例來說，配戴智慧型眼鏡及手錶進入大賣場，眼鏡便顯示出個人化 DM 以及家中缺少的物品，最後結帳時用手錶進行行動支付。如何才能不高度仰賴手機，便可提供物聯網資訊傳達的服務，這既是一大商機，也是一大挑戰，如圖 2-16 所示。

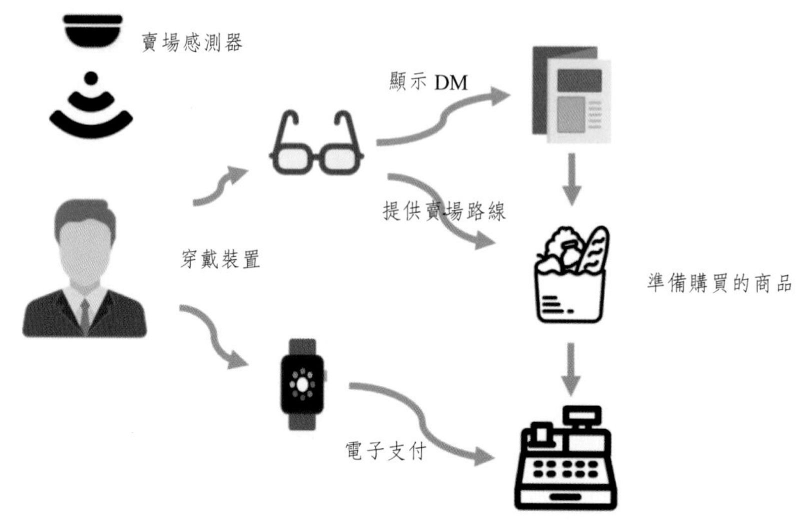

圖 2-16　未來物聯網服務無所不在

超過一世紀以來，全球經濟的關鍵因素一直是能源，而石油和天然氣是最有價值的天然資源。能源推動了過去產業成長，甚至影響全球政治，這是能源經濟（Energy Economy）時代。不過石油與天然氣龍頭艾克森美孚（ExxonMobil）自 2011 年以來市值已未見成長，其市值在全球企業排名已從第一降到第二，被 Apple 超越。同一時期，另三家石油與天然氣公司的市值則只剩一家還排在前十名。在能源公司排名逐漸下滑之際，市值前十名中卻有三名從事網絡及軟體相關事業，都是信息經濟的一部分：Apple（第 1 名），Microsoft（第 3 名）及 Google（第 4 名）。這些趨勢揭示了包括物聯網、大數據及雲端等新興技術加值整合應用而形成的資訊經濟（Information Economy）時代的來臨，也顯現資訊經濟正開始從投資者中獲得更高的價值，超越傳統的能源經濟。

根據美國消費者科技協會（Consumer Technology Association）的估計，

2016年全美在物聯網與新興科技產品的帶動下，根據各種產業推估，物聯網營收收入已高達2,500億美元。同時物聯網在2020年的產值將衍生超過3,000億美金的商機，其中由分析與統計以及應用與服務所衍生的價值超過其中的80%，可見未來物聯網的核心價值在於對於應用與需求的掌握以及合適的商業模式設計。

物聯網商業模式可歸類於三大特質：資料分享、產品即服務與產品共享。以下一一說明這些特質。

1. 第一種特質是「資料分享」。企業與公司不再單純依賴硬體或軟體販售獲取利潤，轉而依靠的是資料交換，這種模式被形容是「羊毛出在狗身上，豬來買單」模式。此模式意指使用者購買產品不用付錢，相關成本將由第三方廠商吸收。由於「資料為王」的特性，硬體或軟體之價格變得低廉甚至免費。

2. 第二種特質是「產品即服務」。硬體在連上網路後，企業就會得到大量的使用者資料。藉由大數據分析、軟體升級或人力服務，便可提供使用者更好的服務。如臺灣中興保全的MyVITA，當裝在廚房的瓦斯偵測儀發現瓦斯濃度異常，就會立刻連線中興保全總部，在得到屋主同意後，保全人員可在第一時間進屋查看瓦斯管線，快速解決問題，避免災害發生。

3. 第三種特質為「產品共享」。消費者只有在使用時才付費，而且是用多少才買多少。消費者與商品是一種「租借」關係，商品的製造和維修等都是由公司負責。例如臺北常見的腳踏車共享公司微笑單車YouBike。YouBike在租借前30分鐘免費，之後每隔30分鐘收10元，利用連網系統讓自行車調配達到最大效率，創造一天一輛車最多15次使用率。

掌握上述物聯網商業模式的三種特質，傳統產業邁向物聯網產業的道路中，將更有機會了解客戶需求、取得客戶信任並贏得穫利機會。

2-4　習題

1. 「互聯網＋」的定義為何。
2. 簡述工業互聯網的定義為何。

3. 簡述馬雲的 DT 時代意義。
4. 請提出兩項物聯網的未來挑戰。
5. 簡述物聯網的新商業模式。
6. 請說明物聯網與傳統產業不同之六項特點。

參考文獻

1. 商業週刊：騰訊免費線上演唱會
2. 壹讀：物聯網三大商機四大挑戰迎接 6 個發展領域：https://read01.com/QOzdae.html#.WhBIr0qWaUk
3. 壹讀：從 IT 時代到 DT 時代，標誌著怎樣的變革：https://read01.com/L6BoOa.html#.WhBJyUqWaUk
4. 震旦月刊：2015 年行銷事件簿：https://www.aurora.com.tw/xcmonthlymag/artcont?xsmsid=0H018563090172600027&monthlyactsid=0H039428566767807350
5. 物聯網如何改變商業模式：https://www.hbrtaiwan.com/article_content_AR0004369.html
6. 數位時代：羊毛出在狗身上，豬來買單：https://www.bnext.com.tw/article/34569/BN-ARTICLE-34569
7. DGcovery：共享經濟抬頭，資本主義與市場經濟為何會逐漸沒落：https://www.dgcovery.com/2016/02/29/the-zero-marginal-cost-society/
8. 理財周刊：企業互聯網＋的經營思維：http://www.moneyweekly.com.tw/Journal/article.aspx?UIDX=18042330020

第三章

物聯網商業模式

隨著資訊科技產業發展迅速，全球物聯網的網路基礎設施逐漸成熟。透過各種資通訊設備的資料擷取與傳遞，我們可以獲得大量數據供後臺管控、偵測、識別及提供相對應服務等加值功能。在此環境下，應用面變成類似程式撰寫的副程式般，在遇到預先設定好的某個狀況下就執行某特定功能。如果物聯網能結合大數據，應用範圍就更廣泛了。透過大數據，可以進行各式各樣的資料分析，預先推測消費者的下一步可能動作，並事先做好建議與準備。例如經由 App 或衛星導航，可以知道塞車狀況、監控每一個地區的路況、掌握停車場剩餘車位數以及公車多久會到站等資訊。這些都是物聯網在生活上的應用，所帶動的商機也充滿想像空間。又例如目前物聯網商業應用的智慧工廠（如鴻海的無人關燈工廠），透過偵測器的監控，工廠不需要人來監控，而是由電腦直接管理。當某一臺機器出問題，電腦即可自動回報並且找出原因加以解決。又如執行外科手術，藉由各種感測器偵測病人的生理徵兆，配合精準的雷射刀具，再加上後臺的大數據支援，各種臨床狀況均可在百萬分之一秒內得到答案，比世界上任何一個有經驗的醫生都更加準確可靠。

物聯網為傳統產業帶來轉型升級的契機，也為新創產業帶來成長的動力。以金融科技（FinTech）而言，未來將進入機器人理財的時代，提供更精準且無人為因素干擾的理財資訊；服務業也將因物聯網前端偵測設備的延伸變得更貼心；保險業藉由大數據統計訂出更合理的費率，嘉惠保險人；百貨周年慶利用大數據了解客戶購買偏好，直接透過物聯網向客戶介紹喜好的產品。由此可知，物聯網結合大數據應用，已開始顛覆傳統的行銷手法，商業模式的應用亦隨之改變。

3-1 資料分享與串流

第一種物聯網商業模式是資料分享與串流。企業要跳脫依賴硬體販售來獲取利潤的舊思維，轉而依靠資料的獲取與交換。也就是說，使用者購買產品時不用付錢，相關成本將由第三方廠商吸收，但是消費者所有的交易行為模式數據，均與第三方廠商分享。這種模式被形容是「羊毛出在狗身上，豬來買單」，如圖 3-1 所示。全球科技廠商也跟上這股熱潮，併購具特色的物聯網品牌。如 Google 併購家庭智能溫控品牌 Nest，Apple 併購耳機品牌 Beats，Microsoft 併購物聯網平臺 Solair 加強企業雲服務，小米併購了超過 20 家的物聯網公司，Samsung 併購智能家居 SmartThings，Nokia 併購 Withings，軟銀併購 ARM 等。由於「資料為王」綿延不絕的特性，讓硬體價格相對變得低廉甚至免費。這種模式對現今臺灣的硬體廠商來說，殺傷力最大，透過銷售硬體賺錢也是物聯網浪潮下最需警覺的一種商業模式。因為臺灣廠商的商業模式大部分以硬體銷售為主，缺乏像 Google、Facebook 與支付寶等公司後端的大型雲服務平臺，無法不斷地深入消費者生活、創造應用場景，獲得綿延不絕的交易利潤。

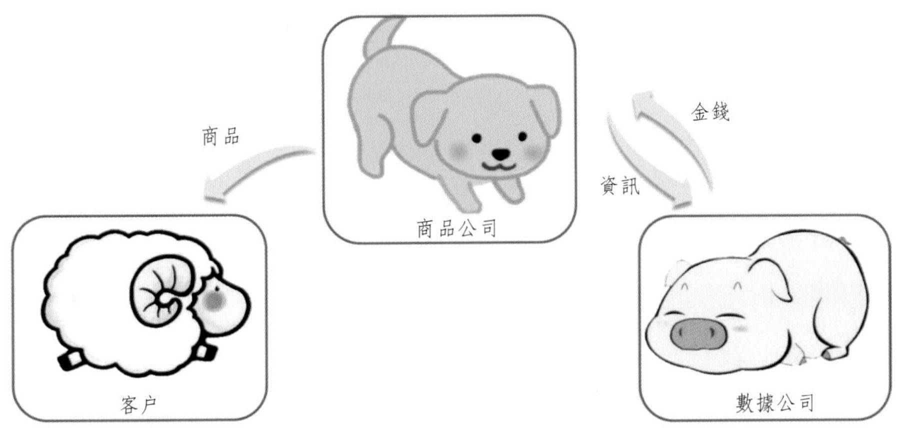

圖 3-1　物聯網商業模式

Google 旗下的智慧家庭公司 Nest 就是一個最好的例子。Nest 與愛爾蘭電力公司 Electric Ireland 協議，如果民眾與愛爾蘭電廠簽訂兩年合約，就能免費獲得原價為 250 美元的 Nest 溫控器，而且 Nest 還會免費到府安裝。原本由民眾購買的 Nest 溫控器硬體，變成由電力公司買單，但是電力公司則擁有 Nest 使用者使用電量的大數據，可以用來分析使用者的用電行為，進而創造新應用。因此 Nest 溫控器所產生的價值，便從硬體轉成使用者大數據了。Google 的企業特色本來就不是靠硬體賺錢，一旦這種模式廣泛應用，將對生產這類產品的公司將帶來很大的殺傷力。

臺灣廠商往往僅重視硬體價值，而忽視使用者大數據資料的重要性，白白浪費資料分析統計後可賺錢的應用場景。臺灣廠商的思考模式常是「還沒有想到資料要怎麼用」，或是「如果連設備都還沒有賣到消費者手中，怎麼談數據價值？」但是國外新創公司面對物聯網時代是從資料應用角度出發，先想好要從哪些延伸的應用獲取綿延不絕的利潤，再回頭來設計前面讓消費者入局的硬體設備。

AllState 保險公司從保費問題出發，思考「為什麼每個人的汽車保費都一樣？」接著利用汽車感測器蒐集駕駛人的駕駛資料，透過分析駕駛行為計算駕車風險高低，再依此風險訂出不同的汽車保費。這樣的策略可以讓駕駛習慣良好的保戶享有低保費，因此推出此服務可拉開與其他競爭者的距離。這與國內公司先推出硬體，然後才去思考資料怎麼應用，在出發點上就有很大的差距，這也是值得我們學習的地方。

3-2 產品即服務

當消費者端的硬體連網後，企業就會得到不斷產出的大量使用者資料，藉由大數據分析或其他加值服務，就能幫消費者解決問題。臺灣中興保全的「中興保全＋」就是一個好例子。當裝在消費者端的偵測儀發現到有人入侵消費者家中時，就會傳送異常訊號，一方面將此資訊推播至消費者預先下載的 App 中，另一方面則會立刻連線中興保全總部，讓總部能即時派出人員至消費者家中檢查，若已透過屋主之預先同意，更可在第一時間進屋查看，即時解決問題，避免人身及財物損失。

這類型商業模式「產品即服務（Product-as-a-Service, PaaS）」是由前端簡單的偵測硬體設備蒐集數據，數據藉由互聯網傳輸到後端，搭配後端的數據分析及加值服務，變成一個完整的商業模式。這樣的模式可避免僅銷售或租用前端設備的淺連結。物聯網產品即服務模式的成功關鍵因素包含以下幾個部分，如圖 3-2 所示。

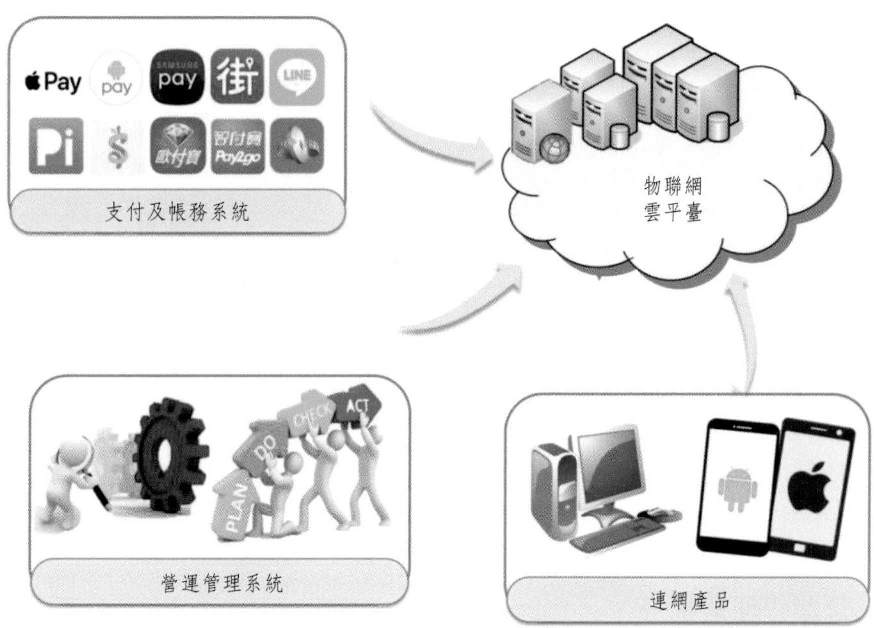

圖 3-2　物聯網 PaaS 架構圖

- **具連網功能產品**

連網產品意味著具備收集前端各種感知設備使用狀態及產生數據的能力。這些產品收集到的數據價值非常高，可用於多種用途。例如可以供遠程監控和診斷，可用於運維過程的預警，更可以將這些數據傳回後端研發部門作為提升產品質量的依據或是供行銷部門分析消費者行為，設計出更貼近消費者、更個人化的服務等。

在 PaaS 商業模式中，產品狀態數據除了實現物聯網常見功能之外，還必須包括可用於計費（產生營收的有關用量）的數據。畢竟企業的目標是要營利，任何新創產業即使想像空間再大，如果最終無法獲利，都是一場空。這些供計費的數據包括飛機發動機的使用時間、租用汽車的行駛距離、共享自行車的騎行時間、線上電影觀看片數、線上音樂下載數目、影印機的影印張數和自助洗衣店的洗衣數量等。這些數據將作為後端計費中心的計價資訊，進而產生使用者帳單，對使用者收費，數據收集模式如圖 3-3 所示。

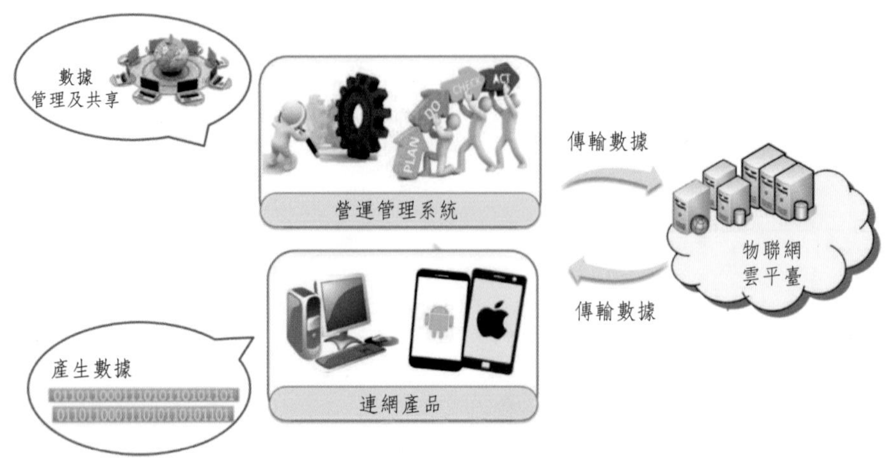

圖 3-3　物聯網 PaaS 數據收集

- **營運管理系統**

營運管理系統控制產品的各種使用功能，授予特定用戶在指定時間內使用指定產品功能的權利。隨著不同行業、產品類型和特點，營運管理系統將服務的使用設定為不同等級。最簡單的就是「開與關」，控制「開通」或「關閉」某項產品功能。一旦服務提供方和用戶就服務內容達成協議後，營運管理系統就可以立即設定對應開通某項功能的使用權限。物聯網雲平臺則把這項權限的指令傳到終端產品上，這樣產品某項功能就可以被客戶使用了。

高級的授權方式則涉及到更多層次的使用權限管理，一般會與客戶關係管理（Customer Relationship Management, CRM）整合，控制某一項或多項功能在什麼時候什麼條件下可以開通或受到某種程度的限制。這些功能選項好比一個個的開關，將指令數據傳輸至終端設備，就可對產品不同類型和層級的功能進行自動開通或加以限制。物聯網 PaaS 模式營運管理模式如圖 3-4 所示。

圖 3-4 物聯網 PaaS 營運管理

一旦授權使用期限已到，該選擇中斷服務、限制部分功能、自動關機或其他選項。錯誤的判斷結果可能影響產品壽命、危及人身或財產安全，所以限制產品功能的決定必須謹慎判斷，充分考慮客戶的實際情況。另外，用戶能否收到來自物聯網平臺發出的通知乃依賴 CRM 系統能否即時向用戶傳遞信息，因此 CRM 系統和物聯網平臺間，以及 CRM 系統與客戶間的溝通管道必須時時保持暢通。

- **支付及帳務系統**

支付在整個交易的過程中具備關鍵性的角色，若無法順利、安全的完成支付，前面所有的努力將功虧一簣。在物聯網的 PaaS 模式應用中也不例外，支付是整個生態的財務中心，將提供給用戶的服務轉換成為公司營收的重要環節。是否能使用到安全、穩定、多元並具備彈性的支付系統，對是否能成功推廣 PaaS 模式產品的市場有直接影響。支付系統必須滿足用戶的各式支付需求，各種支付方式如信用卡、金融帳戶、第三方支付平臺帳戶甚至是現金支付，都將是用戶支付的管道，如圖 3-5 所示。依照產品的性質，一次性支付、定期定額扣款、分期付款甚至折扣優惠和經銷分潤機制等方式都必須能夠靈活運用，協助業務向不同層次的用戶推廣。

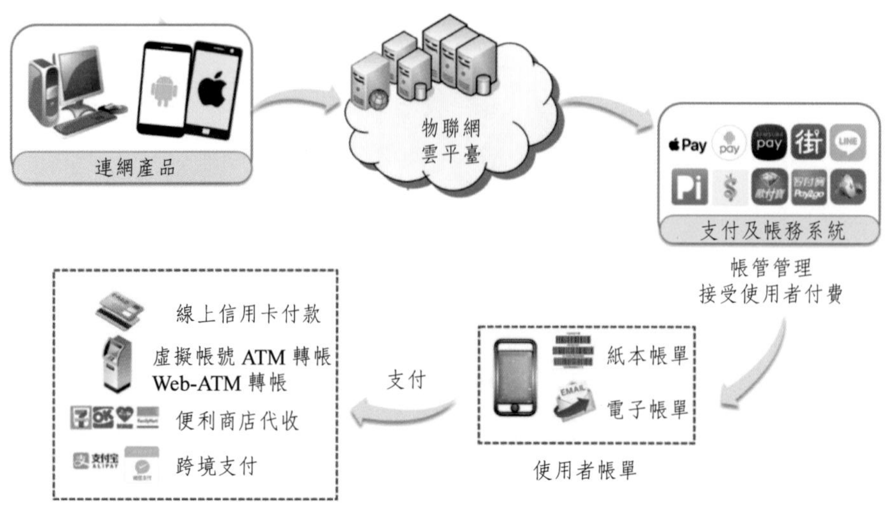

圖 3-5　物聯網 PaaS 支付及帳務處理

- **物聯網雲平臺**

很多公司的移動互聯網應用都把自己的後臺部署在公有雲平臺上。雲端運算技術的應用可以說是愈來愈廣泛，不僅是移動互聯網項目需要雲端運算，物聯網項目也離不開雲端運算。雲端運算可以說是物聯網項目的核心技術之一。整個物聯網雲平臺是物聯網 PaaS 模式的樞紐，產品是由下到上持續不斷地產生數據訊息，營運管理系統則是由上到下對前端產品指示命令，數據訊息和指示命令都必須透過物聯網雲平臺傳遞，否則整個 PaaS 模式將無法運行。物聯網雲平臺除了 Amazon 的 AWS 和 Microsoft 的 Azure 外，也有其他公司提出物聯網的解決方案，如中國的阿里雲、騰訊雲和百度雲等。

3-3　產品共享

從網路爆紅的 Airbnb 將家中空置的房間上網出租，到 Uber 將自己車子閒置的時段供需要搭乘的消費者租用，都是「共享」的標準案例。延伸到臺灣地區由自行車製造商巨大機械建置與營運的 YouBike，及最近由新加坡入臺的無樁共享自行車 oBike，都是「共享」精神下的創新服務。

共享經濟具備以下的五大要素：

1. 創造互惠價值：將需求方與供給方產生關聯，在有使用者需求的市場中，串聯供需，滿足雙方的需求。

2. 閒置資源：創造未完全被運用的閒置資源（如空間、物品、人力等）之再利用或再流通。

3. 線上網路：使用者可在網路上隨時取得各種閒置資源，以 P2P 多對多方式進行共享。

4. 社群共享：不論是有形資產還是無形數位資源，皆透過線上社群進行流通，並產生更多群眾智慧與社群凝聚力。

5. 擁有資產的必要性降低：共享經濟可以降低資源的浪費，促進已存在資產的再利用，創造互利互惠的經濟價值，讓擁有資產的必要性降低。

共享經濟從已存在的資產出發，透過網路、社群進行流通，將價值保留在社群中，所產生的便利性透過社群擴大，讓更多的閒置資產再投入，造成一個良性循環。共享經濟循環圖如圖 3-6 所示。

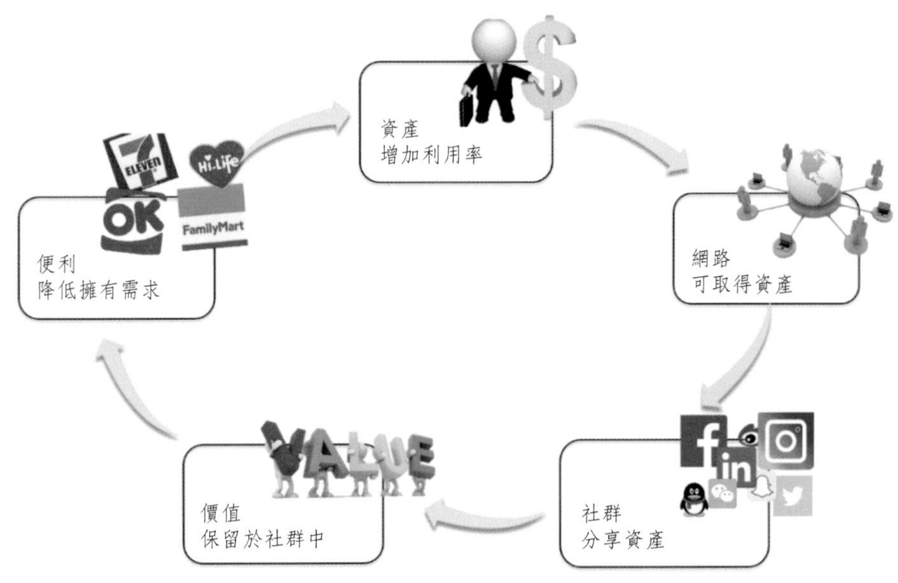

圖 3-6　共享經濟循環圖

在共享經濟模式裡，消費者使用時才付費，而且是用多少付多少，是一種「租借」模式。商品的製造、維修等都是公司或出租者負責，例如 YouBike、oBike、Uber 和 Airbnb 等。YouBike 在租借前 30 分鐘免費，之後每隔 30 分鐘收 10 元，利用連網系統讓自行車調配達到最大效率，創造一天一輛車最多 15 次使用率。這種商業模式是在同一設備上，不同的時段提供給不同的消費者使用，且依消費時間計價，理論上可以持續不斷產生經濟利益。

另也需說明原共享的概念是在「既有」的資源上，發揮其價值，而非浪費更多資源來創造「新」設備讓人共享。單車共享精神在中國市場被大批模仿複製後，產生了成千上萬的新單車，街頭巷尾到處都是隨處亂停的單車，在沒有發揮其真正共享價值前，先浪費了更多資源去製造更多沒用的單車，完全背離其原始初衷。

以下以 YouBike 及 oBike 為例說明兩者與物聯網的關係。YouBike 是有固定樁供消費者取車及還車，透過布樁點的網聯設備可得知目前有多少單車是在途使用、多少單車仍在站中、哪些布樁點已經沒車可借和哪些布樁點車滿為患等。以上數據資訊可供後端調度使用，讓每站的租借者都可以有車可借，讓還車者都有地方可還車。相反地，oBike 則是無樁式租借，意思是 oBike 每輛單車均有 GPS 設備，沒有固定地點讓消費者租借使用，而是隨處可借隨處可還，全部透過每輛車的 GPS 定位。租借者可透過 App 查詢有可用單車的地點並預先租借，直到其到達該點後掃碼開始租借使用。YouBike 及 oBike 都是搭配物聯網精神的商業模式。

共享經濟從 Uber 到 Airbnb 再到共享單車、共享雨傘、共享充電寶等，雖然共享的標的物一直在變化，但是如果其內在本質只是如共享單車的「押金金融模式」，那將很難有後續共享經濟市場的發展。共享單車除了以押金金融創造了新的經濟模式外，對物聯網最大的影響是打開了大眾消費服務物聯網市場的大門。其實物聯網概念已經出現很多年了，但之前大眾消費服務市場的物聯網化發展一直沒有實質的產品，共享單車就是最具代表性的產品。只是之前因更熱的共享概念如 Uber 和 Airbnb 等而忽視了它的物聯網特點。共享單車大熱，一方面帶動了其他共享經濟的發展，另一方面更是激發了物聯網市場，讓市場將「共享」及「物聯網」觀念聯想在一起。共享雨傘、共享充電寶等是後續物聯網市場發展的代表性產品。共享經濟將一些常用、通用的物品聯網之後，產生了依附網路來運營的共享經營方式，讓常用物品的物聯網化與共享經濟相輔相成。

共享經濟也帶動了自助終端物聯網化的浪潮，自助販賣機、自助洗衣機、自助按摩椅等項目套上共享概念之後也進入大眾市場。自助終端設備聯網化之後也成為了共享經濟的範例，共享經濟也變成物聯網在大眾消費服務市場發展的重要推手。

商業模式最終仍需透過使用者付費的方式轉變成營收，進而產生利潤讓公司獲利生存。如果商業模式正確，擴大規模可讓公司產生更大的利潤，所以支付這個環節就非常重要。不論是以帳單型態的使用後付費（Post Pay）方式，或是在物聯網終端的連網設備上，如自助式設備（KIOSK）即時支付，都必須要讓使用者很方便支付，因此，除了一般的帳單繳費管道外，完整的線上及線下支付等方式都必須成熟且普遍，才能支持物聯網的商業應用。

中國市場共享單車的兩大巨頭：騰訊力挺的摩拜，阿里支持的 OFO 都已經將目光鎖定在整個物聯網市場，他們的市場目標已經不僅僅是共享單車，而是即將爆發的物聯網市場。由此可見，由雲端服務、大數據、互聯網金融到物聯網金融的發展，其實都有脈絡可循，各大巨頭均早已積極布局。除了投注更大的資本，企圖壟斷市場外，對於物聯網產生的標準、方向及發展，都產生巨大的推波助瀾之勢，所以中下游企業更應抓準這一波趨勢，此時正是物聯網產業發展的最佳時機！

總而言之，要建構一個成功的產品共享應用服務，需掌握以下關鍵因素，如圖 3-7 所示：

1. 建構線上機制，結合社群力量，將社會大眾需求進行分析、分群和分享。

2. 以使用者需求為中心發展商業模式，設計出便利、易用的服務與使用者介面。

3. 透過開放式 API 或開發工具，吸引更多合作夥伴加入，擴大平臺效益。

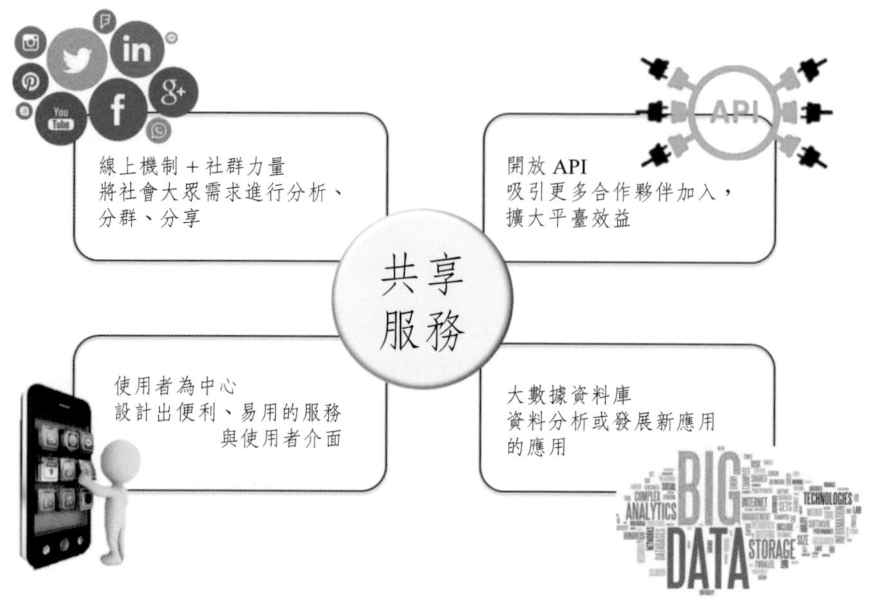
線上機制＋社群力量
將社會大眾需求進行分析、
分群、分享
開放 API
吸引更多合作夥伴加入，
擴大平臺效益
共享
服務
使用者為中心
設計出便利、易用的服務
與使用者介面
大數據資料庫
資料分析或發展新應用
的應用
BIG
DATA
ANALYTICS
STORAGE
TECHNOLOGIES

圖 3-7　共享應用服務成功的關鍵因素

4. 累積各種應用大數據資料庫，未來可成為資料分析或發展新應用的依據。

3-4　物聯網的商業模式

物聯網已從過去企業應用、單一產品與技術導向發展模式，邁向大規模生活應用、系統整合與數據分析發展模式。物聯網發展持續推動產業生態演變，數據管理分析、系統整合、應用次系統和專業應用服務等業者的角色將更加重要，過去較為封閉的產業結構，將以邁向開放生態體系為主要變革。以下為幾個主要的物聯網商業模式，如圖 3-8 所示。

1. 銷售設備模式（Transactional Model）：消費者購買硬體設備，廠商免費提供軟體，並持續推出更新軟體以強化或更新硬體功能。小米手環即屬此一模式。

2. 營收分享模式（Revenue-sharing Model）：消費者付費給服務提供者，使用後端物聯網公司提供的解決方案，付費所得營收再由商家與物聯網公司共同分享。例如可透過電信網路發送行李所在位置訊息之行李追蹤服務。消費者付費給航空公司使用行李追蹤設備，航空公司再將此付費收入與後端營運與維護此方案之物聯網公司分享。

圖 3-8　物聯網的商業模式

3. 成本節省分享模式（Cost-savings Sharing Model）：消費者同時付費給服務提供者及後端物聯網公司，只是付費給物聯網公司之費用為替消費者省下付給服務提供者的費用之一定比例。例如消費者使用物聯網公司設備方案來監控節省電力及煤氣使用，付給物聯網公司的費用則為替消費者省下的電力及煤氣費用的一定比例。

4. 產品共享模式（Product-sharing Model）：消費者使用多少付多少以取代購買。例如租車，消費者可於不同城市租用不同車輛，使用 App 先預訂、定位、及鎖住車輛，車輛的使用費用則依使用時間計算，甚至可以精算至以分鐘為單位。如此一來，消費者可以盡情使用車輛，不需擔心保險、保養和稅金等問題，租車公司亦可以因一次大量購買而節省購車成本，車輛保養亦可因為量大而降低成本。

5. 產品即服務模式（Product-as-a-Service Model）：產品就是服務，使用者付費使用產品同時享受服務。例如醫院昂貴的儀器設備，以往醫院需自行採購儀器設備，並還需負責維護，現由物聯網公司採購設備，醫院僅需付費給物聯網公司即可使用設備，並由物聯網公司透過遠端監控負責維護儀器設備。

6. 成效即產品模式（Performance-as-a-Product Model）：使用者依使用產品的成效而付費。硬體結合軟體進行產品運行數據分析，服務使用者依可正常使用產品的時間付費。例如 Rolls-Royce 是一家租用引擎的公司，引擎本身擁有許多的感測器，把從引擎收集來的大量數據結合後端管理平臺，就能了解引擎的運行狀況，這讓 Rolls-Royce 公司從租用引擎的公司變成物聯網公司，提供監控及維修服務。當顧客可以正常使用引擎的時間越久，錢就付得越多。

產業免於被淘汰的生存之道關鍵在於「思維轉變」，如何運用數據創新應用以解決商業議題，進而獲得價值，是最先應該思考的問題，也是最大的挑戰。以解決核心問題為前提，並以人為中心的技術、產品、服務開發策略，以解決眾人生活問題為最重要目標，並通過數據分析與智慧以及完整服務生態體系，是新型態的物聯網商業模式。

總之，要脫離硬體公司思維，要有長遠的眼光，要思考如何能讓消費者在不知不覺中習慣使用，而且能不斷延伸服務，讓消費者想換都換不掉。靠賣硬體賺錢是沒有明天的想法，需要思考如何不靠賣硬體還能賺錢，才有可能有新的商業模式出現。服務型公司則是要「納入物聯網產品思維」，才能創造新的效果，讓消費者長期使用。

3-5 行銷、品牌、策略聯盟

物聯網時代，沒有聯網的裝置將被孤立，所有的裝置可以互相交換資訊和溝通，從中會產生大量的使用者資料。科技也可能改變人們行為、思想和判斷力。當物聯網設備和客戶發生連接後，客戶的相關行為數據都會被物聯網設備所收集、檢測和分析，讓未來的互聯網可提供個性化的應用，例如行銷人員和企業可以根據收集到的客戶行為數據為每一個客戶設計不同使用體驗。正是因為如此，產品行銷和服務將被徹底顛覆，一對一個性化體驗會真正的落實到客戶身上。以媒體使用習慣為例，過去人們的選擇不多，後來人們選擇變多，現在，很多人願意相信系統的自動推薦。

利用物聯網設備收集到更加完善和精準的客戶數據資訊，將能更準確地描述客戶的更多行為特徵模式，降低服務人員溝通時的時間成本，這樣做也會減少用戶的麻煩和時間。個性化的服務又可以促進用戶對企業服務的信賴，增加用戶黏著度。若能掌握目標客戶的生活習慣和喜好特點，企業和行銷人員就能更準確地進行客戶分析管理。對行銷人員來說，分析出客戶特徵可以做到個性化的內容推送，而不是生硬和用戶無關係的內容，這樣能夠讓用戶在有限時間內找到適合自己的內容，讓廣告推送更加精準也更節省成本，自然廣告效果更好。又例如當物聯網設備收集到的顧客燈泡使用狀況數據資訊時，就能推估出燈泡使用壽命，在壽命快結束時，主動推薦商品，甚至給優惠，這種情況下，人們很容易買單。這種物聯網的行銷手法如圖 3-9 所示。

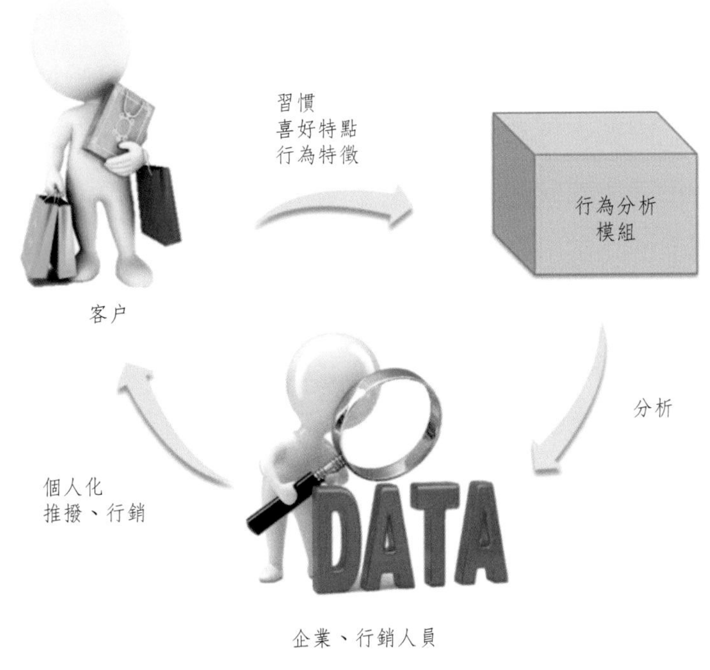

圖 3-9　物聯網的行銷手法

根據調查顯示，現在每個人平均擁有 2.7 個聯網裝置，預估在 2020 年，每人使用的聯網裝置將會達到 10 個。現階段如果品牌行銷人還沒有針對智慧型手機、平板帶來的跨螢幕使用行為布局，提供無縫的使用者體驗，就很難跟上物聯網時代。當人們擁有 10 個裝置，在每個裝置使用的時間會變短，硬推銷的效果不夠好，一定要精準知道顧客要的是什麼，才能提供能鼓舞、激勵他們行動的訊息。

物聯網帶來的情境數據，可以讓行銷人了解更多事，更能依據情境做精準判斷。例如，比對賣場的溫度數據及消費數據，可以找出人最適宜的購物情境，提升銷售可能性。零售通路也會有很大變化，當每個商品都能彼此相連，交換訊息，這時候門市補貨、點貨就不再需要人力，而是由商品直接和物流系統聯繫，缺貨時馬上送貨到門市。甚至在倉庫可以用無人駕駛機器人揀貨，降低人力需求。另外，產品聯網後的使用數據，可成為產品改良的依據。例如從 1,000 萬人穿鞋習慣，分析出最適宜的角度和振動頻率。對品牌來說，應該思考和更多供應商合作，生產出可以收集用戶使用數據的裝置，從中更了解顧客。

物聯網和資料結合時，很多人會忽略影像和聲音也是一種資料。例如在通路上，可以記錄顧客每天來通路時的表情變化，搭配圖像比對技術，就能根據顧客的心情變化或身體狀態，給予適當的建議。也可以記錄賣場上的聲音，如果這個區域時常出現消費者說話聲音，就代表這個區域的商品可能對消費者比較有吸引力，可多安排服務人員提供諮詢服務。也可將影像結合擴增實境（Augmented Reality, AR）技術，運用在各種閱讀情境，像是看電視、雜誌，路邊的導覽或導購等。進一步來說，未來「看電視」可能也不會出現「電視」，只要坐在沙發上，戴上智慧眼鏡，就能直接欣賞影片或節目。對電影的片商、內容提供者來說，這是一個新的通路，會產生新的商業模式。

至於物聯網設備蒐集顧客大量行為模式數據資訊，引發個人隱私權的議題，這部分可透過與顧客的溝通，讓顧客了解個人資料的搜集及分析數據的結果是運用在改善使用者體驗及環境上，期能提供更好的服務，並不會被濫用，藉此獲得蒐集顧客數據資訊的許可。

3-6　物聯網產業鏈

物聯網產業鏈包含八大環節。晶片、感測器、無線模組、網路運營、平臺服務、系統及軟體開發、智能硬體、系統整合及應用服務，如圖 3-10 所示。

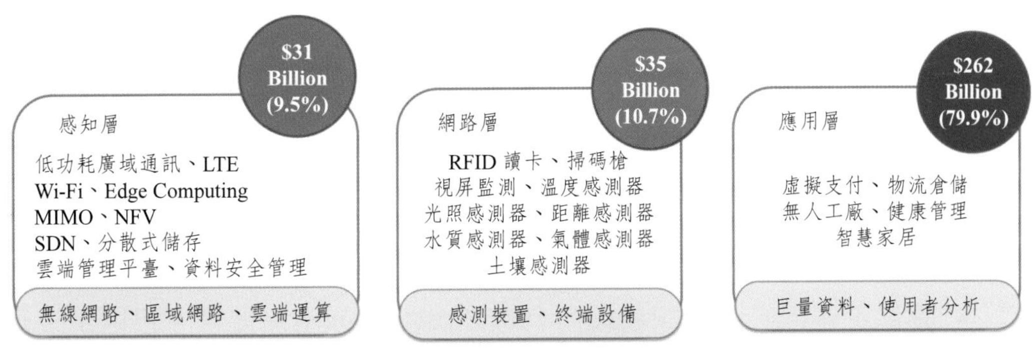

圖 3-10　物聯網產業鏈

1. 晶片：晶片是物聯網的「大腦」，低功耗、高可靠性的半導體晶片是物聯網幾乎所有環節都不可少的關鍵要件。依據晶片功能的不同，物聯網產業中所需晶片既包括整合在感測器、無線模組中，具備特定功能的晶片，也包括嵌入在終端設備中，提供「大腦」功能的系統晶片。

2. 感測器：感測器是物聯網的「五官」，基本上是一種檢測裝置，是用於採集各類資訊並轉換為特定信號的元件，可以採集身分標識、地理位置、姿態、運動狀態、壓力、溫度、濕度、聲音、光線和氣味等訊息。一般感測器設備包括 RFID、掃碼器（一維、二維碼）、雷達、攝影機、讀卡器和紅外線感應元件等。

3. 無線模組：無線模組是物聯網接入網路和定位的關鍵設備。無線模組可以分為通信模組和定位模組兩大類。常見的區域網路技術有 WiFi、藍牙和 ZigBee 等，常見的廣域網技術主要有授權頻段的 2/3/4G、NB-IoT 和非授權頻段的 LoRa 和 SigFox 等技術。NB-IoT、LoRa 和 SigFox 屬於低功耗廣域網（LPWA）技術，具有覆蓋廣、成本低功耗小等特點，是專門針對物聯網的應用場景開發的。另外與無線模組相關的還有移動終端天線和 GNSS 定位天線等。

4. 網路運營：網路是物聯網的通道，也是目前物聯網產業鏈中最成熟的環節。廣義上來講，物聯網的網路是指各種通信網與互聯網形成的網路，因此涉及通信設備、網絡、SIM 卡製造等。考慮到物聯網很大程度上可以延用現有的電信運營商網路（有線寬頻網和 2/3/4G 行動網路等），因此目前國內基礎電信運營商是目前物聯網發展的最重要推動者。

5. 平臺服務：平臺是物聯網的大腦，從所有前端感應設備產生的巨量資量，到中間的網路通道負責匯集運輸至後端，到從事各式應用軟體的開發，做大數據分析，每個部分都要做到有效管理，才能發揮物聯網的作用。平臺服務針對其性質可區分為三種類型。

- 設備管理：必須針對前端所有感知設備進行遠程監管，包括系統升級、軟體升級、故障排除、生命週期等管理，並將所有設備獲得的數據均儲存於雲端供後續分析。這類平臺如感知設備提供商。
- 連接管理：為了保障終端聯網通道的暢通及穩定，平臺需有效管理網路設備、資源（用量、資費和 IP 位址等），才能讓後端運用到前端感知設備傳回的資料。這類平臺如電信網路營運商。
- 應用開發：當前端感知設備傳回持續且巨量的資料，透過中間的連網設備傳回後端後，後端平臺必須做好接收端管理，包括接口規格 API 的訂定、資料庫的管理和應用程式的開發、測試及布版等管理。這類平臺如 Google，具備完整後臺數據分析及應用軟體開發能力的平臺商。

6. 系統及軟體開發：物聯網設備乃至平臺要能夠發揮作用有效運行，必須先訂定共同標準的系統開發及運行的作業系統，在這系統上再發展及管控物聯網的硬體及軟體資源。就如同一般桌上電腦必須先安裝作業系統（如 Windows 和 Linux 等），做好基礎的硬體及周邊資源管控後，再於其上開發及安裝應用軟體。目前發布物聯網作業系統的主要是一些 IT 巨頭，如 Google、Microsoft、Apple、華為及阿里等。由於物聯網目前仍處開始階段，應用軟體開發尚在起步，目前應用主要集中在車聯網、智能家居和健康管理等通用性較強的領域。

7. 智能設備硬體：智能設備硬體是物聯網的承載終端，是指整合了感測器件和通信功能，可接入物聯網並執行特定功能或服務的設備。如果按照購買客戶來劃分，可分為對企業和對消費者兩類。

- 對企業類：包括智能水錶、瓦斯表、電錶，無人工廠監測設備及公共服務監測設備等。
- 對消費者類：主要指消費性電子設備，如可穿戴設備（小米手環、Apple Watch 等）和智能家居（Google Nest）等。

8. 系統整合及應用服務：這部分已經是物聯網應用的終端實踐者了。基本上這類別的業者已經是能提供完整的解決方案，有能力整合提供前臺所有設備、網路資源、大數據分析運用及行銷推廣，是能夠面對大型客戶或是整個行業別提出解決方案。例如是電力公司、瓦斯公司、物流倉儲、汽車製造、製造業無人工廠和百貨賣場等解決方案提供者。

3-7　習題

1. 在物聯網時代中企業如何利用資料分享來創造新的商業模式？
2. 請舉一個產業的例子說明「羊毛出在狗身上，豬來買單」的商業模式。
3. 請說明物聯網 PaaS 的商業模式如何運作。
4. 請說明物聯網 PaaS 的成功關鍵因素包含哪些部分。
5. 請說明共享經濟具備的五大要素。
6. 請說明共享經濟的循環。
7. 要建構一個成功的產品共享應用服務，需掌握哪些關鍵因素？
8. 請說明物聯網的主要商業模式。
9. 請說明在物聯網的時代中如何利用數據資訊達到行銷的效果。
10. 請說明物聯網的產業鏈和其相關性。

參考文獻

1. R. M. Dijkman, B. Sprenkels, T. Peeters, and A. Janssen, "Business Models for the Internet of Things," *International Journal of Information Management*, Vol. 35, No. 6, pp.672-678, 2015.
2. C. Falkenreck and R. Wagner, "The Internet of Things - Chance and Challenge in Industrial Business Relationships," *Industrial Marketing Management*, Vol. 66, pp. 181-195, 2017.
3. M. Kranz, "Building the Internet of Things: Implement New Business Models, Disrupt Competitors, Transform Your Industry," *Wiley*, 2016.
4. M. Kranz, "Success with the Internet of Things Requires More Than Chasing the Cool Factor," *Harvard Business Review*, 2017.
5. Y. Lu, S. Papagiannidis, and E. Alamanos, "A Systematic Review of the Business Literature from the User and Organisational Perspectives," *Technological Forecasting and Social Change*, In Press.
6. C. Metallo, R. Agrifoglio, F. Schiavone, and J. Mueller, "Understanding Business Model in the Internet of Things Industry," *Technological Forecasting and Social Change*, In Press.
7. K. Rong, G. Hu, Y. Lin, Y. Shi, and L. Guo, "Understanding Business Ecosystem Using A 6C Framework in Internet-of-Things-based Sectors", *International Journal Production Economics*, Vol. 159, pp. 41-55, 2015.

第四章

物聯網生態系與共享經濟

4-1 物聯網生態系

時代變遷伴隨著科技的進步，互聯網的普及和物聯網、雲端運算和大數據分析等技術不斷地進展，造就了共享經濟與 API 經濟的崛起，許多創新的商業型態也如雨後春筍般湧現。許多重要科技與人工智慧的快速發展對於傳統的產業產生了劇烈的衝擊和影響，也進一步形成具有智慧的物聯網生態系。在互聯網的普及和物聯網的發展下，物聯網的應用主要分為兩大主軸：一是在原本的應用上加入物聯網，進而改變了原本商業的模式，帶動各行各業的轉型；另一則是創新開發多樣化的產品和新的應用情境。透過標準化平臺的架構，可以將人和資訊結合在一起，透過不同軟硬體的連接，讓多種不同的場景都能使用物聯網，讓許多資訊相關的產品在物聯網的應用上有了新的定位和意義。

物聯網的時代下，一家公司的競爭力不僅著重企業本身的能力，同時還包含了合作共贏的思想和組成的多樣化，以及透過合作展現出企業的組織能力。因此，尋找其他企業合作成了必要的選擇。在物聯網時代下，創造或加入一個生態系對硬體的生產者而言，是一個至關重要的選擇。生態系是指許多不同種類的生物同時處於一個環境下，透過彼此的互動、支持與制約所形成的一個生態之間的平衡。而物聯網生態系分為連接與傳輸、智慧系統、硬體裝置、硬體平臺、數據分析和應用服務等，因此硬體在物聯網生態系中，成為吸引每位使用者加入生態系的關鍵之一。未來賣的東西不再是商品，而是生活中的體驗、感性的價值以及創新的服務，營運模式也轉變為先建構出一個生態圈，再思考硬體的型式，也就是生態圈的主導者會先創造一個成果，但仍然會邀請開發者和競爭者一起加入這個生態圈體系，從過去以注重個人能力為主，轉為強調彼此合作的能力。

4-2 物聯網生態系平臺

由於物聯網和人工智慧（AI）的崛起，加上少子化和高齡化的問題，智慧家庭成為非常熱門的話題。Amazon、Google 和 Apple 等企業先後推出最新的智慧家庭產品，許多大型企業也陸續投入到智慧家庭的開發。在智慧家庭的情境中，整合了各種服務和豐富的多媒體情境。研究機構 Harbor Research 預估 2020 智慧家庭在自動化和娛樂的應用產值將達千億美金，同時 Amazon、Google 和 Apple 也利用各自所擁有的資源，積極搶攻智慧家庭的市場。在智慧家庭的情境中，硬體的差異不再是最主要的核心價值，對消費者來說主要的價值是各廠商提供整合的服務和豐富的內容。智慧家庭中最主要考慮人機介面、多元服務及豐富內容等幾個面向。在人機介面方面，目前語音仍是人與機器之間主流的互動方式，如何讓機器處理人類語言並正確理解，增加更直覺化的使用者介面是最大的挑戰。目前已出現以人工智慧晶片為基礎，結合語音和影像辨識技術的功能，以提高物與物之間溝通的創新。在多元服務方面，希望能達到家庭中的所有設備不論品牌、平臺和終端設備彼此都能連接溝通，讓使用者以各種直覺方式隨心所欲地控制。在豐富內容方面，家庭中多媒體服務是吸引消費者的關鍵因素，所以如果可以提供好聽的音樂、有趣的電影或是熱門的影集都可以提高智慧家庭的附加價值。表 4-1 為 Amazon、Google 和 Apple 物聯網生態系平臺就 Hub 裝置、語音助理、第三方開發工具和重要合作夥伴等主要優勢的比較。

表 4-1　Amazon、Google 和 Apple 物聯網生態系平臺的比較

項目＼公司	Google	Amazon	Apple
Hub 裝置	Google Home	Amazon Echo	iPhone、Apple Watch
語音助理	Google Assistant	Alexa	Siri
第三方開發工具	Assistant API、Google Smart Home Platform	Alexa Skills kit	HomeKit、SiriKit
重要合作夥伴	Nest、LG、Asus	Spotify、Uber、Fitbit	滴滴打車、Withings、海爾
主要優勢	雲端服務、人工智慧搜尋引擎	數位內容服務、電商平臺、直播平臺	裝置滲透率高、平臺整合性強

以下則是分別對三大平臺的介紹：

1. Amazon：Alexa 展現新聯網平臺

人工智慧目前是最熱門也最多人探討的議題，也是每個平臺重視的

領域。Amazon 致力打造 Alexa 生態圈，希望讓 Alexa 的服務更多元化。Amazon 推出語音控制 Echo 為人與機器的互動介面，人工智慧也隨之進入了我們的生活中。Echo 擁有內建的喇叭與麥克風，我們可利用聲音對 Echo 下達指令或提出詢問。另外 Echo 也能播放網路上或行動裝置上的音樂，還可以新增語音購物和預辦事項提醒等其他功能。開放性是 Echo 成功的一個關鍵因素，它帶給大家更多的想像空間。Amazon 同時也強力推薦 Alexa 的開發平臺。Alexa 是利用說話的方式來控制所有的動作，也藉由 Echo 創造了新產品的形式，甚至成為最理想的家庭控制中樞之一。許多第三方服務商跟 Amazon 合作，像是 Spotify、Uber 和 Fitbit 等廠商，這些服務商在 Echo 回答完使用者的問題後，會播放一些自己的廣告訊息，藉此達到宣傳的目的，如圖 4-1 所示。

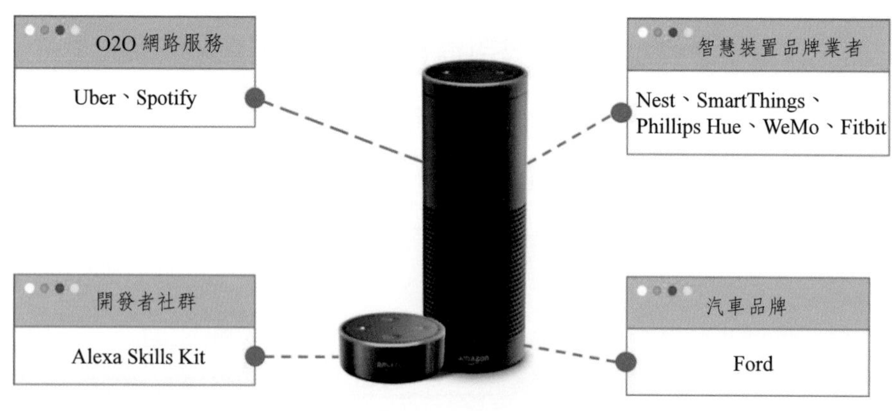

圖 4-1　Amazon Echo 的生態圈

除了 Echo 外，Amazon 另一個致力發展的是建構了一個未來商店樣貌的 Amazon Go 零售系統。消費者只要用手機掃描進入商店後，拿取的商品系統都會自動偵測並紀錄該商品的編號。當你離開商店時，機器會直接從你的 Amazon 帳戶扣除購買物品的金額並開立發票，店裡不需要店員也不用排隊結帳，省略了結帳的步驟，這是 Amazon 稱作「只要走出去的科技（Just Walk Out Technology）」。Amazon Go 顛覆了以往的購物方式，完成此系統牽涉到許多先進技術，包括電腦視覺（Computer Vision）、感測器資訊整合（Sensor Fusion）以及深度學習（Deep Learning）等，這些技術對於將來物聯網的生態圈都是極重要的核心技術。

2. Google 運用人工智慧技術的優勢提供智慧的對話

Google 公開發表了智慧家庭管家 Google Home，它的操作的方式和 Amazon Echo 相似，但 Google 針對的是 Android 手機用戶，因其已經擁有許多重要的個人數據，如圖 4-2 所示。Google 與許多企業有相當密切的合作關係，販售關鍵字廣告是 Google 網路行銷必備的工具之一，因此在品牌推廣與服務上比 Amazon 更占優勢。Google 發展的角度是從智慧家庭開放平臺出發，與 Amazon 相比，Google 所擁有的最大優勢在於擁有強大的搜尋引擎、人工智慧和機器學習等服務。為了在智慧家庭市場占有一席之地，Google 還推出了新開發的物聯網平臺「Android Things」。未來 Android 還可以透過喇叭和監視器等家電用品，出現在家中每個地方。除了 Android Things 原本的功能外，為了讓開發者都能開發物聯網的服務，Android Things 加入了 Android Studio、Android SDK、Google Play 服務和 Google 雲端平臺，Android Things 同時也支援 Google 物聯網通訊協定 Weave，讓所有類型的裝置都能與雲端做連接。在硬體支援上，Google 已經和 Intel Edison、NXP Pico 和 Raspberry Pi 3 等硬體製造商合作，另外 Google 也準備將過去分散的物聯網系統整合成統一平臺。

連接 Chromecast
與 Google 的周邊軟硬體連接，
取得使用者設定實現智能家居
chromecast
Do you like Siri?
通話功能
語音識別可以針對不同人
而找出相對應的關係人
自然語言問答
不再是關鍵字或探索式的搜尋
問題，直接分析語句回答問題

圖 4-2　Google Home

為了讓 Google Home 對話更接近人們之間的對答，Google 也投注大量資源開發人工智慧的技術。Alexa 雖然可以協助 Amazon 購物，但要讓 Alexa 理解消費者需要購買的物品，必須經由一問一答，回答許多問題後才能得知。Google Home 透過人工智慧則可以了解整個對話過程中所想表達的意思，而不是侷限於單一問題，也就是說 Google 利用人工智慧的主要優勢在於智能對話，並且與 Google 搜尋引擎整合，搜尋的同時能知道使用者所使用的搜索方式和使用者搜索的歷史紀錄，展現出更加準確的結果。Alexa 能經由維基百科提取訊息，但 Google 不但能知道人物、地點和事物，還能理解他們彼此間的關聯性。

3. Apple 建構完整的智慧家庭管家系統

Apple 整合了 iPhone/iPad、Mac、Apple Watch 和 Apple TV，並強化軟硬體和服務之間的整合。Apple 希望開發屬於自己的標準，並且從中建構出一個生態系，裡面包含了 App 開發商、平臺商與消費者，形成一個正面的循環，讓生態能持續經營，並能展現出和競爭對手的差異。Apple 擁有大家所熟知的 Siri 助理，對消費者而言使用上也比較習慣。除此之外，Apple HomeKit 能夠與多種硬體裝置相容，運用的層面廣變化也多，如圖 4-3 所示。但 Apple 在面對市場的考驗上碰到許多的困難，例如價格上就比 Amazon 和 Google 高。另外，每個家庭使用的裝置硬體都不盡相同，要連接上每個物件在技術層面有困難。Amazon 搶先進攻服務生態系，而 Google 有開發 Android 系統以及和 App 開發者合作的經驗，對於建立生態系並不陌生，而且擁有完整的個人數據合作關係。而 Apple 帶著大家熟悉的 Siri 進入智慧家庭市場，把所有家電串聯起來，將人工智慧帶入生活中。

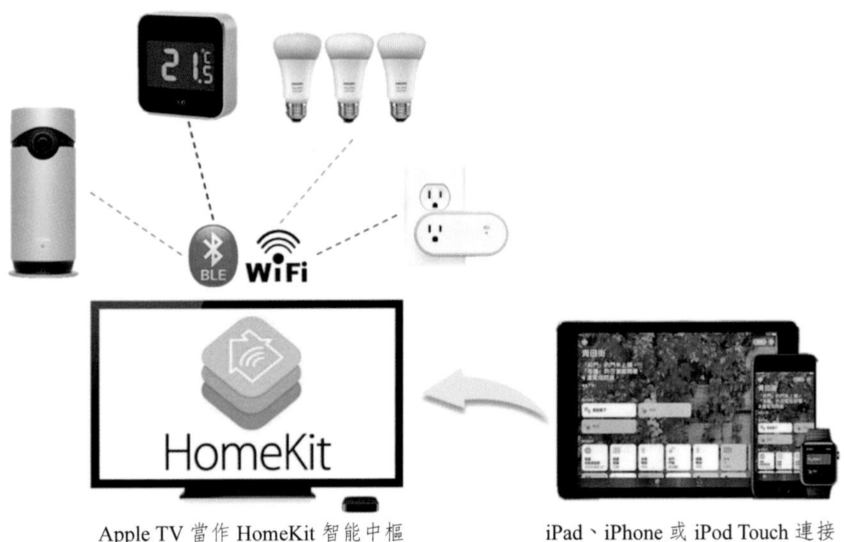

Apple TV 當作 HomeKit 智能中樞　　iPad、iPhone 或 iPod Touch 連接

圖 4-3　Apple HomeKit 智慧家庭

4-3　物聯網產品生態系

4-3-1 Apple Watch 生態系

穿戴裝置只是物聯網環境中的末端裝置，重要的是背後的服務和生態系。穿戴式裝置將會成為科技生態系統的核心元件之一，不只在健身和醫療領域上擁有的市場，更將成為手腕上的超級電腦。不過許多消費者常會有這樣的疑問：知道了基本資訊，接下來要做什麼呢？一個理想中的裝置是替消費者偵測出生理資訊後，同時還能提供消費者分析功能，而要結合服務與裝置，那裝置背後的生態系就不可少。除了健康資訊外，穿戴式裝置的功能還包括電子錢包。Apple 的重心也逐漸從硬體轉向生態系，也就是與軟體、服務、數據和合作廠商的結合，如圖 4-4 所示。Apple 的線上商店 iTunes 擁有八億的活躍用戶，約為 Amazon 的三倍之多，同時，Apple 進行了一個大改變，就是對合作夥伴更開放第三方開發的 App。Apple Watch 是 Apple 首款穿戴式裝置產品，和市面上的智慧手錶差別在於它是以全新的 Digital Crown 來操作 Zoom、Scroll 和 Navigate 等動作，不需要觸碰錶面。另外 Apple

Watch 也支援 Apple Pay，在行動支付的領域上領先於其他競爭品牌，更是期望以完整的 App、行動支付功能、運動監測功能以及優雅外型，攻入穿戴式市場。

圖 4-4　Apple Watch 生態系

過去 Apple 的服務都是偏向工具型應用，但現在 Apple 開發出了音樂串流平臺 Apple Music 和新聞服務 Apple News。過去大家都是用 iTunes 提供的影音商城平臺，消費者通過 iTunes 購買音樂影片，Apple 本身只是通路平臺，販售的產品全由服務者提供，現在 Apple 自己管理並提供服務內容。以 iPhone 為中心的生態系統中，除了筆電 Mac 以外，也包含成長中的 Apple Watch。新增了前端整合介面，包含 iPhone、Apple Watch 和 Apple TV，使得智慧家庭裝置彼此結合更加緊密。另外 iMessage 也是大家耳熟能詳的通訊軟體，能同步支援 iPhone、Apple Watch 和 Mac，提供了一致的使用服務。

4-3-2 Pepper 生態系

近幾年隨著相關科技發展帶動物聯網時代的到來與興盛，物聯網不再是只有產品和網路，而是透過整合和串聯，利用服務來實現應用的情景。未來的場景可能是早上起床時，家裡的機器人已經幫你打開了電視，轉到你最常看的電視臺；出門買東西不需要帶錢包，直接將智慧手錶對著 POS 系統螢幕，就能立即完成付款；在停車場只需使用智慧手錶就能開啟電動車車門；空中的無人機快遞緊急文件；戴上虛擬實境裝置即可連線你所關心的賽事；睡前機器人會自動播放音樂助你入眠。

Pepper 是大家耳熟能詳的機器人，由軟體銀行研發，鴻海代工，結盟阿里巴巴的服務型機器人。Pepper 不是一個封閉的應用生態系，軟體銀行為了吸引更多的開發者來開發 Pepper 的應用程式，推出了 Android 應用程式的開發工具，讓開發者能在 Pepper 胸前互動介面導入 Android App。此外，軟體銀行也提供實體的工作空間和線上的社群 Pepper Creator Community，讓開發者能夠實際接觸 Pepper，也能到線上開發社群互相交流。未來軟體銀行也可能會參考蘋果的 App Store 線上商店模式，讓消費者到線上商店下載各種應用程式。

Pepper 的生態系是由軟體銀行為主導，結盟了機器人公司 Aldebaran Robotics、代工廠鴻海以及電商阿里巴巴，讓 Pepper 的人工智慧、製造和通路行銷都有很好的基礎，並邀請開發者來開發應用軟體，如圖 4-5 所示。Pepper 特色在情感認知功能，它能夠識別人類的情緒，能隨著人類不同的情緒改變互動模式。除此之外，Pepper 也結合 IBM 的人工智慧系統 Watson，讓 Pepper 能夠透過機器學習不斷進步。Pepper 最主要的功能是居家照護的應用。日本步入了高齡化社會，居家照護跟陪伴的需求也隨之提高，而 Pepper 目前已經能夠辨別主人的情緒，並做出適當的反應。舉例來說，當你心情不好時，Pepper 會做出讓你發笑的舉動，或是主動播放你最喜愛的歌曲。Pepper 具備了機器學習的技術，一段時間之後，每臺 Pepper 情緒反應會隨著使用者的不同而不一樣，會變成最合適使用者的機器人。雖然 Pepper 定位在家庭的居家照護，但有許多零售通路和百貨業者也引入 Pepper 到商場內，負責擔任解說員或是銷售員的工作。Pepper 不但能接待客人，也可以替客人解說產品規格及特色，或是與客人互動玩遊戲。除了可以吸引客人眼球之外，也能增進客人與產品的接觸機會，提高銷售效益。此外，銀行業也開始導入 Pepper 機器人，改變顧客與銀行間的溝通方式。

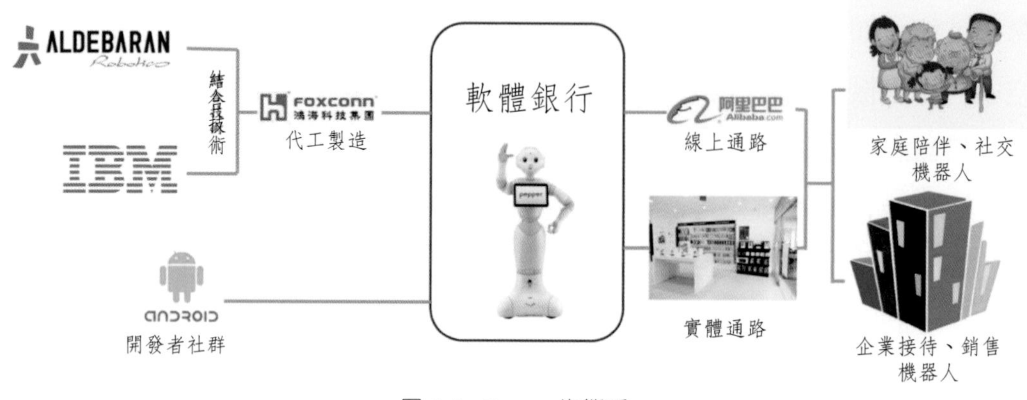

圖 4-5　Pepper 生態系

4-3-3 Oculus Rift 生態系

Oculus Rift 的出現，讓虛擬實境的生態系開始發展起來。如今，它不只是一款虛擬實境裝置，背後更擁有著龐大的虛擬實境商機。在許多的虛擬實境裝置中，Oculus Rift 的生態系最為完整，除了有 Facebook 和 Windows 10 支持，還擁有龐大的開發者社群的支撐，為了讓虛擬實境能成真，內容、平臺和裝置三個缺一不可，如圖 4-6 所示。Oculus Rift 除了不斷改進硬體設計和功能外，也積極的開發能協助使 Oculus Rift 生態系更完整的應用生態。Oculus VR 與微軟和 Xbox 陣營結盟，Oculus Rift 支援 Windows 10 作業系統。此外，Oculus Rift 還會另外附上 Xbox One 的無線控制器，讓使用者拿到裝置後就能直接玩 Xbox One 的遊戲。Oculus Rift 也能使用自己所配備的無線遙桿 Oculus Touch，讓使用者在虛擬世界中除了看以外，也能透過 Oculus Touch 與虛擬世界互動。Oculus VR 不僅要連接玩家與開發者，還要連接產業生態，吸引更多有能力的潛在公司投入開發以完善產業生態鏈。此外，Oculus VR 也將 Oculus Rift DK1 的技術對外開放，讓所有對虛擬實境裝置有興趣的公司及開發者，都能依據 Oculus Rift DK1 的開源資料進行開發。

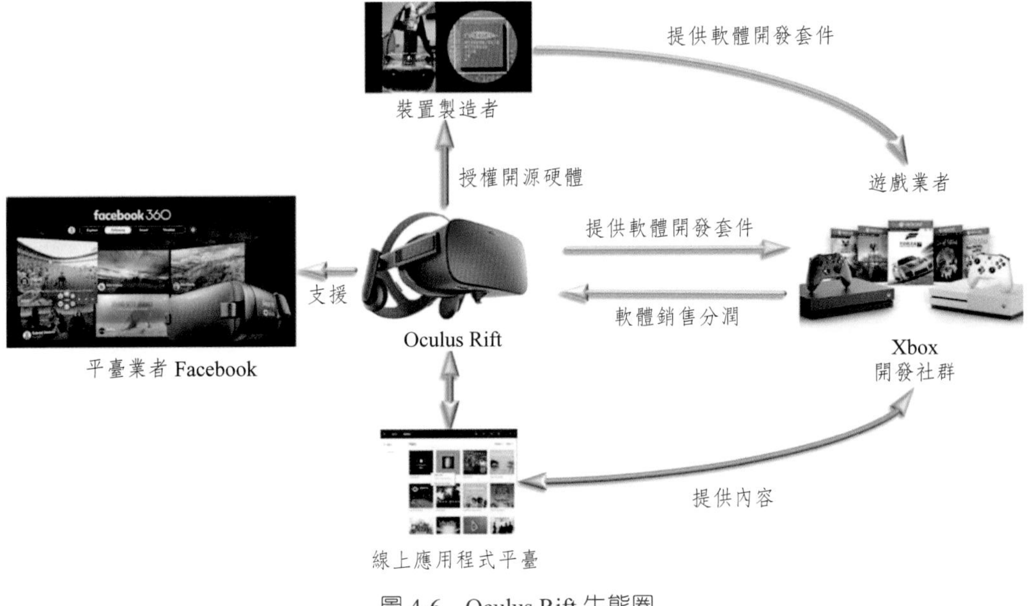

圖 4-6　Oculus Rift 生態圈

4-3-4 Tesla 生態系

當電動車、鋰電池和太陽能三個關鍵字碰到一起時，大家心裡出現的詞應該會是 Tesla，Tesla 不僅要做電動車，其最大的目標是在環保意識逐漸抬頭的情況下，將所有綠色能源方案串聯在一起，藉此改變未來能源的使用方式。電動汽機車的市場逐漸擴大，使得電動車不僅是單純的電動車，更是一個帶動能源產業革新的重要角色。Tesla 創造出一個新的家用電池 Powerwall，希望能讓一般家庭都可以接受。Powerwall 不僅可以協助電網平衡，還能配合不同的生活節奏對電池的使用方式進行客製化的調整。另外還結合了再生能源系統，可以儲存多餘的再生能源。透過 Powerwall，一個家庭將能完全不需要再依靠市電網路來獲得電力，自己本身就能成為一個獨立的小型發電兼儲能站，同時也進一步的促進分散式發電系統的發展，除了減少能源的浪費外，還可以提高能源的再使用效率。和日本 Panasonic 合作蓋了一座超級電池工廠 GigaFactory 的主要目的是降低電池的成本。Tesla 計畫在工廠生產自己的鋰電池，同時貫徹環保理念：工廠的電力一部分來自風力和太陽能發電。Tesla 也預計將鋰電池的技術授權給其他的車廠做使用，藉此降低鋰電池製造成本、電動車研發和購入的門檻。Tesla 的生態系結合了電動車、鋰電池工廠和太陽能電網，用開放授權鋰電池的方式，鼓勵更多車廠投入研發電動車，和有能力的電池業者組成一個大型電池工廠，降低能源的使用成本，如圖 4-7 所示。

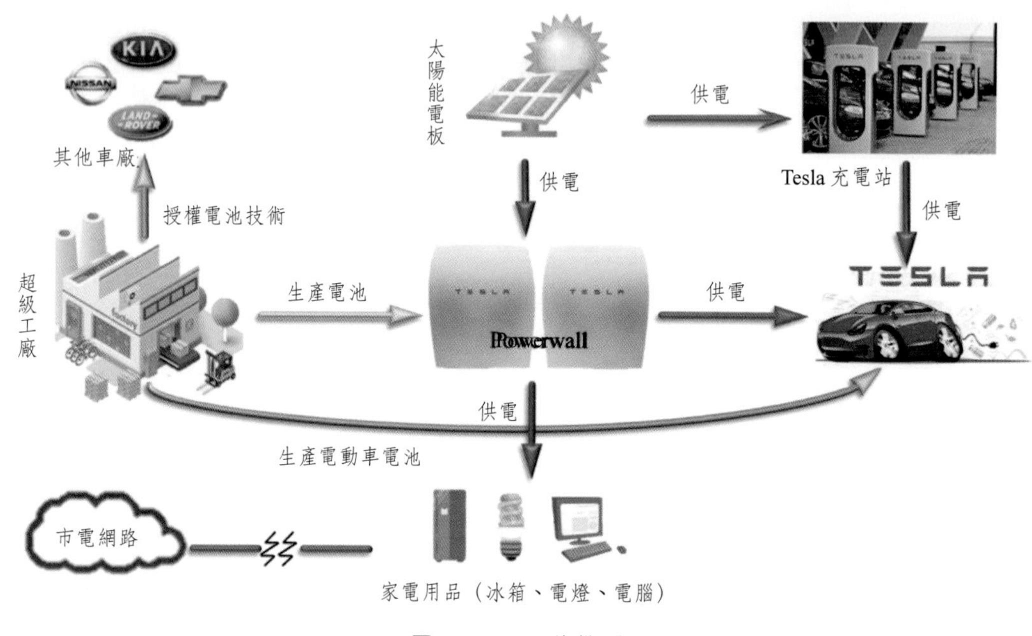

圖 4-7　Tesla 生態系

4-4　物聯網與共享經濟

物聯網帶給我們一個創新的思維，就是能將許多閒置的資源串聯起來，透過物聯網提供更多樣的產品和服務。共享經濟的定義是擁有閒置資源的機構或個人有償讓渡資源使用權給他人，讓渡者獲取回報，分享者利用分享他人的閒置資源創造價值。圖 4-8 即為物聯網與共享經濟的關聯。共享經濟最典型的代表是 Uber、Airbnb 和滴滴打車等共享平臺，這些平臺撮合閒置資源的供給方和需求方。一個共享經濟帶來的生產和生活模式的轉變，包含產生了分散式能源網路、大眾生產和產消者等，形成了一個零邊際成本的社會。讓數量龐大的設備和組織連接到物聯網是共享經濟的一個關鍵因素。物聯網感測器也為企業開啟了一個新的方向，例如可預測性維護或是為自主式物件提供相關支援等，可利用人工智慧和機器學習能預測智慧物件的狀態，必要時主動執行一些動作，同時以更自然的方式與人們以及周遭環境互動。物聯網「萬物連網」的概念，說明了各種設備與物品都有可能成為物聯網的一員，物聯網不再單純只是把物與物相互連接起來而已。由於感測器和雲端運算的普及，讓我們生活進入全面感測化，並有能力可獲取和分析數量驚人的大數據資料，這才是未來物聯網時代的最大優勢。

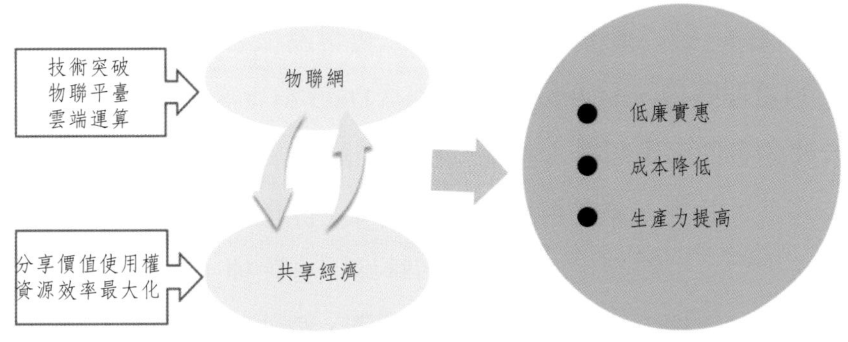

圖 4-8　物聯網與共享經濟的關聯

世界各國都在積極的運用共享經濟模式，帶領出新經濟的正面效益。許多民生所需的問題也運用共享經濟的方式來解決，例如交通、停車位、觀光和能源等，甚至成立共享城市及共享示範區，同時整合其他科技發展如循環經濟、綠色消費、物聯網、智慧製造和交通運輸等，創造出更多的新的商機服務模式。另外再加上智慧聯網趨勢、智慧手機的普及、社群分享活絡、雲端大數據及人工智慧技術等快速發展，不論有形或無形資源的共享經濟模式正在不斷發展當中。因此共享經濟平臺，成為推動創新經濟的核心，可延伸及加速當前四大新經濟發展：

1. 物聯網經濟：物聯網即服務（IoT-as-a-Service）模式，開放共享物聯網軟硬體架構和數據。這種新的經濟型態影響了人的生活與社會經濟，最顯著的特徵為快速性、高滲透性、自我膨脹性、邊際效益遞增性、外部經濟性、可持續性以及直接性。

2. 區塊鏈經濟：共享經濟與區塊鏈原本相輔相成，透過區塊鏈可以用安全且分散的方式運作軟體，可以利用點對點的方式運作，網路不會受任何一方控制。區塊鏈即服務（Blockchain-as-a-Service），在多方共享事務歷史記錄帳本或數據，透過智慧合約的技術，可以讓個人來協調共同的活動，能以更安全和分散的方式管理自己。

3. 循環經濟：從每一件產品的設計開始，就追求著零廢棄，讓所有的產品、零件和原料都能透過 3 個 R（Reduce、Reuse 和 Recycle）的處理，重新回到產品循環中，達到材料到成品的物盡其用。

4. 資料經濟：在大數據的時代下，以資料為核心的價值體系將會成為物聯網時代的重要關鍵，發展數據即服務（Data-as-a-Service）商業模式，展現出大數據的各種應用商機，並進一步連結跨產業的服務系統。

共享經濟的特點是集結群眾智慧與資源，開創出新的供需市場。消費者可不必負擔大型企業壟斷供應鏈的成本轉嫁，去除掉中間各種資源、人力與時間浪費，提供與傳統服務不同類型的服務，帶動科技應用、商業模式和消費價值等變革，也重塑全球產業生產營運、組織、服務分工與供應鏈體系。共享經濟涵蓋五大要素（如圖 4-9 所示），將尚未完全被利用的資源再利用的「閒置資源」、以 P2P 方式共享網路上各種閒置資源的「線上網路」、可以隨時在線上平臺或社群取得不同資源使用權的「即時便利」、透過線上社群流通並集結群眾智慧和社群凝聚力的「社群共享」以及創造互利互惠和永續經營的的三方共享平臺造就「平臺價值」。

共享經濟的核心驅動力主要分為 STEP 四點，如圖 4-10 所示：

1. 社會文化因素驅動力（Social-cultural Drivers）：共享經濟改變了傳統的社交、交流和溝通方式，不需要面對面即可溝通，也造成了網路中的群體數量增長和持續發展，也成為全球關注的議題之一。

2. 技術因素驅動力（Technological Drivers）：科技的進步創造出了新的生活方式，物聯網的出現使人們的生活與物聯網息息相關，我們透過網路完成生活和工作上的許多項任務。

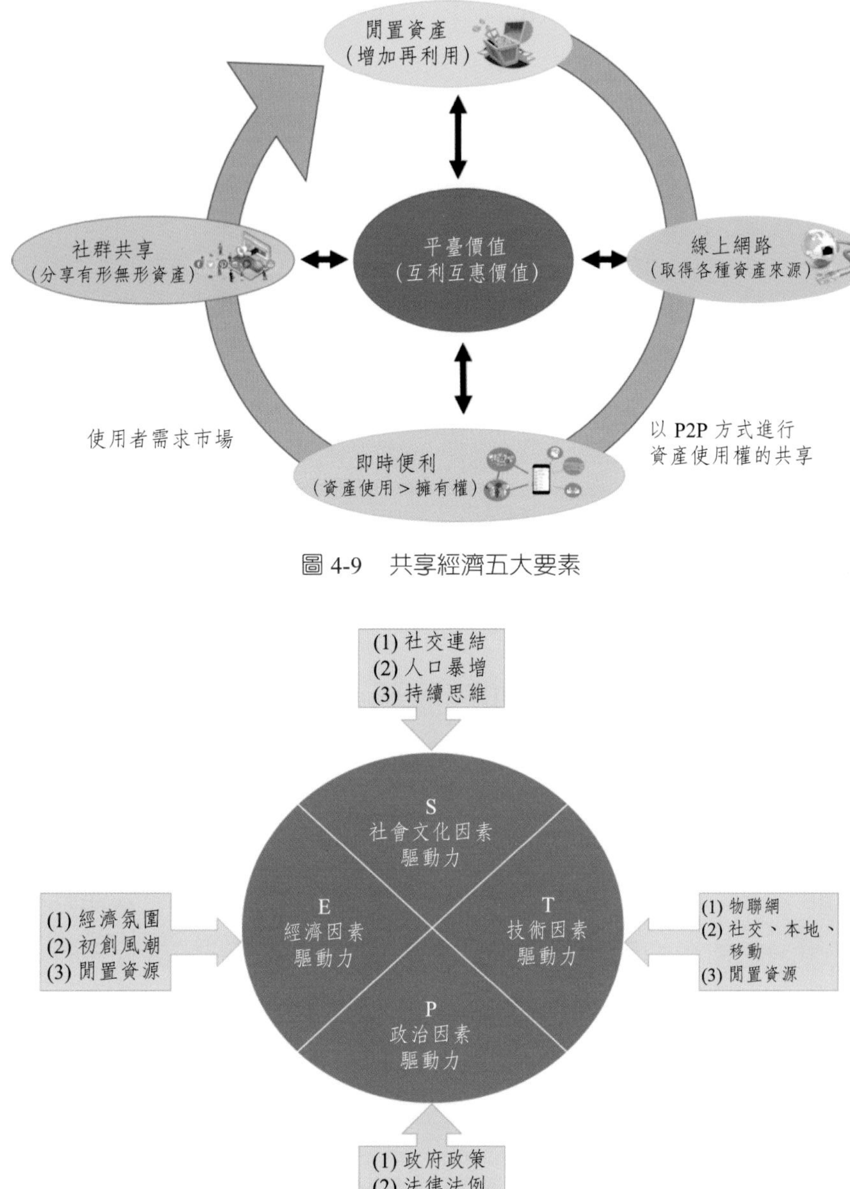

圖 4-9　共享經濟五大要素

圖 4-10　共享經濟的核心驅動力

3. 經濟因素驅動力（Economic Drivers）：科技的進步使得傳統經濟受到了衝擊影響，例如阿里巴巴顛覆了傳統零售業務，也令人們更重視新興共享經濟的商業模型，使新創公司與資本創新業務迅速增長。另外如何通過平臺模式有效的利用閒置資源，也是共享經濟的核心之一。

4. 政治因素驅動力（Political Drivers）：時代的變更和科技的進步快速，政治因素有時卻成為了發展的一個障礙，許多政府政策卻無法跟上步伐，法律法例因無法跟上科技發展而產生法律的灰色地帶。另外利益的互相衝突，常出現遊行、抗議、抵制甚至是暴力的行為，讓政治也變成需要考量的因素。

共享經濟逐漸改變著市場規則，在網路上任何東西都能出租，讓人們的生活都面臨的不同的變革。共享經濟不是共產主義，而是各取所需。任何東西皆可透過網路取得分享資格，任何東西皆可一鍵到府來服務，而且價格便宜，這已吸引了新世代的目光。共享經濟正在改寫市場規則，改變你我的生活。共享經濟的發展，不僅能讓閒置資源活用，同時更能結合產業的轉型升級，創造國際商機。

4-4-1 Uber：提供頂級私人叫車服務

叫車應用平臺 Uber 為大家耳熟能詳的一個新創企業。Uber 創立的靈感來自於 2008 年的巴黎。當時創辦人 Travis Kalanick 和朋友想要叫車參加一個會議，但是等了很久還是叫不到一輛車。於是他思考著：要是只需在手機上點擊幾下，就能預約到車，那該多好。在美國和歐洲的計程車行業，有著車子環境髒亂、叫車速度慢、服務態度差、價格昂貴和無法使用信用卡付錢的種種問題，這些問題讓創始人看到了一個巨大商機，創業由這想法開始。他們認為隨著移動互聯網和定位技術慢慢普及，解決這些問題的技術條件將逐漸成熟，於是就在 2009 年 3 月創立了 Uber。

Uber 的成功是集結了不同要素而成的組合，如圖 4-11 所示。成功的要素除了擁有優質用戶體驗，同時還有跨界聯合行銷。Uber 以消費需求和行為習慣將顧客分為不同群體，制訂創新的跨界合作行銷方案。另外，Uber 搭配使用大數據也是其成功關鍵要素之一，使用大數據可以快速為搭乘者配對出合適的司機。Uber 透過浮動定價方式調節市場供需平衡，進一步提高汽車的使用率。同時 Uber 也不斷的創新，不斷超越，例如共乘機制：選擇路線相近的人共同乘坐一輛車，將行程緊密地銜接，乘客可以享受更優惠的車費，而司機也可以透過共乘提升接待用戶的效率。除了交通服務，Uber 還不斷開拓交通工具傳送的業務，例如物流送貨服務、搬家服務和送餐服務等。Uber 成功的核心商業模式是共享社會閒置資源，以及從「擁有權」到「使用權」的平臺思維。此外，Uber 也是平臺經濟的典範，注重物品的「使用權」，而非實際「擁有權」。Uber 並沒有擁有汽車，而是建立平臺讓司機與乘客進行供求配對，從中賺取一定額度的費用而已，此平臺卻能做到物盡其利的效果，創造出多贏的方案。

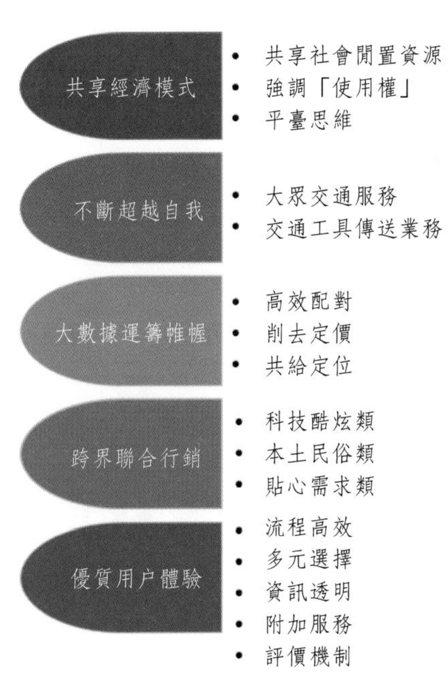

圖 4-11　Uber 的成功要素

4-4-2 Airbnb：出租閒置空房給房客

全球最大的民宿平臺 Airbnb 不僅僅只是把共享當成是一個交易項目，讓房東把房間出租給遊客，還想更進一步的尋找與消費者之間的共享價值。Airbnb 歸納了顧客的意見與想法，讓顧客的有歸屬感便成為 Airbnb 注重的目標，決定以讓顧客到任何地方都擁有歸屬感為行動方針，讓 Airbnb 不只是旅行的代名詞，還能夠透過科技使得旅者與當地生活能有緊密的結合。Airbnb 希望藉由訂房平臺，除了在旅行時租借房間外，還能建立與他人的連結，嘗試住在有別於自己生活習慣的環境，體驗到交易之外的人性連結，如圖 4-12 所示。

Airbnb 的商業模式定義了三個客戶群：

1. 主人：擁有財產的人，希望能透過出租可用空間賺錢，他們可以為自己的房產添加資訊並設置自己的租金、入住跟退房時間，並能決定接受或拒絕預訂。

2. 旅客：可以透過資訊，例如租金、提供設施和位置等進行過濾搜尋，並通過 Airbnb 平臺付款以預訂房間。

3. 自由攝影師：Airbnb 在全球的主要城市都有自由攝影師網路，可以拍攝該房子的照片，而高品質的照片可以獲得更多人的關注。自由攝影師的費用是由 Airbnb 支付。

圖 4-12　Airbnd 的共享價值

Airbnb 針對不同旅客層，設計出不同的價值主張、通路和收益流，希望旅遊者在不同城市旅行時，當地居民能擔任東道主，讓旅客能體驗當地的生活，同時賺取額外收入。除了開放網站訂房以外，Airbnb 經由經營出租者社群，讓他們可以分享自己的經驗，增進服務的能力，同時從中挖掘出新的產品和服務，並且對 Airbnb 評價經由顧客傳播出去，讓更多人能知道。為了維持平臺營運，Airbnb 對雙方收取費用，房屋主人通過平臺進行每一次預訂會收取 10% 傭金，每次確認預訂時，對旅客收取預訂金額 3% 的交易費用。

另外 Airbnb 還有關鍵合作夥伴，第三方支付公司以及攝影師。Airbnb 很早就和 PayPal 跟信用卡公司合作，提供方便的支付管道，另外他們發現上傳照片的品質會影響到出租率，因此增加當地的攝影師為合作伙伴，幫每一個出租房拍攝。

4-4-3 Zipcar：24 小時都能在任何地方租車

Zipcar 創立於 1999 年，創立的目的在於創造一個更有彈性的汽車使用方法，希望解決塞車、車位不足、排氣汙染以及最根本社會問題車輛過多等問題。Zipcar 與傳統租車方式的比較顯示於表 4-2。Zipcar 的經營方式包含以下四點（如圖 4-13 所示）：

1. 車輛分布在各處，可以隨地借還車輛。

2. 在有 Zipcar 營運的城市需要借車時，可以上網查詢，Zipcar 會告訴你最近距離的車輛位置跟車牌號碼及取車時間。

3. 有便宜合理的收費機制，根據個人需求，可以選擇以小時或以天計費，而租車費包含了油費跟保險費。

4. 除了個人服務，還有針對企業的車隊和員工交通的服務。另外，Zipcar 發現客戶在乎經濟和便捷，因此政策都圍繞在經濟和便捷，致力降低客戶租車需要的金額和時間的成本。

表 4-2　Zipcar 與傳統租車的比較

項目	Zipcar	傳統租車
費用	全部包含在固定費用	額外收取保險、燃料、停車、稅金
計費方式	可選擇小時計費與以天計費	全部以天計費
取車手續	語音及網路預約，直接取車	押金，填妥表格方可取車
取車方式	車輛散布於城市各地，隨地可取車、還車	得自固定之營運地點取車
還車方式	可於城市各地隨處還車，根據地點分配下一位使用者	於固定營運地點還車
使用者	需加入會員方可使用	任何人均可申請租車服務

圖 4-13　Zipcar 的經營方式

Zipcar 的主要商業模型如下：

1. 主要合作的夥伴：包含了汽車的保險，停放汽車的車位以及可以免費加油。

2. 關鍵活動：分析尋找更多停放汽車的地點，車隊的維護還有汽車的調度管理。

3. 價值主張：希望一群人共享一臺車或是多輛車。主要的目的是希望降低車輛持有率及停車場的需求，讓每一輛車可以盡量發揮作用，而不是讓車子常時間閒置在停車場。

4. 顧客關係：只要利用智慧型手機，就能輕鬆地找到自己喜歡的車，也更容易聯繫跟事先確認車輛。

5. 目標客層：一般汽車租賃在夜晚和週末為使用旺季，其他時段車輛往往閒置，因此 Zipcar 對企業客戶著手，吸引那些需要租賃服務的上班族，同時爭取與大學合作，將大學生衍變成他們獨特的客戶群。

6. 通路：通過網站、Twitter、臉書和部落格讓更多人知道。

7. 關鍵資源：在城市需要擁有停車的地方，還需要能有隨時調度的平臺以及車隊，以及顧客取車時的解鎖技術。

8. 收入來源：加入成為會員以及租金兩部分為主。

9. 成本結構：包含了保險費，汽車維修費，汽油，停車位置，人力資源，以及呼叫中心和車隊。

4-4-4 JustPark：連自家停車位都能讓你賺租金

在寸土寸金的倫敦市中心，閒置的住宅或停車空間的租金非常的昂貴，因此新創公司 JustPark 的主要概念就是媒合了有空的車位或路邊停車位給想停車的人使用，能隨時隨地用便宜的價錢租到熱門的區域或是觀光勝地的停車位，讓人生地不熟的觀光客可以節省一筆昂貴的支出。一旦該車位被租用，JustPark 會用郵件的形式通知，如圖 4-14 所示。為了規範出租者的行為，避免車位頻繁的出租後又取消的行為，JustPark 還進行額外監管，假設某個車位主頻繁的將車位出租後又取消外租，那麼，JustPark 將封鎖其帳號。透過 JustPark 預定的車位成本比一般路邊停車場平均便宜 70%，只需要選擇適合的位置，利用線上支付就能預訂該車位。

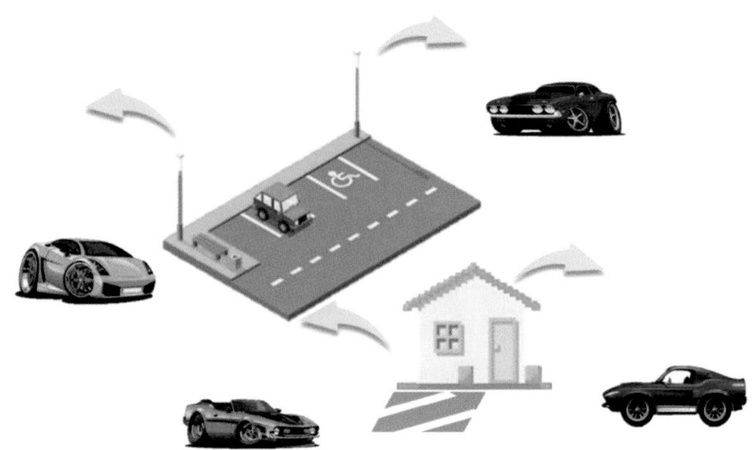

圖 4-14 JustPark 提供便宜的租車位價格

4-4-5 TaskRabbit：花別人的時間做你不想做的事

TaskRabbit 是一家專門從事生活任務外包的網站。任務發布者（Posters）通過平臺獲得任務跑腿員（Rabbit）的幫助，而任務跑腿員在完成領取的任務後可以獲得一定的報酬。對於任務跑腿員來說，最大的吸引力是擁有靈活的工作時間。所以在 TaskRabbit 平臺上主要的三要素為任務平臺、任務發布者和任務跑腿員，如圖 4-15 所示。TaskRabbit 平臺主要的功能如下：

1. 任務發布者（Poster）發布任務和標明任務完成後所支付的金額。

2. 任務跑腿員（Rabbit）互相競價和自我推薦適合完成這項任務的原因。

3. 在任務平臺上任務發布者經過挑選後，會指定某個任務跑腿員完成任務。任務完成後的費用會轉至任務跑腿員帳戶，使用信用卡線上操作，不會涉及現金交易。

圖 4-15　TaskRabbit 平臺上的三要素

任務發布者可以對任務跑腿員完成的任務情況進行評分，完成任務愈多愈完美的任務跑腿員信譽分就會愈高，在以後的任務競標中也比較容易獲取任務。TaskRabbit 網站會從中收取 12% 到 30% 的交易費用。過去商業模式中，報價通常都會低於最低工資的價格，而現在任務跑腿員可以指定他們的每小時費率和技能，並且自動分配，不需通過投標過程。在新的商業模式中，任務發布者必須根據每小時費率支付費用。以往常需花很多時間在招標過程上，現在系統會自動提供建議。

4-4-6 Feastly：到大廚家裡享受一頓盛宴

Feastly 是 Noah Karesh 創建的平臺和社區，他希望在這個平臺裡，喜歡烹飪的廚師和富於冒險精神的食客可以聚在一起，透過在家做飯的方式來體驗更真實和更具有社交性質的用餐體驗，如圖 4-16 所示。在此平臺上，廚師自己也能有一個展示廚藝、分享烹飪經驗和背後故事的地方，提供最有創意的食物給食客，同時也能獲利，讓廚師和食客雙贏。Feastly 平臺帶來一個雙向的社會價值，在未來的餐飲會是一個怎樣的體驗呢？Feastly 平臺讓一群人聚在一起吃飯和社交，科技讓廚師和食客連繫在一起。科技不斷進步，信息的分享速度已經超越了物體本身變化的速度。如今，科技的快速發展，帶來了分享經濟的平臺，Feastly 希望重新讓我們回歸到最初人的本性，把陌生人聚集在一起。不管科技如何變化，人的本性都不會改變，因此 Feastly 設計產品希望以人性為出發點，設計出的產品才能讓人與人之間的關係增添附加價值。

圖 4-16　Feastly 連接食客與廚師

4-4-7 Skillshare：一人行必有我師焉

Skillshare 在 2011 年創建於美國的一家技能分享網站。Skillshare 擁有獨特的創業靈感和商業模式，創造出令人訝異的商業價值，因此成為美國的新興創業公司之一，同時也是全球最熱門創業項目之一。Skillshare 是一個 P2P 模式的技能分享網站，像是一個社區化的市場，如圖 4-17 所示。在這個平臺上，用戶能成為老師，舉辦課堂分享自己的愛好或技能知識，也可以成為

圖 4-17 P2P 的技能分享平臺

學生，學習任何想學習的技能。Skillshare 的理念是每個人都能將自己的知識技能傳授給別人。

Skillshare 是一個開放式平臺，允許所有的人開設或者學習課程。不會對課程做任何評論，但會特別顯示網站上最有趣的課程。在 Skillshare 的服務中設有教師評論和推薦機制等，可以幫助用戶找到最佳的課程。同時每個用戶的個人主頁上都會顯示一個技能徽章，每個人都可以清楚地了解某位用戶可以教授或想學習的技能。用戶個人頁面還會顯示統計數據，例如教師用戶可以從他的個人頁面上知道曾經教授過多少學生，以及獲得了多少推薦。

Skillshare 與傳統教育網站不同的地方在於 Skillshare 不僅通過課程的功能教授專業的知識，還會推出許多生活中實用的技能，像是如何組建一個區域網路或者如何做一道菜色等。只要有意願或具備技能，你就能單獨或者跟朋友一起開一個課程，有興趣的用戶就能通過 Skillshare 平臺參加你開的課程。使用者也可以用學生身份參加任何一個感興趣的課程，學習希望能掌握的技能。除此之外，與其他教育網站不同的地方還包含了實體技能課堂，不再單純的在家裡看電腦學習，更可以參加實體課堂，與老師同學接觸。Skillshare 也會協助老師尋找適合的場地學習。雖然 Skillshare 會引進有名的教師，但更多的是普通老百姓的課程，低門檻為 Skillshare 招攬更多的用戶群，也是 Skillshare 迅速發展跟普及的加速器。

Skillshare 的資金來源除了接受不斷的融資外，還有教師收入提成。Skillshare 採用訂閱收費的方式，訂閱模式比傳統的課程收費模式的優越性，在於是以更少更長久的經營模式把握住用戶群眾，讓用戶能更長時間地使用 Skillshare 平臺，增加了客戶的黏著度。透過一次性購買也可使教師與學生之間的橋梁更加便捷，不僅提高了學生對課程的興趣，也會使教師更用心地準備每一個課程。每個月有 50% 的費用會分配給教師，另外 50% 的費用則歸 Skillshare。這 50% 資金主要用於投資 Skillshare，以及公司的日常支出，才能讓 Skillshare 能提供更好的服務以及支持平臺運作。另外，Skillshare 對教師提供 Royalty Program，也就是對優秀教師的獎勵。例如，當課程有超過一定數量的學生的時候，教師會自動被計算入系統，同時學生的訂閱等級也會影響教師的獎勵制度，讓老師會更盡心思準備每一堂課程。

4-5　習題

1. 說明 Amazon、Google 和 Apple 物聯網生態系平臺的比較。
2. 說明 Apple Watch 生態系。
3. 說明 Pepper 生態系。
4. 說明 Oculus Rift 生態系。
5. 說明 Tesla 生態系。
6. 說明物聯網與共享經濟的關聯。
7. 共享經濟平臺，可延伸或加速當前哪四大新經濟發展？
8. 說明共享經濟涵蓋的五大要素。
9. 說明共享經濟的四大核心驅動力。

參考文獻

1. 曾虁，「Alexa 不設限，亞馬遜展現新連網平臺野心」，數位時代，2017 年 4 月，275 期。

2. 蘇宇庭，「Amazon Echo 憑什麼成為最火紅的 IoT 裝置？」，數位時代，2016 年 7 月，266 期。
3. 蘇宇庭、李育璇，「物聯生態系崛起」，數位時代，2015 年 7 月，254 期。
4. 「Google 和 Apple 搶攻智能家居管家地位」。[online] http://www.bizhkmag.com/single-post/2017/05/10/Google 和 Apple 搶攻智能家居管家地位
5. 「萬物互聯共享，驅動四大新經濟」，工研院 *IEK*，2017。
6. 馬化騰、張孝榮、孫怡、蔡雄山，「共享經濟：改變全世界的新經濟方案」，天下文化，2017。
7. "The Rise of the Sharing Economy- The Indian landscape," *EY*, 2015.
8. P. A. Albinsson and B. Y. Perera, "The Rise of the Sharing Economy: Exploring the Challenges and Opportunities of Collaborative Consumption," *Praeger Security Intl*, 2018.
9. Amazon Echo, *Wikipedia*, https://en.wikipedia.org/wiki/Amazon_Echo
10. Apple Watch, *Wikipedia*, https://en.wikipedia.org/wiki/Apple_Watch
11. H. C. Y. Chan, "Internet of Things Business Models," *Journal of Service Science and Management*, Vol. 8, pp. 552-568, 2015.
12. R. M. Dijkman, B. Sprenkels, T. Peeters, and A. Janssen, "Business Models for the Internet of Things," *International Journal of Information Management*, Vol. 35, No. 6, pp.672-678, 2015.
13. Google Home, *Wikipedia*, https://en.wikipedia.org/wiki/Google_Home
14. O. Mazhelis, E. Luoma, and H. Warma, "Defining an Internet-of-Things Ecosystem," In: S. Andreev, S. Balandin, Y. Koucheryavy (Eds), "Internet of Things, Smart Spaces, and Next Generation Networking," *Lecture Notes in Computer Science*, Vol. 7469, Springer, 2012.
15. S. Leminen, M. Westerlund, M Rajahonka, and R Siuruainen, "Towards IOT Ecosystems and Business Models," In: S. Andreev, S. Balandin, Y.

Koucheryavy (Eds), "Internet of Things, Smart Spaces, and Next Generation Networking," *Lecture Notes in Computer Science*, Vol. 7469, *Springer*, 2012.

16. J. Penn and J. Wihbey, "Uber, Airbnb and Consequences of the Sharing Economy: Research Roundup," *Journalist's Resource*, 2016. [Online] https://journalistsresource.org/studies/economics/business/airbnb-lyft-uber-bike-share-sharing-economy-research-roundup

17. T. H. Roh, "The Sharing Economy: Business Cases of Social Enterprises Using Collaborative Networks," *Information Technology and Quantitative Management (ITQM 2016)*, 2016.

18. K. Rong, G. Hu, Y. Lin, Y. Shi, and L. Guo, "Understanding Business Ecosystem Using A 6C Framework in Internet-of-Things-based Sectors", *International Journal Production Economics*, Vol. 159, pp. 41-55, 2015.

19. S. Turber, J. vom Brocke, O. Gassmann, and E. Fleisch, "Designing Business Models in the Era of Internet of Things," In: M. C. Tremblay, D. VanderMeer, M. Rothenberger, A. Gupta, and V. Yoon (Eds), "Advancing the Impact of Design Science: Moving from Theory to Practice," *Lecture Notes in Computer Science*, Vol. 8463, *Springer*, 2014.

20. N. Yaraghi and S. Ravi, "The Current and Future State of the Sharing Economy," Brookings India IMPACT Series No. 032017, 2017.

21. G. Zervas, D. Proserpio, and J. W. Byers, "The Rise of the Sharing Economy: Estimating the Impact of Airbnb on the Hotel Industry," *Journal of Marketing Research*, Vol. 54, No. 5, pp. 687-705, 2017.

第五章

物聯網通訊技術

5-1 物聯網低功耗廣域網路應用

物聯網應用可以使用的無線技術可分為區域網路技術和廣域網路技術。現存主要的區域網路無線技術包括 WiFi、藍牙和 ZigBee 等；現存主要的廣域網路無線技術則有 3G/4G 等。區域網路技術的傳送速度較快，但有傳送距離短和涵蓋範圍不足的缺點；廣域網路技術有足夠的涵蓋範圍，但有功耗大、成本高等代價。在低功耗廣域網路（Low Power Wide Area Network, LPWAN）技術出現之前，無線通訊技術似乎只能在增加涵蓋範圍和降低功耗兩者之間取捨，低功耗廣域網路的出現解除了這個惱人的限制。低功耗廣域網路技術因同時具備長距離通訊與低功耗特性，是非常被看好的物聯網無線通訊技術。

目前全球各地已有許多低功耗廣域網路的物聯網應用，以下介紹國內外幾個典型的應用案例。

5-1-1 空氣盒子（AirBox）

以往為了增進生產力和競爭力，全球各地都興建了大量的工廠，機器運轉促進了經濟發展，但也產生了大量廢氣。近幾年來，在追求經濟發展之外，人們開始注意到空氣汙染的嚴重性。世界衛生組織的空氣汙染報告指出細顆粒物 PM2.5 的汙染正在全球迅速蔓延，空氣品質惡化使得每年約有 300 萬人死於肺癌等相關疾病，也就是說空氣汙染已經成為人類健康所面臨的最大環境風險。要解決空氣汙染問題，首先必須要能監測空氣品質，在取得空氣品質數據後，才能在空氣品質惡化達到一定的程度時，採取一些因應措施。

空氣盒子，如圖 5-1 所示，是由華碩雲端、瑞昱半導體與中研院資訊所合作，利用物聯網技術研發出的空氣品質監控設備。空氣盒子安裝簡易，提供了一個監測 PM2.5、溫度與濕度的便利工具。目前在臺灣各地已有數百個空氣盒子提供給民眾與學校使用，這些空氣盒子被安置在全國各地，收集到的空氣品質數據可利用低功耗廣域網路協定如 LoRaWAN 等上傳至雲端平臺，經彙整後透過網頁開放給研究機構和所有民眾，以便分析汙染來源或進行創新加值應用。此產品落實了民眾參與，透過簡單的幾個步驟，就能將網路與日常生活結合，充分展現智慧城市的形貌，讓民眾體驗到物聯網帶來的便利性，並能為改善生活品質各盡己力。

圖 5-1　空氣盒子

5-1-2 智慧停車感應器

汽車已成為現代人重要的交通工具之一，自己開車出門常常是最便利的交通方式，但是如果是開車到擁擠的市區，找停車位可能變成駕駛的夢魘。例如，根據統計，西班牙巴塞隆納市每天有一百萬位駕駛平均花費 20 分鐘尋找車位。如果沒有一個有效的管理系統，尋找車位不但很耗時，還有浪費燃油、增加廢氣排放等副作用。為了降低尋找停車位的成本，許多人嘗試提出可以快速找到車位的方法。由西班牙私人公司 Libelium 所開發的智慧停車感應器（Smart parking sensor），如圖 5-2 所示，便是其中的一個解決方案。此系統將智慧停車感應器布設於城市中的停車格上，藉由感測器上的磁力計（Magnetic field sensor）量測停車位被占用與未被占用時所產生的不同磁場變化，判斷停車位是否可用，再把可用的停車位數據傳上傳至伺服器，透過網頁、手機或者是道路上的即時更新告示牌等管道揭露停車位資訊，讓駕駛人能依這些資訊快速找到停車位。由於感測器可使用低功耗廣域網路協定如 LoRaWAN 或是 Sigfox 等，不需太多的基地臺就可收集所有感測器的資料。此外此系統也特別優化設備耗能，使感測器的電池壽命可延長至 10 年。

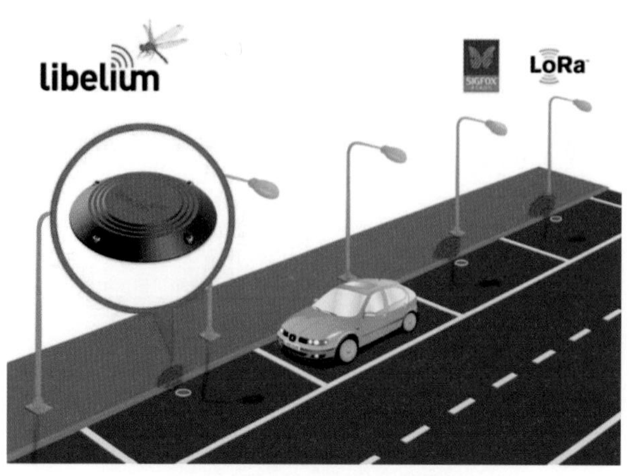

圖 5-2 智慧停車感應器

（資料來源：http://www.libelium.com/smart-parking-surface-sensor-lorawan-sigfox-lora-868-900-915-mhz/）

5-1-3 土壤水分感測器

民以食為天，農業與人類的生活密不可分。人類大多數都以穀物等澱粉類食品為主食，要能提供充分的糧食就必須下功夫鑽研耕種技術。植物生長三個最重要的元素是陽光，養分和水，農作物隔幾個月施肥一次就已足夠，但是必須每一或兩天就要澆一次水，也就是為農作物澆水／灌溉的頻率很高。以人力灌溉大片農田既耗時又耗力，因此，以機械設備自動化的管理農田是現今的趨勢。現有的灌溉設施幾乎都是簡單地定時灑水，但不同的農地會因時間和空間的差異而有不同的濕度，定時灑水的灌溉策略對農作物不一定能達到最好的效果。美國的耕種面積占全世界耕種面積的 13%，為了節省人力成本並提升農作物整體的產量與品質，美國公司 WAVIot 研發了土壤水分感測器（Integrated soil moisture sensor），如圖 5-3 所示。此感測器採用低功耗廣域網路協定為其通訊方式，因低功耗廣域網路傳輸距離遠，使用少數幾個基地臺就可以輕鬆管理超過 7,000 平方公里的耕種區域。此外，因使用的是低功耗通訊技術，感測器不需更換電池便能運作達 10 年之久。透過真實收集到土壤的濕度，此系統可以協助農民精準地灌溉農田，達到減少用水量、提高產量與品質的效果。

圖 5-3　土壤水分感測器

（資料來源：http://waviot.com/product/smart-devices/waviot-soil-moisture-sensor.html）

5-1-4 遠程抄表裝置

現代社會家家戶戶每天都會使用水、電和瓦斯，自來水、電力和天然氣公司每一或兩個月就必須挨家挨戶地把水電瓦斯的使用度數記錄下來，以計算每家所需繳交的水電瓦斯費用。人工抄表費時費力，還有可能發生抄表錯誤。使用傳統廣域行動通訊如 3G/4G 等方式的通訊和維護成本高，不易取代傳統人工抄表。中國大普通信公司利用低功耗廣域網路開發出一款遠程抄表裝置及系統，如圖 5-4 所示，可用於水、電和天然氣等的度數紀錄。此系統使用 LoRaWAN 傳送水電瓦斯表讀到的度數。對於如水、電、瓦斯度數回報這類傳輸不必太頻繁，但需要大量布建的應用，使用低功耗廣域網路技術可降低基礎設施的建置以及維護成本，是非常合適的選擇。

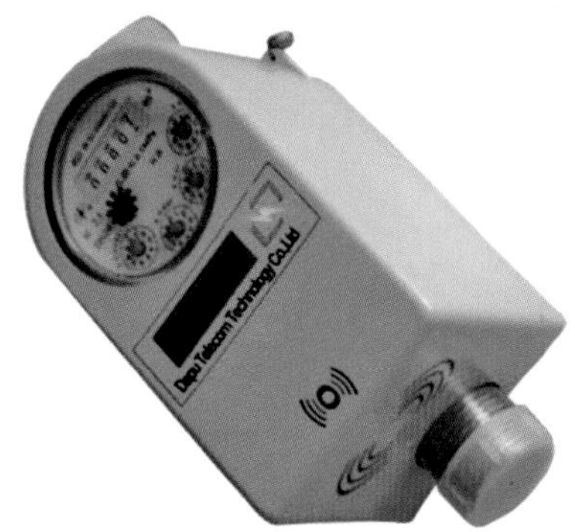

圖 5-4　遠程抄表裝置

（資料來源：http://www.dptel.com/products-detail.php?ProId=195）

5-1-5 GPS 追蹤器

雖然許多物聯網產品宣稱電池壽命可達 1 至 10 年，但物聯網產品數量非常大（英國半導體設計與軟體公司 ARM 的 CEO 預測在未來 20 年將有一兆個物聯網設備），因此充電或換電池時仍是耗力費時的工作。若物聯網設備是擺設在家中，問題還不會太嚴重，當物聯網設備是架設於電線桿上、牆壁內、危險環境或是偏遠地區等難以到達的地方時，充電或更換電池就變成極艱鉅的任務。這也就是近年來在物聯網設備上執行能量收集技術受到許多重視的原因。8Power 即是致力於發展能量收集技術的一家新創公司，透過其收集振動能量技術，8Power 宣稱在類似的條件下，其能量收集技術效能比其他技術優異 10 倍。

該公司最近公開了他們 Track 100 系列的低功耗廣域網路 GPS 追蹤器，例如使用 LTE NB-IoT 的 Track 100XL，如圖 5-5(a) 所示。除了 LTE NB-IoT 版本外，8Power 也推出了 LTE Cat M1 和 LoRaWAN 等通訊方式的 GPS 追蹤器。這些 GPS 追蹤設備具備振動能量收集技術，也可透過選用的太陽能電池板提供電力，可安裝於卡車、火車或其他車輛上，利用車輛產生的振動提供動力。該公司還致力於將該技術整合到微機電系統（Micro Electro Mechanical Systems, MEMS）感測器中，如圖 5-5(b) 所示。這些感器測運行中消耗的功率非常小（10 mW）。除了運輸行業的振動外，8Power 所開發的技術還可以利用基礎設施（如橋梁、堤防和輸電線路）或機械（如大功率

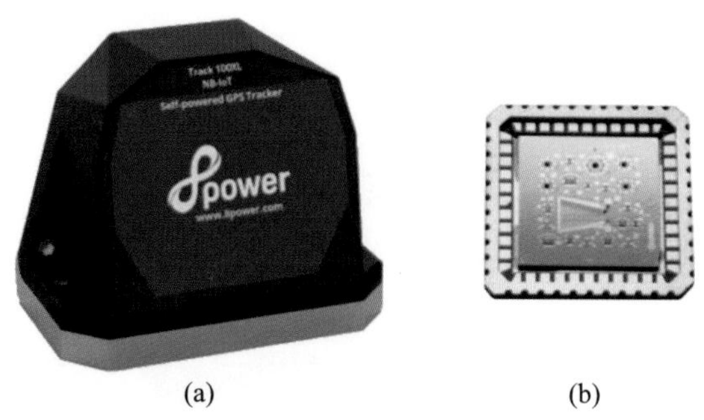

(a) (b)

圖 5-5　8Power 公司的 (a) LTE NB-IoT GPS 追蹤器和 (b) MEMS 感測器

（資料來源：http://www.cnx-software.com/tag/lpwan/）

馬達）的振動產生電力。此技術的實用性已透過實際監測蘇格蘭一座舊橋的結構得到驗證。

5-1-6 煙霧偵測器

居家安全是保障生活品質最基本和最重要的需求，在現今人口密集的城市中，許多人居住於集合式的高樓大廈內，若一戶人家發生火災，同棟大廈的住戶也難以倖免。因此在發生火災時，如何快速通知消防及救護單位是非常的重要的問題。中國大陸武漢拓寶科技股份有限公司（Wuhan Turbo Technologies Corporation）開發了一種可獨立運作的智慧無線煙霧探測器（TBS-100），如圖 5-6 所示。此無線煙霧探測器使用 LoRaWAN 技術，支援無線遠程回報。當發生火災時，可以及早通知當地的救護單位，也能在警報觸發後啟動相關設備，例如啟動灑水器或開啟排煙窗等，以降低火勢造成的傷害。此款煙霧偵測器也具有靈敏度高，成本低，可無線通訊，功耗低，可靠性高等優點，可提供快速有效的火災警報。

圖 5-6　煙霧偵測器

（資料來源：https://lpwanmarket.com/shop/things/turbo-smoke-detector/）

5-1-7 人孔蓋監控

人孔蓋形狀大多為圓形或長方形，是下水道的蓋子，大小剛好可讓一個人進出。因人孔蓋表面的金屬成份和人孔蓋下的資產（如光纖電纜等）均價值不菲，人孔蓋的盜竊事件常常發生。正文科技開發了一個人孔蓋感測器，如圖 5-7 所示，此感測器提供人孔蓋監控，可檢測人孔蓋子是否傾斜或被抬起，並透過 LoRaWAN 即時向操作中心發出警報。為節省電池的電量消耗，此感測器是以磁鐵驅動。正常運作情況下，此感測器的電池最少可使用三年。

圖 5-7　人孔蓋監控感測器
（資料來源：http://www.giotnetwork.com/products.html）

5-1-8 防盜感測器

大多數防盜系統中的入侵偵測設備在正常情況下送出的資料量非常少，非常適合使用低功耗廣域網路這種低功耗且能支援大量節點連結的網路通訊技術。常見的防盜系統是在家中裝置門鎖感測器，一但有異常開啟就會發出警報並通知當地執法單位。SWISSTRAFFIC（瑞士公司，主要從事交通及智能城市規劃）開發出使用低功耗廣域網路連線技術的防盜感測器，如圖 5-8 所示，此防盜感測器具有抗干擾，傳輸距離遠的特性，在城市中的傳送範圍可達 16 公里遠。此感測器使用電池供電，所以當家中停電時仍可以正常運作，大大提升防盜效能。

圖 5-8　防盜感測器

（資料來源：http://www.swisstraffic.ch/en/content/iot/general-descriptions/w7e080a0a27310031069946aba301845）

5-2　低功耗廣域網路協定

許多物聯網的裝置都是以電池供電，但使用傳統的通訊協定會有耗電過多的問題，必須經常為物聯網裝置更換電池，才能延長這些裝置的運作時間。更換電池這個工作，在物聯網裝置需要被大量布設或是布設地點不易到達的環境下，是個困難的任務。物聯網的許多應用（如環境監控）需要收集大量節點的回報資訊，但每個回報資訊常常都只有少量的資料，這些物聯網應用在資料傳輸時，需要的是能支援大量連接、低功耗、低頻寬且能長距離的通訊協定。現存的無線區域網路協定，如 WiFi/ 藍牙 / ZigBee 等，都有傳輸距離較短和支援連接個數不夠多等限制。傳統的 3G/4G 等廣域網路雖然覆蓋範圍大，但卻有耗電高、傳輸成本高等劣勢。再者現行的行動網路是針對人與人間的通訊而設計，無法為了滿足物聯網中機器對機器通訊的需求（如低功耗、低頻寬、通訊節點多和長距離傳輸等）。因此，開發一個可降低耗電的長距離低速通訊技術是一個極需完成的工作。低功耗廣域網路就是在這樣的需求下應運而生，如圖 5-9 所示。

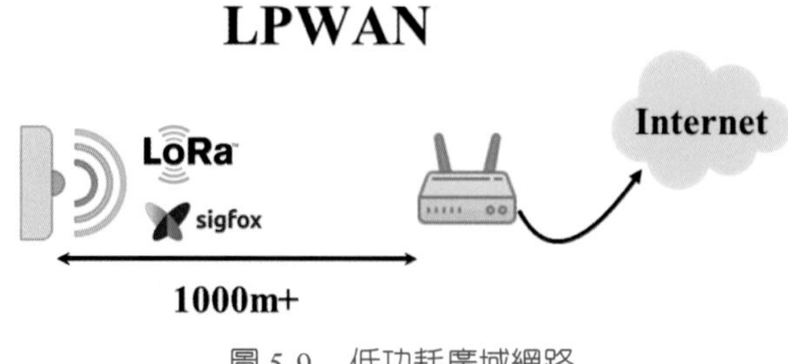

圖 5-9　低功耗廣域網路

低功耗廣域網路具有低頻寬、低功耗、遠距離以及可大量連接節點等特性。目前各家公司都積極開發適用於物聯網應用的通訊協定，也透過與其他公司組成聯盟，為物聯網設計最適合的通訊協定。現存已有許多為不同環境制定的通訊協定，這些通訊協定的傳送速度和涵蓋範圍，如圖 5-10 所示。低功耗廣域網路目前還沒有明確的定義，現行所發布的低功耗廣域網路協定傳輸距離都有達到 1 公里以上（在城市中且有干擾的狀況下），傳輸速率大多在 200 kbps 以下。各種低功耗廣域協定可依所使用的頻譜分為使用授權頻譜與使用未授權頻譜兩類。使用授權頻譜是指有花費金錢購買可用頻譜；使用未授權頻譜則是使用免費的頻譜。使用授權頻譜通常是透過動態頻譜存取（Dynamic Spectrum Access, DSA）機制，在授權使用者未使用其授權頻譜的情況下讓非授權使用者使用；但當授權使用者需要使用時，非授權使用者就必須讓出頻譜的使用權。

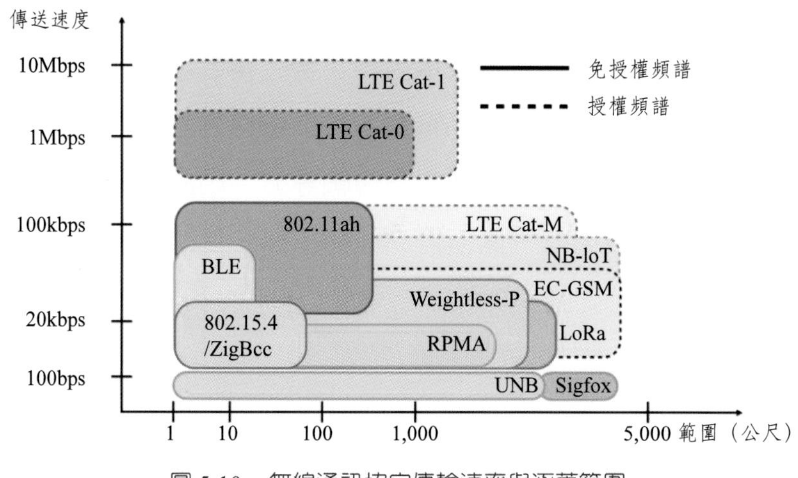

圖 5-10　無線通訊協定傳輸速率與涵蓋範圍

以下介紹四個現存比較廣泛被關注的低功耗廣域網路協定。

5-2-1 LoRaWAN（Long Range Network Protocol）

在 2013 年美國一家半導體公司 Semtech 發布了一系列以 LoRa 展頻技術為基礎的收發器。這些模組提供了長距離、低功耗、高網路容量以及高接收靈敏度，每天可以處理數百萬個節點等特性，這些特性使得基於 LoRa 模組所開發出的 LoRaWAN 被看好成為物聯網的低功耗廣域網路主流技術。目前 Semtech 公司掌握 LoRa 實體層的專利技術，並授權給其他公司使用。許多公司發現 LoRa 應用於物聯網的潛力非常大，紛紛與 Semtech 公司洽談合作。Semtech 公司也認知到以一己之力很難在全球推廣發展，於是在 2015 年時成立 LoRa 聯盟（LoRa Alliance）如圖 5-11 所示。LoRa 聯盟已從早期的 31 名成員增加到目前的超過 500 個成員，在短時間內已成長了 13 倍。LoRa 聯盟會員包含 IBM、HP、CISCO 等大公司，聯盟成員互相交換資訊與硬體設備支援（像是晶片、模組、基地臺、伺服器等），各個公司都有各自專長的領域，合作後發展出一套完整的 LoRaWAN 通訊系統。LoRa 聯盟在 2015 年六月發布 LoRaWAN 1.0 版規範，在歷經數次的修改後，目前規範內容已相當完善，使用者可以從 LoRa 聯盟官方網站（https://www.lora-alliance.org/）中取得此規範。

圖 5-11　LoRa 聯盟部分成員

一個 LoRa 網路（LoRaWAN）主要由內建 LoRa 模組的終端設備、閘道器和伺服器所組成，各個端點之間通常都可雙向通訊。LoRaWAN 使用星狀的網路架構，LoRa 終端設備是將資料傳送至閘道器，再由閘道器將資料傳送到伺服器。每個 LoRa 設備會直接與一個或多個閘道器連接，閘道器利用 IP 協定透過互聯網與伺服器連線。LoRaWAN 主要在全球的免費頻段（即非授權頻段，如 433MHz、868MHz、915MHz 等，臺灣使用 922-928MHz）運作，使用 Sub-GHz 的頻段使其更易以較低功耗完成遠距離通訊。LoRaWAN 的傳輸速率為 0.3～100 kbps，使用較低的傳輸速率可延長電池壽命和增加可服務的端點個數。LoRaWAN 使用 LoRa 展頻技術，展頻技術的原理是利用很大的頻寬及很低的功率傳送資料，由於每個人使用的功率都很低，節點間不易互相干擾。展頻技術因為使用比一般傳送資料所需要更多的頻寬，就算部分頻寬被干擾，接收端也可以由其餘頻寬還原出傳送端傳出的資料。LoRa 技術能降低功耗，同時還能提高網絡效率並消除干擾。而為了能盡量提高電池壽命及網路容量，LoRaWAN 網路伺服器透過 ADR（Adaptive data rate）方式管理每個終端設備的傳輸速率和輸出功率，期能達到最佳的網路效能。一個使用 LoRaWAN 通訊協定的閘道器一天可以接收將近 150 萬個封包，也就是若一個終端設備每小時發送一個封包，一個閘道器可以支援約 62,500 臺終端設備。

5-2-2 NB-IoT（Narrow Band Internet of Things）

低功耗廣域網路的市場已經存在了十年之久，各種低功耗廣域網路技術也都陸續被提出，但許多低功耗廣域網路技術不是專門為物聯網應用量身打造，都有可靠性差，安全性差，運行和維護成本高等缺點。此外，為低功耗廣域網路布建新的基礎設施也是件很不容易完成的工作。3GPP（3rd Generation Partnership Project）是一個以研究並制定第三代行動通訊系統規範為目標的標準化機構。在 2016 年 2 月釋出的 3GPP 第十三版標準中，針對物聯網市場制定了 eMTC、EC-GSM-IoT 和 NB-IoT 三種技術標準。這三種通訊技術的特性不同，營運商可以依市場的要求來選擇所使用的技術。其中 NB-IoT 技術克服了許多以往的低功耗廣域網路技術所碰到的問題，還有傳輸範圍大與通訊設施成本低等優點，是非常被看好適用於物聯網應用的通訊協定。

NB-IoT 的標準是結合 NB-CIoT 和 NB-LTE（Narrow-Band Long-Term Evolution）這兩個技術。NB-CIoT 是由華為（中國通訊供應商）與 Vodafone（英國跨國電信公司）在 2014 年共同合作開發的窄帶蜂窩物聯網技術，Qualcomm（美國無線電通訊技術研發公司）制定的通訊相關標準，在 2015 年向 3GPP 提出的通訊技術。NB-LTE 則是 Nokia（芬蘭電信公司）、Ericsson（瑞典電信設備製造商）和 Intel（美國半導體公司）在 2015 年向 3GPP 提出專為物聯網所設計的通訊協定。NB-LTE 是建立在現有的 LTE 網路上，有許多部分與 LTE 規範相同，其目的是減少營運商在布建時的設備成本，沿用原有的蜂巢式網路以達到快速布建的目的。NB-CIoT 是針對物聯網需求而設計的新協定，因此使用於許多物聯網應用時效能較好，例如在傳輸的距離和傳送的延遲的表現都比 NB-LTE 更好。NB-CIoT 和 NB-LTE 兩者各有不同的優勢與劣勢，在經過一番討論與協商後，在 2015 年 9 月，產生了綜合 NB-CIoT 和 NB-LTE 兩個技術的 NB-IoT，並在 2016 年 6 月正式訂定完成 NB-IoT 初版的標準規範。NB-IoT 因是架構於 LTE 之上，所以部分運作方式與 LTE 相似，可以從現有的 LTE 網路中快速布建。如圖 5-12 所示，NB-IoT 的四大特色包含安全、低功耗、易開發和強穿透力。在安全部分，考慮到未來可能的使用案例，NB-IoT 在設計時參考了工業標準與現存的 LTE 安全標準，因此有較高的安全性和可靠度。為了降低功耗，NB-IoT 移除許多 LTE 的功能，只留下物聯網所需的核心功能。此外，NB-IoT 也降低資料傳送速度以延長電池壽命。NB-IoT 的架構與運作都與 LTE 相似，所以具備 LTE 背景知識的開發人員在開發 NB-IoT 的相關應用時，很容易上手。NB-IoT 還具有強穿透力，可提高物聯網裝置接收訊號的靈敏度（NB-IoT 的靈敏度可以比 GSM 高 20 dB 以上），延伸覆蓋的範圍。這些特色讓 NB-IoT 足以應付未來龐大數量的物聯網環境。

圖 5-12 NB-IoT 特點

NB-IoT 在 3GPP 所釋出的第 13 版標準中下行峰值速率（Downlink Peak Rate）為 227 kbps，上行峰值速率（Uplink Peak Rate）為 250 kbps，這些都是理論上能達到的速率，在實際執行時都會低一些。NB-IoT 使用許多 LTE 現存的技術，像是下行同樣採取正交分頻多工（Orthogonal Frequency Division Multiple Access, OFDMA），上行使用單載波分頻多工（Single Carrier Frequency Division Multiple Access, SC-FDMA），頻道編碼和交錯放置（interleaving）等等都與 LTE 系統相同。

NB-IoT 提供了三種操作模式分別為頻段內（In-Band）、保護頻段（Guard Band）以及獨立頻段（Stand-alone），如圖 5-13 所示。頻段內使用與 LTE 相同頻段利用 LTE 載波（Carrier）內的資源區塊（resource block）傳輸資料，保護頻段使用 LTE 保護頻段，利用 LTE 載波未使用的資源區塊傳輸資料，獨立頻段則是使用其他非 LTE 頻段的頻段來進行資料傳送。簡單來說，頻段內和保護頻段兩種模式運行在 LTE 載波中，而獨立頻段模式則使用新的載波。為了提高 NB-IoT 的市場需求，頻段內和保護頻段兩種運行模式因需特別考量到對 LTE 系統的相容性，且會受到 LTE 的干擾，所以大多運營商會選用獨立頻段運行。

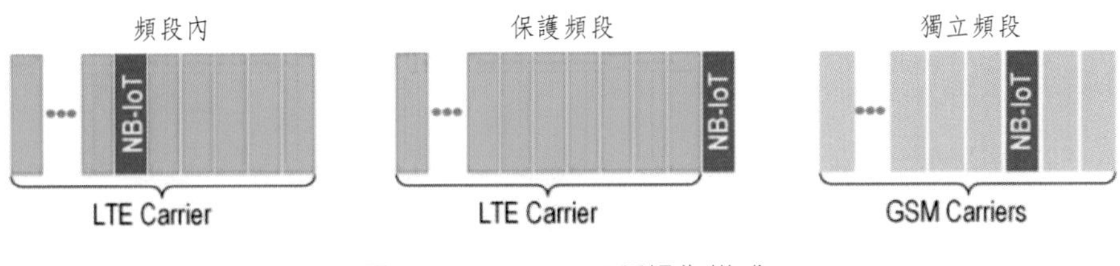

圖 5-13　NB-IoT 三種操作模式

NB-IoT 已有許多實際應用案例，例如，中國華為與中國聯通合作利用 NB-IoT 開發的一套可預訂及管理停車位的智能停車系統，如圖 5-14 所示。藉由 NB-IoT 的低功耗，高網路容量以及長距離傳送，這套系統的方便性與感測器所接收到訊號的可靠度都很受肯定。目前系統已經在上海迪士尼試營運，讓旅客體驗即時搜尋停車位的服務。另外像是智能抄表、防竊智慧人孔蓋等覆蓋率高、連接數量多且需要低功耗的應用，都能輕易地透過 NB-IoT 技術滿足其需求。

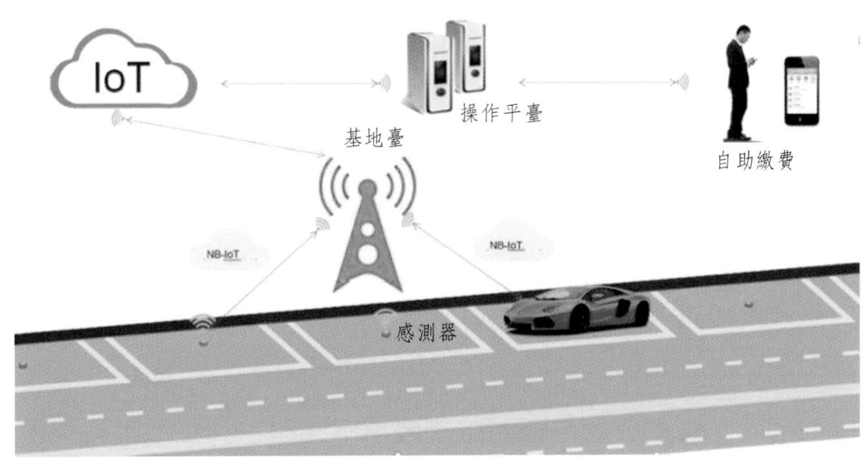

圖 5-14　NB-IOT 智能停車系統

5-2-3 Sigfox

Sigfox 是 2009 年成立於法國的一間公司，專門研究全球物聯網的解決方案，其主要的目標有三項：高互通性、低耗電與低成本。在高互通性方面，其目標是只要使用 Sigfox 網路與協定，就可以讓全世界任何地方的使用者取得並分享物聯網中不同感測器收集的資料。在低耗電方面，Sigfox 的目標是研發出不使用電池的感測器，藉由風力、太陽能和電磁波等方法供電，提供用戶最低的電力維護成本。在低成本方面，一塊 SIM 卡的模組成本約是新臺幣一千元左右，對於會有大量裝置連接的物聯網是一筆相當大的硬體成本。Sigfox 簡化物聯網設備，壓低模組的成本到僅需新臺幣數十元，讓使用者可以輕易地連接各種物聯網裝置。目前 Sigfox 提供四種方案供客戶使用，如表 5-1 所示，其中一個封包最多可傳送 12 位元組的資料量。

表 5-1　Sigfox 提供的使用方案

方案	裝置每日可傳送到網路封包數	網路每日可傳送到裝置封包數
白金	101～140	4
金	51～100	2
銀	3～50	1
單一	1～2	0

為了解決以往開發物聯網通訊技術的過程中，常因基礎設施成本與維護成本過高而導致研究中斷的問題，Sigfox 在 2012 年 6 月推出了第一款專用於物聯網通訊的蜂窩網路。這個網路的主要優勢是建置容易，也因為降低了建置與維護的成本，Sigfox 宣稱此網路足以面對未來高達數十億個物聯網裝置。此網路推出後獲得了不錯的迴響，許多公司都有意與 Sigfox 共同開發物聯網應用。Sigfox 在 2013 年 1 月和一家法國的保險公司 MAAF 合作，將民眾家中安裝的防盜感測器以及煙霧感測器連上網路，連網成本每戶每年僅需負擔約臺幣 120 元，這個物聯網應用讓 MAAF 成為第一家提供居家連網的保險公司。在 2013 到 2014 年間，Sigfox 也與許多公司合作開發了各種不同的應用，例如防止寵物走失的 GPS 追蹤器，因為使用了 Sigfox 的技術延長了電池的壽命，且因不使用 3G/4G 技術，省下了昂貴的月租費，大幅增加了 GPS 追蹤器的實用性。另一個應用是在俄羅斯首都莫斯科推出的智慧停車系統。根據莫斯科時報的報導，莫斯科是世界上最擁擠的城市，此停車系統建置計畫一開始布建了 4,000 個感測器，感測器將收集到的停車位資料上傳到

資料平臺，使用者可以透過 App 尋找可用車位。此智慧停車系統縮短了用路人尋找車位的時間，也舒緩了交通壅塞的現象。由於成效不錯，莫斯科在接下來的一年再加裝了 11,000 個感測器，同時也使用 Sigfox 讓感測器直接連接到資料平臺，使得感測器安裝完成後馬上可使用，加快了布建的速度。

在不斷地與各公司合作開發物聯網應用之餘，Sigfox 持續地往全球連網的目標前進。從在歐洲各個城市布建物聯網網路起步，2015 年 10 月成功將版圖擴展到了北美洲，讓舊金山成為 Sigfox 在美國的第一個部屬 Sigfox 網路的城市。此舉吸引了對物連網有興趣的人士在此創業，不但創造了許多就業機會，開發出來的應用也為舊金山的居民帶來更便利的生活。Sigfox 之後也在中東、南美洲、亞洲及世界各地的城市建置網路。由於 Sigfox 在物聯網的蓬勃發展，與各領域合作開發出不同的應用，展現出自身公司強大的物聯網技術實力，世界經濟論壇在 2016 年 6 月授予 Sigfox 技術先鋒的頭銜（Technology Pioneer）。Sigfox 被視為物聯網領域中的領頭者，多達數百個公司與地區與其合作，這也使 Sigfox 募集資金非常順利，目前 Sigfox 已募得近 2.8 億歐元的資金。

5-2-4 Weightless

Weightless 系列通訊協定是由 Weightless SIG（Weightless Special Interest Group）所研發的通訊協定。Weightless SIG 是一個全球性的非營利組織，主旨是在為物聯網設計一個最好的通訊技術和處理衍生的工作。其中設計通訊技術部分的工作包括為低功耗廣域網路訂定一個明確的通訊標準，並不斷地管理、改善及創新此標準。衍生的工作則包括協助處理法律糾紛和申請專利等。

許多傳統的物聯網產品是基於 GSM 通訊技術開發，但因硬體與運行成本過高，訊號穿透力不足等限制，對大多數的應用其實並不合適。使用 3G 或 4G 等技術，雖能達到足夠的網路涵蓋面積，但終端的硬體成本過高。3GPP 基於 LTE 為物聯網制定的網路協定 NB-IoT，功能非常強大但複雜度過高，過高的複雜度最終會使 NB-IoT 在大多數物聯網應用中的成本與耗能方面負擔過重。一些短距離的通訊技術如 Wi-Fi，藍芽和 Zigbee 在終端的通訊設備成本很低（只要約數十元臺幣），但短距離的通訊僅限適用於像是家庭或是公司的環境中，對於一些需大面積布設感測器的環境就不太適用。Weightless SIG 嘗試克服上述的問題，提出能降低成本的新技術。Weightless SIG 共定義了如表 5-2 所示的三種 Weightless 技術，這三種技術都是開放的低功耗廣域網路技術，有著長距離，電池壽命長及低成本特性，能夠迅速地布建在全球各地，而使用者則可以依其使用案例來選擇要使用的技術。

表 5-2　Weightless 技術比較

	Weightless-N	Weightless-P	Weightless-W
單 / 雙向溝通	單向	雙向	雙向
合適需求	簡單	全面	範圍廣
距離	5km+	2km+	5km+
電池壽命	10 年	3-8 年	3-5 年
終端成本	非常低	低	低 - 中
網路成本	低	中	中

在 Weightless 的三個技術中，Weightless-P 為 Weightless SIG 主力開發的技術，是專為物聯網設計的超高效能低功耗廣域網路通訊連接技術。Weightless-P 主要的開發特點有網路容量、可靠性、服務品質、範圍、電池壽命、安全性、成本及制定標準等八項。Weightless-P 將使用窄頻調變技術來提供雙向的通訊功能，利用 FDMA+TDMA 的方式在 12.5 Hz 的窄帶頻道上提供最佳的網路效能。Weightless-P 運行在全球的免費頻段上（433/470/780/868/915/923MHz），傳送速率範圍是 0.2～100 kbps。

5-3　全球低功耗廣域網路布建與推廣狀況

現今的低功耗廣域網路其實已在世界各地布建許多基地臺供開發者使用。以 LoRa 為例，在 2015 年底法國電信公司 Bouygues 已在巴黎、馬賽、里昂等數個法國城市布建 LoRa，Bouygues 也承諾在 2016 結束以前 LoRa 布滿全法國，現在法國 93% 的地區都可以連接到 LoRa。LoRa 聯盟當中的成員來自世界各國，這樣的組合加速了 LoRa 在全球推廣與布建的速度。例如，美國在 2016 年 6 月時已經在全美的超過 100 個城市布建 LoRa，且仍持續布建更多的城市；在韓國第一大電信商 SK 的策劃下，2016 年 7 月時 LoRa 已經覆蓋了全韓 99% 的人口；其他還有像馬來西亞和加拿大等地在當地電信商的協助下，LoRa 的布建都有很好的成效，如圖 5-15 所示。在臺灣，亞太電信對於物聯網投入相當多的資源，推出的物聯網平臺「IoT by GT」，使用 LoRaWAN 為連線通訊協定。在購買 LoRa 的閘道器後，可透過此物聯網平臺處理所收集到的資料。臺北市、新北市與桃園已經架設了 500 個 LoRa 閘道器，2017 年範圍擴至全國。在 LoRa 聯盟的積極建置之下，現今全球已有數十個的國家取得授權，擁有固定的頻段可讓使用者使用 LoRa。

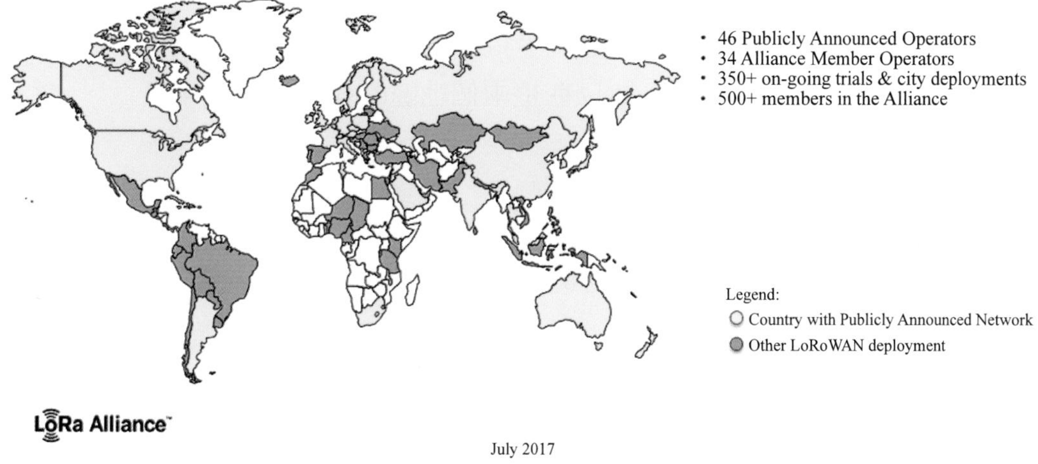

圖 5-15　LoRaWAN 布設情況

（資料來源：https://www.lora-alliance.org/）

Sigfox 也是持續積極地在世界各地布建低功耗廣域網路的基礎設施。Sigfox 在 2014 年 5 月與一家英國電信公司 Arqiva 合作，在倫敦布設物聯網的網路設施；2015 年時向法國，葡萄牙，捷克等歐洲國家延伸；在 2016 年展開全球性的布設，與巴西公司 WND 合作，打開拉丁美洲的市場，也在美國 100 多個城市部署 Sigfox 網路。在亞洲地區，Sigfox 選擇新加坡為第一個向亞洲擴展的跳板，而臺灣成為 Sigfox 在亞洲建置物聯網設施的第二個國家，隨後也在日本，香港等地建置網路設施。根據官方網站的統計資料，截至 2017/6 已經在 32 個國家布建，涵蓋面積 200 萬平方公里，覆蓋約 5.12 億人。

因 NB-IoT 的開發起步比較晚，所以目前已布建 NB-IoT 的地區較少，大多僅在規劃階段，如 M1 Limited（新加坡電信公司）與 Nokia 在 2016 年宣布將在 2017 上半年在新加坡推出全國商用的 NB-IoT 網路，讓新加坡成為全球第一個布設商用 NB-IoT 網路的國家。在地球的另外一端，挪威政府與 7Sense（挪威公司）合作開發智慧化灌溉系統，利用感測器讀取土壤的濕度與 GPS 位置資訊，透過 NB-IoT 傳送到伺服器，農民透過監測這些數值可以設置要手動或是自動啟用灑水器，這麼一來就不用每天花費大量的時間在巡視農田。就目前 NB-IoT 的發展來看，布建的地區大多分布在亞洲與歐洲，這是因為歐洲對於低功耗廣域網路與物聯網應用的開發較為積極，而 NB-IoT 主要是由中國公司研發，所以在這兩個地區的建設會比較早。

5-4 未來展望

低功耗廣域網路是廣受注目的物聯網無線通訊技術，現存的低功耗廣域網路協定中，Sigfox 與 LoRaWAN 的發展與建置都相當順利，也占據了大部分的市場。一般來說，一個 LoRa 的模組的價格在新臺幣 300 左右，但 Sigfox 憑藉其獨特的網路方式，顯著的降低對硬體的需求，在低功耗廣域網路達到史無前例的低價，僅需花費不到新臺幣 100 元，此優勢吸引許多公司選用 Sigfox。而目前市面上也已出現許多 LoRa 的模組，開發 LoRaWAN 的應用非常容易，較適合低功耗廣域網路的初學者使用。在面對眾多大公司所組成的 LoRa 聯盟，Sigfox 還能與之抗衡是因 Sigfox 的起步較早且提供的服務與設備成本都有競爭力。目前歐洲和美洲的絕大部分地區都可以看見 LoRa 閘道器及 Sigfox 的基地臺。NB-IoT 的出現可能讓整個市場重新洗牌，尤其是中國地區。在華為與 Qualcomm 的推動下，NB-IoT 應會成為中國的主流低功耗廣域網路技術。NB-IoT 崛起的另一個原因，是在研發協定時使用 LTE 的基本架構，因此可以沿用部分現有的基地臺，這個優勢受到許多網路營運商喜愛。儘管現今的 NB-IoT 標準還尚未完善，但是許多的網路營運商已非常期待，紛紛表示支持 NB-IoT。國內的網路營業商如中華電信和臺灣大哥大等也都看好 NB-IoT。

低功耗廣域網路被看好是重要的物聯網無線通訊技術，低功耗廣域網路協定及應用持續快速發展，但一片看好聲中，也有一些問題和困難需要克服。低功耗廣域網路協定都有頻譜使用的問題。不同的國家所使用的頻段可能不同，因此需針對不同地區來設計通訊模組。目前仍有許多國家尚未明確制定低功耗廣域網路所使用的頻段，若使用目前所開放的其他免費頻譜，低功耗廣域網路勢必會受到相當嚴重的干擾，使效能降低。而目前物聯網也有遇到安全性不足的問題，在 2016 年 10 月，駭客利用物聯網大量的裝置對 Amazon、Twitter 和 PayPal 等公司進行阻斷服務（DDoS）攻擊，這件事的發生讓大家對於物聯網設備的安全性感到憂慮。低功耗廣域網路的設備為了追求省電效果，所以只能進行相當簡單的安全偵測，裝置本身的防禦能力很差，只能靠閘道器的防護，一旦閘道器被入侵，底下連接的數以萬計的裝置都會受到病毒的入侵。目前物聯網設備多是只有透過設定複雜的密碼來降低被入侵的機率，安全防護仍需加強，因此，提高物聯網的安全性是刻不容緩的重要工作。

5-5　習題

1. 請舉出 5 個低功耗廣域網路應用。
2. 請說明低功耗廣域網路的特性。
3. 請詳細說明 LoRaWAN、NB-IoT、Sigfox、Weightless 四種低功耗廣域網路技術。
4. NB-IoT 有哪幾種操作模式？

5. 請說明目前全球低功耗廣域網路布建的現況。

參考文獻

1. J. P. Bardyn, T. Melly, O. Seller, and N. Sornin, " IoT: The Era of LPWAN is Starting Now," *42nd European Solid-State Circuits Conference*, 2016.
2. R. Ratasuk, N. Mangalvedhe, Y. Zhang, M. Robert, and J.-P. Koskinen, "Overview of Narrowband IoT in LTE Rel-13" *IEEE Conf. Standards for Communications and Networking (CSCN)*, 2016.
3. K. Mikhaylov, J. Petäjäjärvi, and T. Haenninen, "Analysis of Capacity and Scalability of the LoRa Low Power Wide Area Network Technology," *22nd European Wireless Conference*, 2016.
4. M. Lauridsen, B. Vejlgaard, I. Kovacs, H. Nguyen, and P. Mogensen, "Interference Measurements in the European 868 MHz ISM Band with Focus on LoRa and SigFox," *Wireless Communications and Networking Conference (WCNC)*, 2017.
5. M. Nawir, A. Amir, N. Yaakob, and O. B. Lynn, "Internet of Things (IoT): Taxonomy of Security Attacks," *The 3rd International Conference on Electronic Design (ICED)*, 2016.
6. J. Petajajarvi, K. Mikhaylov, A. Roivainen, T. Hanninen, and M. Pettissalo, "On the Coverage of LPWANs: Range Evaluation and Channel Attenuation Model for LoRa Technology," *IEEE 14th International Conference on ITS Telecommunications (ITST)*, 2015.
7. B. Vejlgaard, M. Lauridsen, H. Nguyen, I. Kovacs, P. Mogensen, and M. Sørensen, "Interference Impact on Coverage and Capacity for Low Power Wide Area IoT Networks," *Wireless Communications and Networking Conference (WCNC)*, 2017.
8. C. Hoymann, D. Astely, M. Stattin, G. Wikstrom, J. F. Cheng, A. Hoglund,

M. Frenne, R. Blasco, J. Huschke, and F. Gunnarsson, "LTE Release 14 Outlook", *IEEE Communications Magazine*, Vol. 54, No. 6, pp. 44-49, 2016.

9. "Narrowband Internet of Things Whitepaper - Rohde & Schwarz," https://cdn.rohde-schwarz.com/pws/dl_downloads/dl_application/application_notes/1ma266/1MA266_0e_NB_IoT.pdf
10. Semtech, "An 1200.22 LoRa Modulation Basics," http://www.semtech.com/images/datasheet/an1200.22.pdf

第六章

物聯網金融

現存交通號誌的紅燈和綠燈都是在設定間隔時間之後，讓紅綠燈定時轉換。在物聯網時代，紅綠燈可以按照車流和人流自行調節切換時間。在「萬物互聯」的未來世界裡，物聯網將提升生活的智慧和便捷性。物聯網雖喊得震天價響，但在目前實際生活中的應用卻還不多見。除了智慧家居生活、醫療照護及自動駕駛汽車外，許多應用都還是只聞樓梯響不見人下來的階段。物聯網的影響力究竟多麼大？人類的生活會如何被顛覆？多數的消費者心中也還沒有答案。拜智慧型載具成本下降及雲端技術普及之賜，物聯網的發展在全球呈現爆炸性成長趨勢，根據 Gartner 估計，2020 年將出現超過 250 億個聯網裝置，思科執行長 John Chambers 推測 5 年內全球物聯網的商機將有 19 兆美金規模，Google 執行長 Eric Schmidt 在 2015 年曾說：「我們熟悉的數位將會消失，物聯網將取而代之，未來生活中的所有東西都可聯網。」在物聯網時代，萬物相互連結產生智慧感知，如同腦神經元一般，可以互相傳導和溝通而產生動作。物聯網經過跨業、跨界和跨虛實的顛覆創新後，將衍生不同以往的商業模式，改變大家熟知的生活型態。

物聯網巨大的發展潛力令各產業巨頭爭相投入此技術的開發，除了物流、家居、交通、製造、能源等產業，物聯網的觸角已經延伸到金融產業。根據 PwC 的調查，金融業是全球在物聯網創新上投資最多的十大產業之一，國外領先市場上已經出現物聯網技術與金融結合的實際場景，也讓「物聯網金融」一詞應運而生。金融業數位化革命，也就是我們熟知的金融科技（FinTech），從萌芽到茁壯才花了不到十年，物聯網金融的誕生又將為金融業帶來什麼創新和改變呢？

6-1 物聯網金融架構

物聯網金融是指所有物聯網的金融服務與創新，涉及各類物聯網應用，它使金融服務由面對人延伸到面對整個物理世界，實現商業網路、服務網路與金融網路融合及服務自動化，創造出許多新的商業模式，推動金融業產生重大變革。物聯網的核心價值在於物品連上網路後產生的數據，對於業務流程多建立在數據之上的傳統金融產業而言，若能善用物聯網技術，將能夠大幅改善現有商業模式、提升顧客體驗，並進行更有效的風險控制。如圖 6-1 所示，物聯網金融形成的基礎可以概括分成以下三項：

1. 跨界結合

物聯網金融是物聯網和金融相互影響並不斷融合的產物，兩者間的界限漸趨模糊並相互依存。物聯網的特質不斷應用在金融領域，如行動支付、保費計算、機器人理財等；金融服務也不斷滲透到物聯網的世界，如停車費計算、租車計費、隨選視訊計費等。彼此的結合也為物聯網的壯大奠下良好的基礎。

2. 大數據基礎

其實整個物聯網就是由感測設備所產生訊息的大數據及其應用。根據 IDC 的調查分析，未來物聯網將由數十億個訊息感測設備組成，產生的數據量每隔兩年便會增長一倍，到 2020 年數據量將激增至 44 兆 GB。物聯網產生的大數據與一般的大數據的特性不同，通常帶有時間、位置、環境和行為等訊息，具有明顯的多樣性。對金融機構而言，物聯網提供的不是人與人的交往信息，而是物與物、物與人的連動訊息，再通過對海量數據訊息的儲存、挖掘和深入分析，能夠透視客戶的行為屬性，成為金融機構的服務戰略、業務決策提供全面客觀的依據。

3. 互聯網架構

物聯網本質上是把所有物品通過射頻識別等訊息感測設備與互聯網連接起來，實現識別和管理。因此，物聯網的基礎仍然是互聯網，是在互聯網基礎上延伸和擴展的網路。同樣地，物聯網金融本質上是對物聯網上的物品訊息進行綜合分析、處理和判斷，在此基礎上開展相應的金融服務。而物品訊息生成後的標識、傳輸、處理、儲存和交換共用等的整個流程都是在互聯網上進行。沒有互聯網，物聯網金融寸步難行。因此，物聯網金融可說是互聯網金融的深化發展，甚至在許多面向是超越了互聯網金融。

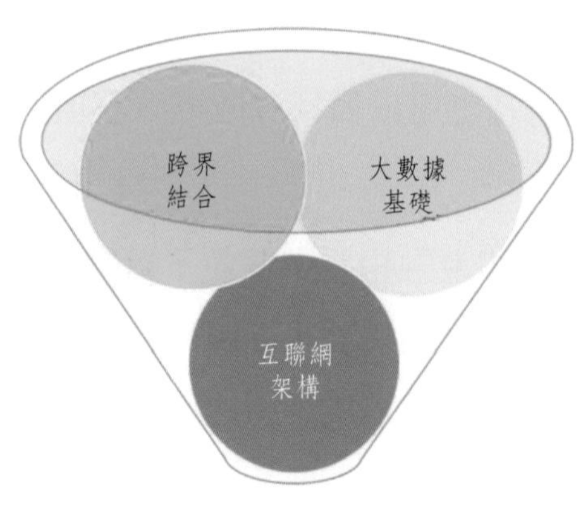

圖 6-1　物聯網金融架構

物聯網金融與互聯網金融比較如下：

1. 虛擬經濟 vs. 實體經濟

從本質上來看，互聯網金融主要應用於「虛擬經濟」，而物聯網金融則是對應到「實體經濟」，如圖 6-2。互聯網金融是在虛擬經濟高速增長到一定規模後推動金融的創新發展，本質上是服務於虛擬經濟的新型金融業態，如服務於虛擬經濟基礎建設的網路信貸、服務於虛擬經濟交易的第三方支付等。在大多數情況下，互聯網金融並不創造價值和使用價值。以前幾年火熱的「餘額寶」為例，它以低投資門檻吸引銀行活期存款客戶，又以協議存款形式迴流銀行，其高收益完全來源於虛擬經濟，與實體經濟沒有任何聯繫，更談不上貢獻。

物聯網金融則是建立在實體世界已有的網路基礎上，藉助物聯網技術整合商品與經濟活動，在此過程中創造社會財富。因此，物聯網金融是面向實體經濟、服務實體經濟的新型金融業態。以供應鏈金融為例，將銀行信用融入上下游企業的銷售行為，增強其商業信用，為整個供應鏈上的企業提供金融服務，從而提升供應鏈企業的核心競爭能力，有利於實體經濟的結構調整。所以，物聯網金融的實際價值遠遠超越了互聯網金融。

圖 6-2　虛擬經濟 vs. 實體經濟

2. 人一人 vs. 人一物一人

從運行機制來看，互聯網金融用於「人一人」間之經濟活動，而物聯網金融則用於「人一物一人」間，在人與人間加了一個物作為中間聯繫的角色，如圖 6-3 所示。互聯網實現的是人與人的遠程交流，互聯網金融也就是人與人之間通過互聯網直接完成的金融交易活動。互聯網金融生態中各成員的關係較為複雜，生態系統中各成員形成網狀的聯繫關係，這就產生了一個難以克服的問題，無法完全準確地評估交易對方的特徵。以純線上的 P2P 網路借貸（Peer-to-Peer Lending）為例，由於用戶獲取、信用審核及籌資過程都是在線上完成，這就給借款人進行隱匿、偽造和詐騙活動留下了空間，致使壞帳率大幅增加。

物聯網實現人與物、物與物的即時交流，物聯網金融也就是人與人之間透過物的媒介間接完成的金融交易活動。物聯網金融生態中各成員的關係雖然也很複雜・但嵌入了物品這中介角色，生態系統中的聯繫變成了鏈狀。藉助物聯網進行的融資活動，由於物品既不可以開口「說話」、也不會「騙人」，可以通過生產過程、成品積壓、銷售情況等物品信息精準地評估交易對手信用，最大限度地規避道德風險。所以，物聯網金融的可靠性遠遠超越了互聯網金融。

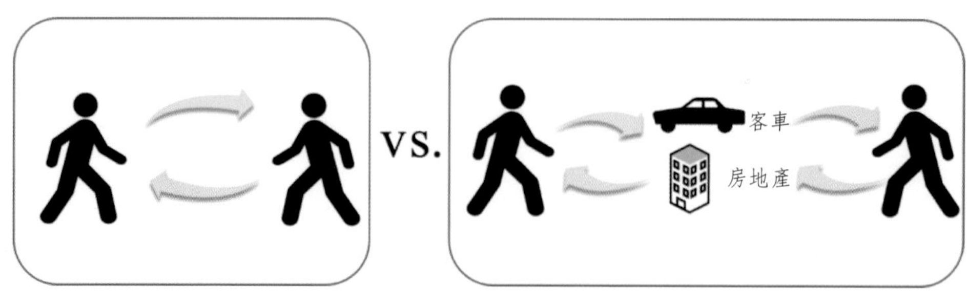

圖 6-3　人—人 vs. 人—物—人

3. 量變 vs. 質變

從影響程度看，互聯網金融是金融「量變」，而物聯網金融則是金融「質變」。互聯網金融創新的是業務技術和經營方式，P2P、餘額寶和阿里小貸等基於互聯網技術，在交易技術、管道、方式和服務主體等方面進行了創新，但並未超越現有金融體系的範疇，更談不上徹底顛覆。物聯網金融則是物聯網和金融的深度融合，變革金融的支付體系、信用體系、服務體系等，帶來現有金融體系的昇華。物聯網金融不僅產生了倉儲物聯網金融、貨運物聯網金融和公共服務物聯網金融等新的金融業務，還孕育了行動支付和智慧金融等新的金融模式，未來更將通過支持實體經濟的物聯網改造而催生新的金融模式。所以，物聯網金融的革命性意義遠遠超越了互聯網金融。

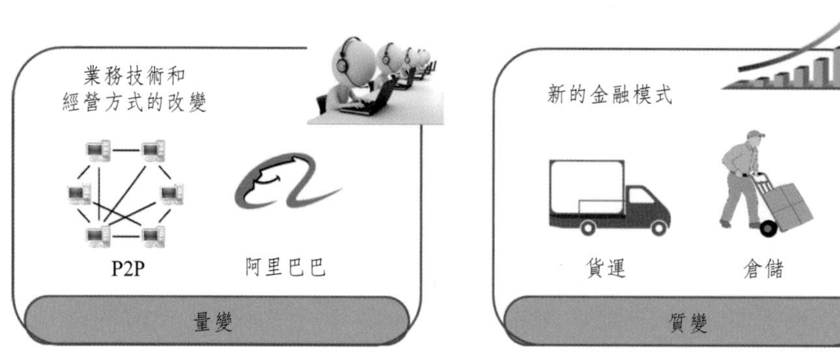

圖 6-4　量變 vs. 質變

6-2　金融科技的 P2P 平臺

P2P 是一種電腦應用架構，傳統的用戶端－伺服端應用結構需要透過伺服器扮演中間人的角色，負責交換訊息到另外的電腦，P2P 的結構把中間的伺服器角色拿掉，讓每個電腦都可以直接和其他的電腦溝通，訊息的交換更直接。這個 P2P 電腦通訊技術的演進影響了網路服務的架構，進而翻轉了以往倚賴中間人的服務，以下為 P2P 的應用模式，如圖 6-5 所示。

1. P2P 解決中間人剝削的問題

自古到今，中間人一直扮演著重要角色，甚至可以說他們就是商人的代名詞。放在貨品交易就有了貿易商，放在金融業就成了銀行。商品與資金都不是由中間人提供或製造，但他們面對消費者，以賺差價為其獲利來源。「買低賣高」是他們基本的商業模式，但這樣的模式發揮到極致，就不免被詬病為「中間人剝削」。辛苦生產商品或真正出資金的人反而拿到很低的收益，而消費者則付出很貴或很高的價格，於是 P2P 的概念也被應用在這些交易，在網路上輕鬆聯結供給與需求雙方，去除了中間人，使雙方都獲得最大的利益。

2. P2P 創造了共享經濟

當供需雙方相遇，其實就解決了最基礎的經濟或金融問題。目前我們看到的共享經濟模式，不論是租借房間的 Airbnb 或是租借私家車的 Uber 都是運用了 P2P 的業務模式，都是破壞式創新。雖然對既有提供服務的產業影響頗大，但確實也讓資源可以共享與互利。

3. P2P 在金融科技中的應用

金融科技也大量運用了 P2P 結構，期能取代銀行創造新服務，讓消費者受到最大利益。常聽到的第三方支付，也就是 P2P 付款，最早是由 Paypal 開始，打破了傳統匯款轉帳一定得透過銀行的方式。Paypal 讓個人透過其平臺，以 Email 就可以轉帳給另一人，匯款不再需要跑銀行，轉帳也更即時。

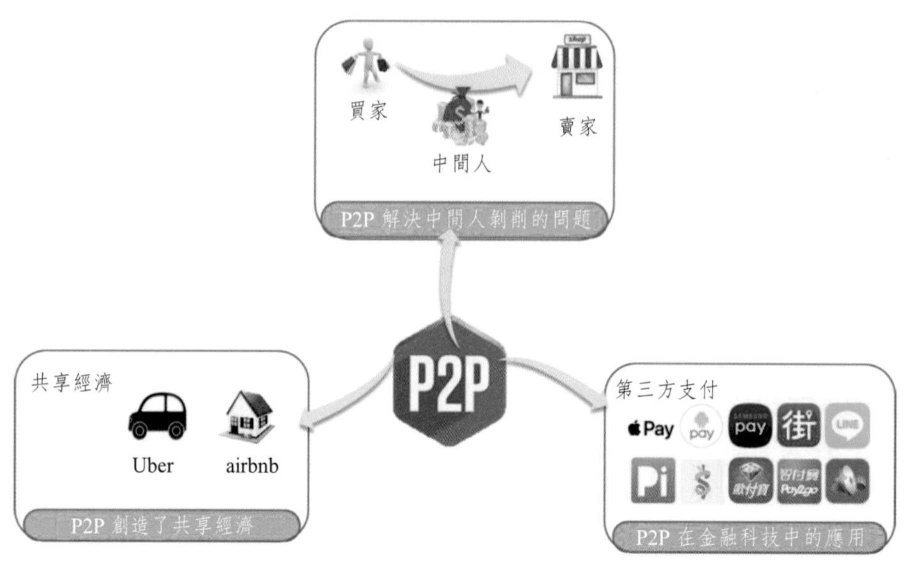

圖 6-5　P2P 的應用模式

P2P 借貸是影響傳統金融最大的項目，經濟學人雜誌更曾高調地預言，商業銀行可能因為 P2P 借貸走入歷史！仔細研究後可以發現，P2P 是一個結合「搜尋、比價、便利」等特性的平臺。一般民眾只要在行動裝置上輸入需求，就可以輕鬆完成借貸。P2P 網路借貸本質上是讓有資金需求者直接透過第三方網路平臺向有閒錢的人借錢，中間完全不需要透過銀行。這個第三方的網路平臺提供篩選和比對機制，將彼此毫無關係的個人串連起來，甚至有化整為零、活化資金的功用。透過大數據（Big Data）模型進行信用審核，結合第三方支付等網路工具幫助資金流通，以此平臺為基礎可以發展出許多加值服務。

事實上，P2P 網路借貸在國外早已行之有年，它跟群眾募資（Crowdfunding）一樣，都是「共享經濟」概念下的新穎集資工具。2005 年以來，Zopa、Proper 和 Lending Club 等陸續在歐美興起，並逐步拓展至全球各國。中國大陸就有上千家 P2P 網路貸款公司。最早的 P2P 借貸是英國的 Zopa，利用個人信用評等資訊，不是銀行也可以公平合理地核出放款利率給申貸人，出錢的投資人則可以獲得應得的放款收入。P2P 網路借貸可再運用風險管理技術讓投資人風險降低、不必擔心被倒帳。順道一提，中國的 P2P

其實和這裡提的 P2P 借貸模式有著相當大的技術落差，以致於被稱為野蠻式生長。

另外還有 P2P 換匯，如 TransferWise。TransferWise 運用 P2P 轉帳技術，讓人們跳過銀行這個中介者，直接將錢轉入對方的戶頭，過程方便且快速，只會收取少量手續費。表面上，TransferWise 要解決的是跨國匯兌的問題，但是實際上，背後蘊藏的是更大的目標：公平和透明。只可惜這樣的服務在臺灣現有法規下，可能被認為是違反銀行法和有洗錢之虞。

最後是近來很熱門的 P2P 保險，有別於現有保險費繳納後即使沒有出險保費也拿不回來，德國 Friendsurance P2P 保險基於 P2P 的社區形式，客戶能收回部分保費，保險單也不再由保險公司持有。傳統的保險模式是由保險公司持有廣大用戶的保險單，而 Friendsurance 提出了「零索賠獎金」（Claims-free bonus）概念。Friendsurance 根據客戶需要的保險類型將他們分為不同的小組，有財產保險、個人責任保險、可保產物保險和訴訟保險的小組。同一社群成員的保費全部進入資金池，其中約 60% 的資金用於支付保險費，另外的 40% 成為「收回資金」。如果小組內無人索賠，那麼小組成員幾乎能收回全部的 40% 資金；如果有人提出索賠，小組成員只能收回部分資金（因為有部分資金要用於賠付）。小額索賠可以由資金池賠付，對於超出小組資金池賠付範圍的部分，會通過外部保險公司進行賠付。透過這種方式，能減少傳統保險公司面臨的大量管理問題和詐保風險，從而降低成本。為了排除詐保這樣的極端情況，Friendsurance 採用了激勵機制，防止客戶提出非必要的索賠。這樣的機制巧妙地讓保險中有保險，加強了保障機制。若沒出險還可領回饋金，讓團隊成員自律養成良好健康保健等好習慣，形成正向循環，達到沒出險就能讓保費愈低愈省錢的效果，而不是現在沒出險就等於是保費浪費掉了。

6-3　行動支付

行動支付是指使用行動裝置進行付款的服務。讓消費者在不需使用現金、支票或信用卡的情況下，可使用行動裝置支付各項服務或商品的費用。

雖然使用虛擬貨幣系統的概念已存在許久，但支援此概念的科技直到近期才開始普及。許多公司提供了行動支付的解決方案，包括金融機構、信用卡公司、網路服務公司（如 Google）、行動通訊服務營運商、網路基礎建設商（如中華電信）以及生廠行動裝置的公司（如 Apple、Samsung、HTC）。主要的行動支付方式共有五種類型，如圖 6-6：

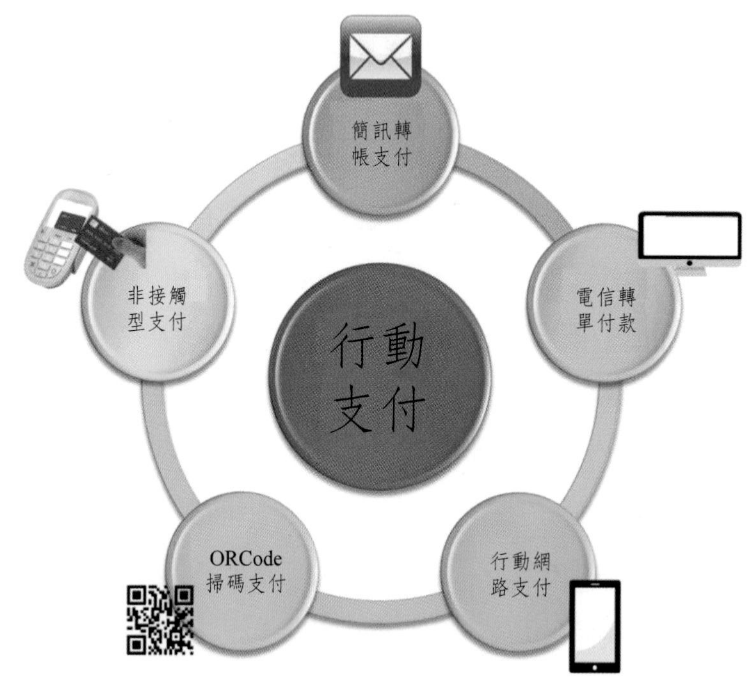

圖 6-6　五種主要行動支付的類型

1. 簡訊轉帳支付

在以簡訊為基礎的行動支付方式中，消費者透過 SMS 簡訊發送支付請求至一個電話號碼或簡碼，支付款項由電信帳單或電子錢包中扣除。支付的對象在收到支付成功的確認訊息後提供商品或服務。如果是實體商品，則透過電信公司提供消費者的送貨地址。大多數接受簡訊支付的服務為數位商品，接受支付的商家透過多媒體簡訊（MMS）服務傳送消費者購買的音樂、手機鈴聲、圖片等。此外，商家透過多媒體簡訊也可傳送條碼，消費者可在實體商家處出示條碼並在掃瞄後換取商品服務。以簡訊為基礎的轉帳支付服務在亞洲及歐洲十分盛行。

2. 電信帳單付款

消費者在電子商務網站結帳時選擇以電信帳單付款。在經過密碼與一次性密碼（One Time Password, OTP）的雙重認證後，欲支付的款項將會計入消費者的電信帳單中收取（併入電信費帳單）。這樣的方式可以不需使用信用卡，消費者也無需在 Paypal 等線上支付服務網站註冊。電信帳單付款方式可直接越過銀行和信用卡公司，此類型的行動支付服務在亞洲國家極為流行，因為其具有安全、方便、簡易和快速的優點。

在亞洲部分國家，有近 70% 的數位內容消費是透過行動帳單付款方式支付，在臺灣亦非常普及，惟這類服務絕大多數是數位內容消費，且消費者有一定比例沒有信用卡（例如學生族群），因此電信帳單收款有絕對優勢，手續費率亦居高不下（15～20% 的交易金額）。但必須注意的是這類交易會有較高的延遲付款或是呆帳的機會，因為如果消費者沒去繳交帳單或是遲繳帳單，商家就有可能會收不到貨款，電信公司則不會負責這樣的呆帳交易，所以一般實體商品的交易多半不會用這種方式支付。

3. 行動網路支付

消費者透過行動網頁或額外下載並安裝在手機上的應用程式來進行支付。這種方式使用無線應用協議（Wireless Application Protocol, WAP）為技術基礎，基本上是過渡時期產物。

4. QRCode 掃碼支付

QRCode（Quick Response Code）是一種正方形的二維條碼。QRCode 能夠簡單地將資訊輸入行動電話中，能讓輸入網址或複製一段文字變得簡單。QRCode 最早在 1994 年誕生，最早的應用為對倉庫內的貨品進行追蹤管理。QRCode 是為了取代傳統的一維條碼而設計，傳統的條碼僅能儲存數字資訊，必須與資料庫對照後才能轉換為有用的內容，且會因部分髒汙導致無法被讀取。QRCode 則可直接在條碼中儲存文字資訊，可以以任一角度去讀取，部分髒汙毀損還可以被讀取，廣泛地使用在亞洲和歐洲地區。

在臺灣 QRCode 掃碼搭配信用卡的行動支付方式，最早有中華電信推出的「QR 扣」App，只要是中華電信用戶且擁有與其合作之 8 家銀行信用卡者，在手機內下載安裝 App 通過信用卡驗證後，就能以手機代替實體信用卡掃描 QR Code 刷卡消費。因為 Apple iPhone 手機 NFC 功能不對外開放，因此 QRCode 掃碼支付也逐漸變成一般行動支付（iOS 及 Android）的主流方式，中國的支付寶在 2011 年 10 月推出的線下掃碼支付亦是使用這種技術，依其應用場景又發展成「正掃」（消費者手機掃描商家端 QRCode）與「反掃」（商家端掃描消費者手機 QRCode）。

QRCode 應用除了一般用來代替長串網址或文字，以及上述掃碼支付外，在共享單車上亦有物聯網的應用，如 oBike。每輛 oBike 單車上都有 GPS 晶片，使中心能隨時準確定位到每輛單車。根據已下載 App 消費者所在位置，可告知使用者在其周邊哪裡有閒置單車可用。找到單車後，消費者使用 App 掃描單車上 QRCode，此動作目的為透過 App 聯網至中心確認此單車將被使用並進行解鎖及開始計算使用時間。當使用完畢時，將車停好、打開手機 App 及藍牙為車上鎖，單車即會透過手機用藍牙將此地點資訊及終止使用時間傳回中心，收到資訊後，後臺即做扣款動作，完成整個租借及付款流程。oBike 租借流程如圖 6-7 所示。

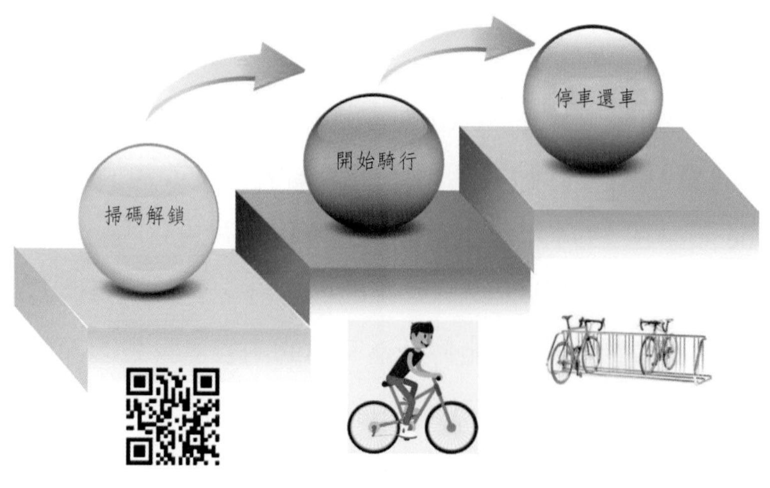

圖 6-7　oBike 租借流程圖

5. 非接觸型支付

NFC（Near Field Communication，近場通訊）技術係自 RFID 技術演變而來，是以 RFID 為基礎的一種互連技術，專攻行動裝置市場，目前以智慧型手機為主。透過內建的 NFC 晶片，即可達到許多 RFID 的相關應用。NFC 裝置可以使用三種工作模式，如圖 6-8：

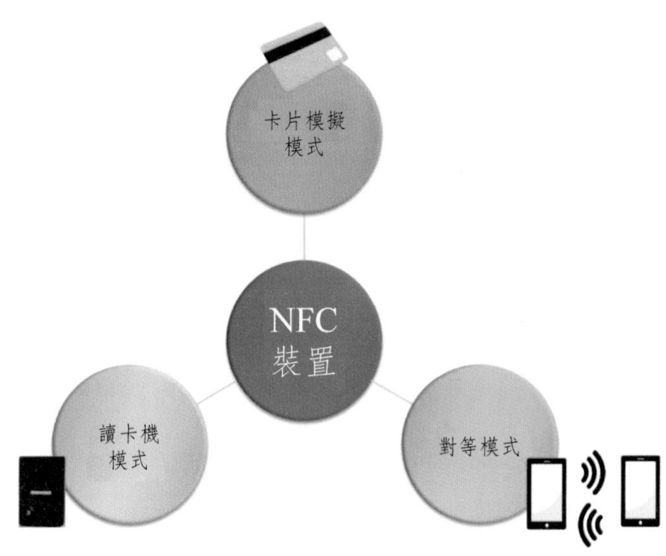

圖 6-8　NFC 裝置的三種工作模式

(1) 卡片模擬模式（Card emulation mode）

這個模式就是用 RFID 技術的 IC 卡來替代現在的 IC 卡（包括信用卡）、員工識別證、上下班打卡、門禁管理、電子票證、會員卡集點、電腦安全登入、大眾運輸票券、電子支付等的功能。此種方式的一個極大的優點，是卡片通過非接觸讀卡機的 RF 域來供電，因此，即便是手機沒電也可以使用。NFC 裝置若要進行卡片模擬相關應用，則必須是內建安全元件（SE：Security Element）之 NFC 晶片，供機敏資料的儲存與使用。

(2) 讀卡機模式（Reader/Writer mode）

作為非接觸讀卡機使用，比如從海報或者展覽資訊電子標籤上讀取相關資訊。

(3) **對等模式**（P2P mode）

這個模式和紅外線差不多，可用於資料交換，只是傳輸距離較短，傳輸建立速度較快，傳輸速度也更快，而且功耗低（藍牙也類似）。將兩個具備 NFC 功能的裝置連結，能實現資料對等傳輸，如下載音樂、交換圖片或者同步裝置通訊電話薄等。因此通過 NFC，多個裝置如數位相機、PDA、電腦和手機之間都可以交換資料或者服務。

近場通訊（NFC）支付方式經常在實體商店或交通設施中使用。消費者須使用配有 NFC 的行動電話，付費時將行動電話置於感應器前。大多數的交易並不需要額外驗證授權，但也有部分交易在完成前要求輸入密碼或使用者指紋授權。支付的款項可由預設信用卡或是銀行帳戶中扣除，例如 Apple Pay、Samsung Pay、Android Pay。NFC 行動支付的普及速度與範圍目前面臨到挑戰，這是由於支援 NFC 支付的基礎設施尚未完全普及、複雜的生態系統、營運商架構和標準所致。然而，部分行動電話製造商、作業系統制定者和銀行對 NFC 行動支付有著十分積極的作為，例如上述的 Apple、Samsung 及 Google。

在國內電子支付領域使用 NFC 方式與物聯網應用有關的還有電子票證。目前共有悠遊卡、一卡通、iCash 愛金卡、HappyCash 有錢卡等四家電子票證業者。電子票證除了一般常見的便利商店消費、搭乘捷運、公車外，現在各電子票證公司更強化新型運用，例如一卡通與旅館合作，結合旅行中一定會用到的房卡和一卡通，推出全臺首創旅館房卡結合一卡通服務。一卡通在使用通路方面持續擴增，在票卡應用卡上，也開發各式穿戴式行動支付產品，提供旅客旅宿、交通及消費等更全方位的服務。一卡通更與國內外展覽、演唱會業者洽談合作，依據各業者需求，使用一卡通進行進場管控，未來目標是將住宿、交通、消費及門票連成一條龍服務，真正發揮物聯網金融精神，只要一卡在手全臺走透透。悠遊卡公司預計推出悠遊智慧運動手錶，內建悠遊卡儲值、消費功能，同時可偵測即時心律、追蹤個人健康資訊、紀錄運動和熱量消耗等功能，此智慧運動手錶呈現臺灣科技產品軟、硬體設計水準及服務整合的實力。

6-4 第三方支付

第三方支付（Third-Party Payment）在臺灣正式名稱為「電子支付機構」，指的是由第三方業者居中於買、賣家之間進行代收代付作業的交易方式。此名詞首先出現於中國大陸，在中國大陸地區從事第三方支付業務必須申請第三方支付牌照（支付業務許可證）。第三方支付提供方便、快速，個人化帳務管理，提供交易價金保管流程（Escrow），買方透過第三方支付平臺先付款給賣方，但此筆交易款項會被平臺鎖住，平臺通知賣方出貨，等到買方確認收到賣方的商品後，再上第三方支付平臺指示付款，由此可防堵詐騙及減少消費紛爭；減少個人資料外洩風險。

第三方支付最早開始於與 eBay 合作的 Paypal，Paypal 成立於 1998 年，出發點為方便處理陌生個人買家與賣家在拍賣平臺上的交易支付，之後逐漸演變成跨國多幣別的金流處理平臺。中國第三方支付業者「支付寶」成立於 2004 年，專門成立來作為「淘寶網」拍賣平臺的支付工具，藉著中國境內幅員廣大、金融服務尚不普及、缺少具知名度 B2C 購物網站等時空背景因素下，造就其快速成長，現已發展成中國最大的第三方支付業者，並遵循中國人民銀行所頒布的《非金融機構支付服務管理辦法》申請到第三方支付牌照，隨後亦不斷創造支付場景，由帳單繳交到交易支付，線上交易到線下交易，境內交易到境外交易，時至今日儼然已發展成與 Paypal 規模抗衡之第三方支付業者。

臺灣的第三方支付發展起源比中國更早，但受到金融法規影響，早期第三方支付推行過程常受到限制，如藍新科技的「ezPay 個人帳房」成立於 2003 年，即與 eBay 簽約成為其官方支付工具；2004 年更與「Yahoo! 拍賣」正式簽約合作。但在 2006 年應金管會要求停止服務，Paypal 也因臺灣法規要求嚴苛影響，選擇離開臺灣市場。近年在時代趨勢、業者請求等影響下政府態度漸趨開放，目前第三方支付相關法律有 2013 年所頒布的《電子票證發行管理條例》，以及 2015 年為非金融業者從事網路儲值支付的《電子支付機構管理條例》。依該條例向金管會申請通過並取得專營業者身分的共有五家，分別是 ezPay 臺灣支付（藍新科技，前身為 ezPay 個人帳房）、國際連（PChome 網路家庭）、歐付寶（歐買尬及原綠界科技）、智付寶（智冠）和橘子支（遊戲橘子）。

第三方支付，顧名思義，就是買賣雙方以外，由第三人來協助完成交易的支付。第三方支付最主要的精神，其實就是保障買賣雙方。網路世界的交易，不像實體世界般可以面對面，一手交錢，一手交貨，沒有風險。透過互聯網，交易的對象可能是距離幾千公里之外的陌生人，要如何相信出貨後對方會付款？或是要如何相信對方在付款後會如期出貨？因此，有一個值得信任的中間人，讓交易雙方都能放心交易是很重要的機制。第三方支付平臺運作流程如圖 6-9 所示。

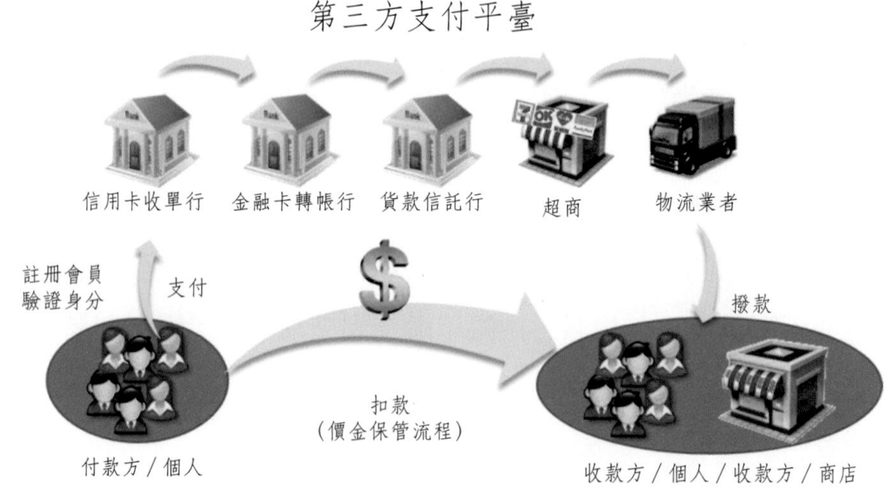

圖 6-9　第三方支付平臺運作流程

第三方支付就是代收代付，只要買賣雙方不是直接交錢交貨都可稱為第三方支付，如：超商代收、銀行代扣、貨到付款、電信帳單代收、中國的支付寶、微信支付等。基本上第三方支付是一個平臺，是一個支付處理機制，提供各式支付工具，控管交易流程，提供價金保管機制。第三方支付平臺服務的對象是平臺的會員，買賣雙方都必須是會員，而且為了交易安全，所有會員都必須通過身份認證，讓平臺清楚知道你是誰（Know Your Customer,

KYC），除為了交易安全目的外，也必須預防有心人從事非法洗錢。

第三方支付具有以下特色：

- 交易雙方均需為第三方支付平臺會員（實名認證）。
- 所有會員均須註冊及驗證。
- 會員使用之支付工具均須通過驗證（信用卡、銀行帳號等）。
- 一般以 Email 或手機號為會員帳號。
- 每次交易時不需輸入卡號，降低卡號資訊暴露之風險。
- 每次提款時不需輸入銀行帳號，降低資訊暴露之風險。
- 陌生交易有價金保管之保障。

第三方支付平臺的基本功能大致有以下幾種，如圖 6-10 所示：

圖 6-10　第三方支付平臺的基本功能

1. 儲值

要能夠支付首先必須要有錢，除了信用卡這種具備先享受後付款（Pay after）的支付工具外，以金融卡（借記卡）拿銀行帳戶內的款項用來支付也是一種方式。但是如果沒有信用卡，也沒有金融卡時要如何支付？例如，當學生想在網路上購物時，該如何支付？提供一個以現金方式先將錢「存」進第三方支付平臺（Pay before）的功能非常重要，這個以現金交付平臺的方式就叫做「儲值」。在臺灣最為廣見的儲值管道，就是全世界密度最高（超過 10,000 個點）的「便利商店」。買方可以藉由「便利商店」這個儲值管道，把錢「存」進第三方支付平臺以供支付使用。儲值機制流程圖如圖 6-11 所示。

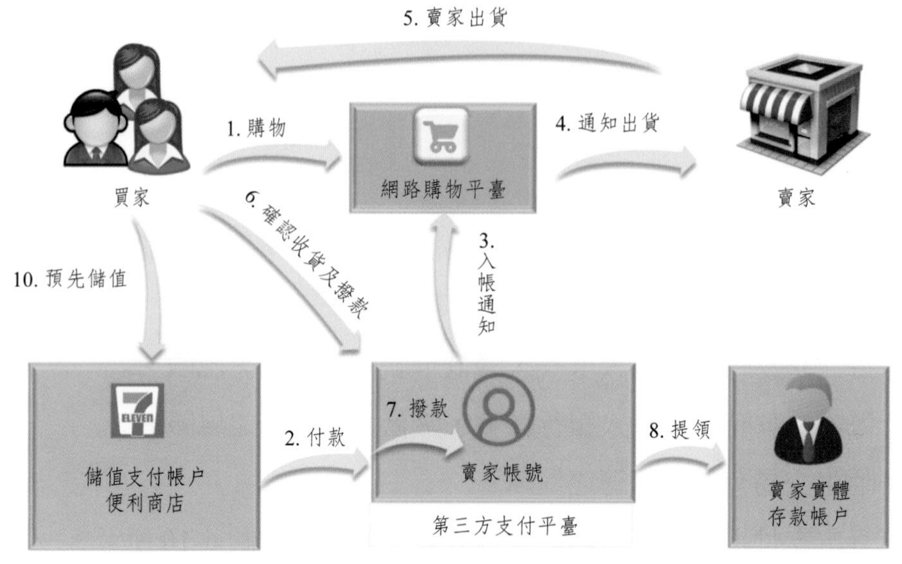

圖 6-11　第三方支付的儲值機制流程圖

2. 支付

支付是第三方支付平臺的基本功能，為讓會員能很方便地支付，就必須提供各式支付工具。最為普遍支付工具是信用卡跟金融卡，上面所提的儲值也是一種選項。每一種支付工具都會在支付的同時，向買方或賣方收取一筆交易手續費（一般是向賣方收取，平臺在撥款給賣方同時扣除手續費），這個手續費有兩種計價方式：百分比 %（Percentage rate）及固定金額（Flat rate）。身為買方，一定會選擇對自己最有利的支付工具來支付；一般而言，信用卡具有延後付款（Post-paid）及紅利點數累積，甚至大筆金額還可以選擇分期付款等吸引消費者的誘因，占有很大的使用比例。但是對賣方而言，信用卡支付可能是成本最高的選項，因此支付工具的選擇，端視此筆交易是買方市場還是賣方市場，是最後妥協的結果。

3. 收款

支付相對應的是收款，第三方支付平臺一邊要方便買方支付，另一邊則是要方便賣方收款。上述所提的支付工具其實就是銜接買賣雙方的橋梁，滿足兩邊的需求，依據平臺上的交易類型，收款還有以下三種過程：

- 及時到帳

買家付款後，當賣家確定收款即完成交易，適用於一般 B2C 代收付交易或虛擬商品交易。

- 價金保管

買家付款後，待期滿或一定條件成就後完成交易，廣泛應用於 C2C 及遞延性商品或服務類型交易。

- 履約保證

買家付款後，確保賣家交付、買家收到後完成交易，提供信託履保序號供買賣家使用，廣泛應用於票券型交易。

4. 提領

就好像銀行般，平時可以在帳戶間轉帳，錢就在銀行帳戶間流來流去，並不會真正接觸到錢。但是當交易後續行為無法在第三方支付平臺進行（如交易對象不是第三方支付平臺會員），或是被要求以現金執行時（如跟供應商進貨為求折扣），那就必須提供功能讓第三方支付平臺會員能夠將其帳戶餘額提領至實體銀行帳戶中，再經由銀行體制執行後續處理。

5. 價金保管

價金保管是第三方支付平臺的核心，一切的需求都是從此開始。陌生的買賣雙方進行交易，從買方付款開始，第三方支付平臺收到款項後通知賣方出貨。當賣方貨物運抵買方地點後，買方上第三方支付平臺針對該筆交易指示付款。然後第三方支付平臺依據買方指示將款項撥給賣方。這是一切都是美好的狀況，但是如果過程中當買方收取到的貨品並非如預期，則可在價金保管過程中發出爭議，暫時中斷價金保管流程，直到與賣方達成協議後再依協議結果繼續完成支付或是進行退款。第三方支付價金保管交易流程圖如圖 6-12 所示。

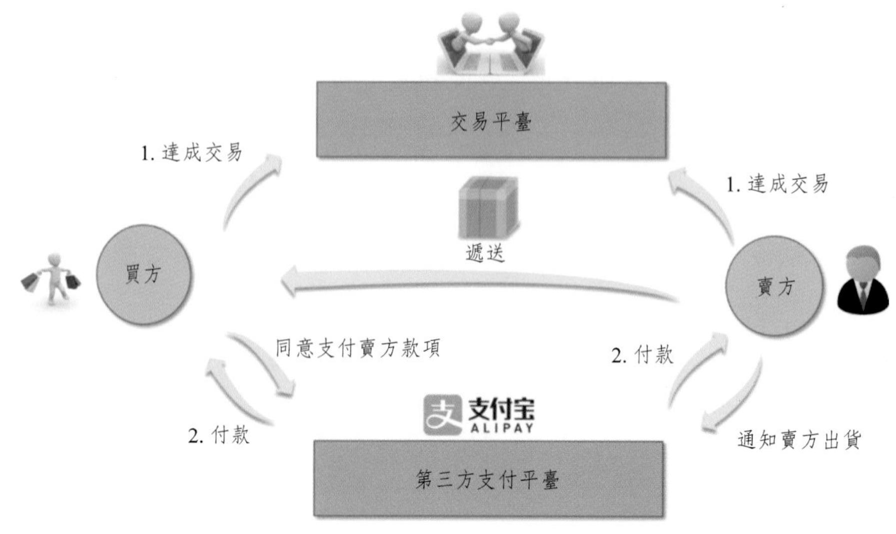

圖 6-12　第三方支付的價金保管交易流程圖

其實物聯網環境就是第三方支付的應用場景，第三方支付就只是接受付款指令執行支付動作。舉個例子，停車場應用，第三方支付平臺會員將車牌號碼登記至平臺上，當進入停車場停車時，入口處車牌辨識裝置將車牌號碼辨識後紀錄進入時間，當車輛駛出停車場時，再次辨識車牌並記錄出場時間計算停車費用後，將帳單資訊傳至第三方支付平臺，使用預設支付工具進行扣款支付停車費。整個過程完全沒有人力介入，更不需車主至繳費機以現金繳費，連發票都可以電子的形式傳送至第三方支付平臺，還可以幫忙對獎。

在消費服務應用方面，營運商（如 PayPal、Apple）運用低耗電藍牙裝置 Beacon 技術（如 iBeacon 或 PayPal Beacon）與客戶手機溝通，當客戶進入與營運商合作的實體商店時，Beacon 會主動與顧客手機 App 進行連線，當客戶準備結帳時，只須使用營運商的支付工具進行付款，系統即進行支付完成交易。此種支付模式可帶給客戶便利及提供個人化服務。此外，商家布建 Beacon 設備讓客戶可得到商店的優惠資訊，享受簡單快速的支付服務。最後再依據消費資訊的大數據，金融機構依此進行消費者交易歷史紀錄分析，並藉由物聯網感知環境確認消費者即時狀態，推估消費者之需求並據以及時行銷，創造新的支付商機。

生物辨識技術亦可運用到支付場景。傳統使用卡片支付工具、密碼等認證方式，將因物聯網環境之興起，逐步轉向以生物特徵辨識技術為基礎的支付服務。「生物辨識」主要是依靠生物識別技術，根據人體的生理器官（如臉部、眼部、指紋、指靜脈等）及行為特徵確定客戶身分，當使用者通過生物辨識機制驗證後，再透過資訊設備與金融機構帳戶連線進行支付授權作業。透過生物特徵辨識控管，無需其他交易憑證，就可完成支付服務的模式，稱為「生物支付」。目前部分商業銀行（如中國信託的指靜脈提款）及中國第三方支付「支付寶」已推出此類服務，這項新興支付模式未來勢將逐步擴大其應用領域。

物聯網亦可結合銀行應用於信用貸款，傳統金融機構對於消費信用貸款，往往依據消費者與其往來及相關信用調查情形，決定是否給予貸款或利率高低。從消費者申請貸款、審核到支付款項，往往曠日費時。目前已有純網路銀行利用物聯網環境感知功能及大數據技術，針對消費者在網路上之行為、身分、職業、人脈關係、信用歷史和履約能力等進行智慧分析，即時核貸並支付消費者款項。另有金融機構將企業之抵押／擔保或產品等動產資訊，透過應用物聯網感知功能與企業放貸系統整合，即時掌握貸放企業之動產狀況，更可進一步結合企業生產製造或營運活動流程，迅速完成線上融資作業，支付企業融資款項，達到即時監控抵押債權狀況，降低放貸風險等功能，這些都是物聯網時代帶給金融機構的轉變與契機。

6-5　物聯網保險科技

據報告調查，與物聯網相關的保險業務是近年來個人險業務中增長最為快速的領域。世界各地的保險公司在過去一年中推出了大量以物聯網為基礎的互聯產品和互聯服務。45% 的保險公司認為物聯網趨勢會是未來三年推動保險客戶增長的主要驅動力。幾家保險公司有採用物聯網技術的創新應用，比如法國巴黎銀行卡迪夫分行、歐洲援助集團和加拿大 Desjardins 保險集團正嘗試在家財險、健康險和車險領域利用物聯網技術讓保險公司獲得更多的客戶數據。美國 USAA 保險公司將虛擬客服嵌入物聯網設備中，從而能夠隨時隨地回覆客戶的疑問。法國保險公司 Crédit Agricole Assurances 運用地理定位技術，在客戶發生車禍的時候迅速為其提供幫助。安聯集團法國分公司已經利用無人機來快速安全地偵測大型建築物的受損情況。

其實最成熟的物聯網應用就屬產險領域，以車險為例，車險業者利用車聯網獲取多項動態數據，隨時掌握保戶的開車行為和車體狀態，可進行客製化的保費定價並控制風險。根據 Roland Berger 調查，在歐洲市場上，2016 年有 6 成的大型保險公司已針對車聯網裝置推出了相應的方案。長期以來，保險公司計算保戶保費的方式頗為粗糙，對部分保戶頗不公平。以汽車保險為例，保險公司多半以保戶年齡為計算保費的主要參數；實際上，即使同年齡的保戶，駕車習性可能差異極大，風險相差懸殊，以前保險公司只能依蒐集到的被保人基本資料、駕駛習慣等項目計算出應繳的保費，但這種方式其實很不科學。

合理的保費計算機制，應建立在認識保戶的基礎上。考慮的參數除了保戶的年齡，還應包括其駕駛習性，如主要開車時間在尖峰或離峰時段，主要行經道路為鄉間道路或鬧區街弄，是否常經過易發生事故的路段，平均每次開車時間約多長，工作屬性是否常接觸酒品，是否有邊開車、邊講電話的習慣。針對不同駕駛習性的保戶，保險公司當可依其風險高低，制定不同保費的保單。其優勢在於風險較低的保戶能以較低的保費，獲得與昔日相同的保障，將可增進其投保意願；風險較高的保戶保費雖提升，卻有助於制約其危險駕駛行為，有效抑制出險率。

現在保險公司開始使用 UBI（Usage-based Insurance）彈性車險計費系統，保險公司可在保戶同意下透過感應器蒐集駕駛資料，將駕駛人開車時間長短、駕駛經過的路況、駕駛習慣是否良好等資料回傳公司，如此計算出來的保費會準確很多，如圖 6-13 所示。同時還可觀察駕駛人行為，若發現異狀，譬如疲勞駕駛，保險公司可即時通知駕駛人。甚至可提供免費咖啡等作為獎勵，勸導駕駛人不要進行危險駕駛行為。而且車上裝了感應器的駕駛行為也會比較謹慎，如此便可降低交通事故的發生率、減少理賠案件、對表現良好的被保人提供保費減免，使保戶和保險公司皆蒙其利。同理，若是壽險，保險公司應深入檢測保戶的健康情形與疾病史；若是房屋險，保險公司應徹底查驗房屋狀況。此後，保戶為了降低來年的保費，勢必更加珍重自愛，慎用車輛、房屋，形成正向的循環。

物聯網設備不僅能從技術角度防範風險，也可以培養使用者的良好習慣，不管是車險領域的 UBI 設備，還是健康險領域的體徵監測設備，都可以降低風險的發生頻率，減少客戶損失，同時也降低保費。另在利用物聯網收集大量客戶行為資料時，客戶的隱私和資料的安全也是一個重要的課題。物聯網設備大多是個人用品，為了給客戶制定個性化的保險產品和價格，保險公司需要獲得關於客戶的所有數據，但也只有在確保數據和隱私的絕對安全之後，客戶才會願意將這些數據分享給保險公司。因此保險公司必須加強資料安全的防護，否則一旦遭到攻擊，消費者承受的個人隱私及財物損失將會遠遠超使用物聯網設備的所帶來的好處。

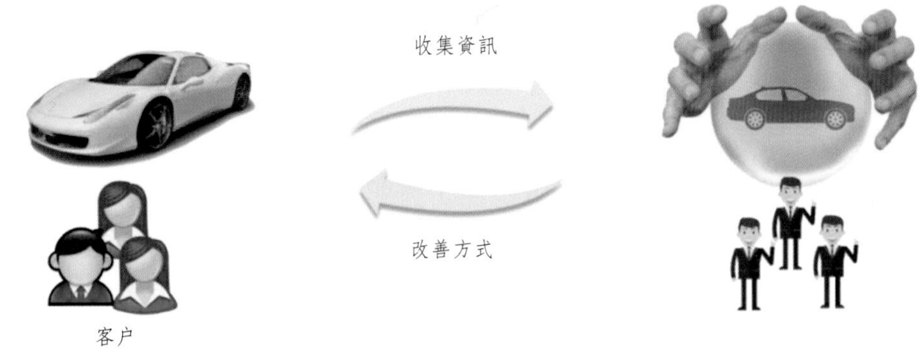

圖 6-13　UBI 彈性車險

6-6　機器人理財

機器人理財（Robo-Advisor）是透過程式提供投資人線上財富管理服務。民眾只要設定投資額、風險屬性等資訊，它們就可以利用演算法在線上提供自動化，在沒有人類的規劃下，達到以演算法為基礎的投資組合建議，如圖 6-14 所示。機器人理財和傳統理專使用相同的軟體，但相較於傳統的財富規劃，機器人理財通常只提供投資組合管理上的建議，目前仍不涉及較「個人」的財富管理服務，例如稅金、退休金或房地產規劃。

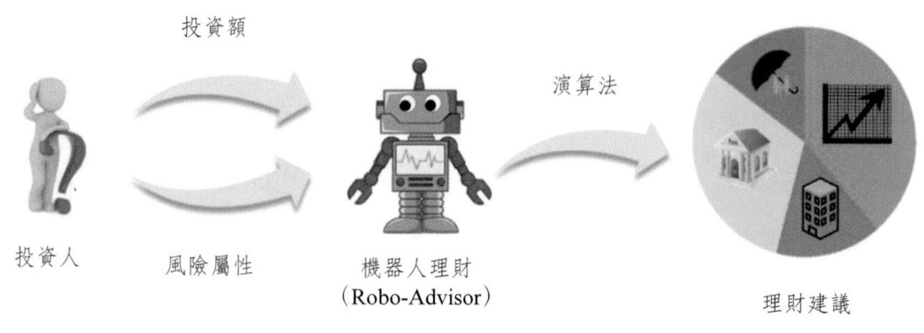

圖 6-14　機器人理財的概念

機器人理財與傳統理財專員的服務客群是有一些差異。在傳統的理財服務中資產在 50 萬以下的顧客，獲得的理財服務較少，銀行多派任資歷較淺的理專或電話理專。資產 300 萬元以上才是所謂的 VIP 及客戶，銀行多派任資歷豐富，通過重重考核的理專提供服務。但透過機器人理財，即使是低資產的「小資」族群也能接受豐沛的投資訊息與建議。

機器人理財的特色是以大數據運算分析發展出投資決策，藉由系統演算建議標的及波段，每日監控投資組合，克服人性弱點，並依據客戶的風險屬性與投資偏好等不同的特性，建立系統精算出的最適化投資組合。傳統理專提供服務，常揹負銀行主推某幾檔標的的包袱，而機器人理財服務沒有這個人為困擾。但是雖然機器人理財擁有比傳統透過理財專員的財富管理更快速、簡單、方便以及更低的進入門檻等優勢，然而理財專員與客戶之間（即人與人之間）的連結，卻是機器所無法取代的關係。

除此之外，機器人理財最大的特色是其低廉的成本。大幅降低財富管理使用者的投資金額門檻，能夠吸引更多沒有那麼多資金的年輕小資族群。傳統上如果有投資的需求，只能靠自己慢慢研究，或是向資金門檻較高的理財專員尋求建議，然而以美國機器人理財的領導企業 Wealthfront 為例，最低的資金門檻僅需要 500 美元，讓絕大多數的民眾都有機會進入原本門檻很高的財富管理世界，並且以一個相當簡單且方便的方式進行投資。

臺灣的王道銀行也在 2017 年 5 月獲得投顧執照與金管會的許可，是臺灣第一家推出機器人理財服務的銀行。在正式推出機器人理財服務之前，王道銀行推出免費的早鳥機器人理財體驗，是完全「自動化」由人工智慧提供服務，沒有人工參與。低投資門檻是主要特點，投資門檻僅新臺幣 1,000 元，使用者在 30 分鐘以內，就可以在線上完成投資理財服務體驗。為了考量部分問題使用者仍習慣跟人溝通，因此未來也將採用真人視訊理專來輔助使用者投資。

在金融科技不斷地進步下，機器人理財提供了我們更快速的運算與更方便簡單的理財服務，新興的理財機器人根據客戶的投資目標及資產現況，線上提供客製化的投資組合及理財建議，甚至能夠全天候追蹤、分析客戶的投資績效，在國外市場上，收取的費用低於傳統業者這個優勢更貼近千禧世代的需求；除了理財機器人之外，如 P2P 借貸、群眾募資平臺等新興的商業模式，核心服務雖然不盡相同，但皆是透過數位和低成本的方式，提供投資人更多元的理財及投資管道，傳統財富管理業者的重要性也因此不斷下降。

雖然機器人理財擁有比傳統透過理財專員的財富管理更快速、簡單、方便、以及更低的進入門檻等優勢，然而理財專員與客戶之間的連結，卻是機器仍無法取代。傳統財富管理很大一部分的價值，除了提供給客戶良好的投資報酬率以外，來自與客戶之間的連結。透過深度地了解客戶的需求與喜好，可以精準地提供客戶想要的產品，提供比機器人理財更加客製化與貼近客戶需求的產品，這也是傳統理財方式不可取代的價值。或許機器人理財的發展方向該換位思考，從傳統理財服務的市場服務破壞者，轉變成為互補的角色；透過低廉成本的優勢與現有業者相互合作，取代過往服務中已無附加價值的產業環節。

機器人理財的業者也熟知上述問題，因此可以發現現今機器人理財廠商與金融機構合作的 B2B2C 商業模式正在崛起：透過提供金融機構機器人理財的技術，改善傳統財富管理中理財專員的效率，也同時彌補機器人理財缺乏與客戶的連結，以相輔相成的合作，取代相互競爭的對立。因此機器人理財的未來趨勢，將會著重在結合機器與人的互補層次，透過機器的演算法與理財專員的客製化互動相輔相成，帶給投資人更簡單方便的美好體驗。

6-7 習題

1. 請簡述物聯網金融的架構。
2. 請比較物聯網金融與互聯網金融。
3. 請說明 P2P 的應用模式。
4. 請說明金融科技 P2P 平臺的應用。
5. 請說明五種主要行動支付的類型。
6. 請說明 NFC 裝置的三種工作模式。
7. 請說明電子票證的應用模式。
8. 請說明第三方支付平臺運作流程。
9. 請說明第三方支付的特色。
10. 請說明物聯網的產業鏈和其相關性。
11. 請說明第三方支付平臺的基本功能。
12. 請說明 UBI 彈性車險的運作模式。
13. 請說明何謂機器人理財和它的特色。

參考文獻

1. 李顯正，「金融科技概論」，第二版，新陸書局，2018。
2. "IoT-enabled Banking Service" *Infosys*, 2017.
3. "Usage-Based Insurance and Telematics," *National Association of Insurance Commissioners*, 2018. http://www.naic.org/cipr_topics/topic_usage_based_insurance.htm
4. Z. Bareisis, "Payments and the Internet of Things: Opportunities and Challenges," 2017. https://www.celent.com/insights/986172286
5. D. Drinkwater, "10 Real-Life Examples of IoT in Insurance," *Internet of Business*, 2016. https://internetofbusiness.com/10-examples-iot-insurance/

6. FinTech Futures, "IoT and the Banking Revolution," 2016. http://www.bankingtech.com/2016/08/iot-and-the-banking-revolution/
7. J. Greenough, "Auto Insurers Are Using the Internet of Things to Monitor Drivers and Cut Cost," 2015. http://www.businessinsider.com/iot-is-changing-the-auto-insurance-industry-2015-8
8. A. Hobbs, "Internet of Banking & Payments: Where Every Device Is A Payment Device," 2017. https://internetofbusiness.com/internet-banking-every-device-payment-device/
9. J. Liggett, "5 Innovative IoT Payment Products," *Tearsheet*, 2016. http://www.tearsheet.co/changing-payments/5-innovative-iot-payment-products
10. J. Marous, "Internet of Things: Opportunity for Financial Services?" *The Financial Brand*, 2015. https://thefinancialbrand.com/54845/internet-of-things-iot-opportunity-banking/
11. P. Schulte and G. Liu, "FinTech Is Merging with IoT and AI to Challenge Banks: How Entrenched Interests Can Prepare," *The Journal of Alternative Investments*, Vol. 20, No. 3, 2018, pp. 41-57.

第七章

物聯網與工業 4.0

工業 4.0（Industry 4.0），或稱第四次工業革命（Fourth industrial revolution），是一個德國政府提出的高科技計畫，用來提升製造業的電腦化、數位化與智慧化。工業 4.0 的目標不是創造新的工業技術，而是將所有工業相關的技術、銷售與產品體驗統合起來，建立具有資源效率的智慧工廠，並在商業流程及價值流程中整合客戶以及商業夥伴。其技術基礎是整合物聯網、智慧機器人、智慧機臺、智慧工廠、大數據與虛實整合，建構出一個有感知意識的新型智慧工業世界，能透過分析各種大數據，直接生產滿足客戶的客製化產品，並透過銷量預測、運輸、智慧生產及行銷，即時精準的生產或調度現有資源、減少多餘成本與浪費等。

7-1　工業的演變

工業 4.0 最早是在 2011 年的德國漢諾瓦工業博覽會被提出。德國在世界上擁有眾多跨國性的集團，也具有許多規模雖較小但產品性能在世界上處於領導地位，其繁榮與達成的成就就是因為對其工業產品的創新與苛求。但是，近年來由於亞洲與其他地區的勢力漸漸崛起，德國政府為了使其產業在未來仍具有競爭力，因而提出「工業 4.0（Industry 4.0）」戰略，希望藉由高科技推動全面性工業再升級革命。工業的革命都是為了解決人、社會跟經濟之間的問題，希望能透過時代的演變讓社會更進步。圖 7-1 顯示了工業革命的演變。

以下介紹工業革命的演變：

- 18 世紀前：人類生產所需的動力以人力和大自然為主。
- 工業 1.0（1712～1912）：18 世紀因為蒸汽機的發明帶動機械取代人力，解決人與動力之間的問題。利用水力和蒸氣而漸漸自動化，人類開始有所謂「製造工廠」的概念，此時期生產數量仍少，但種類繁多，如圖 7-2 所示。

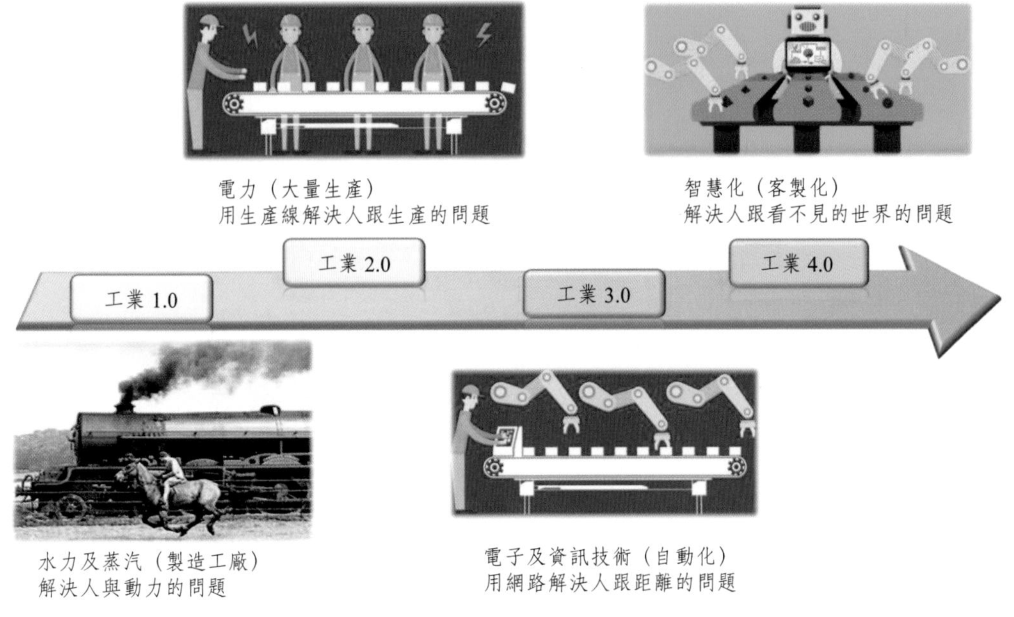
電力（大量生產）
用生產線解決人跟生產的問題
智慧化（客製化）
解決人跟看不見的世界的問題
工業 1.0
工業 2.0
工業 3.0
工業 4.0
水力及蒸汽（製造工廠）
解決人與動力的問題
電子及資訊技術（自動化）
用網路解決人跟距離的問題

圖 7-1　工業革命的演變

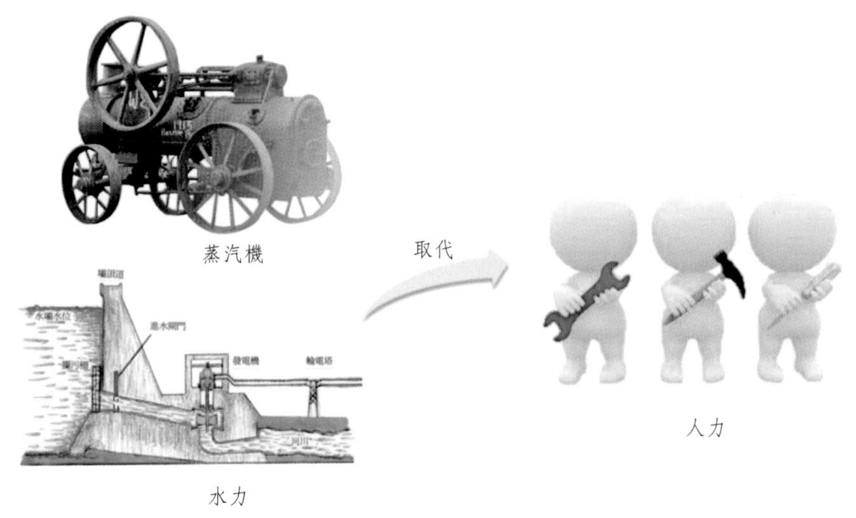
蒸汽機
取代
人力
水力

圖 7-2　水力及蒸汽解決人跟動力的問題

- 工業 2.0（1913～1968）：19 世紀有了電力為能源，電力可驅動大規模生產，解決人跟生產的問題。人類開始有「大量生產」的概念，工廠建立生產線，追求快速與標準化，也由於生產流程標準化和生產快速，因此生產種類漸趨單一，如圖 7-3 所示。

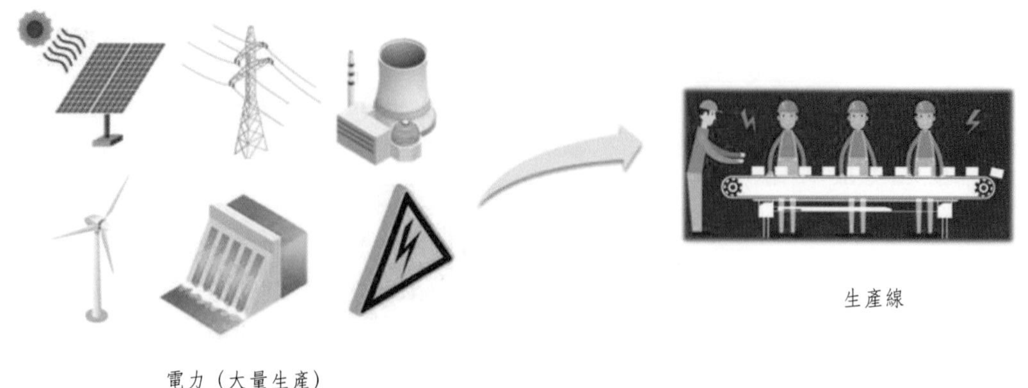

圖 7-3　電力解決人跟生產的問題

- 工業 3.0（1969～2012）：20 世紀有了網路、電子與資訊科技，機臺可以通過網路彼此溝通合作，解決人跟距離的問題。以前需要靠人傳遞，現在通過網路可以直接且清楚知道需要生產的量，即可開始分工，進一步提高製造精密度與效率，使得人類開始有「數位及網路」的概念，如圖 7-4 所示。

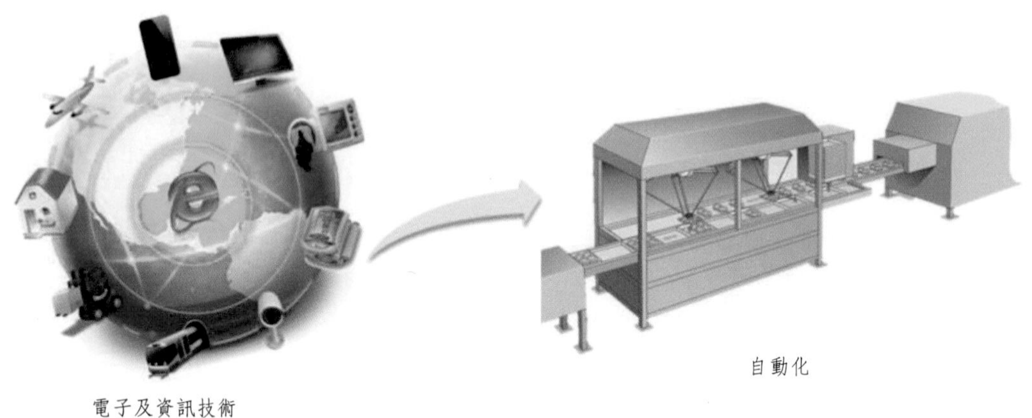

圖 7-4　電子及資訊技術解決人跟距離的問題

- 工業 4.0（2013～）：進入 21 世紀後，全球化、個人化、複雜化意識抬頭，此時消費者開始厭倦千篇一律的產品規格，轉而要求能突顯個人風格的客製化產品。這對生產單一產品的機器而言，面臨重大挑戰。機器必須透過物聯網的技術和感測器來改善其製程與良率，機器和機器之間更應透過協調，輸入不同的原料來生產不同種類的產品，並透過市場的預測來評估原料的配置、機器的生產與維修的排程、智慧品管及運輸管理以及隨時考慮使用者感受。為達到這樣的目的，結合物聯網、雲計算及大數據的分析，解決「人跟看不見的問題」，如圖 7-5 所示。例如，生產一件產品的時候，你不會知道每個使用者的感受，這時候你是「看不見」。但如果能將產品的使用加上數據挖掘與分析，再搭配 App 即時傳送並接收消費者的感受和產品數據，透過這些數據分析，就可以知道什麼樣的產品能提高顧客的舒適性與健康等，那就是真正的價值所在。

圖 7-5　智慧化解決人跟看不見的世界的問題

7-2　物聯網帶動工業 4.0 的崛起

工業 4.0 的出現，主要是因為全球面臨四大難題：勞動力減少、物料成本上漲、產品與服務生命週期縮短以及因應各種需求的變化。圖 7-6 說明了工業 4.0 崛起的原因。

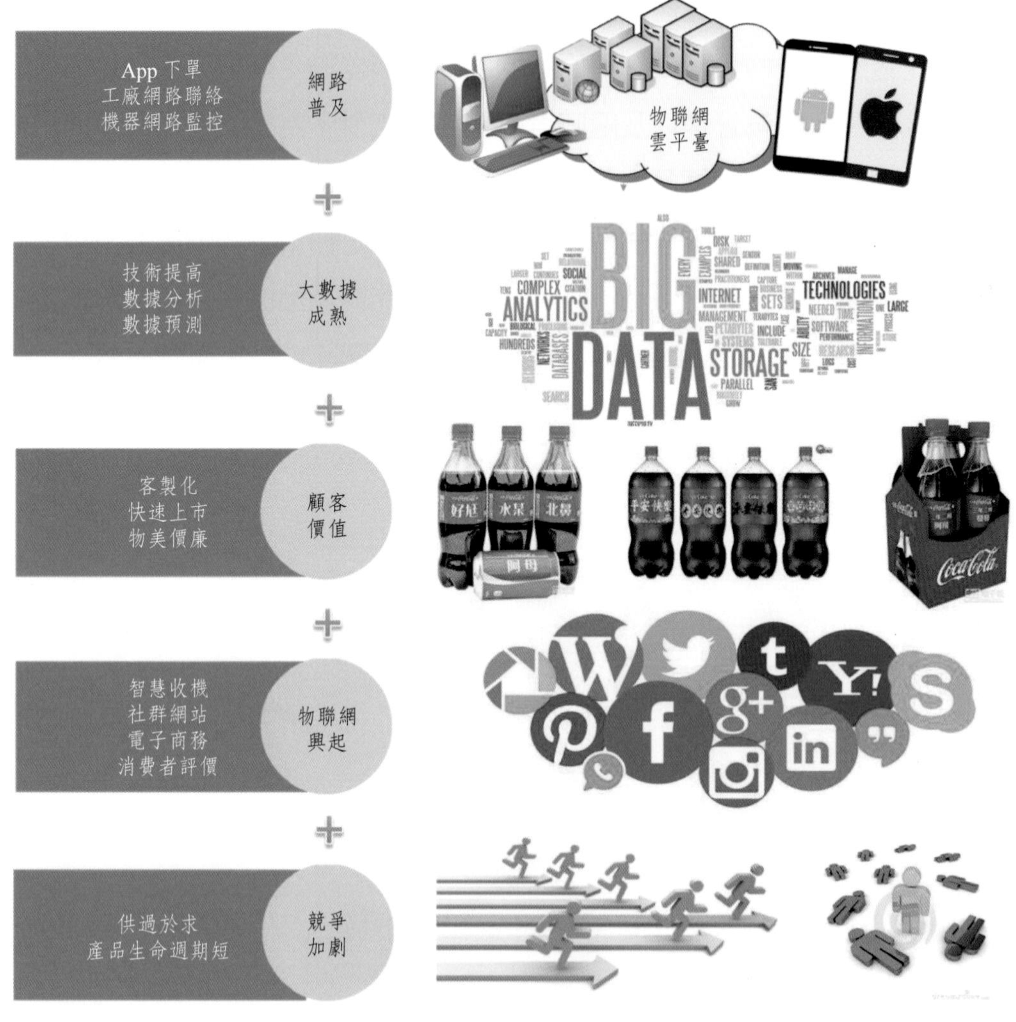

圖 7-6　工業 4.0 崛起原因

以下將說明帶動工業 4.0 的幾個重要原因：

1. 網路普及

現今網路的普及，消費者已習慣利用手機 App 下訂單進行網路購物，使得消費者不用到實體店面，透過網路即可完成消費行為。機器設備都可連上網路，使得製程可透過網路隨時監控進度並進行機器設備的管理。從訂單、原料訂購、機器生產、倉儲、管理、運輸到品檢等都已網路化，彼此都透過網路溝通，甚至工廠與工廠間也可透過網路溝通。隨著資料及數據的規模變大，利用數據對消費行為做分析及預測，借此通路商可預估未來市場上的產品需求量，進行訂單的估計，即可讓原料供應商預先排定機器如何生產及製造、原料需要多少，及出貨的排程時間，來因應未來市場的需求，如圖 7-7 所示。

網路普及不只影響人，甚至也影響設備及工廠，未來透過網路的低延遲、增加連接速度及雲端運算能力，將實踐工業控制與自動化系統，使得工業 4.0 能迅速地發展，讓工廠整體的運作更有彈性、提升生產效率。

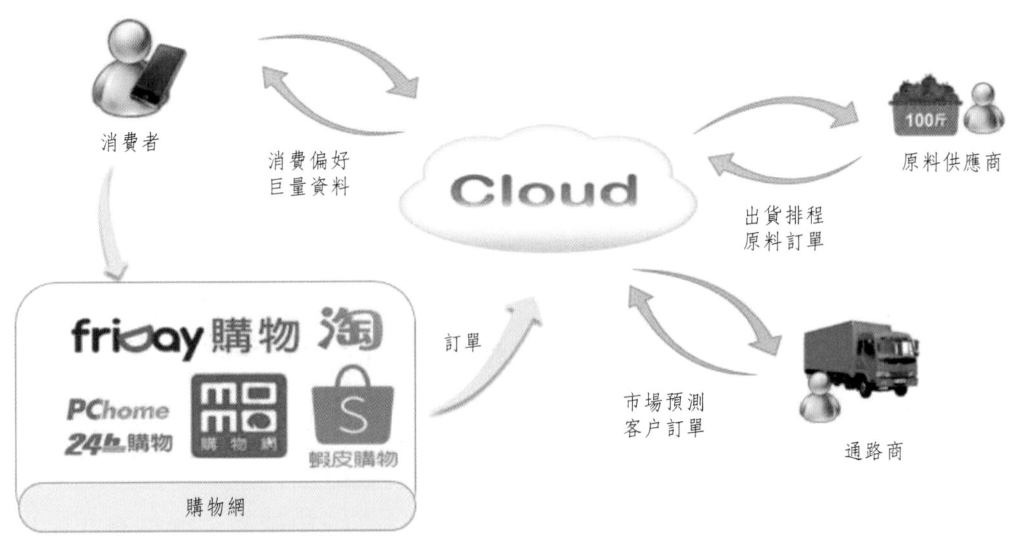

圖 7-7　網路普及可以因應未來市場的需求

2. 大數據的成熟

工業大數據的價值主要體現在三個方面：首先，大數據技術能提高工廠的能源利用率；其次，大數據技術讓工業設備的維護效率提高，又實現品質的突破；最後，大數據可以最佳化生產流程，並簡化營運管理方式，如圖 7-8 所示。

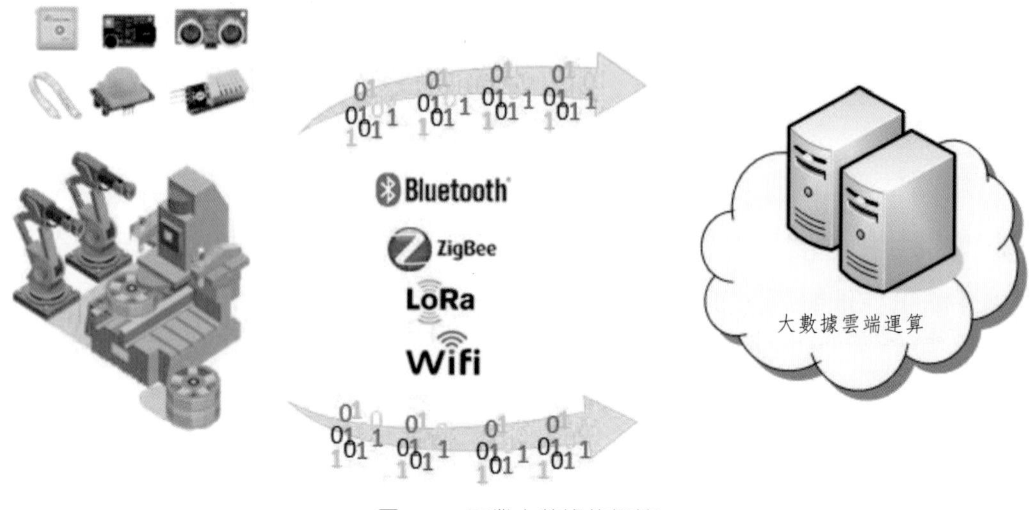

圖 7-8　工業大數據的價值

未來生產商品，數據愈來愈重要，以汽車為例，工廠利用消費者告知的數據（顏色、天窗、輪胎的樣式等），結合製造汽車的模型，即可利用演算法告知機器設備如何運作，將汽車成品生產出來，如圖 7-9 所示。大數據分析是經驗累積的核心，是促成機器學習的關鍵要素，以實現智慧化製造的核心技術。大數據的核心重點在於預測，大數據的價值在於大數據分析，工廠將已進行數十年的自動化控制，產生的數據進行分析和預測，增加產能、提升效率、降低人工介入成本及降低錯誤，故對於工業 4.0 及物聯網來說，其核心精髓一直都是數據。

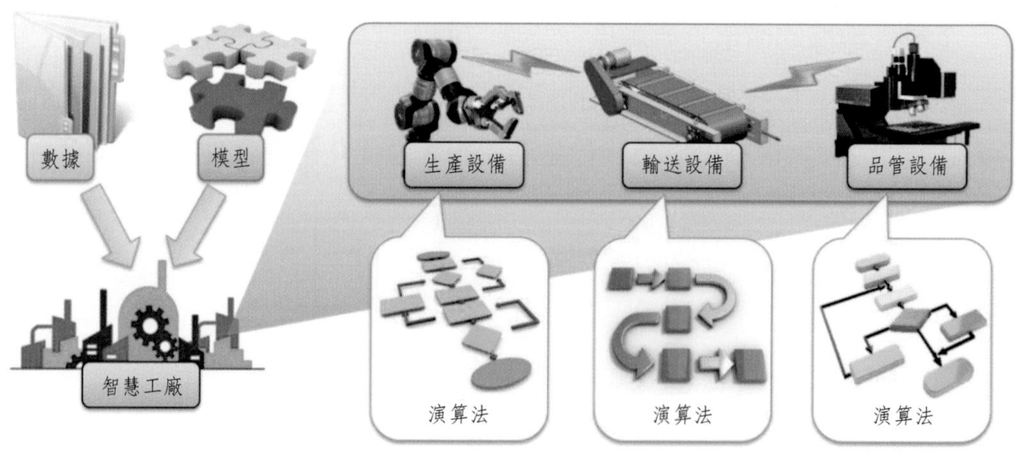

圖 7-9　智慧工廠利用演算法生產產品

3. 顧客價值

消費者的需求改變，現在的消費者已經不能夠滿足工廠大量生產出來的產品，每一個消費者都希望能有能展現自己風格且為他們量身訂做的客製化產品。相同產品卻希望能有不一樣的特色，從製程上來講，這就是一個麻煩。以前的機器一天可以生產幾千萬個一模一樣的東西，大量生產對生產者而言一點挑戰都沒有。但今天要製造專屬客製化的產品，有一千種不同的產品，那需要買一千臺不同的機器嗎？這不符合成本效率，現在的產品需要的是少量多樣的特色。因為少量，就算機器能大量生產也沒有用。因此，工廠必須改變以往 SOP 標準生產的大量生產機制，機器需要變聰明將良率和產能提高，並能自己去讀取訂單，根據不同的訂單給予相對應的動作，這就是新一代技術，包括互聯網、物聯網、大數據與機器人能給予工業4.0的突破。

消費者愈來愈缺乏耐心，當消費者下定決心下單購買後，消費者總是希望能在極短的時間之內，工廠就能將產品送到自己手中。產品需要快速上市，機器要變聰明、機械生產設備的效率要變好，才有辦法達到物美價廉、便宜且具有競爭力，這也帶動了工業 4.0 的發展。

4. 物聯網興起

物聯網的應用領域極廣，包含工業、金融、醫療、農業等，如圖 7-10 所示。在工業的部分，將整合消費、分析、原料管理、製造、運輸及行銷；在金融的部分，將結合金融科技、虛實整合、線上線下（O2O）、區塊鏈等技術及行動支付等技術；在醫療的部分，將走向數據分析、智慧醫療、數位診斷、健康照護等醫療服務；而在農業的部分，也將發展智慧農業、農業大棚、病蟲害防治、食品朔源等服務。物聯網的興起消弭了生產者與消費者力量的不對稱，社群網路、電子商務的出現，消費者力量開始愈來愈大，且自從智慧型手機與 3G/4G 的普及，隨時隨地都能上網，打破了原本只能定點上網的地域侷限性。當消費者聊天、購物時，會先透過手機查詢價格和評價等資訊，這樣的消費文化，工廠得開始順應潮流、因應對策，以免被這個社會給淘汰。

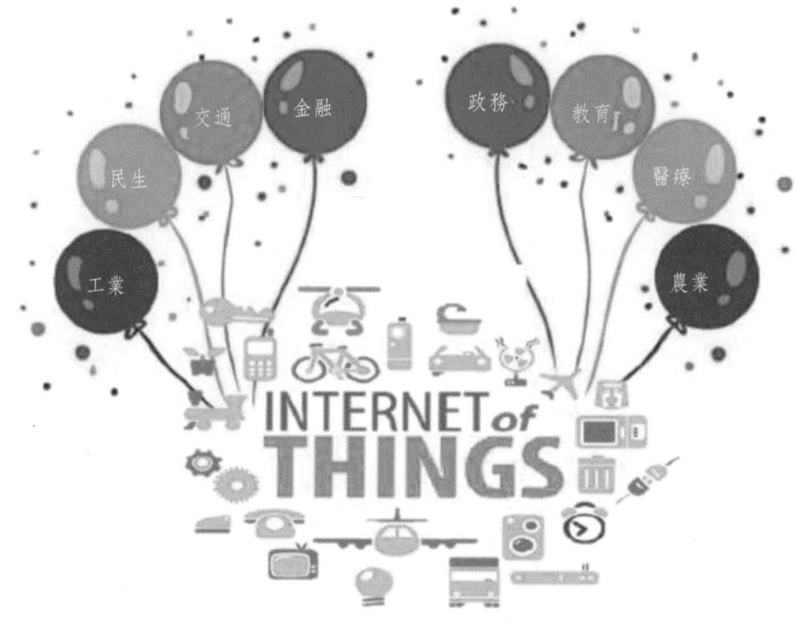

圖 7-10　物聯網的應用領域

5. 競爭加劇

產品生命週期短，新的樣式一直推陳出新，例如：iPhone 7、iPhone 8、到現在 iPhone X 上市，產品的週期短，加上全球的產能過剩和同質廠商競爭激烈，工廠必須能應付現在的市場，不然很快就會被淘汰。

7-3　工業 4.0 的關鍵技術

從顧客消費、網路成長和產品生產的趨勢來觀察，製造的設備要變聰明、設備良率要增加，並能連上網路得到更多的資料，才能不用投入大量人力去控制同一臺機器。生產的設備功能具多樣化，與鄰近設備互相整合運作以生產出多樣的產品，而且多臺設備能透過網路來分工合作，生產速度也能提高，這都是工業 4.0 所需的技術。

工業 4.0 從最基本元件來看，製造產品的機器本身就要智慧化，許多智慧機器集合在一起就是智慧工廠，將工廠和工廠透過雲端集合起來，在實體上生產，在虛擬上互相學習、分配製成和維修等，就是虛實整合，以互聯網（虛擬）為核心應用於實體工廠（實際），如圖 7-11 所示。

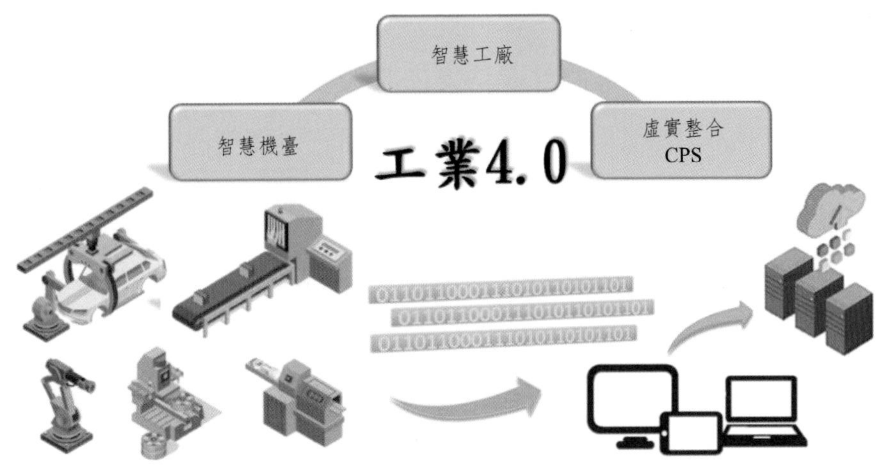

圖 7-11　工業 4.0 的關鍵技術

以下分成智慧機臺、智慧工廠和虛實整合三部分來探討工業 4.0 的關鍵技術：

1. 智慧機臺

過去人和機器按照一定的標準作業流程（SOP）去製造產品，而現今網路的普及，機器設備要變智慧化，來應付少量多樣的消費者文化，將設備變得更聰明，它有兩個階段，在第一個階段最主要是將生產機器的效率提高、良率增加。首先，在設備運轉之前，我們必須對設備的運轉建立出一套數位的模型，這個模型在電腦或雲端中已可模擬真正設備的運轉，並可自我調整模型中的參數，包括溫度、聲音、振動、亮度等。這樣的模型可稱為是一個真實設備的雙胞胎，也就是在數位世界中運轉的雙胞胎模型，有了良好的模型及最佳的參數調整，緊接著便可仰賴這個模型來監控真實設備運轉的效能。為了對真實的設備進行監控，我們將在設備上安裝或嵌入許多感測器及無線通訊設備，使設備成為物聯網的成員之一，這樣的智慧設備，便可透過感測器來監控其生產過程中各種影響製程良率的因素，例如運轉的聲音、轉動的平穩度、溫度、濕度、振動的程度等各種數據，透過設備的連網能力，將這些數據匯集到雲計算資訊中心。透過資訊管理進行數據分析，以及事先已建立好的運轉模型，也就是雙胞胎模型的比對，便可分析機臺的製程是否將出現問題，並能預估良率及生產量，進而估計出生產所需的時間及對機臺的生產與維修輸出優化方案，再依此方案來修正設備的參數及調控設備的硬體，使真實的設備在生產時能保持最佳狀態，而設備經年累月的使用所產生的問題，亦可即早發現及排班維修，以確保它生產產品的良率不變。這樣一來，便可提昇及優化生產的過程與保證產品良率，並可對機臺進行保養維修，甚至可以去預測產品的品質和產量，此智慧機臺的運作模式如圖 7-12 所示。

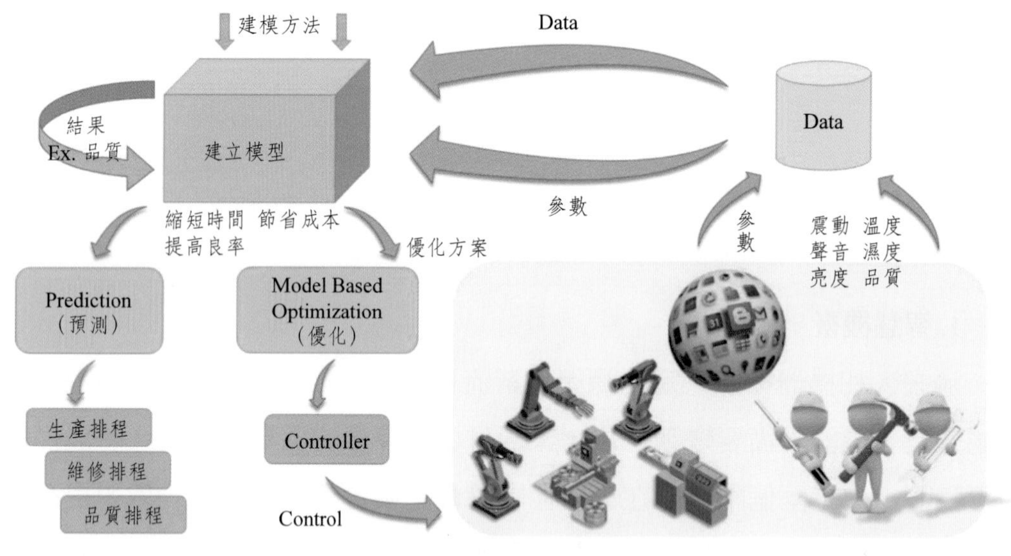

圖 7-12　智慧機臺的運作模式

設備變得更聰明的第二層面向，就是機器不只能自己製造出良率高的產品，還可以自己讀取訂單。機器不像以前一樣，永遠都只做一種固定的動作，要讓一臺機器能隨著訂單做出不同的調控，甚至能自己去配置流程。智慧機臺就是能調整最佳的參數並自行讀取訂單，縮短產品的產出時間、節省成本、提高良率以及做出品質預測，並且做好機器的維修排程，使設備能做到最佳使用效率，如圖 7-13 所示。以前工人都是透過一定的標準作業流程，一臺機器一個人，做完了再交給下一個人，是人和 SOP 和機臺之間的關係。未來就不需要這麼多人介入，機器間可以開始溝通，可以同時運作，各個設備彼此之間透過網路開始分工合作，就能快速將產品做好。以前是機器指揮產品，現在是產品指揮機器。

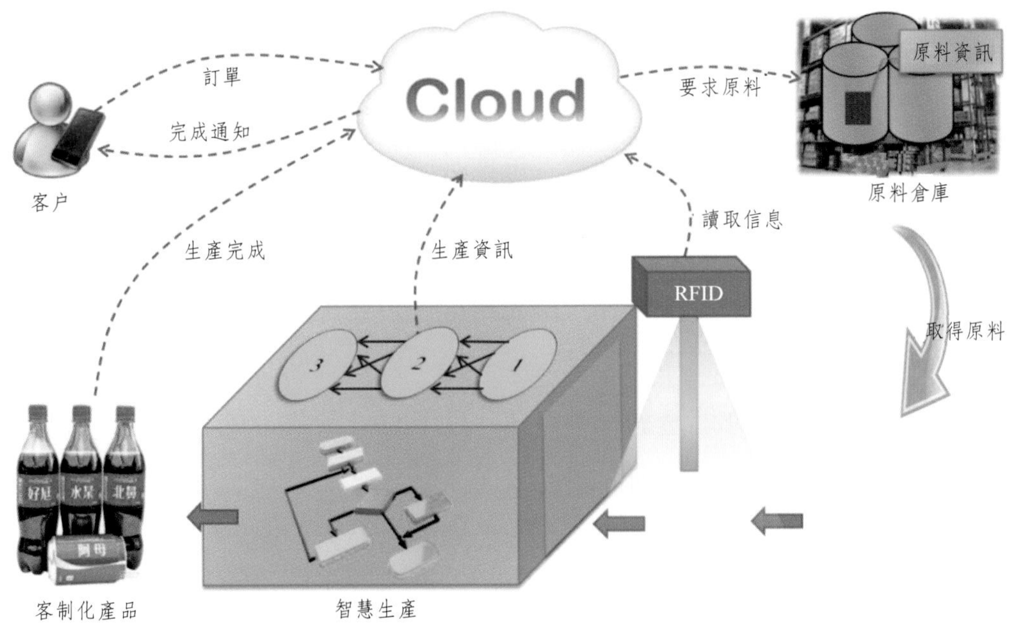

圖 7-13　智慧生產的運作模式

2. 虛實整合技術（Cyber-Physical System, CPS）

機器連上網路，使實體的機器設備與數位世界的虛擬機器設備彼此整合運作，是工業 4.0 的重點發展技術。在改善機器良率及建構良好的生產模型過程中，若僅靠機器本身的產能來調整其參數來預測其產能，將曠日費時。對於大型機器的運作，若能在數位的空間裡面建構一個虛擬的機器，模擬實際的機器，也就是在實體世界和數位世界間，建構一個雙胞胎系統。透過數位世界中的模擬運作，研發人員在設計產品時，可預先模擬工廠量產的狀況，找出可快速生產的模式，再回傳給設備嘗試各種的環境參數，當找到最完美的參數調整及運作程序，便能建立預測模型和優化模型。預測模型能評估出未來的良率和產能，把過去、現在及未來的數據送到優化模型，優化模型就有機會去計算出優化的方案，而這優化方案對機臺實施最佳化的控制。對於生產設備而言，在讀完訂單後將採用不同的原料，針對不同的客戶需求，配置不同的生產流程，生產出個性化的產品，這樣的方法快速又有效率。

3. 智慧工廠

當設備有了優化的良率並能聯網後，基本上這樣的設備已是工業 4.0 的智慧設備了，下一個步驟便是從自動化躍升為智慧化。在智慧化生產的過程中，首要重點是對市場需求的預測，透過數據分析及使用者的回饋，預測市場的需求與訂單，接下來便是生產雲對製程的管理。透過智慧工廠對於原物料的取得、各種設備的生產排程及維護排程以及產品的運輸，都必須透過生產雲的管理，達到高品質與高生產效能。而不同性質的工廠（例如：原料、運輸、銷售、賣場）亦能透過一件訂單，使多個位於異地的工廠彼此合作分工，從市場預測、生產製造到行銷通路通通整合起來。

工業 4.0 高度依賴互聯網，例如上網向原料商索取原料，上網製造、分配和合作，生產時在網路上隨時將進度回饋給消費者，消費者也在網路上給予評價，透過市場消費者來了解產品的評價，去做改良預測。透過資料分析使用者的消費行為，知道未來的市場，準備出口製造，然後開始進行行銷等工作。

未來的智慧工廠，消費者不需要到市面上去看產品，而是直接透過 App 下訂單。消費者和製造者通過網路直接互聯，少了中間經銷商的剝削，產品的價格也可以壓低。訂單的原料與設備都是由雲端來管理，可以隨時將進度回傳給消費者，甚至可以隨消費者喜好做出獨一無二的客製化產品。

工業 4.0 所面對的不只有工廠，也希望透過智慧互聯、物聯網來串聯消費者和工廠。也就是工廠與消費者之間原本是單向道，而透過物聯網變成雙向道彼此不再對立。透過合作的方式，消費者的需求可以獲得最大的滿足。當一個工廠不能夠完全滿足需求，就必須透過智慧生產來串聯這些工廠，不論是上下游廠商或同業之間的串聯，透過串聯才可以發揮出整體的戰力。由於現今的消費者不願等待，唯有透過相互合作才有辦法快速的交貨、提高應變能力。當工廠開始生產製造的時候，工廠就必須具有足夠的智慧，執行市場調查、運送原料、生產、運輸製造和銷售等工作。而產品從研發、設計開始到工廠，快速的量產交至消費者的手上，將生產及管理全面融合，通過智慧製造，滿足消費者的需求。

現在的工廠需要的是製造業服務化，也就是彼此間需要有協同製造的觀念來運作工廠，如圖 7-14 所示。智慧互聯強調消費者與製造者一起協同合作，工廠了解消費者的需求，而消費者也隨時掌握工廠的生產進度；智慧生產是工廠與工廠協同，同一訂單可透過許多工廠的協同生產，使其順利交貨；智慧工廠裡則是數據與機器協同，透過數據分析來提升生產效能，並能預測市場。因此，從另一角度來看，工業 4.0 就是以協同為核心。

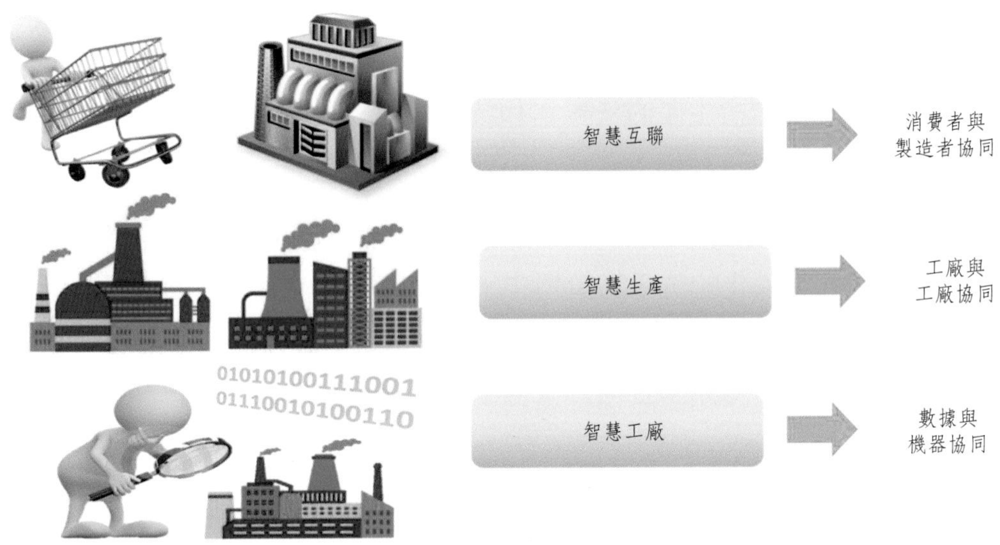

圖 7-14　以消費者為中心的客製化生產

7-4　工業 4.0 之應用

工業 4.0 以一句話形容就是：「以需求出發，智慧製造」。客製化的服務取代大量生產，也就是說，工業 4.0 將隨客戶需求而生產，其商業模式已產生改變。在過去的工業時代中，採用的模式主要是以廠商為中心的 B2C 或 B2B 模式。在這種模式下，大多利用機器做統一的製程，生產出標準產品以因應大量生產的需求。然而，工業 4.0 以消費者為中心，重視彈性生產與無庫存生產的 C2B（Consumer-to-Business）/C2M（Customer To Manufactory）模式。

以下提出幾個工業 4.0 的構想及案例。

1. 德國博世洪堡工廠

博世洪堡工廠的汽車剎車系統是全球第一大汽車技術供應商，其成功的原因是生產線上所有零件都有一個獨特的 RFID 射頻識別碼。每經過一個生產環節，讀卡機會自動讀取相關信息回傳至雲端，再進行所要求的分配和運作，從而提高整個生產效率。這將傳統的機器指揮產品轉換為產品指揮機器。

2. 德國巴斯夫化工集團凱澤斯勞滕工廠

凱澤斯勞滕工廠所生產的洗髮水和洗手液已經完全實現自動化。使用者在雲端輸入訂單後，生產線上空瓶的 RFID 射頻識別碼會與雲端連結進而產生訂單，生產機器再透過瓶上的 RFID 碼，隨著所需的肥皂、香料、瓶蓋顏色和標記，注入客製化的洗手液於瓶中。在這樣的生產線上，每一瓶洗手液都有可能跟傳送帶上的下一瓶全然不同。這也是一個產品指揮機器的典範，利用無線網絡，使機器和產品進行溝通。由客戶直接下單到工廠的運作方式將是未來發展的趨勢。

3. 愛迪達 3D 列印個人鞋款

傳統產業力圖以大量客製化提升產品附加價值。除了服飾、家電、汽車、紡織等產業，運動鞋大廠愛迪達更進一步提高產品客製化程度，從「大量客製化」到「個性化」，採用 3D 列印技術生產運動鞋。未來顧客只要走進愛迪達的門市，在跑步機上跑幾步，愛迪達就能快速獲取足部特徵及各項數據，為顧客打造一雙量身訂做的運動鞋，如圖 7-15 所示。

4. 第一代福特福克斯電動車（產品創新的應用）

第一代福特福克斯電動車，在客戶行駛時，會持續地將車輛的加速度、剎車、電池充電和位置信息傳送至主機，再以大數據分析駕駛行為的信息，以了解客戶，制定產品改進計畫，並實施新產品創新。該公司更進一步地透過收集的數據，與第三方公司合作。例如，透過了解客戶在何時及何處充電等數據，電力公司和其他第三方供應商也可以決定在何處建立新的充電站，

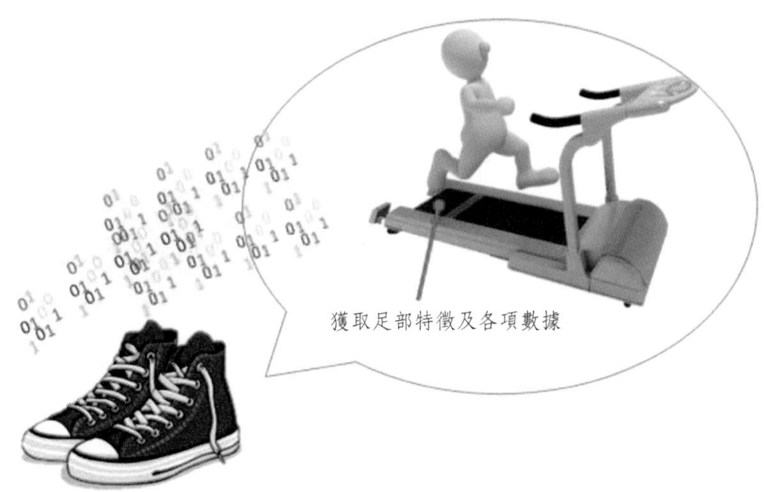

圖 7-15　愛迪達客製化運動鞋

以及如何防止脆弱的電網超負荷運轉等等。

5. 波音公司（產品故障診斷與預測）

在波音的飛機上，發動機、燃油系統、液壓和電力系統等數據每幾微秒就會被測量和發送一次。這些數據不僅能夠分析工程遙測數據，而且還促進了即時自我調整控制、燃油使用、零件故障預測和飛行員通報，能有效實現故障診斷和預測。這些數據甚至在關鍵時刻，亦可使用於解決問題。例如馬航 MH370 失聯客機搜尋過程中，波音公司透過發動機運轉數據而了解飛機的失聯路徑。

6. 青島紅領建立四大服裝數據庫，七天產出量身打造的服飾

中國大陸青島紅領服飾業，從以往的 B2C 模式走向 C2B／C2M 模式，提供客戶平價、快速可取得的個性化服飾，如圖 7-16 所示。消費者首先透過訂製平臺，在任何地點預約量身，收集身體部位的數據；或是在網路上選擇符合自己體型的尺寸，再進一步透過自身喜好選擇數據庫中的衣料材質、圖案、顏色、款式、口袋、鈕扣、繡字等選項，確認相關資訊後，即驅動智慧生產系統。運用 RFID 技術將備料、裁切、縫製、整燙、入庫、倉儲、配送等流程相連結，建立從人體數據、服裝數據採集，到設計、生產、出貨的個性化服裝全生命週期解決方案。在紅領高度自動化的生產系統下，不僅出貨時程縮短也符合客製化的需求，更重要的是利用 C2M 模式實現零庫存，解決庫存過多、產能過剩的問題。

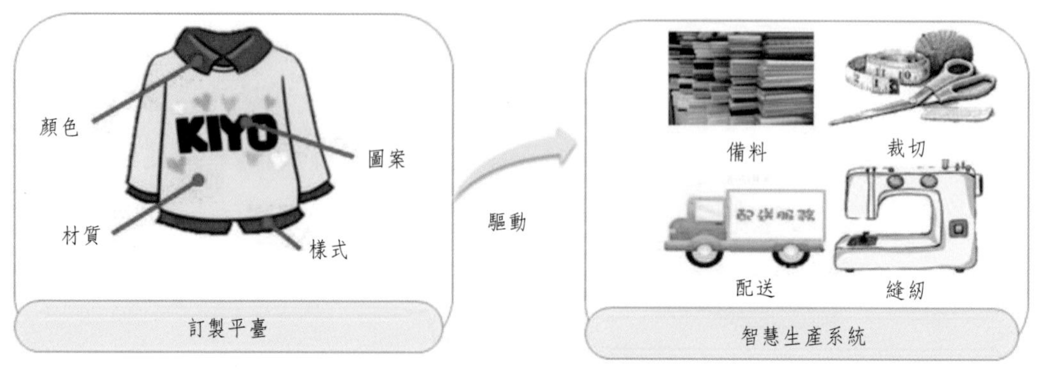

圖 7-16　青島紅領客製化服飾

7-5　臺灣生產力 4.0 及工業 4.0 的比較

工業 4.0 的特點是智慧生產和客製化，透過工業與互聯網的結合將供應商、製造商、倉儲及物流智慧連接，使得供應和倉儲成本降低。而自動化生產，也使產品個性化和上市速度加快。製造商、供應商、經銷商以及顧客之間的關係更加緊密，不僅將減少每個環節的員工人數，例如：前端供應鏈管理，藉由互聯網，實施管理訂單進行有計畫的生產；也可透過後端倉儲物流管理，進行設計 WMS 及自動化立體倉庫，實現無人化控管，降低管道庫存和物流成本。

在未來製造業中，資訊系統將會成為重要角色。工業 4.0 將工業系統提升到前所未有的高度，只要一套完善的系統即可使產品生命週期大幅縮短、物流交貨的時間加快，以及客戶訂製的多樣化要求等問題。新的產業鏈將使製造業不再只是硬體設備製造的概念，而是融入資訊技術、自動化技術和現代管理技術嶄新的服務模式。表 7-1 顯示了工業 4.0 在製造業提升的效率。

表 7-1　工業 4.0 的效率

		過去	現在
生產／供應效率	生產領料	物料太多，領料發料節奏快，人工領料常出錯，物料過期報廢損失太大	根據生產任務單自動生成領料單據，倉庫掃碼領料零差錯
	製造加工	生產現場不透明，排程無法管控，人力與生產成本高居不下	行動終端即時報工、現場無紙化、移動品即時回饋進度，生產狀況即時查詢
交期／服務承諾	訂單出貨	出貨時間長，還經常錯發和漏發，客戶等著收貨，貨物卻遲遲無法發出	提高倉儲效率、準確度，並減少領錯料的機會，訂單準時交付率提升
	完工入庫	帳實不符，貨物流轉慢，入庫耗時耗力，管控困難	節省往返確認的時間，快速完成入庫，還能降低人工入庫的出錯率
庫存周轉（成本品質）	倉庫盤點	貨物資料獲取困難，人工盤點耗時還長，漏洞百出	無需訓練快速上手，掃碼只需幾小時即可實現出、入庫整體盤點，錯誤率幾乎為 0
	採購收貨	供應商送貨收料時間長，錯發與漏發頻繁	行動裝置掃碼點收，提升效率與正確性；隨掃隨查看板資訊即時推送，縮短等待時間
	出貨盤點	倉庫物料堆放雜亂，找貨、理貨成難題，就算連夜加班也盤點不完	出貨時同時作盤點，庫存精確又不耗費多餘成本

臺灣提出的生產力 4.0 其實跟工業 4.0 差不多，唯一的差別是臺灣不是只專注在工業上，對於商業、服務業和農產品等領域也投入心力，關注的面向更廣。利用互聯網、雲端及大數據的概念，將產品和服務緊緊結合。臺灣所提出的生產力 4.0 範圍比工業 4.0 更大，除了設備機器變聰明，臺灣現在亦推廣讓各領域都能提高生產的效率。物聯網是一種跨產業融合概念，代表一種趨勢、充滿想像與創新，也是企業翻轉的機會。臺灣應利用半導體產業優勢，協助掌握關鍵零組件發展，跨產業整合工業電腦、智慧自動化生產、精密機械產業，並鎖定電子製造、醫材、食品加工及金屬加工等市場為機器人產業發展主軸，打造臺灣成為全球智慧型機器人的主要製造者，積極參與相關國際標準的制訂，在這場競爭激烈的全球賽局中，扮演關鍵角色。

以下簡單描述工業 4.0 帶來的優缺點：

- **優點**

(1) 減少成本、符合趨勢

當機器設備智慧化便能有效的減少勞動成本，也因客製化服務，將大幅減少成品庫存。客製化服務也意謂著生產的訂單應隨消費文化改變，客製化產品將是世界未來的趨勢。

(2) 經濟效益可觀

德國政府堅信工業 4.0 是大勢所趨，且將帶來龐大的經濟利益。若放眼全球，整合或內嵌有智慧製造特性的產品將成長 80%，機器對機器（M2M）市場將擴張為現在的五倍。針對臺灣而言，若成功落實工業 4.0 轉型，至 2024 年製造業的人均生產力可望增加 60%。透過密切關注並順應國際趨勢，不論是採用軟體讓國內製造業升級或供應硬體予國際合作夥伴，預計未來將有大好的機會搭上工業 4.0 的順風車，在智慧製造中站穩一席之地。

- **缺點**

(1) 失業率上升

機器替代人—工業自動化大量替代了人工，機器人的過度使用將導致大量失業。我們所應採取的因應之道，應是隨著知識密集與產量成長，培養更專業的智慧工廠勞動力，增加其跨產業、跨領域的能力。也就是說，對於企業而言，關鍵是培養人力資源。

(2) 數據、資料的隱私性不足

目前全球有數十個網路犯罪組織，對資訊安全帶來莫大威脅。單以德國為例，2013 年便有 30% 的公司面臨資安問題，為解決網路攻擊造成損害的投資更高達 460 億歐元。如何對數據及資料的儲存與傳輸的安全性更加重視，將是未來重要的課題。

工業 4.0 不只是製造自動化，而是將所有工業相關的技術、銷售與產品體驗統合起來。其技術基礎是智慧整合（CPS）及物聯網，建構出一個有感知意識的新型智慧工業世界。透過網路直接提供客戶線上訂貨、決定貨品樣式及個性化喜好，並透過網路串聯原料商、物流、生產、檢測、配送等服務。透過各種大數據的分析，直接生產滿足客戶的客製化產品，提高產業的互動生產及價值。透過不斷地收集和資料分析，即時精準的生產或調度現有資源、減少多餘成本與浪費等效益，並善用網路、消費者的評價和快速生產，從生產的自動化提升為智慧化生產。

7-6 習題

1. 請說明工業革命的演變。
2. 請說明工業 4.0 崛起的原因。
3. 請說明工業 4.0 的關鍵技術。
4. 請詳述消費者為中心的客製化生產流程。
5. 除本章介紹的應用外，工業 4.0 還可以應用在什麼領域？
6. 請比較工業 4.0 和過去在製造業提升的效率。
7. 請描述工業 4.0 帶來的優缺點。

參考資料

1. 李傑，「工業大數據：工業 4.0 時代的智慧轉型與價值創新」，天下雜誌，2016。
2. 阿爾馮斯．波特霍夫，恩斯特．安德雷亞斯．哈特曼，「工業 4.0：結合物聯網與大數據的第四次工業革命」，四塊玉文創，2015。
3. Y. Lu, "Industry 4.0: A Survey on Technologies, Applications and Open Research Issues," *Journal of Industrial Information Integration*, Vol. 6, pp. 1-10, 2017.
4. C. Perera, C. H. Liu, S. Jayawardena, and M. Chen, "A Survey on Internet of Things from Industrial Market Perspective," *IEEE Access*, Vol. 2, pp. 1660-1679, 2015.
5. F. Shrouf, J. Ordieres, and G. Miragliotta, "Smart Factories in Industry 4.0: A Review of the Concept and of Energy Management Approached in Production Based on the Internet of Things Paradigm," *IEEE International Conference on Industrial Engineering and Engineering Management (IEEM)*, 2014.
6. L. D. Xu, W. He, and S. Li, "Internet of Things in Industries: A Survey," *IEEE Transactions on Industrial Informatics*, Vol. 10, No. 4, pp. 2233-2243,

2014.

7. J. Wan, S. Tang, Z. Shu, D. Li, S. Wang, M. Imran, and A. V. Vasilakos, "Software-Defined Industrial Internet of Things in the Context of Industry 4.0," IEEE Sensors Journal, Vol. 16, No. 20, pp. 7373-7380, 2016.
8. http://mag.digiwin.biz/%E7%A9%B6%E7%AB%9F%E4%BB%80%E9%BA%BC%E6%98%AF%E5%B7%A5%E6%A5%AD4-0/
9. https://www.bnext.com.tw/article/40162/BN-2016-07-11-090040-223
10. https://www.youtube.com/watch?v=K8_iuT1h-dY
11. http://industry4.digiwin.com/smartFactory.htm?gclid=Cj0KEQjwlMXMBRC195OLzqOz04wBEiQAooa7CHL0viE9qh8FGvK3zk8IauIhAwFExxKqA7NhKbgML_4aAqC78P8HAQ
12. https://read01.com/4aMnz8.html
13. https://www.itri.org.tw/Chi/Content/NewsLetter/Contents.aspx?&SiteID=1&MmmID=5000&MSID=744265412172001563&PageID=1

第八章

物聯網與 O2O

數位的世界和實體的世界，一直都在交互影響。人們在實體世界的各種娛樂、工作、生活或是決策等，通常需要參考數位世界的資料分享，例如 Google 的查詢、高鐵訂位或是電影訂位等行為，便高度仰賴數位世界的資訊分享，以完成乘車或看電影的時間地點等決定。而數位世界中所呈現的資訊，通常也是受到人們在實體世界活動的影響，例如我們在實體世界的旅遊、照相、餐飲或心情分享，會上傳到臉書或 Line 等社群軟體中，與好友們分享。在現今虛實整合的環境中，數位世界和實體世界的範圍都不斷延伸，不斷地互相影響，也使得人們在這兩種世界的活動愈來愈密不可分。

我們將討論數位世界（線上）及實體世界（線下）在電子商務及行銷購物等方面所發展的許多新樣態。O2O（Online To Offline），亦可看成是從線上到線下，是一種新的電子商務模式，指的是線上行銷及線上購買的行為將帶動線下（非網路上）的經營和線下消費。O2O 透過促銷、打折、提供資訊及服務預訂等方式，把線下商店的訊息推播給互聯網用戶，將互聯網用戶轉換為自己的線下客戶，並因此促成了客戶到實體店面消費。例如餐飲、健身、電影和演出、美容美髮、攝影及百貨商店等，均可透過線上的行銷來帶動實體店面的消費。圖 8-1 為 O2O 行銷模式。以下我們將針對 O2O 的發展歷程與演進、O2O 與共享經濟和反向而行的 O2O 等主題，進一步說明物聯網與 O2O 的重要應用與實例。

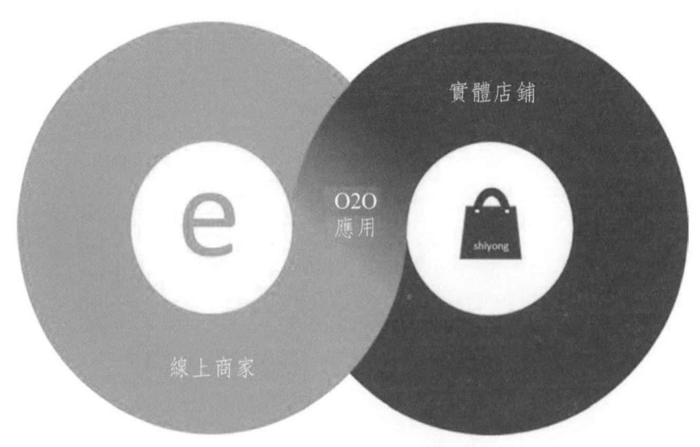

圖 8-1　O2O 行銷模式

8-1　O2O 的演進

傳統的購物通常是在實體店面中挑選及採購，在今日互聯網快速發展的環境中，實體店面的購買者通常會在網路中給予評價，好的評價可以透過資訊的傳播將口碑擴散，帶動更多數位世界中的用戶到實體店面進行採購與消費。而實體店面所進行的線下服務，也有其無可取代的特色，例如面對面的服務可以讓消費者買的更安心，這樣的購買或使用經驗也使用戶更為信賴。我們相信線上及線下的服務可以共存而各具特色。以下我們將 O2O 的發展，分為 1.0、2.0 以及 3.0 等三個時期說明如下：

8-1-1 1.0 時期

在 O2O 線上線下發展的初期，其運作方式較為單純，首先會架設店家的網站，並對擬行銷的產品在網站上進行推廣，接著利用論壇、部落格等線上工具進行廣告宣傳，並透過獎品或優惠等手段，將消費者由線上引導到線下進行消費。1.0 時期存在著單向性以及黏著性較低等缺點，平臺和用戶的互動較少，基本上以交易的完成為終結點。對這樣的行銷手法而言，用戶更多是受價格等因素驅動，其購買和消費頻率也相對較低。

1. 可口可樂的案例

1.0 時期的 O2O 行銷手法裡，線上主要展開的是對商戶資訊的推廣傳播。以下用可口可樂在香港行銷為例說明。這是可口可樂結合手機 App、電視廣告以及網絡行銷的力量的經典案例，該案例只需要消費者完成三個簡單的步驟，就可以透過手機遊戲 App 來獲得各式獎品跟折價券，讓使用者有安裝其 App 的動機，如圖 8-2 所示。其步驟如下：

(1) 下載可口可樂制定的手機遊戲 App。

(2) 每天晚上十點，在電視機前等待會準時播出的可口可樂廣告。

(3) 只要在廣告播出的時候，打開這個 App，並「Chok」（也就是搖動手機）去接螢幕上翻飛而出的可口可樂瓶蓋，就能立刻獲得諸多可口可樂提供的小獎品以及折價券。

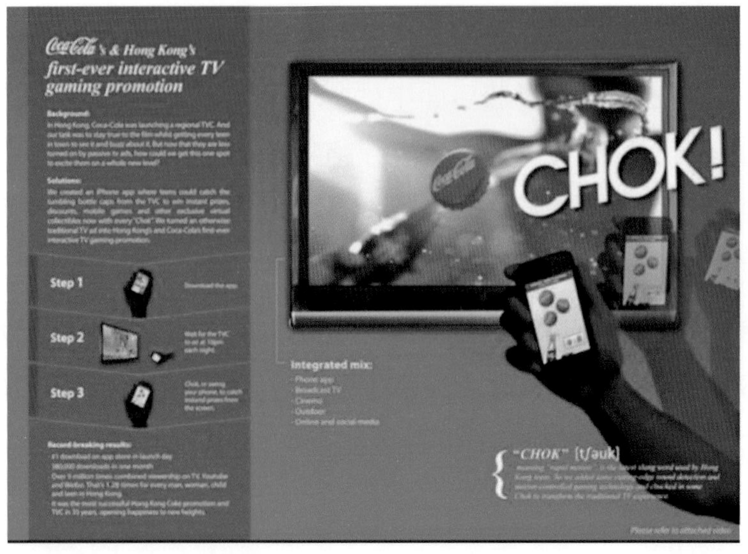

圖 8-2　可口可樂的行銷手法

8-1-2 2.0 時期

進入 2.0 時期的 O2O，其主要的特色就是展開了大量的團購模式，可以透過某個搜索平臺或者團購平臺了解到不同的商家。而用戶可以隨時隨地在手機 App 上訂餐或者購物，並可以隨時在線下的門市吃飯或者提取已經在線上購買的商品。這種模式有利於用戶對比同一領域不同的商家，減少了用戶的繁瑣搜索過程，加快了用戶消費的節奏，使 O2O 更進一步融入用戶的生活。與 1.0 時期不同的是 2.0 時期的 O2O 不僅僅是一種宣傳模式，也是在其基礎上添加了互動模式，用戶在看到心動的商品時，便可以先行訂購。此外，相對於 1.0 時期的宣傳模式而言，2.0 時期的這種團購模式可以讓用戶在一個平臺迅速查看所有相關產品，方便了消費者比較不同的商品。以下介紹幾個 2.0 時期的案例。

1. GOMAJI

GOMAJI 團購平臺，將不同商家的優惠資訊展示出來，消費者可以透過該平臺了解到不同商戶的訊息，且部分餐廳可以提前購買需要消費的折價券，並隨時訂餐。除了餐廳以外，美容舒壓等需要線下體驗的服務，也可以先透過該團購平臺預約訂購，如圖 8-3 所示。與傳統的進店消費不同的是該平臺能透過手機 App 在線上更迅速地展示不同的商家，同時可以對比不同商家的價格和服務。另外，在團購平臺提前購買折價券，比直接進店消費更划算。對於商家而言，GOMAJI 是不錯的推廣平臺，而提前出售折價券也能在一定程度上保證客源。

圖 8-3　GOMAJI 團購平臺

2. Trivago 飯店訂購平臺

對於出差或旅遊的消費者而言，可以透過 Trivago 網站，對需要前往目的地的所有飯店，在線上對該區域不同飯店的飯店價格、飯店設施、其他顧客的評價以及周邊環境等進行比較，最終找到心儀的飯店，如圖 8-4 所示。

圖 8-4　Trivago 飯店搜索平臺

3. 愛評網 +17Life 聯手打造美食平臺

美食資訊分享平臺愛評網擁有大量的食物分享以及評鑑資訊，與網路紅人的部落格不同的是，愛評網大多是普通網民的分享，其有關食物分享的文章更具真實性，因此吸引更多的網民去參考愛評網的食物評鑑資訊。而 17Life 則與上千家店家合作推出團購優惠，從午餐王線上訂餐、團購電子票券到全家便利店、新光三越等實體通路合作，將千萬網路客群帶入實體店面，推動了 O2O 數位金融服務。透過一系列的考察，愛評網與 17Life 推出了食評結合優惠券的方式，串接雙方的資料庫，提供使用者更好的行動體驗。讓「找餐廳、買餐券、吃美食」一次搞定，當消費者有尋找餐廳需求，便可到愛評網看美食評論，在搜尋餐廳的同時還能訂購餐廳的團購餐券，接著再透過手機定位 LBS，搜尋距離最近的餐廳，如圖 8-5 所示。愛評網及 17Life 的 App 原本都具有 LBS 功能，在食評頁面結合優惠券和各種資訊，將讓使用者更加方便。

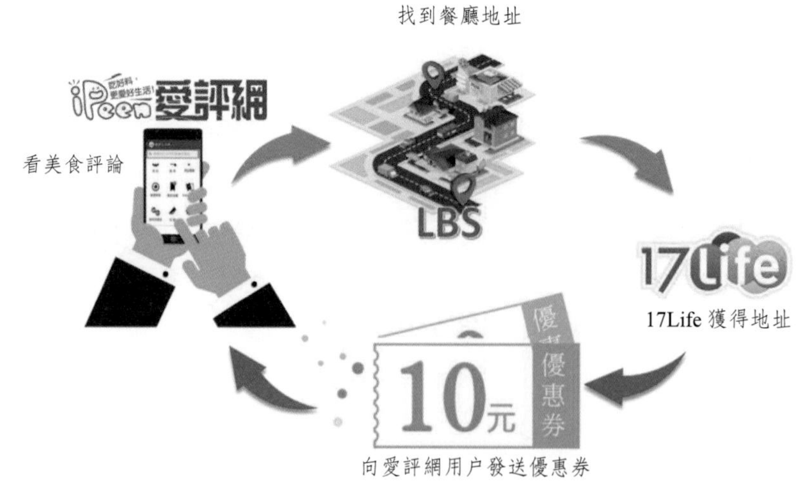

圖 8-5　愛評網 +17Life 聯手打造美食平臺

8-1-3 3.0 時期

在 O2O 發展在 3.0 時期裡，其主要特色是升級的電商模式，包括線上選購、線上下單以及線上支付等流程。把之前簡單的電商模式，轉變為使用頻率更高的模式，同時物聯網的技術與商業模式更加成熟，實現線上線下更高層次的融合，讓電商模式能夠與使用者的生活無縫接軌。由於傳統的服務行業一直處在一個低效率且需要等待客戶進入實體店面光顧的被動狀態，新一代的 O2O 模式的發展打破了這種低效能模式的禁錮，在新模式的推動和資本的催化下，出現了 O2O 的熱潮，於是上門按摩、上門送餐、上門生鮮、上門化妝和滴滴打車等各種服務性的電商 O2O 模式開始不斷出現，使得線上購買線下服務的模式更加接近用戶的日常生活中。3.0 時期相較於 2.0 時期而言，與用戶的互動更高。3.0 時期為用戶提供了更加便捷的消費方式，與 1.0 和 2.0 時期相較之下，3.0 時期為用戶提供了「不用必須進入實體店」的消費方式，讓消費者對商家服務的黏著度更高。以下介紹幾個 3.0 時期的案例。

1. 泰國 LINE 推出叫計程車服務

在傳統模式下，用戶需要站在街邊或者路口，等待一輛空的計程車路過時攔截該車。有的時候司機可能會以換班為由拒載，使乘客繼續漫長的等待。有時司機可能一時不注意而忽略了路邊攔車的顧客。這兩種情況都使得乘車品質有繼續改善的空間。以通訊軟體服務為主的 LINE，在泰國推出呼叫計程車的服務，如圖 8-6 所示。泰國 LINE 官方表示 LINE 的最新計程車服務將會改善泰國人的乘車品質，同時也讓計程車司機能更直接更迅速的找到顧客，由此獲得更優渥的報酬。與 Uber 不同的地方在於乘客不需要下載額外的 App，便可直接使用他們常用的通訊軟體 LINE App 叫車，更加完善地提升用戶體驗。

圖 8-6　使用 LINE 呼叫出租車

2. Lavanda 洗衣

Lavanda 是社區 O2O 的代表之一，主要應用在倫敦的洗衣市場，如圖 8-7 所示。傳統的洗衣方式有如下四種方式：在家裡自己手洗衣服，在家裡使用洗衣機洗衣服，在公共洗衣房自助洗衣，以及送去乾洗店選擇人工手洗。而當用戶工作太繁忙沒有閒暇時間洗衣服時，或個別衣物無法使用洗衣機洗滌，那麼選擇 Lavanda 洗衣就是一個不錯的選擇，它可以使用機器洗衣服和專門的洗衣專家洗衣服這兩種選擇。

儘管傳統的洗衣店也擁有同樣的選擇，但是 Lavanda 從事洗衣服務的洗衣專家是透過網路尋找到附近可以靈活提供運送或者洗衣服務的人，能保證當使用者在 Lavanda 的網站上完成預約後，在 48 分鐘內就會有洗衣專家來收取衣物，而不是像傳統的洗衣店需要客戶自行把衣服送往門市。儘管 Lavanda 採取的是群眾外包的方式，但這些洗衣專家在工作前，都需要進行專門的培訓才可以接收預約訂單，因此選用 Lavanda 除了保證高效率上門取件的便利，同時也要保證洗衣服的品質。在利用空閒的勞動力將所需洗的衣服帶回家清洗後，需要在 24 小時內送回顧客手中。此外，Lavanda 提供可以重複使用的包裝袋來裝需要清洗的衣服以及環保的清潔產品。

在付款方面，Lavanda 可以選擇信用卡扣款。註冊時會先綁定信用卡付款方式，而當洗衣專家將衣服清洗乾淨送回後，會先進行扣款工作，再統一由平臺發放報酬給洗衣專家。這個案例充分的發揮了 O2O 的優勢，使用線上預約上門取貨的方式，讓服務融入在用戶的生活裡，線下優質的服務則保障了用戶的回頭率。

圖 8-7　Lavanda 社區 O2O

3. 潔客幫

愈來愈多的家庭由於工作忙碌還得照顧小孩，使得居家清潔的需求愈來愈高，而目前市面上已有很多家居 O2O 公司，美國的 Homejoy、Handy，中國則有 e 家潔、阿姨幫等，臺灣的潔客幫（Jacker Cleaner）亦為家居清潔公司之一，服務於臺北市、新北市等地區，在線上預訂家居清潔服務後，即有服務人員到府打掃。如果你有接觸過傳統清潔公司，就會知道，一般流程是這樣的：他們得先派人到你家裡觀察估價、送回報價，經過確認讓清潔人員去打掃，最後在服務結束才付款，整個過程可能會耗費一兩週。潔客幫則選擇去仲介化，讓客戶只需填寫清掃地點坪數、清掃時間，直接在線上估價、付款，隔天馬上能得到清潔服務，把整件事變快、變簡單，如圖 8-8 所示。

使用 O2O 就是用一種不同的方式，重新詮釋、連結原本的供給和需求。家居清潔網路平臺潔客幫看準因雙薪家庭、單身族群漸增而擴大的家政市場，結合網路技術，提供不同形式的居家清潔服務。而在臺灣，2012 年全臺居家清潔消費達 10 億規模，大都市也以每年 20～30% 的需求成長率上升，是一個高成長市場，但清潔公司與私人清潔非常多，一個媽媽拿起電話就可以是競爭者。為了追求品質，潔客幫由擁有貼身管家相關專業的夥伴設計出一套完整的招募培訓過程，並持續改良。十個來應徵的服務人員，經過兩道面試關卡，大約只有一個會錄取，進公司後以「舊人帶新人」的師徒制方式訓練，其中包含各種模擬狀況練習、應對進退等。除了設定嚴謹的規則，不停隨狀況調整制度也很重要，當顧客出現特別好的反應時，他們也會去詢問服務人員如何達成，並列入訓練當中。你會發現，清潔人員都一樣，只是改變溝通方式和流程制度，負評和客訴就減少了。

圖 8-8　潔客幫的服務模式

4. Foodpanda

當世界知名電子商務平臺 Amazon 推出熱食外送服務後，使用電子平臺外送餐飲的方式引起了全球注目，隨著智慧行動裝置與網路的普及，再加上消費者對於生活便利的要求提高，線上食品外送的商機持續快速成長。其實在美國，早已有眾多商家在角逐這塊市場，最知名的品牌如 Grubhub 及 Seamless，其在 2013 年策略聯盟合併上市。而其他國家，例如丹麥也有 Just Eat 這樣堪稱最早的美食外送的平臺。中國更是外送平臺競爭最激烈的地方，著名平臺如餓了嗎、美團外賣等各有其優缺點。而 Foodpanda 在臺灣以及文化相近的香港、新加坡、馬來西亞皆為獨占市場。

傳統透過電話訂外送方式，不僅因為以電話溝通訂單來往耗時，對客戶的行銷與處理訂單的人力，對於餐廳來說都是沉重的成本負擔。將外送數位化除了表面的媒合消費者與餐廳以外，自動化的系統裝置更減少了處理訂單與中間往來溝通的時間成本。清楚的菜單及透明的評價系統也幫助使用者能選擇想要的餐點與淘汰品質不良的店家。而 Foodpanda 不僅僅做到以上這些便利，它還與餐廳行動 POS 系統商 iCHEF 跨界虛實整合。

消費者可以從 Foodpanda 網站或 App 訂餐後，店家的 POS 系統就會自動跳出訂餐訊息並由 Foodpanda 送餐，節省人員溝通的時間和費用，如圖 8-9 所示。儘管提供外送可以幫餐廳創造額外營收，但是自備外送人員的成本過高，尖峰時刻還要接電話抄寫訂單與安排外送人力，對餐廳現場人員的負擔過高。iCHEF 與 Foodpanda 的合作，讓外送流程無縫整合進原有營運流程，在不增加餐廳營運負擔的情況下，擴展客源並提供外送服務。透過 iCHEF 詳細的操作頁面，Foodpanda 客服可直接透過系統傳送訂單，除了能加快訂餐速度，也減少訂錯餐的機會。

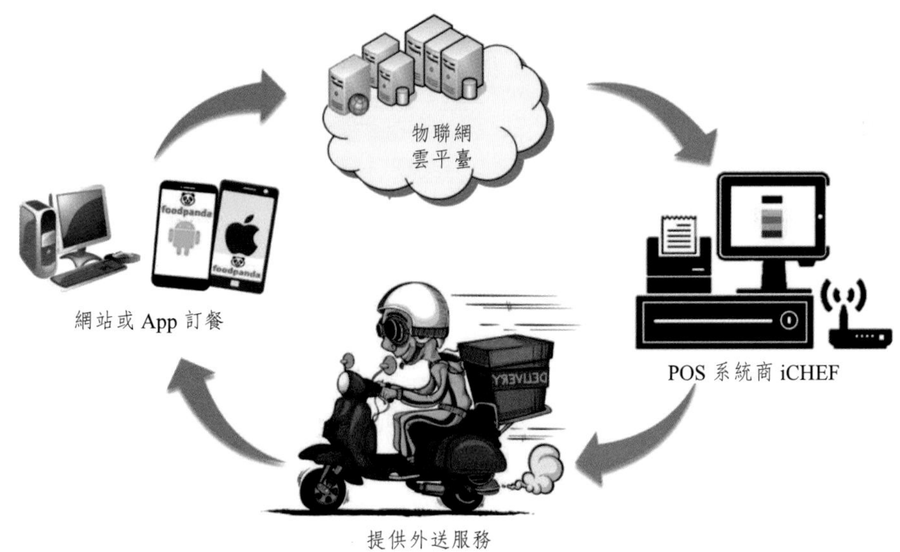

圖 8-9　Foodpanda 的服務模式

5. Heinz

Heinz 是以沾醬聞名全球市場的食品品牌。為了追隨市場的動向，滿足用戶的需求而更加深入的走進用戶的生活。Heinz 在巴西展開了 O2O 的社群行銷。相對於額外下載一個新的 App 來說，消費者會更習慣使用已經熟悉的 App，Heinz 以大眾熟識的 Instagram 為平臺，讓消費者只要在 Heinz 的 Instagram 上發表的貼文下留言，Heinz 會根據用戶給予的相關訊息將美味漢堡送上門。同理，Heinz 也使用了線上推廣預訂，線下上門送餐的方式，更有效率地傳播他們的品牌，使用更好的服務維護其在行業內的地位，如圖 8-10 所示。

圖 8-10　Heinz 在 Instagram 上的互動

8-2　O2O 與共享經濟

8-2-1 共享餐桌

除了共享衣櫥以外，共享餐桌近幾年也是風生水起，最出色的是被封為餐飲界 Airbnb 的 Eatwith 這個平臺。此平臺目前已在 30 多個國家上架。由於結合了 O2O 的線上平臺，消費者可以透過網路提前預約想要的廚師，可選擇到別人家中吃飯，深入主人的生活體驗，同時也可以選擇讓廚師到消費者家煮菜。而共享餐桌這個概念在中國也發展得備受歡迎，早在 2015 年就有兩億人次透過相關的私廚 App，體驗了共享吃飯，其中類似的 App 包括愛大廚、回家吃飯等。回家吃飯 App 的特點是能把菜系分門別類，讓消費者可搜尋附近的家庭廚房並上門用餐。而愛大廚 App 除了將菜式分為八大菜系，還有上千名廚師供選擇。這些廚師不少是為了賺外快的家庭主婦或上班族，甚至有人在白天開滴滴出行計程車，晚上又搖身一變成為廚師到他人家中煮飯，形成另類的工作型態。

這股風潮如今也吹到了臺灣。有新創團隊搭建了 DearChef 和食酷等平臺。以 DearChef 為例，消費者可以點進 DearChef 網頁，透過網頁預約廚師。該網頁上有許多私廚任人挑選，且料理種類多元，具備法式、中式和日式等，不少廚師都非傳統餐飲體系出身，很多人只是純粹愛做菜，想與人分享，因此能吃到許多外面吃不到的創意料理。以下詳細列舉共享餐桌的範例。

1. 回家吃飯

回家吃飯是一款家庭廚房共享 App，這樣的平臺是利用手機移動互聯網，將線上線下結合起來，形成一個有共享模式的 O2O 平臺，如圖 8-11 所示。其中共享家庭廚房主要將閒置廚房資源，透過提供溫馨和衛生的家庭飯菜，滿足了都市年輕人對新鮮食物和健康生活的追求，將資源最大利益化。其採用了「家廚做飯」到「物流送餐」再到「使用者用餐」這樣的商業流程，將自家飯菜分享給辦公大樓或住宅區的年輕人。這些家庭廚房廚師在就業前，會由平臺免費組織辦理健康證，並接受相關服務與移動互聯網平臺操作的培訓。在線上就業後，這些廚師會定期受到家廚共享平臺公司內部和外部監督部門的上門檢測，而且食客也可在上門吃飯或取餐時檢查廚房衛生和食材，這使得在擁有便利的同時，還保障了安全，給予消費者安心。

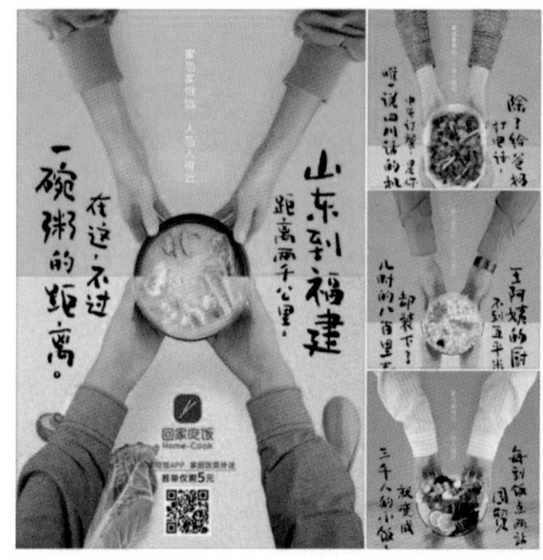

圖 8-11　回家吃飯

2. EatWith

另一種美食預約平臺 EatWith，與回家吃飯 App 不同的是連接了食客與主人，用餐地點是廚師家裡，通常目標客群的是旅遊者。食客在官網註冊，選擇地區和口味後預約並為主人的勞動付費。餐費依各地區消費水準而定，平均在 30～60 美元之間，平臺最多抽取 15% 的傭金，如圖 8-12 所示。對主人而言，他們要做的是製作菜單，上傳照片和提供地址等資訊，然後等待食客下單。

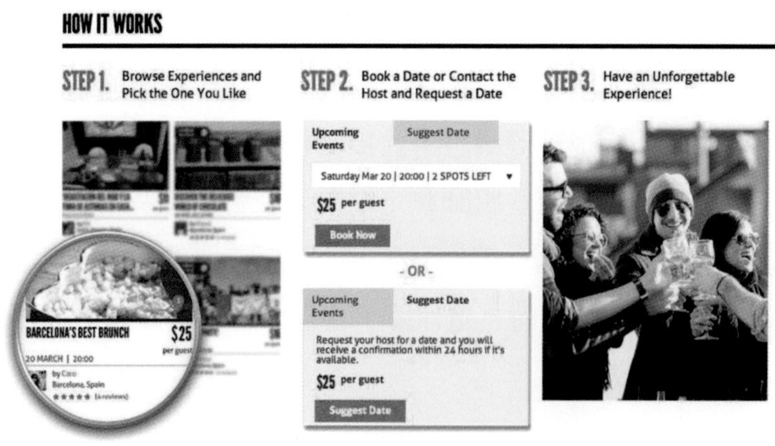

圖 8-12　EatWith 網頁的使用流程

8-2-2 共享住宿

共享住宿與我們前面提出的 Trivago 類似的地方在於同樣可以讓旅行者透過網站或手機查詢和預訂世界各地的獨特房源。不同的是共享住宿所提供的房間，並非尋常的飯店，而是由一些私人的住戶所提供的房間。在這些房間裡，或許是房主提供了他們家的某一間房間供旅客使用，或許是剛好房主出門旅行，那麼整套住房都可以提供給旅客使用，充分的實現了資源共享。目前市面上常見的共享住宿有 Couchsurfing（沙發住宿），小豬短租，以及 Easynest 和 DogVacay 等。有趣的是 DogVacay 不是供人共享住宿，它是狗狗版的共享住宿。它的共享機制是為需要出門的人尋找合適的狗狗照料者，為狗狗尋找合適的臨時住宿。很多美國的小學生透過在 DogVacay 兼職照顧狗狗掙取零用錢。

共享住宿的鼻祖 Airbnb，同時也是共享經濟理念的發端者，比 Uber 還要早一年成立，如圖 8-13 所示。從 2008 年開始，這家美國創業公司僅用三年就讓全世界認識了自己。2011 年，他們業務增長率一度高達 800%。目前 Airbnb 在 192 個國家的 33,000 個城市中共有超過 500,000 筆出租資料。以下我們詳細介紹 Airbnb 的工作模式。Airbnb 網站營業方向非常廣泛，譬如酒店和沙發旅行之間的顧客群，包括整個家和公寓、私人房間、城堡、船、莊園、樹屋、冰屋、帳篷以及私人島嶼等。網站的使用者必須註冊並在該網站上建立真實的個人檔案。每一個住宿物件皆與一位房東連結，房東的個人檔案裡包括了其他使用者的推薦、住宿過的顧客評價，以及回覆評等和私人訊息系統。Airbnb 的主要收入來源為訂房服務費。根據房費不同，收費比例從 6% 到 12% 不等。Airbnb 也收取房東 3% 的信用卡使用手續費。

圖 8-13　Airbnb 的租房

8-2-3 共享交通工具

隨著共享經濟的發展並伴隨著節能環保的需求，像 oBike 和 ofo 之類共享交通工具的形式，也成為未來發展的新趨勢。各個城市，尤其是中國的北京、上海、廣州以及臺灣的臺北等人口密集度較高的地區，除了必要的城市規劃以外，對於共享交通的充分利用也是很重要的一個環節。儘管出租車和運輸公司可能面臨著利潤減少，但我們分享的汽車和自行車使用的愈合理，愈有利於減少汽車廢氣的排放和交通擁擠。另外，當共享的單車在城市裡隨處可見時，購買完全屬於自己的單車的人數會因使用共享的單車成本更低而下降，而且共享單車可以隨借隨停，用戶沒有了會被偷竊的顧慮。這種更具有便捷性且性價比高等優勢的交通工具，很容易在城市裡有其一席之地。以下我們透過具體案例展示共享交通的便捷性。

1. oBike

來自新加坡的 oBike，如今也已經進駐臺灣，使用者可以透過 oBike 提供的手機 App 找到可以使用的車，並在相關手機 App 上註冊填寫用戶基本資訊，然後再綁定該用戶的信用卡，接著支付押金 900 元。完成上述步驟後，使用手機掃描車身的 QR Code 就可以完成解鎖。在停止使用該車後，手機 App 會從該使用者的賬戶上扣除使用費（每 15 分鐘 2 元）。而 oBike 無停車樁的設計，讓使用者可以隨借隨停，不必擔心找不到固定的停車地點，也不必擔心單車會被偷走，如圖 8-14 所示。

圖 8-14　oBike

2. 共享汽車

隨著共享單車在全國各大城市迅速鋪開，「共享經濟」的概念迅速普及，共享汽車也隨之悄然進入了人們的視野。共享汽車的出現為人們的生活帶來方便快捷，在現在和將來，我們只需要考駕照就行了，沒有必要在擁塞的城市中買車了，如圖 8-15 所示。

用戶只需要提前下載好共享汽車的 App 並註冊該 App 的登錄帳號，在個人資訊設置頁面找到駕照驗證的選項，將個人的有效駕照頁面拍照並上傳即可完成駕照驗證操作，接著，用戶需要在線繳納押金，約 500～2000 元之間不等。完成上述操作後，就可以透過共享汽車的 App 查找用戶附近可用的共享汽車了。用戶可以選擇電動汽車或者是汽油車，並可以在手機上了解該汽車剩餘多少電量、續航里程以及其他資訊，以此作為選擇車輛的參考。選擇車輛並預約成功後，盡快找到被自己預約的汽車，打開手機藍牙，即可用共享汽車的 App 打開該汽車的車門並進行使用。

圖 8-15　共享汽車

3. USpace 共享車位

相對於尋找適合自己的交通工具而言，能找到合適且讓車主放心的停車位也同樣讓人頭痛不已。根據臺北開放資料顯示（105 年 / 9 月），臺北市共有 77 萬輛登記車輛，卻只有 71.5 萬的停車格，代表有 5.5 萬的隱性車位需求，其中私有車位的數量為 52.6 萬，其中有 18.3 萬的私有車位來自臺北市精華區（包含大安區、中山區、信義及松山區），這 18.3 萬的私有車位在非使用時間，都是其他人垂涎三尺的寶貴地段，如圖 8-16 所示。

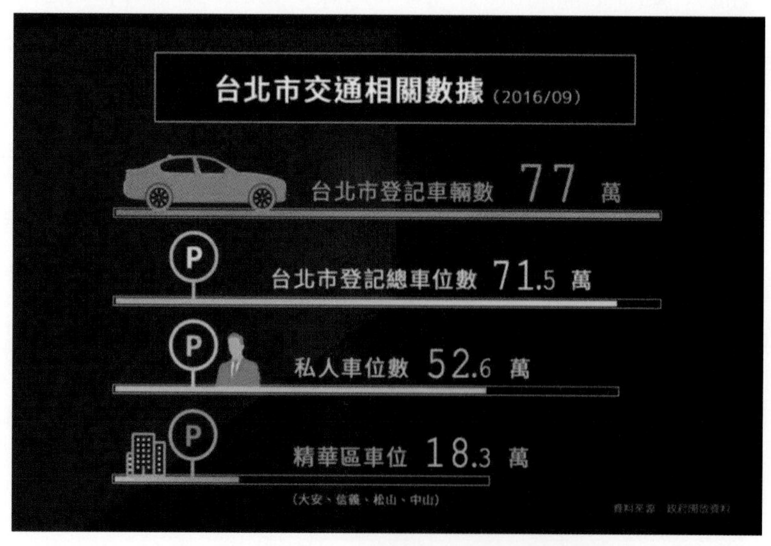

圖 8-16　2016 年 9 月臺北市交通相關數據

USpace 公司發現了臺北市區車位不足，卻有不少空餘車位的問題，經過多方考慮，該公司決定推出停車位的共享經濟來解決該問題。他們主要的方法是將空閒的停車位提供給需要停車的人，同時也讓找尋汽車車位者可以透過 USpace 的 App 搜尋最近的空車位，如圖 8-17 所示。市面上搜尋附近停車場是否有位置的 App 也是多不勝數，與其他只搜尋附近停車場空餘停車位的商家不同，USpace 選擇跟私有車位的擁有者協調，釋出更多私有車位，讓所有的停車位的全部時間都能得到合理的利用，以此來滿足臺北居民的停車需求。

圖 8-17　USpace 的共享停車位

8-2-4 共享行動電源

在這個手機侵占了人們大部分生活的時代，手機沒有電甚至會導致部分人的焦慮以及恐慌，我們會擔心因為手機沒有電而漏接了重要客戶的電話，或者是錯過了某個重要的通知，雖然每人都有行動電源，但忘記帶、懶得帶、帶出去才發現行動電源忘記充電的事情也還是常常發生。我們不妨想一下，雖然帶了行動電源出門，但是依然還是會有電力不夠的情況，這時候我們可能會到捷運站或是咖啡廳，尋找為手機或是行動電源充電的補給站，以此來減輕心理的危機感。行動電源的充電成為人們生活中重要的需求。因此，才催生出了這種「即時性」充電需求，由此市場上出現了一批行動電源租賃機櫃企業。

因此除了共享單車、共享汽車、甚至共享雨傘等，中國又出現新的「共享行動電源」，共享行動電源裝置如圖 8-18 所示。其實對於充電，不少地方都有定點的充電站，但日前中國發生民眾使用後，手機被安裝來歷不明軟體。因此才有業者研發「共享行動電源」，只要付 100 元人民幣押金就能借用；且每次前 30 分鐘免費、之後每分鐘 1 元，每日最多收 10 元！至於使用方式，共享行動電源借取流程分四步驟：掃碼、註冊、付款、借出。租借流程不到三分鐘，因行動電源內建 GPS 定位，歸還時可在平臺尋找最近的租借補給站。共享行動電源大大的便利的人們的生活，

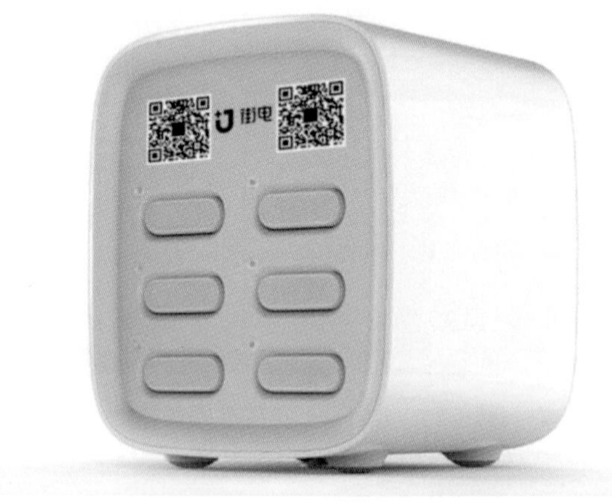

圖 8-18　共享行動電源裝置

共享經濟這個全新的商業模式席捲了全世界！其中車子和房屋共享的概念較早出現，也最容易被接受，如獨角獸公司 Uber 和 Airbnb 便是為人所知的例子。在全球共享經濟風潮中，臺灣當然也沒缺席。例如機車快遞 Lalamove、GoGoVan、汽車共享平臺 Uber 和房屋租賃平臺 Airbnb 等企業都默默耕耘臺灣市場已久，臺灣本土亦有潔客幫、PickOne 挑場地等共享經濟模式的新創企業正逐步發展。以下我們列舉了臺灣市場現有的一些共享平臺，如圖 8-19 所示。

汽車共享
Uber
Zipcar
LINE 私人叫車群組
機車共享
MeMo
單車共享
oBike
車位共享
USPACE
物流共享
GoGoVan
Lalamove
房屋共享
Airbnb
共生公寓
空間共享
PickOne
WeWork
廚房共享
DearChef
私廚
蛋共享
Buyegg
臺灣好蛋大平臺
家事共享
潔客幫

圖 8-19　臺灣市場上的共享平臺

8-3　O2O 的其他應用

以上各章節所談及的 O2O 應用，採取了「線上付費，線下消費」的方式來進行，例如：團購網和 Coupon 券。儘管 O2O 透過廣告、社交網路以及智慧型手機等已經有了不錯的發展，如今透過智慧型手機，O2O 現在也能反其道而行，將線下的客戶轉化到線上消費，例如全球知名連鎖超市 Tesco 在南韓，就在各大地鐵站以刊登廣告的方式，將商品圖像編排成為如同貨架一般的 QRCode 商店，讓過往的旅客能夠直接透過手機拍攝 QRCode，直接在手機上下單購買商品。

O2O 反向而行的最佳案例就是臺灣最大的線上書店博客來所推出的 App「博客來快找」，可以讓使用者在逛書店時，直接透過手機掃描書籍的條碼，在博客來上找到相同的書，並享受到更多折扣。類似如此反向而行的 O2O 還有很多，以下以 LINE@ 生活圈為例說明新型態「Offline to Online to Offline」玩法。LINE@ 將是經營者與粉絲之間建立緊密連結的社群通訊平臺，讓企業不需花費大筆行銷預算就可以直接觸及客戶。除了與實體店面合作建置 QRCode 行銷方案之外，更可以透過好友專屬活動招募潛在客戶，進一步提供優惠券、集點卡或是抽獎券等優惠，還能透過不定期問卷調查進行消費者分析。簡單來說，它透過主頁傳遞產品價值，利用群發功能發布系列行銷活動，運用一對一訊息溝通強化忠誠客戶的品牌黏著力。

近期知名案例如「狀元油飯一彌月禮」，為打破彌月市場週期較長的限制，結合展覽會場搭配 LINE@ 的行銷操作，提供「加入好友送百元折價券」活動，達成近乎百分之百的顧客參與度，在短短的活動期間，累積大量的精準客群。在運用工具建立資訊分享和客服的管道之後，他們也打算在產品禮盒及包裝上放置 QRCode 提高曝光，如圖 8-20 所示。

圖 8-20　狀元油飯彌月禮

線上線下產品的體驗，給了消費者不完全相同的消費體驗與感受。線上只能看到圖片，缺乏實物接觸，無法形成真實的產品感官體驗；而線下很難獲得大量其他買家的真實評價。同時，線上與線下的服務體驗也不同，企業提供的線上端客戶服務最多僅能提供你問我答式的溝通，無法提供面對面的實景溝通，沒有身臨其境的服務體驗，但比線下溝通要快捷高效；而線下可以當面交流，享受到針對性強的個性化推薦，體驗到具有很強親和力的服務。線上線下的社交體驗和場景體驗也不同。線下購物的場景是可以與自己的家人、好友和閨密一起逛街，可以有豐富且愉悅的情感交流體驗，社交物件在於熟悉的人；線上購物場景是可以足不出戶，節省大量的時間精力，社交體驗在於與有相同產品或服務需求，具有相同興趣點的陌生人的互動。基於以上差異，線上、線下購物是彼此不可替代，人們需要 O2O 這種線上購物、線下體驗的新模式。而結合了物聯網、行動通訊技術以及社交網路，使共享經濟與 O2O 能建立使用者的行為大數據，有助於未來提供多元化服務。

8-4　習題

1. 請說明 O2O 的行銷模式。
2. 請說明 O2O 的三個發展時期。
3. 請說明 O2O 如何應用在共享經濟。
4. 物聯網與 O2O 給生活可以帶來哪些好處？
5. 請說明「Offline to Online to Offline」的運作模式。

參考文獻

1. http://www.dot.gov.taipei/np.asp?ctNode=26464&mp=117001.
2. http://at-blog.line.me/tw/archives/64564740.html
3. Y. Du and Y. Tang, "Study on the Development of O2O E-commerce Platform of China from the Perspective of Offline Service Quality," *International Journal of Business and Social Science*, Vol. 5, No. 4, pp. 308-312, 2014.
4. J. Huang, J. Zhou, G. Liao, F. Mo, and H. Wang, "Investigation of Chinese Students' O2O Shopping Through Multiple Devices," *Computers in Human Behavior*, Vol. 75, pp. 58-69, 2017.
5. Y. Pan, D. Wu, and D. L. Olson, "Online to Offline (O2O) Service Recommendation Method Based on Multi-dimensional Similarity Measurement," *Decision Support Systems*, Vol. 103, pp. 1-8, 2017.
6. T. Xu and J. Zhang, "A Development Strategy of O2O Business in China," *International Conference on Computer Science and Intelligent Communication (CSIC)*, 2015.

第九章

物聯網大數據分析

隨著互聯網的多元應用，社群網路如 Facebook、微信、LINE 以及雲服務網路如 YouTube 和 Google 等已擁有眾多的使用者，每日產生的文字、相片、語音和影片等數據不計其數。此外，各種透過物聯網設備蒐集到的感測資料、交易資料、交通及運輸資料、醫療衛生、影音娛樂和購物資料等均成長快速，這些龐大的資料中，隱藏了許多的語意或關聯性，透過專業的數據挖掘與分析，將有機會從中取得許多前所未有的價值。

9-1 大數據的動機與特點

大數據又稱為巨量資料，巨量資料由巨型資料集組成，這些資料集大小常超出人類在可接受時間下的收集、支用、管理和處理能力。巨量資料每單位時間的產生量日漸增大，如圖 9-1 所示。Facebook 每天會有 500 億張使用者的上傳相片，使用者的按讚或留言次數約數十億次；Google 每天可產生 24PB 的內容，這意味著其每天的資料處理量是美國國家圖書館所有紙質出版物所含資料量的上千倍；全球使用者每天在 YouTube 上觀看影片的總時數達上億小時，一天所累積的觀看總時數是一個人出生到死亡的上百倍時間；金融業務在交易的高峰時段，每秒可達萬筆交易，在那之中的交易金額甚是可觀；全球範圍內 Twitter 每秒鐘平均有 6000 多人發送推文，平均每天共有五億條推文產生。僅是上述內容，就可以發現全世界每天所產生的資料量是多麼龐大，在這些資料中蘊藏著許多有用的資料，而如何挖掘出龐大數據中有用的資訊，就是大數據分析的重要之處。

圖 9-1　各種數據資料量的體現

資料的來源除了各式各樣的網站之外，還有很多的資料產生於我們的生活之中，如圖 9-2 所示。在實體世界中，回到家中，我們將使用冷氣、電視、冰箱、手機、門禁、運動設施、燈具、馬桶、血壓計、血糖機、運動器材等，這些設備透過物聯網的技術，將會把使用狀態、使用時間以及相關的生理資訊，隨時傳上網；而在賣場中，購物的行為、物品的資訊（製造日期、保存期限、售價、品牌等）亦可隨時上網，進而可以統計各式商品的銷售量，利用這些數據可以將賣的較不好的產品進行促銷，增加民眾購買意願，針對銷售良好的產品進貨及設置其擺放的位置，可以有效提升賣場總體收益。另一方面，在數位的世界中，也有許多的網路漸漸形成，不但產生許多數據，必彼此互相串聯，影響著我們在實體世界的生活方式。例如，透過行動支付的方式來購物、付費，已漸漸成為付錢的主流方式，透過這樣的付費方式，每個人在哪個地方、哪個時間、買過什麼東西等訊息，均可被記錄及分析。又如，在社交網中，我們透過臉書、LINE 等社群軟體，上傳照片、分享資訊、與朋友交換心得等，也產生大量的個人資訊；而在車聯網的部分，不論是地鐵、公車的行駛路線與到站訊息大多隨時可取得，對於行駛中的車子，也隨著自動駕駛車的技術進步與道路安全及便利的需求，使得車與車之間及車與地之間已漸漸聯網，這些聯網的設備也形成了車聯網並產生大量的數位資料。透過各種網路收集來的大數據，經由分析能應用在許多方面上，為我們的生活帶來便利與進步。

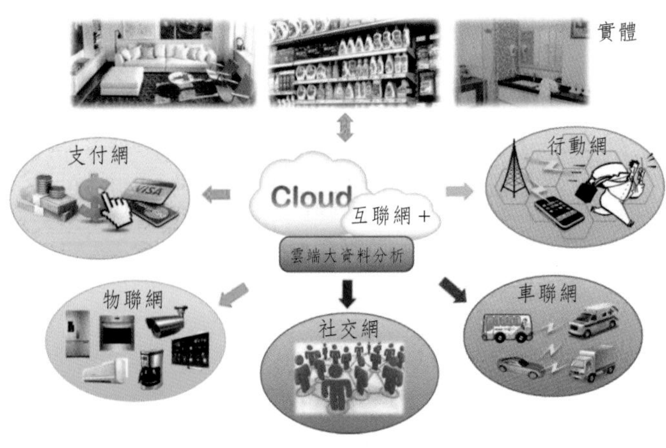

圖 9-2　以互聯網為基礎的各種網路整合

物聯網時代，資料有許多的來源，目前社群網路上的資料仍為全世界每天所產生的資料量中最多的一項，如圖 9-3 所示。而隨著愈來愈多的智慧產品問世，我們的生活中會有更多的感應器在收集資料，而如此龐大的數據若對其觀察與分析，也將提供更多的資訊供人們參考，帶給我們更便利的生活。

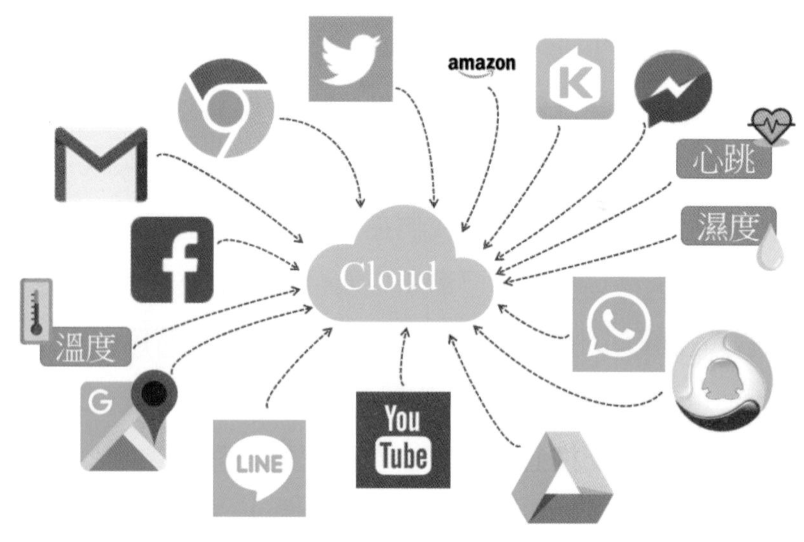

圖 9-3　各種大數據來源

大數據有五大特點，第一是資料巨量化，資料量的單位從 TB 提升至 PB，甚至將來還有可能提高至 EB。第二是資料快速化，資料產生後要能夠及時得到結果，才能發揮最大的價值。第三是資料多樣化，資料的來源很多，格式也不盡相同，類型包括文字、電子郵件、網頁、社交媒體、視訊、音樂和圖片等。多樣的資料格式也造成資料的探勘、儲存和分析上的困難。第四是資料不確定性，收集而來的資料不一定全是真實的資料，因此需要進行分析和過濾才能得到完整且正確的結果。第五是資料的價值，分析資料後即可取得重要價值。大數據的特點因此被歸納為「5V」: Volume（巨量化）、Velocity（快速化）、Variety（多樣化）、Veracity（不確定性）和 Value（價值），如圖 9-4 所示。

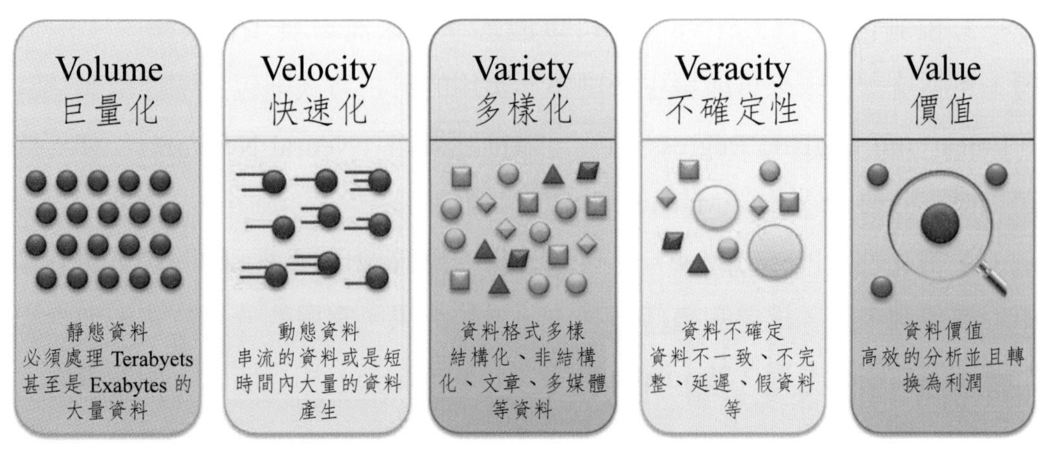

圖 9-4　大數據的 5V 特徵

9-2　大數據之應用方向

大數據時代的來臨已經引起各國政府與企業的高度重視，包括 Software AG、Oracle、IBM、Microsoft、SAP、EMC、HP 和 Dell 等國際 IT 大廠，皆有收購相關資料管理與分析的專業公司來實現數據處理。大數據的應用範圍非常廣泛，例如醫療衛生、科學、金融、交通、教育、行銷、農業和預防等，可以說是生活中所有事物皆有可能運用大數據處理技術來找出問題或瓶頸，並透過大數據分析來解決問題。

Garner 將資料分析分為四種類別，愈往右邊複雜程度就愈高，如圖 9-5 所示。

1. 描述性（Descriptive）：可以幫助描述情況，回答「發生什麼事？」和「誰是我的客戶？」的問題，以增加對資料的了解程度。常用的分析方式包含描述性統計（Descriptive Statistics）、資料分群（Data Clustering）和商業智慧（Business Intelligence, BI）等。

2. 診斷性（Diagnostic）：可以幫助了解為什麼事情會發生？回答「為什麼發生？」的問題，通常用來找出事情發生或出錯的原因。常用的分析方式則包含商業智慧（Business Intelligence, BI）、敏感性分析（Sensitivity Analysis）和實驗設計（Design of Experiments）等。

3. 預測性（Predictive）：可以回答「未來將會發生什麼事？」的問題，也就是預測未來可能發生什麼事。常用的分析方式則包含線性邏輯迴歸（Linear and Logistic Regression）、類神經網路（Neural Networks）和支持向量機（Support Vector Machines, SVM）等。

4. 規範性（Prescriptive）：可以回答「應該做什麼？」的問題，也就是不但要預測未來，還要知道作出某決策後的結果。常用的分析方式則包含模擬法，例如蒙地卡羅（Simulation e.g. Monte Carlo）和最佳化，例如線性／非線性規劃（Optimization e.g. Linear/Nonlinear Programming）等。

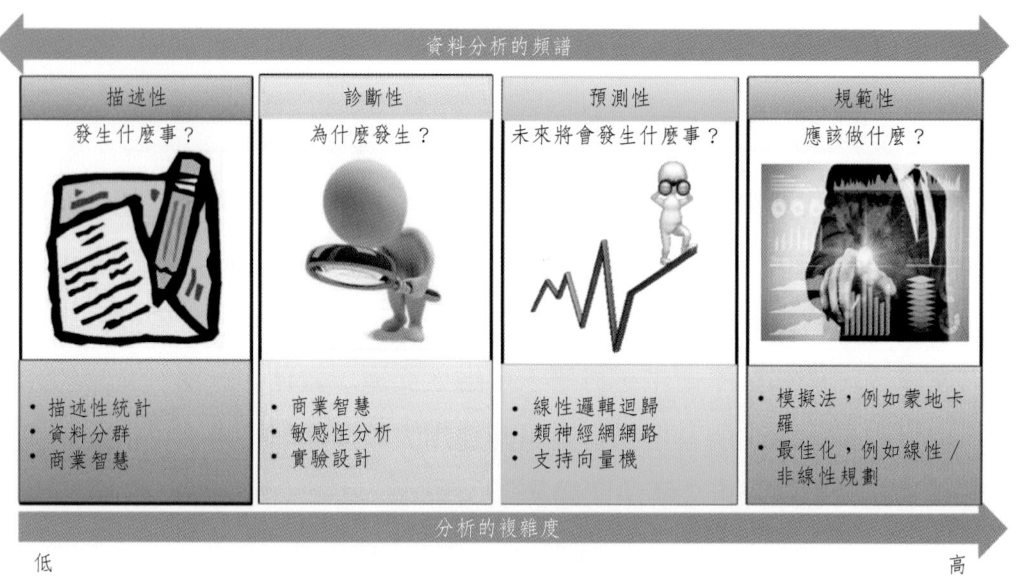

圖 9-5　資料分析的頻譜

從各處收集來的數據如何化為有用的資料應用在商業上呢？大數據對商業的價值，如圖 9-6 所示：

1. 識別與串聯價值：企業能夠從龐大數據中辨識出用戶的資訊（手機、生日和 Email 等），使企業對各用戶有一定的了解。

2. 描述價值：舉凡用戶搜尋的關鍵字、企業的營運數字和網站活動的相關數據，企業都可以用來做為營運的儀表板。

3. 時間價值：從用戶的行動時間軸推測他的行為，例如剛搜尋過旅館的使用者，在拜訪其他網站時，也能即時看到旅館的廣告。

4. 預測價值：可以幫助公司預測銷售，影響公司經營策略。

5. 產出數據價值：將現有數據組合產生新的數據，諸如將網路賣家的各項表現（物流、商品和客服等），綜合在一起形成店鋪評分機制。

而結合以上便可產生出有價值的數據，創造新的機會。

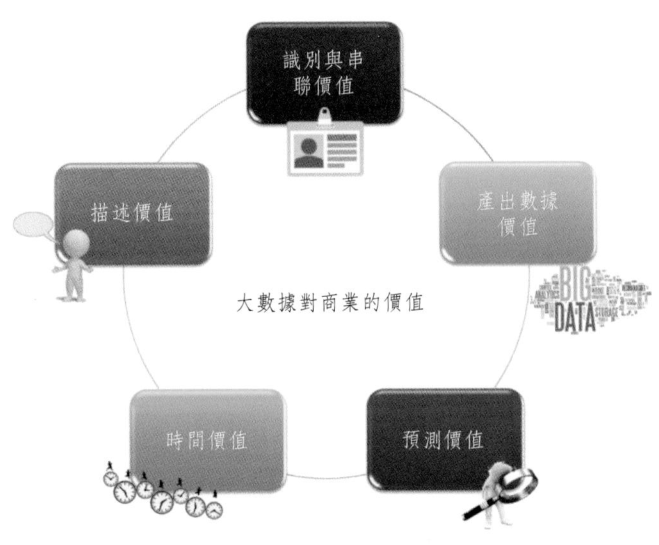

圖 9-6 大數據對商業的價值

大數據的應用方式可以歸類為以下五類：

1. 客戶需求與產品研發：透過收集客戶的資料，來研究出符合客戶需求的產品，提升商品銷量。

2. 個人喜好及商品推薦：透過數據收集分析顧客喜好，再進行商品的推薦提升顧客購買率。

3. 資源分配：將有限的資源透過數據分析，進行最合理有效的分配。

4. 預防性維護：透過感測器收集到的數據進行分析，可將快損壞的物品進行預防性的維修。

5. 智慧產品之大數據應用：現在許多的智慧物品，其背後都有著大數據的支撐，透過大數據的分析來進一步應用於商務或行銷的推展。

9-3　大數據應用於客戶需求與產品研發

數據時代，客戶的需求至上，如何生產及研發出符合顧客需求的產品，成了商品能否賣得更好的關鍵。舉例來說運動大廠 Under Armor（UA）近年的銷售額已經超越另一運動大廠愛迪達，成為美國運動品牌的第二名。UA 為了研發出更多符合消費者需求的商品，斥資 10 億美元收購用於追蹤運動和飲食的手機 App，成為了全球最大的數位健康健身社群，如圖 9-7 所示。透過手機 App 收集多達 1 億 5 千萬的 App 用戶的行為，將這些資料透過分析可為 UA 提供龐大的研發數據。

舉例來說，UA 透過用戶數據分析得知，平均一人進行一次慢跑距離是 3.1 英里，研發團隊便可針對慢跑者在這個距離內的肌肉變化，設計能減少腳部負擔的鞋墊，不僅提升舒適感，也使足部肌肉得到最好的保護。

UA 的這些策略符合了大數據特徵的 4V，即資料量大、即時、準確和多樣，且依據收集來的數據進行商品的開發，以達成客戶所需。由於商品皆是符合顧客需求，自然能夠提升商品銷量，這樣的策略使 UA 這間從 1996 年成立的運動品牌在近年的銷售額超越已經創立 80 多年的德國老牌 Adidas。

圖 9-7　Under Armor 的 App

（資料來源：https://www.linuxpilot.com/how-to-optimise-big-data-potential）

另一個迎合客戶需求的例子，是福特汽車公司。在產品研發設計階段，福特汽車公司透過對社群網路進行數據挖掘，再分析收集到的數據以決定對福特汽車部件和功能的設計，如圖 9-8 所示。此外，在福特自動駕駛汽車正式上市之前，許多福特汽車已經裝設許多感測器和車載系統，運用這些裝置可從消費者手中取得大量的資訊，福特汽車可以分析這些數據，找出更多客戶的需求，針對這些客戶需求設計產品。如此一來，福特公司既能滿足客戶的需求也能讓公司有更好的發展。

圖 9-8　汽車工廠

（資料來源：https://m.cn.nytstyle.com/business/20170516/a-robot-revolution-this-time-in-china/zh-hant/）

福特汽車在例子中符合了四項大數據特徵。在數據量大的特徵上，福特汽車從社群網站中收集大量的客戶討論內容進行分析；在數據多樣化的特徵上，從複雜的對話中取得有用的資料；在數據的即時性與準確性的特徵上，在開發過程中即時取得社群對話中有用的資料並應用在產品的研發上，使得產品更符合客戶需求，進而增加銷量。

從這些例子中可以發現，利用大數據分析出顧客的需求，再針對需求去開發產品，自然能夠提升顧客的購買意願，以達成提升銷售量的目的。

9-4　大數據應用於個人喜好與商品推薦

商品要能大賣，除了產品本身符合大眾需求之外，行銷也是一門學問。如何用用大數據來使商品賣得更好，以下我們以 Amazon 為例，說明 Amazon 如何利用大數據增加銷售量，如圖 9-9 所示。Amazon 在雲端擴展大數據應用，如數據的儲存、收集、處理、分享和合作。Amazon 利用先進的數據技術，分析用戶的購買歷史、瀏覽歷史、朋友影響、特定商品趨勢、社會媒體上流行產品的廣告和購買歷史相似的用戶所購買的商品等，並向用戶提供個性化推薦，通過提供策劃好的購物體驗，誘導用戶進行購買。

圖 9-9　大數據應用於商品推薦

不僅是顧客，電商市場上的銷售商也能收到來自 Amazon 的建議。Amazon 向銷售商提供庫存量的建議，例如向他們推薦可以在庫存中加入的新產品，推薦特定產品的最佳配送模式等。Amazon 的大數據分析技術，為特定銷售商分析銷售量和庫存量，解決庫存管理的問題，也可以提出預期產品需求的建議，以便銷售商能在 Amazon 上及時補充庫存，二者達成雙贏的局面。Amazon 的行銷符合大數據中的四大特徵，數據量大、多樣性、即時性和真實性，透過數據分析讓 Amazon 可以得知客戶的喜好並進行客制化推薦，讓客戶能快速的看到自己感興趣的商品，提升顧客購買商品的可能性。甚至 Amazon 要預測的是顧客可能會買哪些商品，直接將商品預先送至顧客附近的倉儲中心，使顧客在下單後能以最快的速度將商品送至顧客手中。有這麼多令客戶感到方便快速的購物體驗，自然能使 Amazon 的營業額日益增加。

另一個商品推薦的例子是 Target，Target 是美國第二大的超市。孕婦是個消費力很高的顧客群體，但是他們一般會去專門的孕婦商店而不是在 Target 購買孕期用品。人們一提起 Target，往往想到的都是日常生活用品，卻不知道在 Target 能滿足孕婦需要的一切。為此，Target 的顧客數據分析部建立一個模型，用於判斷出哪些顧客可能是孕婦。在美國，小孩的出生紀錄是公開的，孩子出生後，家長就會收到各家育嬰產品的優惠卷，因此必須趕在其他商家之前就判斷出潛在客戶，在顧客尚未購買完育嬰用品前讓顧客知曉 Target 有他們所需要的商品。在收集數據時發現，許多孕婦在第 2 個妊娠期的開始，就會買許多大包裝的無香味護手霜；在懷孕的最初 20 週會大量購買補充鈣、鎂和鋅的善存片之類的保健品。最後 Target 選出了 25 種典型商品的消費數據構建了「懷孕預測指數」，Target 利用這個模型能夠在很小的誤差範圍內預測到顧客的懷孕情況，因此 Target 就能比其他商家更早的把孕婦優惠廣告寄發給顧客。為了不讓顧客覺得商家侵犯了自己的隱私，Target 把孕婦用品的優惠廣告夾雜在其他與懷孕不相關的商品優惠廣告當中。Target 的例子也用到了大數據的數據量大、多樣性、即時性和真實性四個特徵，透過數據分析理解客戶的需求並進行商品的推薦。其優勢在於比其他商家更早發現潛在客戶的需求，並給予客戶所需商品的廣告推薦，讓顧客知道在 Target 能買到他想要的商品，甚至可能較其他的商家更優惠，藉此來吸引顧客上門消費。

9-5　大數據應用於資源分配

地球上的資源愈來愈少，如何有效的分配資源成了一項重要的議題。能源行業智慧電網目前在歐洲已經發展到了終端，也就是智慧電錶，如圖 9-10 所示。德國為了鼓勵民眾利用太陽能，會在民眾家中安裝太陽能裝置，除了政府賣電給民眾，民眾的太陽能裝置，在供給自身使用之外，若有多餘電則可賣給政府。透過智慧電錶每隔五或十分鐘收集的數據，分析這些收集到的用電情況，可以預測用戶的用電習慣，並推斷出未來 2～3 個月內整體電網需要多少電量。透過這個預測後，可以降低維持整體電網用量的成本。

上述例子中的智慧電錶，符合大數據中的三項特徵，數據量大、準確與即時，透過大數據分析使得德國可以推算國民所需用電，達成有效的資源分配，也可避免浪費多餘的電力。

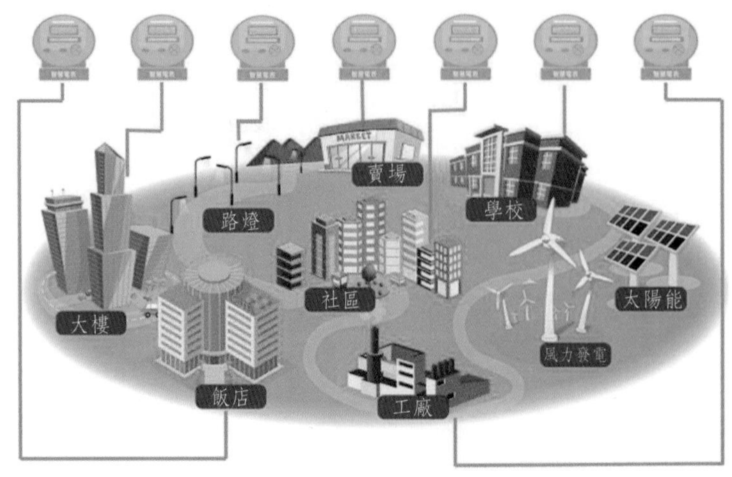

圖 9-10　智慧電錶

（資料來源：http://www.teema.org.tw/report-detail.aspx?infoid=18506）

利用大數據來解決停車問題，亦是一項重要的資源分配應用範例。在尖峰時段的臺北市，想停車的車主常找不到停車位，即車主對停車動態有即時性的需求，市面上能有效率解決車主需求的應用程式不是很多。停車大聲公是一支針對停車問題的 App，目標是解決想停車卻找不到空車位的困擾。

為了製作出能解決使用者找尋停車位問題的 App，停車大聲公的團隊實地走訪各個公營和民營停車場，於各停車場收集各種停車場相關數據，並且系統性地整合並分析以掌握各停車場的停車狀況，透過這些資料建立空車位預測模型，再利用手機 App 呈現給用戶。但預測一定會出錯，停車大聲公的開發團隊為了能即時修正錯誤訊息，透過使用者回報資訊，即時修正錯誤，並且將回饋數據加入分析，使預測模型更為準確，縮小系統與現況的差異並減少錯誤的發生。

停車大聲公符合了大數據中的 3 項特徵，資料量大、準確與即時，透過數據的回饋使 App 能呈現更符合使用者需求的軟體，也讓停車場能夠有更多顧客來使用，達成雙贏的局面，如圖 9-11 所示。

圖 9-11　停車大聲公 App

（資料來源：https://game.ettoday.net/article/521967.htm?t= 找車位好幫手《停車大聲公》終於車位不再一位難求）

9-6　大數據應用於預防性維護

在我們日常生活中，有許多物品上已裝設感測器，透過收集這些感測器的數據，可了解物品的使用狀況，例如多少人通過電梯、電梯的運行速度和溫度等資料。若再加上過去累積的維修紀錄，就可以預測電梯經過多少使用率、負載率之後需要保養或維修。這亦是大數據在預測及預防方面的應用。

倫敦地鐵是全世界第三大的地鐵網路，Microsoft 在倫敦地鐵多處，如鐵軌、電梯、火車和電扶梯等設備上，裝設上萬個感測器，透過感測器收集各個地鐵站內硬體設備使用程度的各種資料，並即時回傳給倫敦地鐵的中央控制中心和 Azure 機器學習，來進行預測分析。透過大數據分析後就會產生維修預警，例如警告某 w 臺電梯或電扶梯可能故障的時間點，如圖 9-12 所示。

倫敦地鐵電梯維修的例子，符合大數據的四個特徵，數據量大、多樣性、即時性和真實性。透過大量的感測器來記錄機器、環境和使用狀況等資料，並將大量的資料透過分析比對來達成預測電梯何時會產生故障需要進行維修，使原本需要耗費大量人力，並且難以準確判斷的維修工作，可以在電梯真的需要維修的時候才進行，而不是目前常用的定期維修，可使電梯的使用率達到最高，也對乘客的安全性提供最高的保障。

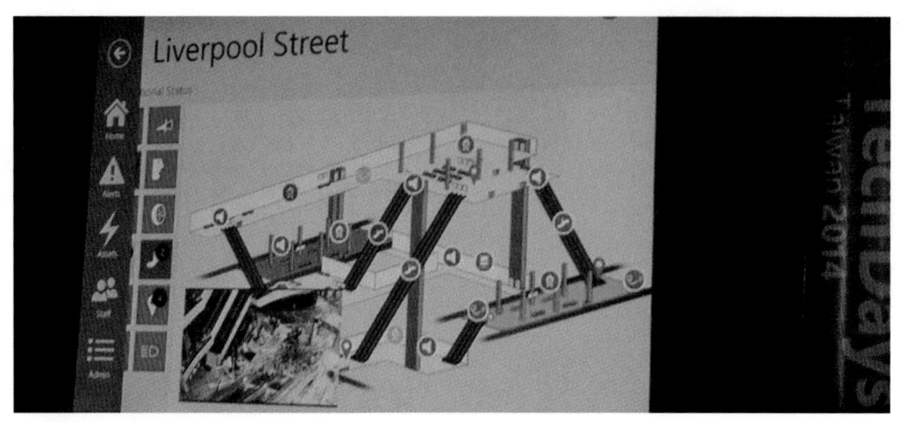

圖 9-12　地鐵電梯維修警示圖（資料來源：https://www.ithome.com.tw/news/90956）

9-7　大數據應用於智慧辨識

現今各種商品都朝著智慧化發展，許多智慧設備已提供語音來控制設備的功能。實現此功能的幫手，便是大數據和人工智慧的語音識別。中國的科大訊飛有一套語音辨識系統，可透過語音控制智慧電視上的一切操作，電視會精準的辨識指令，省去使用遙控器操作的不便。除了智慧電視外，科大訊飛的語音辨識系統可以做到簡單對話的即時翻譯，例如在外國餐廳進行點菜，系統可將說出的中文句子即時翻譯成英文顯示在螢幕上，接著再透過螢幕將服務員說出的英文回答，即時翻譯成中文顯示在螢幕上，透過語音辨識系統，即使語言不通也可藉由機器來進行交流。

此外，人臉辨識的產品也能體現智慧的發展。在全世界各個大城市中，處處可見監視器，監視器是為了民眾的安全而設，原本只能當作事件發生後的證據來使用。隨著大數據的發展和人臉辨識技術的成熟，攝影機不再只是事後證據，而是能夠防範未然的裝置。中國的曠視科技在人臉辨識方面有長足的發展，人臉辨識有三步驟，第一是人臉檢測，第二是特徵提取，第三是從資料庫比對出目標。透過這三步驟就可以找出受測者的身分。此一技術被曠視科技應用在找出罪犯這件工作上，透過城市中大量的監視器對民眾一一進行搜索，就可以找出人群中在逃的犯人，對治安防治有很大的幫助，如圖 9-13 所示。

人臉辨識符合大數據的四個特徵，數據量大、多樣性、即時性和真實性。由監視器抓取臉部特徵再透過龐大的數據庫去比對出需要的資料，在城市中使用人臉辨識系統，可以提高治安防護，做到事前預防，避免通緝犯有再犯罪的可能性。

圖 9-13　人臉辨識抓罪犯（資料來源：https://kknews.cc/zh-tw/tech/e92epar.html）

9-8　大數據應用於語音智慧助理

隨著科技的發展，愈來愈多的產品使我們的生活更加便利，而手機的普及，使得生活中很多事情都可利用手機隨時隨地處理，在這樣的使用習慣下，語音智慧助理便應運而生，諸如 Apple 的 Siri，它是透過語音來操作智慧型手機的一個問答型系統，手機將麥克風收到的音檔轉成文本，利用語音辨識系統去推測這段自然語言的含意，理解其含義後就能與使用者進行對答。這便是透過大數據學習後，使其與人們溝通能力愈來愈強的一種人工智慧的表現，如圖 9-14 所示。

從推出 Siri 到現在，其累積的資料量日益增多，透過大量數據去改善 Siri 的語音辨識模型，因此相較於剛推出 Siri 智慧助理時，現在 Siri 語音辨識的準確度已經提高很多，於 2015 年時語音辨識的詞錯率已經低到 5%，由此可見大數據對語音辨識系統精準度的提升。Siri 除了透過語音辨識將自然人語言轉換成文字外，其更結合了 iOS 系統的服務，可以透過與 Siri 的對話查詢天氣、播放音樂、設定鬧鐘、設定時間提醒事情、傳送郵件等。Siri 不只是語音辨識系統，也是能使生活更為方便的一個服務。

Siri 語音智慧助理符合大數據的四個特徵，數據量大、多樣性、即時性、真實性，Siri 利用雲端技術，透過大量的數據來提高語音辨識的準確度，使 Siri 在判斷語意更為準確，進而使得能提供的服務更為多樣化。

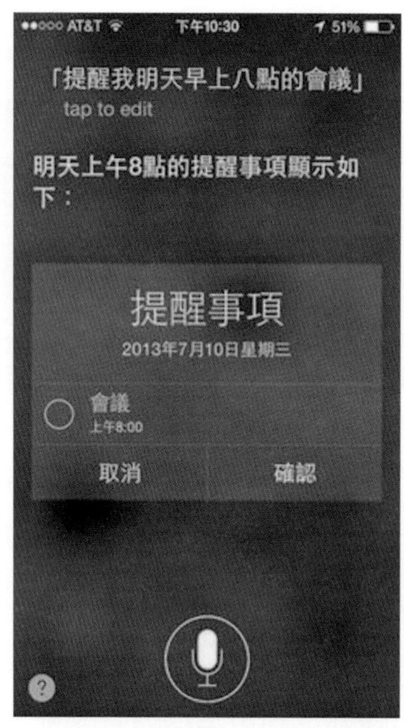

圖 9-14　Siri 語音智慧助理（資料來源：https://zh.wikipedia.org/wiki/Siri）

9-9　物聯網與大數據應用於人工智慧

人工智慧通常是指透過電腦程式來實現人類智慧的技術，隨著科技進步與資訊爆炸，20 世紀 40 年代與 50 年代興起的人工智慧，在經歷 70 年代與 80 年代的兩次低潮，到如今已經成為時下最熱門的議題，而近年人工智慧之所以會成功，歸功於科技的進步與資料量的龐大。因為電腦的運算愈來愈快，這包括專門處理圖型的 GPU 硬體與處理深度學習的 TPU 硬體的發展，使得人工智慧背後所需要的計算能力得以滿足，也因為現今社會無論是互聯網、物聯網、社交網、車聯網等，每天都會有大量資料產生，為訓練人工智慧提供了資料，進而實現以人工智慧解決問題。

人工智慧的重點在於如何建構與人類相似甚至更強的推理、知識、規劃、學習、交流、感知、移動和操作物體的能力。簡單來說，就是如何具有像人類一樣甚至比人類更強的能力。而目前的人工智慧在影像辨識、語言分析、棋類遊戲、唇語理解等單一能力已經超越了人類的水準。

人工智慧的建構簡單可分為兩部分一個是神經網路，一個就是大數據，針對一個問題會有一種神經網路，如人臉辨識、圖像辨識、語音辨識等都有各自的神經網路。首先設計一個神經網路模型，接著給予這個模型大量的數據，一個輸入產生一個已知的輸出，來進行模型的建構。當訓練好一個模型時，用許多異於訓練時的資料，給予模型測試，當發現模型的輸出結果不如預期、準確度不高時，就必須調整模型，再次訓練，直到產生好的模型，才可以運用在特殊領域。大數據在人工智慧中扮演很重要的一部分，是人工智慧學習如何判斷的依據，透過大量的數據讓人工智慧知道什麼樣的輸入應該有什麼樣的輸出，可以對應到各種各樣的問題，這也是為何人工智慧能便利我們的生活。

以下，我們以自動駕駛車為例，來說明物聯網與大數據如何應用於人工智慧領域。首先，為使車子能達到收集資料與聯網的物聯網設備，在一臺車子上需裝設諸多感測器，目前主流的自動駕駛車使用的感測器包括 LiDAR 光學雷達、鏡頭、傳統雷達及各式各樣的感測器。LiDAR 光學雷達的優勢在於可以透過旋轉的雷射光束，建造出車輛周圍的 3D 立體影像圖，但缺點是由於雷射的特性，容易受到環境的影響，如圖 9-15 所示。運用在車輛倒車雷達上的傳統雷達成本相對較低，不受環境的影響且穿透性較強，但缺點是覆蓋範圍較小，難以對周圍物體做出準確的判斷。鏡頭是自動駕駛車所必備的感測器，與兩種雷達不同，鏡頭沒有穿透力並且需要光線才能拍攝清楚。

圖 9-15　自動駕駛車的雷達系統（資料來源：https://www.icebike.org/google-cars/）

將自動駕駛車搖身一變為物聯網的設備後，下一個目標便是使其有學習駕駛的能力，在數據的收集方面，可以透過對鏡頭拍攝許多的照片，並結合駕駛對車內方向盤、煞車、加油等駕駛行為，便可收集到人們駕駛的經驗與車外場景的對應。當這些數據收集到車內的計算器及雲端後，便可進行圖像辨識與自動駕駛的模型訓練，配合自動駕駛車上搭載的感測器所收集到的數據，會被傳輸到車載電腦及雲端中進行分析和處理，然後交由人工智慧來建立自動駕駛的模型與規則，以作為自動行駛車子時的判斷依據。就目前的分類而言，自動駕駛車被分為五種等級，如表 9-1 所示。

表 9-1　自動駕駛車分為五種等級

Level 0	由人類自己來開車，無任何輔助系統
Level 1	車子有電子控制功能，如車身穩定和煞車防鎖死系統
Level 2	車子有自動控制系統，如主動式定速巡航、車道維持等系統
Level 3	車子多數時間為自動駕駛，但緊急情況下駕駛可主動介入操作
Level 4	車子全程為自動駕駛，不需人類介入操作

透過感測器、大數據分析與人工智慧，自動駕駛車的實現指日可待，在未來發展上，除了車子去判斷周遭的情況外，更進一步車子和車子之間的

無線連線與溝通，將整個交通串連在一起，更能夠將不安全性降到最低，例如，當警車或救護車行駛時，便可向前方發出警訊，收到警訊的自動駕駛車，便可退讓一條車道，供警車或救護車來快速行駛。而當有車禍發生時，受到碰撞的車子將因感測器偵測到碰撞，便可對行駛方向逆向的方向，發出車禍的警訊，後方的車輛便可自主的判斷，是否要更換行駛路線以避開車禍或擁塞。

9-10　物聯網與大數據應用於健康照護

隨著社會發展，少子化及高齡化社會的問題日益嚴重，老人長照已受到各國政府的關切，由於上有長輩及下有兒女之撫養，年輕人經濟負擔的壓力沉重，一般而言，均需在外工作而無法隨時照看年長者，加上看護人力的嚴重不足，採用物聯網與大數據技術已成為解決居家養老重要的方法。

智慧養老採用物聯網與大數據技術，協助家屬照護居家老人。物聯網與大數據應用於居家健康照護，可提供長輩多樣化的服務，包括安全、健康、自主、關懷、方便、舒適、提醒等服務，如圖 13-16 所示。在智慧居家養老的環境中，依不同長輩的健康狀況與居家環境，在家中裝設了許多感測器，例如在床墊裡放置睡眠與心跳偵測感測器，以偵測居家老人的睡眠時間、翻身、睡眠品質、心跳等數據；而在水龍頭裝設水流感測器，也可依長輩如廁的用水量來判斷大便或小便的次數；在廚櫃及門上裝設磁簧開關感測器，以判斷是否取碗、是否出門；透過紅外線感測器，也可了解長輩身處哪個房間；而冰箱中的 RFID 設備，更可了解長輩的飲食；而透過血壓計、血糖機等智慧聯網設備，也可即時掌握老人家的生理健康狀況；在廚房中的瓦斯偵測感測器，也可偵測老人家是否面臨瓦斯漏氣或瓦斯乾燒等危險。將這些感測器與物聯網家電、生理等設備連上網，收集這些數據，便可利用大數據分析的技術，進一步分析出家中年長者的行為，並了解其身體的健康狀況及判斷是否仍需要協助，而遇緊急或危險發生，如摔倒、瓦斯漏氣、昏倒、生病、高血壓、忘了吃藥等異常狀況，亦可透過緊急救護系統來予以即時地協助。

圖 9-16　物聯網與大數據應用於居家健康照護提供長輩多樣化的服務

9-11　大數據的處理流程

隨著資訊化及網路化的快速進展，每個人每天產生的數據不停增加，有效率的資料的處理流程是讓大數據發揮功效很重要的一件工作。大數據的處理流程普遍應至少滿足四個步驟：

1. 數據採集：數據採集是指利用各種不同的終端設備及軟體，如 App、Web 或感測器等，對人類活動的數據進行收集。由於這些可能是非結構化資料，其型態也較複雜，因此，收集後的資料可能需要更有彈性的資料庫系統來記錄與儲存。

2. 數據導入和預處理：採集完後的資料，需要進行有效的分析。大數據的處理，應先將收集到的資料導入一個集中的大型分散式資料庫或分散式集群檔案系統，並進行簡單的清洗及預處理工作，過程中導入的數據量經常達到百兆、千兆的級別。

3. 數據統計和分析：在這個階段，將對預處理過後的巨量數據進行分析、分類和匯總等處理。常用的軟體有 Oracle 的 Exadata 和 MySQL 上的 Infobright 等，半結構化的數據才可以使用 Hadoop。需注意統計和分析時涉及的數據量非常大且占用極大的系統資源。

4. 數據挖掘：數據挖掘通常沒有預設主題，是在現有數據上進行各種演算法的計算，來達到預測的效果。常用演算法有用於統計的 SVM（Support Vector Machine）、分類的 NaiveBayes 和聚類的 K-means，常用工具有 Hadoop 的 Mahout 等。

透過數據處理產生出很多的資料，這些資料將有助於透過機器學習和深度學習等技術來建立模型，並應用模型來進行預測，處理過後的資料能有許多的應用，因此各大公司和政府皆對大數據投入大量的資源。

9-12　物聯網、雲端運算及大數據

物聯網、雲端運算及大數據這三者會形成一個鏈結，透過物聯網的智慧物件，各種想像的到的電子裝置、感應器和家電等萬物皆聯網，將可收集到這些智慧設備在被使用時所產生的各種檔案、文字、影片和音樂等大量的資料傳送到雲端，透過雲端的管理技術及虛擬化技術，對大數據進行資料儲存、分析、探勘和多樣化應用等處理，這樣的處理結果將可建立模型並對我們生活中未來所將發生的人、事和物進行預測，因此物聯網、雲端運算及大數據的整合，將會是企業與政府列為基礎建設的一部分，如圖 9-17 所示。

圖 9-17　物聯網、雲端運算及大數據的整合

隨著科技的進步，愈來愈多的感測器及智慧物件應運而生，這些感測器及智慧物件所收集的數據，透過數據的處理與分析，把資料變成有價值的情報和知識，應用在交通運輸、農業、軍事、金融和醫療等各個產業。近年來人工智慧的快速進展，也拜大數據及雲計算之賜，使機器人在下棋、診斷、醫療、動手術、與人互動、語音辨識和圖像識別等方面有著驚人的表現，透過事前的學習、感測器對環境即時地資料收集及快速的反應，亦成就了自動駕駛車的快速發展。在未來，有效地整合物聯網、雲端運算及大數據技術，將是個人、企業或政府邁向成功的關鍵。

9-13 習題

1. 資料的來源除了各式各樣的網站之外，還有哪些網路是從我們的生活中產生資料？
2. 簡述大數據的五 V 特徵。
3. 資料分析分為哪四種類別？
4. 請說明大數據對商業的價值。
5. 福特汽車如何運用大數據的特徵？
6. Amazon 和 Target 如何將大數據應用於商品推薦？
7. 請說明如何利用大數據來解決停車問題。
8. 請說明如何利用大數據來解決地鐵電梯維修問題。
9. 請說明大數據如何應用於語音智慧助理。
10. 請說明物聯網與大數據如何應用人工智慧於自動駕駛車。
11. 請說明自動駕駛車分為哪五種等級。
12. 請說明物聯網與大數據如何應用於健康照護。
13. 請說明大數據的處理流程。
14. 簡述物聯網、雲端、大數據的關聯。

參考文獻

1. 廖文華、張志勇，「雲端運算概論」，五南出版社，2016。
2. E. Ahmed, I. Yaqoob, I. A. T. Hashem, I. Khan, A. I. A. Ahmed, M. Imran, and A. V. Vasilakos, "The Role of Big Data Analytics in Internet of Things," *Computer Networks*, Vol. 129, pp. 459-471, 2017.
3. D. Agrawal, S. Das, and A. E. Abbadi, "Big Data and Cloud Computing: Current State and Future Opportunities," *Proceedings of the 14th International Conference on Extending Database Technology (EDBT 2011)*, 2011.
4. M. D. Assunção, R. N. Calheiros, S. Bianchi, M. A. S. Netto, and R. Buyya, "Big Data Computing and Clouds: Trends and Future Directions," *Journal of Parallel and Distributed Computing*, Vol. 79-80, pp. 3-15, 2015.
5. R Barga, V. Fontama, and W.-H. Tok, "Predictive Analytics with Microsoft Azure Machine Learning: Build and Deploy Actionable Solutions in Minutes," *Apress*, 2014.
6. G. Bello-Orgaz, J. J. Jung, and D. Camacho, "Social Big data: Recent Achievements and New Challenges," *Information Fusion*, Vol. 28, pp. 45-59, 2016.
7. J. Berman, "Principles of Big Data," *Morgan Kaufmann*, 2013.
8. C. L. P. Chen and C.-Y. Zhang, "Data-Intensive Applications, Challenges, Techniques and Technologies: A Survey on Big Data," *Information Sciences*, Vol. 275, pp. 314-347, 2014.
9. M. Chen, S. Mao, and Y. Liu, "Big Data: A Survey," *Mobile Networks and Applications*, Vol. 19, No. 2, pp. 171-209, 2014.
10. T. H. Davenport, "Big Data at Work: Dispelling the Myths, Uncovering the Opportunities," *Harvard Business Review Press*, 2014.
11. T. H. Davenport and D. J. Patil, "Data Scientist: The Sexiest Job of the 21st

Century," Harvard Business Review, Oct., 2012.

12. C. K. Emani, N. Cullot, and C. Nicolle, "Understandable Big Data: A Survey," *Computer Science Review*, Vol. 17, pp. 70-81, 2015.

13. A. Gandomi and M. Haider, "Beyond the Hype: Big Data Concepts, Methods, and Analytics," *International Journal of Information Management*, Vol. 35, No. 2, pp. 137-144, 2015.

14. I. A. T. Hashem, I. Yaqoob, N. B. Anuar, S. Mokhtar, A. Gani, and S. U. Khan, "The Rise of "Big Data" on Cloud Computing: Review and Open ResearchIissues," *Information Systems*, Vol. 47, pp. 98-115, 2015.

15. H. V. Jagadish, "Big Data and Science: Myths and Reality," *Big Data Research*, Vol. 2, No. 2, pp. 49-52, 2015.

16. X. Jin, B. W. Wah, X. Cheng, and Y. Wang, "Significance and Challenges of Big Data Research," *Big Data Research*, Vol. 2, No. 2, pp. 59-64, 2015.

17. K. Krishnan, "Data Warehousing in the Age of Big Data," *Morgan Kaufmann*, 2013.

18. J.-G. Lee and M. Kang, "Geospatial Big Data: Challenges and Opportunities," *Big Data Research*, Vol. 2, No. 2, pp. 74-81, 2015.

19. M. S. Mahdavinejad, M. Rezvan, M. Barekatain, P. Adibi, P. Barnaghi, and A. P. Sheth, "Machine Learning for Internet of Things Data Analysis: A Survey," *Digital Communications and Networks*, In Press.

20. B. D. Martino, R. Aversa, G. C., A. Esposito, and J. Ko odziej, "Big Data (lost) in the Cloud," *International Journal Big Data Intelligence*, Vol. 1, Nos. 1/2, pp. 3-17, 2014.

21. N. Marz and J. Warren, "Big Data: Principles and Best Practices of Scalable Realtime Data Systems," *Manning*, 2013.

22. V. Mayer-Schönberger and K. Cukier, "Big Data: A Revolution That Will Transform How We Live, Work, and Think," *Houghton Mifflin Harcourt*, 2013.

23. V. Mayer-Schönberger and K. Cukier, "Learning with Big Data: The Future of Education," *Houghton Mifflin Harcourt*, 2014.

24. A. McAfee and E. Brynjolfsson, "Big Data: The Management Revolution," *Harvard Business Review*, Oct., 2012.

25. S. Mund, "Microsoft Azure Machine Learning," *Packt Publishing*, 2015.

26. D. Talia, P. Trunfio, and F. Marozzo, "Data Analysis in the Cloud," *Elsevier*, 2015.

第十章

物聯網安全與隱私

10-1 物聯網安全與隱私簡介

隨著物聯網技術的普及化，安全及隱私的問題已成為大眾所關注的議題。物聯網擁有物件智慧化及支援異質性網路兩大特點。物件智慧化是將感知、計算、通訊和執行等能力嵌入物件，使物件具有一定的智慧。這些廣泛存在的智慧物件若使用不當，將可能威脅到社會秩序與造成個資隱私外洩。另外，物聯網具有融合異質性網路的特性，擴展了開發性與應用性，但也同時讓個資（如網路社群和個人病歷等資訊）可能在任何時間和任何地點被非法獲取或篡改，如圖 10-1 所示。當國家重要的基礎領域如電力和醫療都依賴於物聯網時，重要的國安資訊也將可能被有心人竊取。物聯網這些不安定因素甚至可能影響國家發展和社會秩序。以下將說明現有物聯網環境存在之資安風險，舉出許多資訊安全的案例，供大家從實例中了解資訊安全的重要性，並探討可能的解決方案。

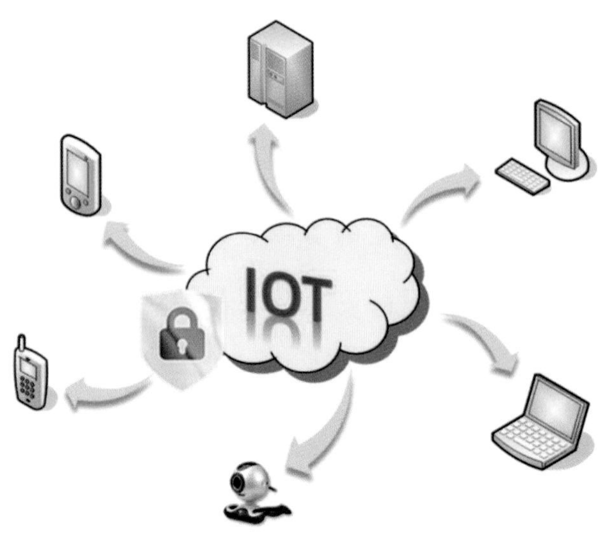

圖 10-1 物聯網安全隱私

10-2 資訊安全的實際案例

資訊網路已成為社會的重要工具之一，也導致很多資安問題。資訊安全方面除了需要防範人為攻擊（如資訊洩漏和竊取、中斷和篡改以及病毒攻擊等），還要防範自然災害（如水災、火災、地震和電磁輻射等）的考驗。以下為與資訊安全相關的實際案例。

1. 2014 年 1 月 21 日，中國通用頂層網域的根伺服器突現異常，導致眾多知名網站出現 DNS 解析失敗，使用者無法正常連線。雖然連接到根伺服器很快恢復，但由於 DNS 緩存問題，部分地區使用者「斷網」現象仍持續了數個小時，至少有 2/3 的網站受到影響。微博調查顯示，此次中國 DNS 事故發生期間，超過 85% 的使用者遭遇了 DNS 故障，造成網速變慢或打不開網站的情況。

2. 2014 年 3 月 22 日，中國安全研究人員在協力廠商漏洞收集平臺上，發表攜程安全報告，指出攜程安全支付日誌可遍歷下載，導致了大量使用者銀行卡資訊洩露，並稱已將細節通知廠商並且等待廠商處理。該漏洞立即引發了關於電商網站儲存使用者信用卡的敏感資訊等議題。

3. 中國快遞資訊洩露事件：2014 年 4 月，中國某駭客對兩個大型物流公司的內部系統發起網路攻擊，非法獲取快遞使用者個人資訊 1400 多萬條，並出售給不法分子。有趣的是，根據媒體報導，該駭客僅是一名 22 歲的大學生，正在就讀某大學電腦專業二年級，該駭客販賣這些資訊僅獲利 1000 元。

4. 比特幣交易網站受攻擊破產：2014 年 2 月，全球最大的比特幣交易平臺 Mt.Gox 由於交易系統出現漏洞，75 萬個比特幣以及 Mt.Gox 自身帳號中約 10 萬個比特幣被竊，損失估計達到 4.67 億美元，被迫宣布破產。這一事件也突顯了互聯網金融在網路安全威脅面前的脆弱性。

5. OpenSSL 心臟出血（Heartbleed）漏洞：2014 年 4 月爆出了 Heartbleed 漏洞，該漏洞是近年來影響範圍最廣的高危漏洞，涉及各大網銀和門戶網站等。該漏洞可用於竊取伺服器敏感資訊和即時抓取使用者的帳號密碼，從該漏洞被公開到漏洞被修復的這段時間內，已經有駭客利用 OpenSSL 漏洞發動了大量攻擊，或許有些網站使用者資訊已經被駭客非法獲取。駭客很可能會利用獲取到的使用者資訊，再次進行其他形式的惡意攻擊，用戶的「次生危害」（如網路詐騙等）會大量集中顯現。

6. eBay 數據大洩漏：2014 年 5 月 22 日，eBay 要求近 1.28 億活躍使用者全部重新設置密碼。eBay 透露駭客能從該網站獲取密碼、電話號碼、位址及其他個人資料。這次洩密事件發生在 2 月底和 3 月初，而 eBay 是在 5 月初才發現這一洩密事件。eBay 並未說明有多少用戶受到此次事件的影響。

7. Shellshock 漏洞：2014 年 9 月 25 日，US-CERT 公布了一個嚴重的 Bash 安全性漏洞。Bash 是 Linux 用戶廣泛使用的一款用於控制命令提示符工具，導致該漏洞影響範圍甚廣。透過此漏洞，駭客可以完全控制被感染的機器，不僅能破壞資料，甚至能關閉網路或攻擊網站，因此 Shellshock 本身的破壞力非常大。

8. 2014 年 12 月 25 日，中國大量的使用者資料在互聯網瘋傳，內容包括使用者帳號、純文字密碼、身分證號碼、手機號碼和電子郵箱等。這次事件是駭客首先收集互聯網某遊戲網站以及其他多個網站用戶名和密碼資訊，然後利用安全機制的漏洞獲取了 13 萬多條使用者資料。

10-3　物聯網的安全隱私概論

物聯網在架構上可區分為感知層、網路層及應用層，這三層的技術發展雖各自獨立且有各別的介面，但隨著應用的快速擴增，這三層的垂直整合及水平整合也成為提供物聯網服務必要的工作。本節將說明感知層、網路層及應用層可能發生的安全隱私問題。

在感知層中，感知節點為主角。感知節點一般指的是如感測器、穿戴式裝置元件和 RFID 標籤等設備。基於成本考量及應用場所，感知節點的製作時常搭載較廉價的開發板以及邏輯較為簡單的演算法。由於感知節點本身在處理資安上的能力受限，再加上物聯網是在傳統網路的基礎上擴展感知網路和應用平臺，因此不僅存在與感測器網路、移動通訊網路和傳統互聯網同樣的資安問題，也存在其特殊的資安問題，如隱私保護、異構網路認證與存取控制、資安儲存與管理等。僅使用傳統的資安措施不足以提供可靠的安全保障。

在網路層中物聯網的網路基礎架構是建立在互聯網之上，因此對互聯網有極高的依賴性。除了互聯網的資安問題會反映在物聯網中，而新產生的資安問題也會由互聯網開始蔓延。若攻擊者入侵物聯網的資料中心，就可能盜取有利的重要資訊。HackPWN 2015 會議中，資安專家利用國內某款汽車服務雲的平臺漏洞，在沒有鑰匙的狀態下，成功透過電腦執行遠端開鎖、鳴笛、閃燈和開啟天窗等功能，這些問題對於車聯網來說，將是發展智慧車的一大考驗，如圖 10-2 所示。

圖 10-2　入侵車聯網遠端控制

針對應用層所需要的垂直整合及水平整合而言，由於物聯網系統整合的技術和標準體系至今仍在發展，目前並不完善，物聯網將可能成為有心人攻擊的目標而產生嚴重的資安問題。因此，世界各國應更重視物聯網資安問題，加大投入力度，積極制訂國際物聯網的標準，盡快掌握物聯網資安的核心技術。以下我們將分別說明感知層、網路層及應用層可能遭遇的安全隱私問題。

10-4　感知層的安全隱私

感知層類似於人類的末梢神經，主要由感知節點與 RFID 技術組成，其主要功能是全面感知外界資訊，包括資訊蒐集和物體識別等。感知節點的設備有無線射頻識別（RFID）裝置、感測器（收集如溫度、濕度、震動、光照和紅外線等數據）、影像感測器（CCD）、自組織網路及穿戴式設備（如健康智慧手環）等。這些感知設備包括生理設備可感測人體的心跳、血壓等資訊，另多種類型的感知資訊亦可相互融合、同時處理和綜合利用。

除了感知節點外，RFID 也是感知層很重要的技術。透過 RFID 技術可以明確識別物件，方便這些物件被感知，是一種自動識別物體和人的技術。RFID 在 20 世紀末開始逐漸進入企業應用領域，雖然 RFID 技術已經獲得了廣泛的應用，但其在資訊安全和隱私保護方面亦存在風險。如 2008 年 8 月，美國麻省理工學院的三名學生宣布成功破解了使用 RFID 技術的波士頓地鐵資費卡，他們的破解方法可以讓人「免費搭車」遊世界。

感知層的資訊通常會由網路層傳輸給應用層，作為應用層執行判斷、控制和決策的主要依據。在感知系統帶給人們便利的同時，也帶來了新的安全隱私問題。嵌入各種感測器功能的智慧物件亦是物聯網感知層的重要組成部分，同樣也面臨很多安全問題。

由於感知層所蒐集的資料繁多，其格式具有多源異構性，使物聯網所傳遞與處理的資料將面臨更為複雜的資安問題，以下我們將探討感知節點與 RFID 所面臨的資安問題。

1. 感知層的防護機制與資安問題

透過感知層所取得的資訊是物聯網進行後續雲端運算及大數據分析時最重要的依據。感知層中的防護機制大致可分為三種：

(1) 統一資料格式

在感知節點中存在許多異質的裝置設備，由於不同的感測器與資料處理方式，會產生大量不同格式的資料，因此必須制定相關的統一標準才能避免資料格式不同的問題。

(2) 資料加密

透過數位簽章與設備進行驗證，確保是原來授權的軟體，避免不法軟體入侵。

(3) 標準的通訊協定

需具備存取控制。裝置在安全啟動後，作業系統會根據預設的權限規則，對網路上的機器進行存取控制，讓這些機器只能依據預設的權限被驅動，並只能使用完成工作所需的資源。

由於感知設備大多設計成體積小、低耗能及提供簡單功能，因此對於安全防護的能力較為薄弱，這是感知層的資安系統面臨的首要挑戰。感知層中的資安問題大致可分為三種，如圖 10-3 所示：

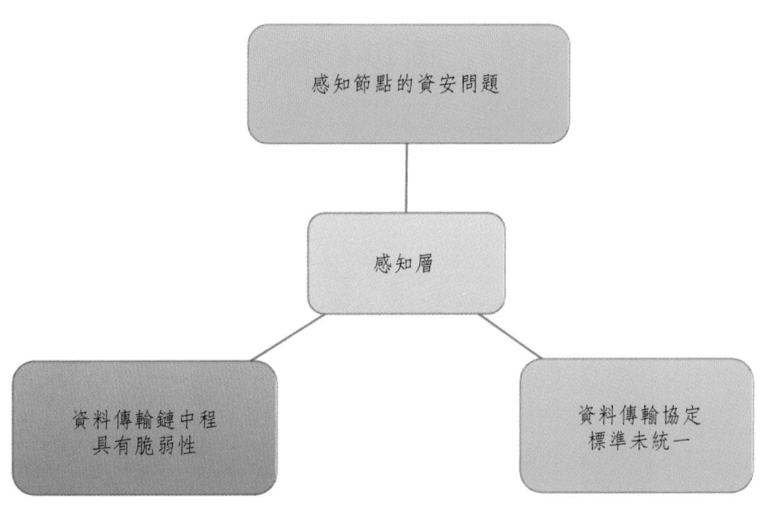

圖 10-3　感知層中的資安問題

(1) 感知節點的資安問題

感知節點基於成本考量，多半設計成功能簡單、成本低廉和電量有限的設備，因此無法擁有完善的安全防護能力。目前物聯網所採用的感知網路已有 WiFi、藍芽、ZigBee、LoRa 和 NB-IoT 等。異質網路之間資料傳輸協定和資料格式並無統一規格，導致感知設備容易遭到攻擊與破壞。

(2) 資料傳輸鏈路具有脆弱性

物聯網中的通訊技術大多使用無線傳輸，而攻擊者能透過發射干擾訊號等方法，讓接收訊號的讀寫器無法正常接收資料，使得通訊中斷。

(3) 資料傳輸協定標準未統一

在物聯網核心網路與終端設備之間，並沒有標準的通訊協定，在訊號傳輸過程中不易做到有效防護，容易被攻擊者竊取或篡改。

2. RFID 的防護機制與資安問題

在資訊安全技術上，安全性、隱私性及成本三者之間本是相互制約。

根據 RFID 標籤有限的計算資源，目前已設計出安全有效的安全技術解決方案。現有的 RFID 安全和隱私權原則主要分為兩大類，一類是透過物理方法阻止標籤與閱讀器之間的通訊，另一類是透過邏輯方法增加標籤的安全機制。

RFID 透過無線射頻技術來傳遞資訊，因此存在多數無線通訊技術所面臨的資安威脅，包括下列問題，如圖 10-4 所示：

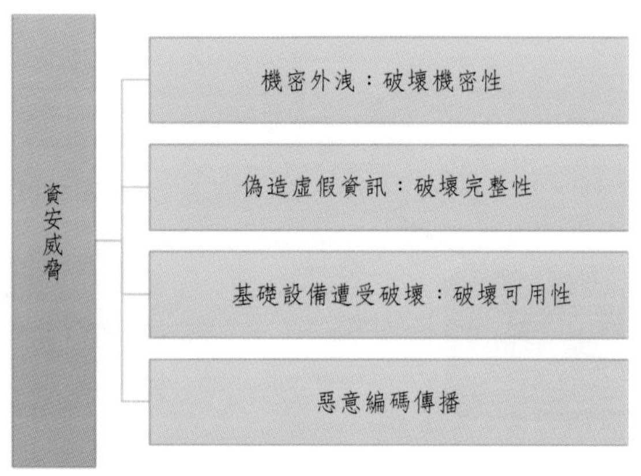

圖 10-4　無線通訊技術所面臨的資安威脅

(1) 機密外洩──破壞機密性（Confidentiality）：攻擊者只要具有相同規格的閱讀器，並且在標籤的可讀取範圍內，就能夠任意地讀取標籤內的資料，造成資訊洩漏的安全問題，甚至會危及使用者的個人隱私。

(2) 偽造虛假資訊──破壞完整性（Integrity）：如果標籤沒有安全的存取控制機制，攻擊者只要具有相同規格的閱讀器（帶寫入功能），並且在標籤的可寫入範圍內，就能夠任意地對標籤進行修改和寫入資料，造成標籤資料被篡改或偽造的安全問題。

(3) 基礎設備遭受破壞──破壞可用性（Availability）：攻擊者可以利用特殊設備持續地發送射頻訊號，干擾閱讀器和標籤之間的通訊，進行阻塞攻擊，甚至導致整個 RFID 系統癱瘓，這屬於拒絕服務（DoS）攻擊的一種。

(4) 惡意編碼傳播（Hostile Code Propagation）：標籤上的晶片可以用來儲存額外的資訊，若攻擊者將惡意編碼植入其中並借此進行傳播，將可能影響閱讀器的正常存取功能。國外已有研究指出，攻擊者可以在標籤中植入惡意程式碼進行 SQL Injection 攻擊，從而造成後臺系統中毒，並可能感染其他正常的標籤，再透過受感染的標籤感染其他的後臺系統。

此外，RFID 技術具有唯一識別的特性，若標籤被任意讀取或者遭受上文提到的各種安全威脅，將會衍生出下列相關的隱私問題：

(1) 身分隱私——關聯威脅（Association Threat）：由於標籤具有一個能夠唯一識別的資訊，那麼該識別資訊將會與標籤的持有者產生關聯。如果一個消費者持有某個標籤，那麼當閱讀器讀取到該標籤時，就可以推測出是這個消費者，並得知該消費者擁有某種物品。

(2) 身分隱私——群聚威脅（Constellation Threat）：若消費者攜有數個標籤，這群標籤也可能與此消費者產生關聯，若閱讀器一直讀取到同一群標籤，就可以推測出該消費者，並得知該消費者擁有某些物品。

(3) 身分隱私——麵包屑威脅（Breadcrumb Threat）：此威脅是關聯威脅的延伸。由於標籤的識別資訊可以與持有者產生關聯，如果持有者的標籤遭竊或丟棄，可能會被不法分子利用，從而假冒原先持有者的身分，並進行違法行為。

(4) 資訊隱私——動作威脅（Action Threat）：消費者的動作、行為及意圖可以透過觀察標籤的動態情況來進行推測。如果某個賣場貨架上高價商品的標籤訊號突然消失，那麼賣場可以推測可能有消費者想購買或者偷竊該物品。

(5) 資訊隱私——偏好威脅（Preference Threat）：由於標籤上可能記載著商品的相關資訊，如商品種類、品牌和尺寸等，所以能透過標籤上的資訊推測消費者的購物偏好。

(6) 資訊隱私——交易威脅（Transaction Threat）：當某群標籤中的其中一個標籤轉移到另一群標籤中時，可以推測出這兩群標籤的持有者有可能進行了交易。

(7) 位置隱私——位置威脅（Location Threat）：由於標籤具有一個能夠唯一識別的資訊，且標籤的讀取具有一定的範圍，因此可以透過標籤來追蹤商品，也可推斷出購買此商品的消費者的位置。儘管多數人並不關心自己是否在公開場合被跟蹤，但像愛滋病人、宗教信徒等個人和對安全性要求較高的組織機構都需要防止被自動跟蹤。由此可見，由位置隱私帶來的一系列安全問題也必須引起 RFID 技術研發部門的重視。

10-5 網路層的安全隱私

網路層類似人體的神經網路，主要功能是將感知層收集到的資訊，安全可靠地傳輸到應用層，再根據不同的應用需求進行處理。網路層可看作是成熟的網路基礎設施，包括互聯網、移動網和一些專業網路（如廣播電視網）等。在資訊傳輸的過程，可能經過多個異構網路。如固定電話網和行動電話之間的資訊傳遞。物聯網除了要面對傳統網路的資安問題，網路環境也具有開放性、混雜性和不確定性。

1. 網路層的資安問題

網路層中面臨的安全威脅可分為主要源自於物聯網終端、物聯網接入方式及傳統的核心網路等三個層面。

(1) 終端的資安問題

終端設備愈來愈智慧化，逐漸取代人力完成較複雜、危險和機械化的工作，同時這種環境也成為惡意攻擊者的機會。由於病毒和惡意程式的隱蔽性和傳播性更強，破壞性更大，這將對物聯網系統的安全性產生重大威脅，因此須具有完整性的保護和認證機制，避免攻擊者將終端變為傀儡，向網路發起拒絕服務攻擊。

(2) 接入方式的安全威脅

網路層由各種異構網路接入而成，如有線網、移動網、WiMAX 和 WiFi 等無線接入技術。由於無線介面具有開放性，任何無線設備都可以透過竊取等方式獲取資訊，可能造成基礎金鑰洩露、無線竊聽、資料篡改和身分假冒等安全威脅。

(3) 傳統核心網路的安全威脅

物聯網將是一個全 IP 化開放性網路，傳統的 DoS 攻擊、DDoS 攻擊和假冒攻擊等安全威脅將會更加嚴重，隱私洩露威脅也將愈來愈被人們重視。

2. 無線感測網路的資安問題

無線感測網路（WSNs）是由許多物聯網中資訊蒐集的終端感測器所組成，現今已有許多重要的應用，如商業上的安防系統和軍事上的監控網路等。確保資料儲存以及傳輸的安全性，是無線感測網路非常重要的議題。例如在病情監測中，病人的病歷屬個資隱私，為了阻止竊取者獲取隱私資訊，在傳輸過程中，應採用有效的密碼系統對隱私資訊進行加密，如圖 10-5 所示。

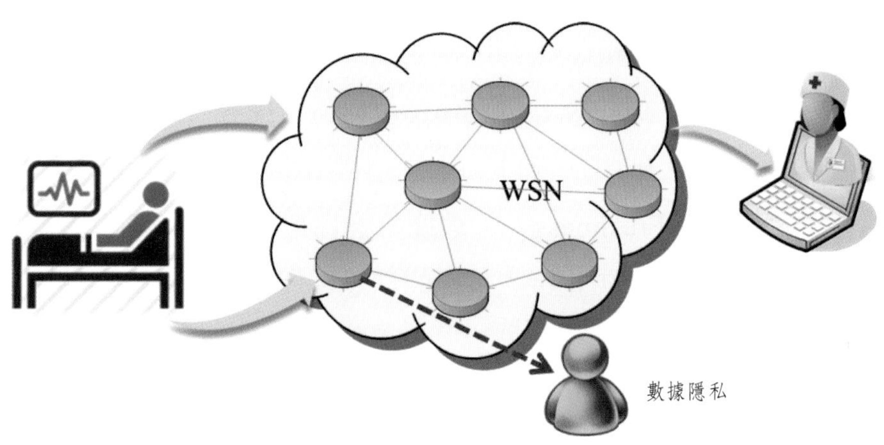

圖 10-5　病情監測中的資料隱私攻擊

無線感測網路是感知層中重要組成元件，對於資訊安全的防護能力有極高的要求，不僅要完成對節點資料的採集，同時還要兼顧對節點的控制能力。以下是無線感測網路的主要安全需求，如圖 10-6 所示：

(1) 數據機密性（Confidentiality）：數據機密性是網路安全最重要的一環，必須要求隱私資訊在儲存和傳輸過程中都保證機密性，不得向非認證用戶洩漏任何資訊。

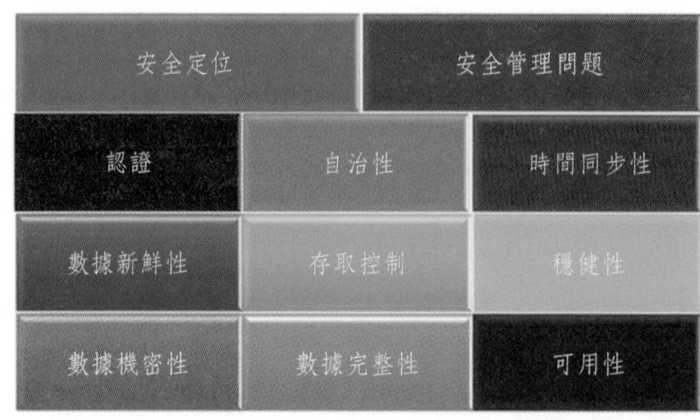

圖 10-6　無線感測網路的主要安全需求

(2) 數據完整性（Integrity）：在資料傳輸的過程中，有心人士可以截獲、篡改和干擾傳輸的訊息，透過數據完整性的鑑定，可以確保數據傳輸是否完整。

(3) 可用性（Availability）：可用性是感測網路中隨時可向系統已認證的用戶提供資訊服務，但攻擊者透過偽造及信號干擾等方式使感測網路處於部分或全部癱瘓狀態，破壞系統的可用性，如阻斷服務攻擊（DoS）。

(4) 數據新鮮性（Freshness）：數據新鮮性是強調每次接收的數據都是發送方最新發送的數據，防止接收重複的信息，保證數據新鮮性的主要目的是防止重放（Replay）攻擊。

(5) 存取控制（Access Control）：存取控制是對用戶的身分進行認證，並允許或禁止使用某項資源或功能的能力。

(6) 穩健性（Robustness）：無線感測器網路具有很強的動態性和不確定性，包括網路連接結構的變化、節點的消失或加入和面臨的各種威脅等。所以對於各種安全攻擊應具有較強的適應性，即使攻擊行為得逞，穩健性也能保障其影響最小化。

(7) 認證（Authentication）：包括點到點認證和組播廣播認證。在點到點認證過程中，網路節點在接收到另外一個節點發送過來的消息時，能夠確認這個資料包確實是從該節點發送出來的，而不是別人冒充的。而組播廣播認證解決的是單一節點向一組節點／所有節點發送統一告示的認證安全問題。認證廣播的發送者是一個，而接收者是很多個，所以認證方法和點到點通訊認證方式完全不同。

(8) 自治性（Self-Organization）：無線感測網路是一個典型的自組織網路，每個節點都是獨立的，可以發送、接受和中轉資料。新節點可以加入並自動融入網路，老節點也可以退出並自動在網路中消失。但由於網路具有自治性，沒有固定的架構進行統一管理（例如金鑰管理等），這也使網路更加脆弱，給了攻擊者可乘之機。

(9) 時間同步性（Time Synchronization）：無線感測網路的很多應用需要依賴節點的時間同步。例如為了節省能量，感測器節點需要定時休眠和發送資訊，這就需要一個可靠的時間同步機制。

(10) 安全定位（Secure Localization）：無線感測網路的成功應用往往需要自動準確的節點定位資訊，並能有效地發現錯誤的定位資訊。攻擊者或入侵者可用偽造或篡改定位資訊。因此，需要一個安全的定位機制來保證無線感測網路中定位資訊的準確與可靠。這些應用如重要位置的監控、重要物體的監控、重要人員的監控等。

(11) 安全管理問題（Security Management）：安全管理包括安全引導和安全維護。安全引導是指一個網路系統從分散的、獨立的、沒有秘密頻道保護的個體集合，按照預定的協定機制，逐步形成完整的、具有安全通道保護的、連通的安全網路的過程。在傳統的網路中，安全引導過程包括通訊雙方的身分認證、安全通訊加密金鑰／認證金鑰的協商等，安全協定是網路安全的基礎和核心部分。由於無線感測網路面臨資源受限的約束，使得傳統的安全引導方法不能直接應用於無線感測網路中。因此，無線感測網路中安全引導過程可以說是最重要、最複雜，而且也是最富有挑戰性的內容。安全維護主要研究通訊中的金鑰更新，以及網路變更引起的安全變更。

無線感測網路相較於傳統網路將面臨更多威脅，根據網路協定的層級，可針對無線感測網路的攻擊分成實體層攻擊，鏈路層攻擊和網路層攻擊等。以下將依序說明。

(1) 實體層的攻擊主要有物理破壞、資訊洩露和壅塞攻擊等，主要是透過實體層的信號干擾、節點的物理破壞和入侵節點冒充基地臺等。

(2) 鏈路層的攻擊有耗盡攻擊。主要是透過使網路服務超載，耗盡網路資源，讓合法使用者無法得到服務。

(3) 網路層的攻擊類型較多，也是安全防範研究的重點，以下是常見的網路層攻擊類型：

①路由攻擊：攻擊者發送大量欺騙路由訊息，或是篡改其他節點路由封包內的路由資訊，耗盡網路能量資源以癱瘓網路，如圖 10-7 所示。

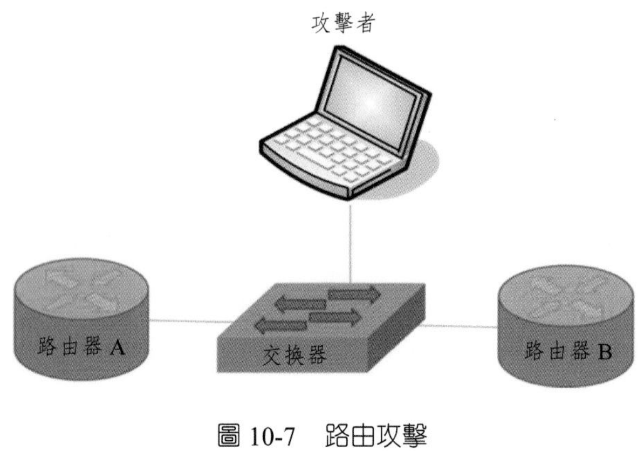

圖 10-7　路由攻擊

②網路層 DoS 攻擊：攻擊者偽造不同 ID 的節點，發送大量封包給其他節點，或直接向某節點發送大量封包，導致網路癱瘓，如圖 10-8 所示。

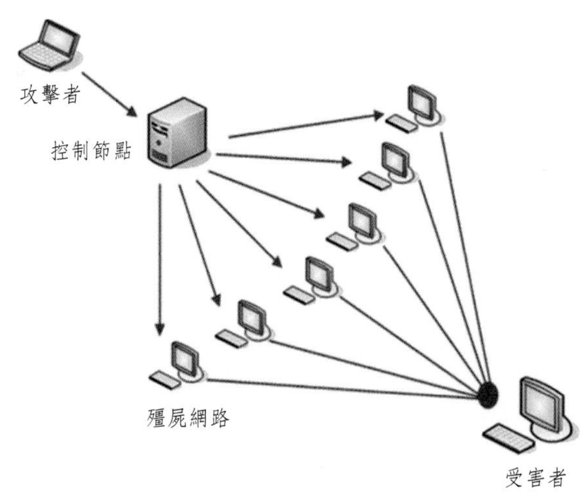

圖 10-8　網路層 DoS 攻擊

③泛洪攻擊：路由式通訊協定通常需要感知節點定時發送 Hello 封包，讓鄰居知道自己仍是活躍節點。收到 Hello 封包的節點很可能會使用到透過惡意節點的路徑，向惡意節點發送封包，惡意節點便可成為資料包傳輸的瓶頸，如圖 10-9 所示。

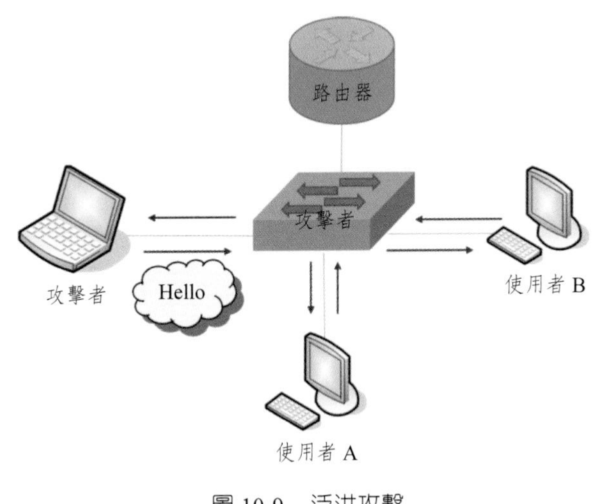

圖 10-9　泛洪攻擊

④蠕蟲洞（Wormhole）攻擊：蠕蟲洞攻擊通常是由兩個以上的惡意節點相互串通發動攻擊，經過惡意節點的跳躍數，將有很大的機會比正常路徑的跳躍數還要短，藉此來增加取得路由控制權的機會，進而對傳輸的資料包進行竊聽或者阻斷其服務，如圖 10-10 所示。

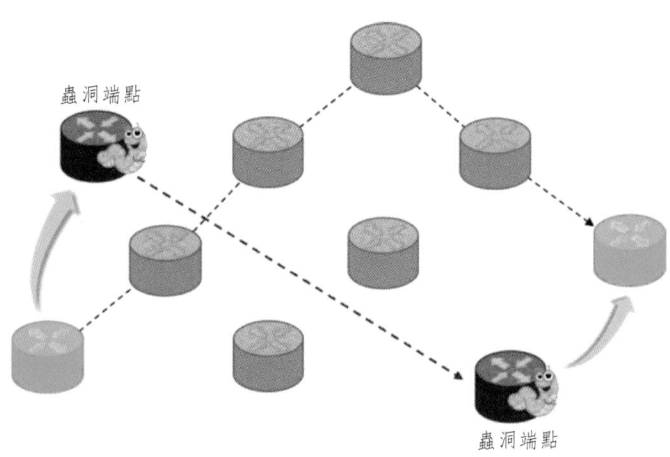

圖 10-10　蠕蟲洞攻擊

⑤女巫（Sybil）攻擊：攻擊節點可以偽裝成多個身分出現在網路中的其他節點面前，使其更易於成為路由中的節點，然後和其他攻擊手段（例如選擇攻擊、完整性攻擊等）結合起來達到攻擊網路的目的，如圖 10-11 所示。

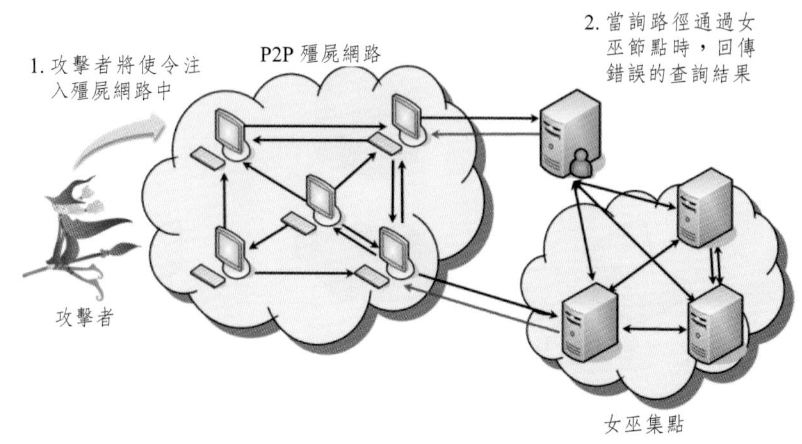

圖 10-11　女巫攻擊

10-6　應用層的安全隱私

應用層主要目的是滿足物聯網系統具體業務開展的需求，相當於物聯網與使用者群體的介面層。物聯網中的信任安全、雲端運算安全、位置安全以及智慧財產權保護等資訊安全問題也極待解決。

為了保證海量資料能夠得到即時處理，物聯網需要使用分散式處理平臺處理資料。在此過程中，首先要對資料進行分類，然後將不同類型的資料透過多個功能各異的處理平臺進行協同處理。在處理過程中，為了保證資料隱私，物聯網中的海量資料都需要加密。因此，如何快速高效地對密文進行搜索和處理也是智慧處理階段中的一大挑戰。歸納起來，應用層的安全需求如下：

(1) 可以對密文進行快速搜索和處理。

(2) 能對資料進行快速分類，並交給分散式平臺進行高效處理。

(3) 能保護用戶隱私，同時又能正確認證。

(4) 根據不同的存取權限對同一資料庫內容進行篩選。

(5) 解決隱私洩露追蹤問題。

(6) 可以透過電腦取證。

(7) 能保護電子產品和軟體的智慧財產權。

1. 雲端運算安全

雲端運算（Cloud Computing）是一種基於傳統互聯網的計算方式，透過雲端運算，共用的軟硬體資源和資訊可以依需求提供給電腦和其他設備。雲端運算技術體系結構主要分為物理資源層、資源池層、管理中介軟體層和服務導向架構（Service-Oriented Architecture, SOA）構建層，如圖 10-12 所示。

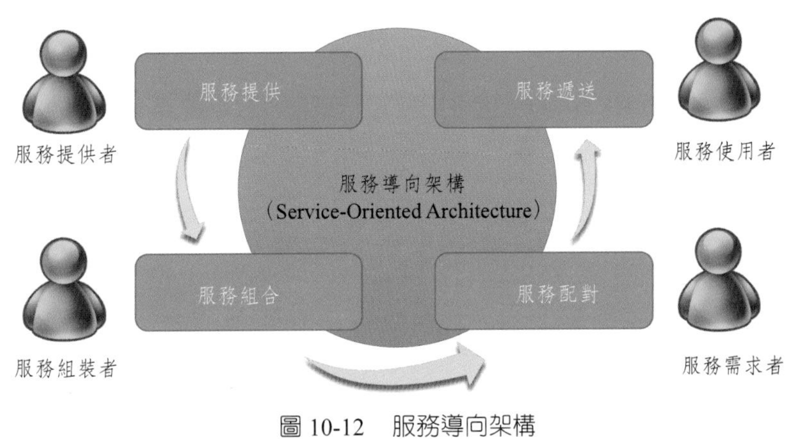

圖 10-12　服務導向架構

(1) 物理資源層包括電腦、記憶體、網路設施、資料庫和軟體等。

(2) 資源池層是將大量相同類型的資源構成同構或接近同構的資源池，如計算資源池、資料資源池等。建構資源池更多是物理資源的集成和管理工作，例如研究在一個標準貨櫃的空間如何裝下 2000 個伺服器、解決散熱和故障節點替換的問題並降低能耗。

(3) 管理中介軟體層負責管理雲端運算的資源，並調度眾多應用任務，使資源能夠高效並安全地為應用提供服務。具體來說，管理中介軟體負責資源管理、任務管理、用戶管理和安全管理等工作。資源管理負責均衡地使用雲資源節點，檢測節點的故障並試圖恢復或排除此節點，同時也會監視統計對資源的使用情況。任務管理負責執行用戶或應用提交的任務，包括完成用戶任務映像的部署和管理、任務調度、任務執行和任務生命期管理等。使用者管理是實現雲端運算商業模式的一個必不可少的環節，包括提供使用者交互介面、管理和識別使用者身分、創建使用者程式的執行環境以及對用戶的使用進行計費等。安全管理保障雲端運算設施的整體安全，包括身分認證、訪問授權、綜合防護和安全審計等。

(4) SOA 構建層將雲端運算能力封裝成標準的 Web Services 服務，並納入到 SOA 體系進行管理和使用，提供的服務包括服務註冊、查找、訪問和建構服務工作流等。管理中介軟體和資源池層是雲端運算技術的最關鍵部分，SOA 構建層的功能更多依靠外部設施提供。

雲端運算中亦存在許多的資訊安全問題，雲端運算基於 Internet 互聯網開放環境，使用者實現資料的透明儲存，這對使用者資料的安全性和私密性提出了巨大的挑戰。大多數用戶對雲端運算服務提供者（Cloud Service Provider, CSP）不夠信任，擔心由於其資料不安全導致隱私權洩露。事實上，由於設計及管理上的缺陷，近年來發生在雲端運算平臺中的隱私洩露等安全問題屢見不鮮，例如索尼 PSN 用戶洩密事件、雲端運算筆記應用 Evernote 使用者洩密事件和蘋果 iCloud 用戶洩密事件等。針對雲端運算環境中受到普遍關注的資料隱私保護問題，產業界和學術界均投入了大量的資源和精力開展了各項關鍵技術的研究和應用，只是現有的研究和應用尚處於起步階段。

一般情況下，資料加密和存取控制等技術是解決資訊管理平臺中資料隱私這一安全性問題最為常用的技術手段。但雲平臺具有計算和儲存的高協作性和共用性特點，傳統的資料加密和存取控制等安全技術並不能直接套用。

雲存儲（Cloud Storage）是以基於「X-as-a-Service」和「Pay-as-you-go」為核心理念的雲端運算技術，雲儲存的資料安全問題的核心是資料管理權和所有權的分離：當使用者將資料託管至雲儲存系統的伺服器中時，使用者對所擁有的資料即失去了實質的控制能力，不能確定資料的存儲、處理和傳輸是否確實受到有效保護，解決這個問題的手段之一，是將資料進行加密形成密文資料，再託管到雲儲存系統中。

為此，既要充分利用雲計算環境的特徵和計算能力，又要同時保證資料擁有者的隱私安全性，就需要解決如何構建雲環境中安全可靠的金鑰管理機制，包括金鑰的生成、分配、更新、刪除等操作；需要解決如何有效計算資料的密文檔，並能與密文資料的處理、共用和分發有機結合起來；需要解決如何實現對密文檔的檢索和索引，使使用者能有效對加密資料進行使用；需要解決如何實現對密文檔的存取控制，實現用戶對檔的正確訪問和共用；需要解決如何實現密文檔的分發推送，極大地發揮雲計算平臺的作用。也就是說，需要解決不可信雲平臺中資料在實際應用過程中面臨的密文文件生成、管理和共用等問題。

2. 位置服務安全與隱私保護

位置服務（Location Based Service, LBS）正成為移動互聯網領域的發展焦點之一。LBS 服務能夠與使用者體驗緊密聯繫，LBS 服務商可以根據使用者的位置給使用者推薦所在地附近區域的旅遊景點、休閒娛樂場所等資訊，提供使用者更方便的生活資訊。使用者要根據自己的位置獲取服務，則必須先將自己所在的位置告訴 LBS 提供商，如圖 10-13 所示。

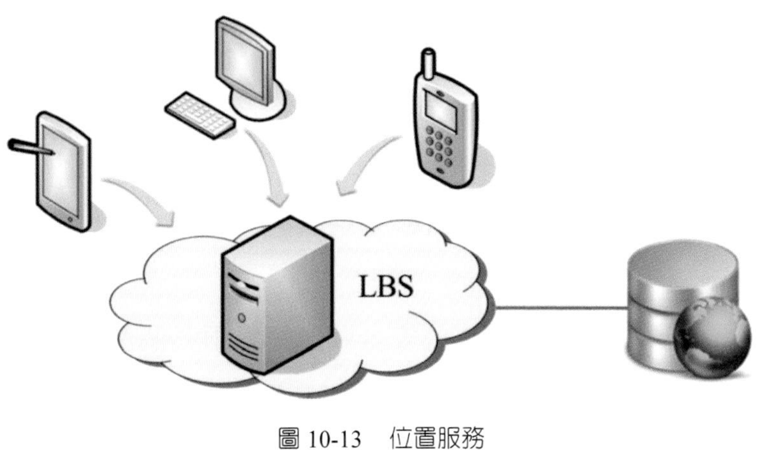

圖 10-13　位置服務

隱私攻擊者可能會利用竊取的使用者位置資訊從事非法活動，主要的隱私資訊竊取手段有以下三種：

(1) 服務商對使用者的隱私資料保護措施不健全，導致攻擊者攻破了服務商儲存使用者資訊的資料庫伺服器，獲取使用者隱私資訊。

(2) 當使用者發送位置資訊給服務商時，攻擊者透過竊聽服務商和使用者之間的通訊線路，獲取使用者相應的位置資訊。

(3) 服務商與攻擊者合謀，或者攻擊者將自己偽裝成 LBS 服務商。在此情況下，使用者所有的隱私資訊將完全暴露。

物聯網的技術是基於互聯網的發展，同時具備更多方便性、行動性及創新科技，增加的易用性和連通性也導致較少的隱私，在互聯網中存在的安全問題，物聯網中也一定存在。在物聯網仍不斷地擴張，面臨的資安風險問題勢必更加複雜。許多針對智慧型設備及雲端服務等的新興攻擊行為，也跟隨著連上網路的設備數量成等比增加。物聯網在海納眾多技術並加以相互融合的同時，如何解決物聯網的實體層、資料連結層、網路層、傳輸層和應用層的資訊安全議題，將成為企業的一大挑戰。

10-7　習題

1. 物聯網的特徵是什麼？物聯網中存在哪些主要的安全問題？
2. 你是如何看待物聯網中所涉及的隱私問題的？
3. 物聯網的感知層存在哪些安全威脅？
4. 物聯網的感知層通常採用哪些安全機制？
5. 資料融合使無線感測器網路面臨哪些安全挑戰？如何解決這些安全問題？
6. 如何採用密碼機制解決 RFID 的安全問題？舉兩三個例子對 RFID 安全協議進行說明。
7. RFID 系統的安全需求和主要安全隱私有哪些？
8. 試總結物聯網網路層面臨的安全挑戰。

9. 應用層的安全挑戰和安全需求主要來自哪幾個方面？
10. 簡述雲端運算的體系結構。
11. 雲端運算存在哪些安全問題？
12. 如果讓你設計一個 LBS 應用軟體，在設計過程中應該考慮哪些安全問題？

參考文獻

1. F. A. Alaba, M. Othman, I. A. T. Hashem, and F. Alotaibi, "Internet of Things Security: A survey," *Journal of Network and Computer Applications*, Vol. 88, pp. 10-28, 2017.
2. A. Alrawais, A. Alhothaily, C. Hu, and X. Cheng, "Fog Computing for the Internet of Things: Security and Privacy Issues," *IEEE Internet Computing*, Vol. 21, No. 2, pp. 34-42, 2017.
3. E. Fernandes, A. Rahmati, K. Eykholt, and A. Prakash, "Internet of Things Security Research: A Rehash of Old Ideas or New Intellectual Challenges?" *IEEE Security & Privacy*, Vol. 15, No. 4, pp. 79-84, 2017.
4. S. Li, L. D. Xu, and S. Zhao, "The Internet of Things: A Survey," *Information Systems Frontiers*, Vol. 17, No. 2, pp. 243-259, 2015.
5. J. Lin, W. Yu, N. Zhang, X. Yang, H. Zhang, and W. Zhao, "A Survey on Internet of Things: Architecture, Enabling Technologies, Security and Privacy, and Applications," *IEEE Internet of Things Journal*, Vol. 4, No. 5, pp. 1125-1142, 2017.
6. J.-H. Lee and H. Kim, "Security and Privacy Challenges in the Internet of Things," *IEEE Consumer Electronics Magazine*, Vol. 6, No. 3, pp. 134-136, 2017.
7. J. R. C. Nurse, S. Creese, and D. D. Roure, "Security Risk Assessment in Internet of Things Systems," *IT Professional*, Vol. 19, No. 5, pp. 20-26, 2017.

第十一章

物聯網與智慧機器人

11-1 智慧機器人簡介

近年來工廠中的人力漸漸流失，許多工業不得不開始轉型。人力的缺乏造成各行各業人力成本漸漸增加，因此，人力搭配自動化機器人才能提升附加價值。在工業 4.0 後，可以說全球進入物聯網的時代。網際網路及雲端服務的快速發展，我們生活周遭環境的各項產品也漸漸與網路結合，記錄使用者的各項產品使用資訊。在大數據蓬勃發展的時代，各大產業也漸漸運用機器人來協助人力。除了工廠流水線中的自動化機器人外，產業界也開始發展人工智慧，賦予機器人智慧。機器人不再只是背後的助手，而是站到前線來面對顧客。這樣的助手不僅能降低人力成本，也能有效率地收集即時資料。隨著這些技術的發展，機器人的外型除了仿真擬人之外，也增加與人的互動性，其機構裝置及控制系統也備受重視。因應機器人未來所面對的是社會群眾和複雜的環境，因此在機器人身上增加了各項感測器，除了視覺、聽覺、觸覺和壓力等，也致力於開發情緒方面較深層的感官。各產業除了提升產品的品質外，更重視客戶體驗，因此企業在客服部門投入大量的資源和訓練。但這些人力資源的投入對於公司的人力成本負擔太大，因此企業漸漸導入了智慧機器人來替代客服人員面對客戶。近年來人工智慧和類神經網路的發展快速，最初的機器人僅執行設計人員所下達的指令或是給予機器人大量的資料去學習，但是這種監督式的學習方式發揮有限，因此漸漸開始運用非監督式的學習方式，讓機器人有舉一反三的能力。機器人的發展並不是為了取代人而是為了輔助人類，也因此各大科技公司開始發展深度學習，讓機器人能更深層地學習。最有名的例子就是 2016 年 Google DeepMind 團隊所開發的人工智慧圍棋程式 AlphaGo 戰勝韓國棋王李世乭，如圖 11-1 所示，讓世人更重視人工智慧的議題。除了在圍棋方面的發展外，機器人愈來愈接近人類的思考模式後，能結合各行各業創造出巨大的商機，甚至改變人類的生活。

圖 11-1　AlphaGo 與李世乭的人機大戰

機器人的產業不僅提高產品製造的產值外，也漸漸地發展到各領域協助人力增加各項事務的效率。在機器人的發展過程中，工業型機器人已經能良好地應用在各式體系的產業，讓機器人的生產成本降低很多。許多機器人與家電結合，例如，掃地機器人、語音助理和智慧冰箱等，如圖 11-2 所示，讓人們生活更加便利。在現今雙薪家庭眾多的社會家中，不論是長輩還是小孩都需要更多的陪伴，也因此發展出了陪伴型的聊天機器人，如圖 11-3 所示。聊天機器人運用語音與人們互動，讓家中的老人小孩不會因年輕人外出工作而感到孤單。機器人的產業除了在家中外，也因應市場需求走出室外，面對社會大眾，眾多賣場、銀行、政府機構和商家等也陸續投入開發移動式的互動機器人，如圖 11-4 所示，有效地吸引顧客，也能快速解決顧客的問題。除了這些與人的互動之外，機器人在環境安全監控領域也有很大的幫助。未來機器人產業將面臨多元化的服務，如何讓機器人在各種不同的場景中與人互動，讓產品更人性化和智慧化都是未來發展的目標之一。未來的世界可能不再是透過說明書來了解產品，而是透過與產品互動來了解產品，這是機器人在未來會為人們帶來的衝擊。

圖 11-2　掃地機器人、智慧冰箱、語音助理

圖 11-3　實體陪伴機器人

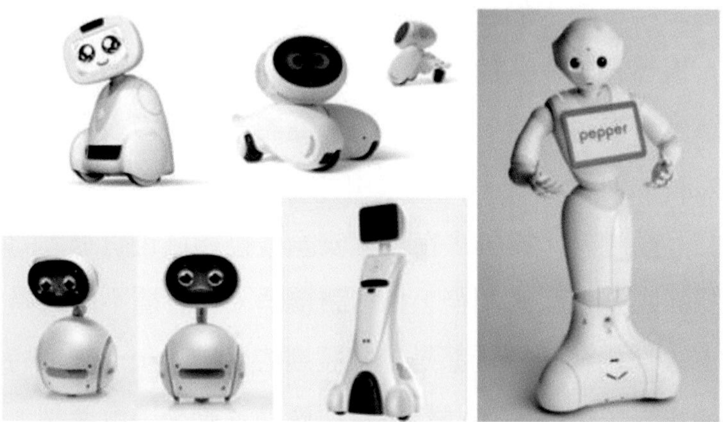

圖 11-4　迎賓機器人

11-2　智慧機器人的應用

工業 4.0 不只是創造新的工業技術，而是將現有的工業技術、銷售與產品體驗統合起來，分析透過物聯網收集到產品的大數據，增加產品的附加價值。各行各業開始整合物聯網資料與自動化工程，發展出物聯網智慧機器人，讓機器人在分析整合接收到的資訊後自動回應。企業電子化的資料結合物聯網的智慧機器人，可即時提供最正確的產品資訊，也能夠對歷史資料執行新增、修改、刪除和查詢等動作。這些工作要付出的人力成本，可在智慧機器人的協助下大幅降低。智慧機器人可以依據功能及作業環境分成工業型機器人及服務型機器人兩大類，以下說明這兩類機器人。

11-2-1 工業型機器人

工業機器人的發展為各行各業帶來龐大的效益。傳統的代工廠或組裝廠仰賴龐大的人力，使用機器人可大幅降低人力成本。此外，機器人在生產線上的工作效率比人力更快、更準確也更精密，讓產品的品質提升，為商家帶來更大的收益。工業機器人不只能代替人力，還擁有強大的輔助能力。在醫學上，醫生通常需要長時間和高度專注的情況下完成複雜的手術，但在機器人的精準度和高持續性的輔助下，能夠大量節省手術的時間和提高手術成功率。機器人的人機合作能力加速了工業的發展，也讓產業型態邁向另一個階段。除了代工業之外，工業型機器人的發展影響最深的是汽車工業。美國最大的電動車及太陽能公司 Tesla，在 2014 年開始建立大規模的自動化超級工廠，大量運用機器手臂自動化生產，如圖 11-5 所示，不僅減少了人力成本，也大幅提升產品的產量。工業型機器人精密的機械手臂可負責產品製造，人力便可運用在品管及機器維護等更重要的地方。

圖 11-5　機器手臂

工業型機器人除了投入生產力外，在醫療方面也有非常大的貢獻，其中最著名的就是達文西微創手術系統，如圖 11-6 所示。達文西系統是由美國公司 Intuitive Surgical 所開發出來的微創手術系統，讓醫生藉由 3D 立體攝影機搭配高精準度的機械手臂施行微創手術，可減少患者在手術中的二次傷害、減少傷口的範圍和加速患者的術後恢復能力。隨著技術的進步，機械手臂已可達到人手的靈活度與精準度，也避免了人手不必要的顫抖，可執行精細的手術。達文西微創手術系統除了可長時間執行手術的高持續性外，也減少了許多手術的風險，對未來的醫療工業發展影響非常深遠。

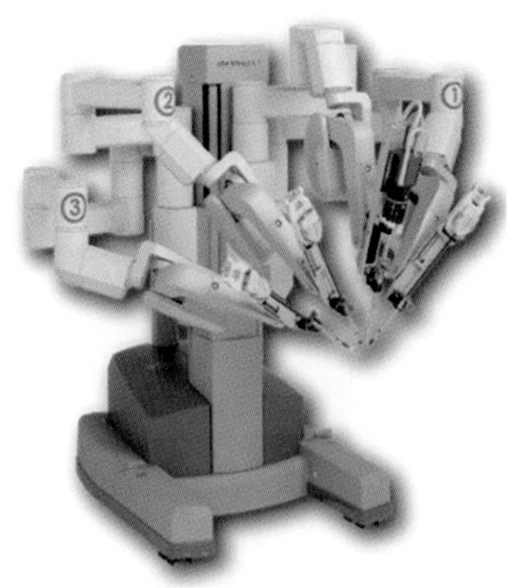

圖 11-6　達文西微創手術機械手臂

11-2-2 服務型機器人

由於工業型機器人僅應用在產業上的精密製造，未來發展的空間有限，因此機器人產業也逐漸轉型發展服務型機器人。現今社會面臨高齡化和少子化，對於老人和幼兒的娛樂及照護也愈來愈受到重視。政府從 2016 年開始推動長照 2.0 的政策，但在醫護人力短缺的情況下，已漸漸開始運用醫療照護機器人以彌補人力不足的問題。現代的家庭已不像以前有許多人力可以輪流照顧家中長者及幼童，在子女外出工作時，家中長者或是小孩將暴露在高風險的環境下。有了居家照護機器人的協助，能讓家中成員隨時隨地掌握家中狀況甚至家人的身體健康狀態，能更有效地預防危險的發生，如圖 11-7 所示。居家機器人除了健康方面的服務外，在協助居家安全及環境監控也能有很大的作用。居家機器人有能力在家人身體產生變化或是周遭環境產生變化時，即時反應以避免任何憾事發生。

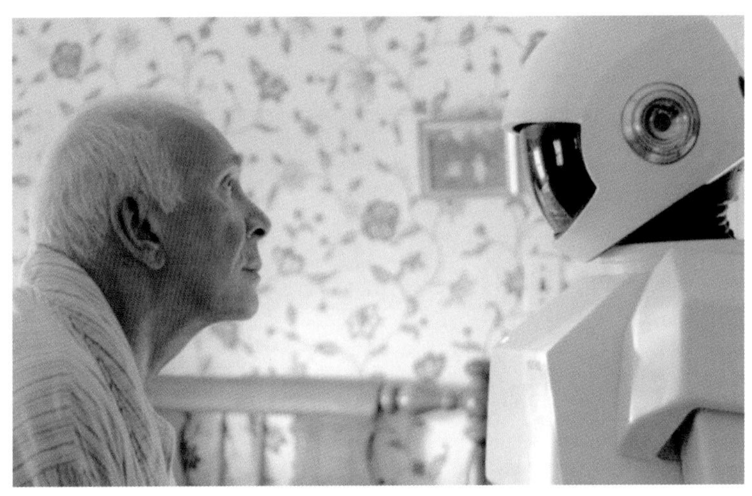

圖 11-7　居家機器人

居家照護機器人隨著高齡化的趨勢成為現在機器人服務的焦點，世界各大廠商也極力開發照護機器人以解決醫療人員的短缺的問題。日本為機器人大國，如今也面臨高齡化的社會，醫療照護體系也是日本政府極為關注的議題。經統計，老人在家中照護的比例很高。現在的照護者平均一天需要做 40

次抬起病人的動作，因此日本研究機構 Riken 開發出照護型機器人 Robear，可以協助行動不便的病人移動，減輕照護人員的負擔，如圖 11-8 所示。除了日本外，臺灣的電腦商華碩也在 2016 年推出了居家陪伴型機器人 Zenbo，如圖 11-9 所示。現在的雙薪家庭比例高，平常父母親工作時，家中沒有人可以陪伴及照顧老人或小孩，因此華碩推出了 Zenbo 扮演陪伴的角色。Zenbo 加強了與人的互動性，除了螢幕的觸控之外，也可以運用語音辨識出使用者的需求。使用者不需要事先對機器人做任何訓練，讓使用者用最輕鬆的方式與機器人互動，除了富有教育性外，也扮演了很好的管家角色，協助使用者打理好家中的一切，使用者有任何的需求皆可以呼叫 Zenbo 來幫忙。在蓬勃發展的物聯網環境中，Zenbo 也扮演了智慧家庭的 Gateway 角色，可以用語音請 Zenbo 控制家中的電器。除了語音助理的功能外，Zenbo 在安全性上也有很完善的功能，華碩與警政署搭配智慧居家安全聯防計畫，可以在家中發生緊急事件時，透過視訊通知警方。Zenbo 可說是兼顧了智能管家的全方位機器人。

圖 11-8　Robear 機器人

圖 11-9　Zenbo 機器人

服務型機器人的應用在各行各業的應用也相當地廣泛。在強調客戶體驗的趨勢下，能將消費者留住的方式不外乎良好的服務和產品售後的持續追蹤。近年來服務型機器人大量的應用在金融業和賣場業中，讓客戶可以得到更好的服務體驗。許多銀行在門口擺放迎賓機器人接待顧客，例如日本的 Pepper 機器人，如圖 11-10 所示。Pepper 機器人藉由肢體動作和語音服務來表達情感並與人互動，能清楚地了解顧客的心情和需求，並做出相對應的回應。企業可運用與客戶互動時收集的數據為客戶關係管理的樣本。這些服務型機器人漸漸深入人們的生活中，當然也帶給人們相當大的便利。

圖 11-10　Pepper 機器人

11-2-3 聊天機器人

聊天機器人服務是一種技術與服務的結合，在提供了各種感知的服務與了解人類的自然語意後，經由分析資料庫中的相關資訊，甚至運用與人的互動中得到的資訊，透過機器學習得到使用者想要的正確資訊，也透過人工智慧定義自動化的服務。早在 1966 年 MIT 的教授 Joseph Weizenbaum 設計出第一個聊天機器人 Eliza，運用基本的文字對答與使用者聊天，Eliza 使用設定好的問與答與使用者溝通，如圖 11-11 所示。這種方式當時讓不少使用者誤以為跟真人對談，因此引起了世人的注意，讓原本只在科幻電影的情節在真實世界中上演。聊天機器人的三個關鍵技術為自然語言的理解、對話管理系統和自然語言的產生，透過這三個核心技術來實現更人性化的互動，如圖 11-12 所示。過去人們透過一般的圖形介面軟體跟電腦溝通，或是藉由制定好的選項與電腦互動得到想要的答案。機器人自動化的服務已經顛覆傳統的客戶服務方式，運用人們最習慣的聊天方式，從人與人溝通轉換成人與機器的溝通。機器人透過機器學習了解使用者所表達的語意，進一步回應使用者。除了讓機器人增加人性之外，也能更即時和更精準地回答使用者的需求。隨著雲端服務的成熟，聊天機器人有很好的開發平臺，能將編寫好的程式透過 PaaS 供應商提供的 API，方便又快速地發布到網路上供人使用。除了簡化伺服器的建置外，硬體的維護及管理方面皆可以交給 PaaS 供應商。在 PaaS 的環境中採用以量計價的方式，能節省不少的成本。在現代社群平臺應用發達的環境下，各廠商運用社群平臺的力量，將自家的服務結合社群平臺，成功地融入消費者的生活中。例如，eBay 購物網站將聊天機器人結合 Facebook Messenger，讓消費者能夠輕鬆運用自然語言表達自己的需求，而機器人搭配了語意感知服務，能夠了解消費者想表達的意圖並給予相對的回應。

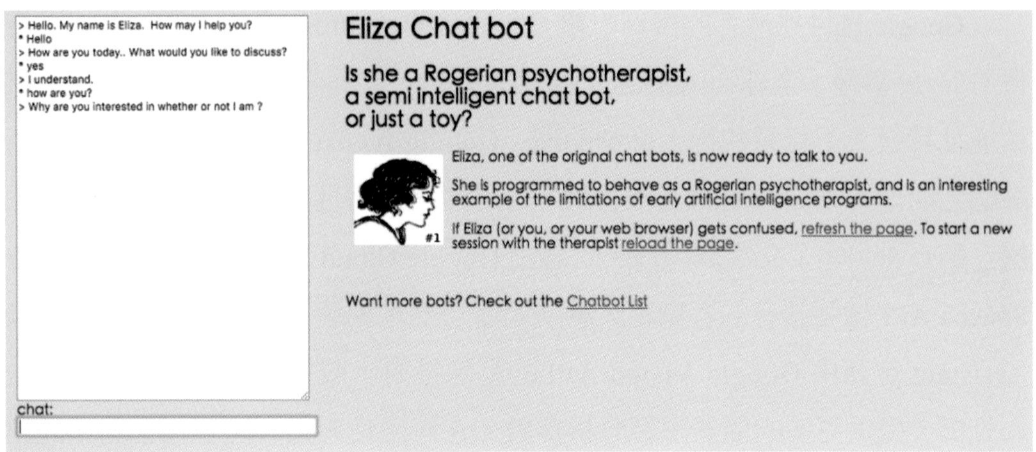

圖 11-11　Eliza 聊天機器人

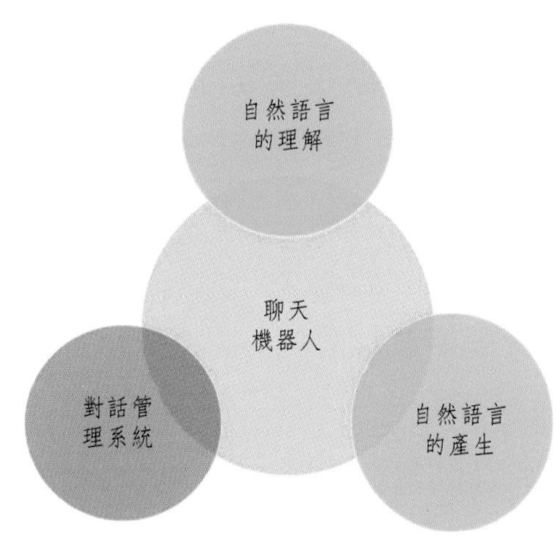

圖 11-12　聊天機器人的關鍵技術

11-3　聊天機器人開發平臺

聊天機器人是透過文字、聲音或圖片和使用者對話的電腦程式，主要是建立在即時通訊軟體蓬勃發展的基礎之上。聊天機器人可用於客戶服務或資訊獲取。相較於社交軟體成長趨緩的態勢，即時通訊軟體的使用頻率更高且親密度更強，已成為使用者不可或缺的生活必備品。近來各大巨頭和通訊軟體廠商紛紛跳入聊天機器人領域，也有新創團隊專門為了機器人服務提供簡單易操作的開發平臺。

Google 是世界最大的搜尋引擎，所開發的 Android 系統占全球 88%，使得 Google 掌握了全球 80% 以上的使用者資料，此巨量資料讓 Google 近年來積極地發展人工智慧和個人行動助理。Google Assistant 是 Google 開發的智慧個人助理，強調自然的人機互動、可用性和實用性三大特性。在自然的人機互動方面，除了文字溝通外，也藉由 Google Cloud Platform 提供的 Google Speech API 增強語音的互動性，讓使用者自然地與智慧型裝置溝通。Google Assistant 也藉由 Google Vision API 的影像技術，收集使用者的影像資訊加入分析，提供更多的機器學習分析參數。在可用性方面，除了增加對不同語言的支援外，也拓展到更多的場景和不同的硬體裝置。Google Assistant 與 Google Home 結合後可深入使用者的生活，讓智慧助理的功能更加完善。最後的實用性則是強調助理隨時伴隨在身邊的感覺。Google 紀錄使用者日常生活的習慣和對事物的喜好，經由大數據分析後，讓使用者在使用智慧裝置或是瀏覽網頁時，能更方便快速地找到自己想要的東西。Google Assistant 也整合 Google Lens 的影像技術，利用拍下的影像相關資訊，提供更好的服務。Google 的聊天機器人分析平臺 Chatbase，可提供分析工具和優化聊天機器人。

IBM 是一家歷史悠久的電腦公司，雖然過去發展個人電腦、超級電腦和伺服器等硬體設備，近年來也積極發展人工智慧「Watson」。IBM 的人工智慧在 2011 年參加美國的智力競賽節目打敗了人腦而引發熱烈的討論，也讓 IBM 更加積極地發展人工智慧的服務。2016 年推出 Watson Conversation 的服務，加強聊天機器人在語音辨識的能力。除了語音轉文字外，也能藉由語調的判斷了解使用者的情緒，藉由 Watson Visual Recognition 服務處理影像相關的資料。Watson 最強大的服務是運用類神經網路發展出來的 Watson Analytics 資料分析服務。IBM 的聊天機器人主要的服務客群是企業用戶。Watson 將各種認知服務運用在企業的商用服務中，提供企業套裝式的 Watson 服務，讓企業不用自行訓練預測的模型。IBM 也為深入開發者推出了 Bluemix 機器人開發平臺，提供開發者搭配 Watson 開發聊天機器人。

Microsoft 為全球作業系統的最大提供商，致力於改變人們對電腦的使用習慣和方式。2015 年 Microsoft 的執行長 Satya Nadella 提出三大構想：重新塑造生產力與業務流程、建構智慧的雲端計算平臺以及創造並實現更多的個人計算能力。基於這三大架構推出了 Microsoft Bot Framework 計畫。2016 Build 大會時，提出 Bot Framework 機器人開發框架，讓使用者打造屬於自己的人機對話平臺。除了開發框架外，也在 Microsoft Azure 雲端服務平臺上推出了 Microsoft Cognitive Services，提供開發者各種不同的感知服務 API，開發自己的機器人服務。這些服務在 Microsoft 長期的研究開發下，成了獨立的雲端服務，不僅與 Azure 整合也與 Microsoft Office 365 服務全面性的整合，任何的服務都可以搭配感知的服務，讓使用者能夠在更人性化和更簡便的環境下開發。

以下比較上述三家提供機器人開發服務的平臺。IBM Watson 的運算能力及對資料的分析能力是一大優點，讓機器人接收的資料在 IBM Bluemix 的雲端平臺中得到精準的資料分析。但是，除了精準的資料分析外，更需重視良好的顧客體驗。Watson 目前對於感知服務所提供的 API，較適合應用在商用大企業的環境下，對於一般的使用者客群較沒有完善的服務，花費的成本相對也比較高。

Google Cloud Platform 提供了完善的雲端平臺讓開發者使用，搭配強大的搜尋引擎和大數據分析的能力，對跨平臺的開發也相當靈活。Google 的開發模式是深入開發者中，因此對於各種感知服務的提供也相當的完善。Google 語音及影像辨識的技術早已應用在各種不同領域，除了語音助理外也致力於開發自駕車的服務，影像辨識的能力在開發者中得到肯定。即使 Google 提供如此完善的服務，Google 的商業模式強調自家的服務及扮演個人助理的角色，因此開發者在機器人中使用現有的 Google Assistant 服務為機器人的大腦，在開發上是非常便利和快速，但在客製化方面會有所限制，無法廣泛的應用在各個產業中。

Microsoft Azure 雲端平臺整合 Bot Framework 及 Cognitive Services，除了提供開發者開源的 SDK 外，對於一般使用者的客製能力也較強。在整合能力中，Microsoft 連結 Office 365 及 Bot Framework 的服務，將公司的員工及後臺資料庫的各項資訊整合在一起，讓機器人服務在開發人員中扮演助理的角色，不管是前端還是後端皆可很完善地整合。Bot Framework 不僅提供給顧客一個便利的服務，在後端的管理人員也可以藉由機器人的服務大幅縮短處理資料的時間。

除了上述三大公司外，也有許多新創公司看到機器人的發展趨勢，開始成立機器人開發平臺。例如 Chatfuel 成立於 2015 年，是一個在社群軟體中協助建置聊天機器人的開發平臺，其服務包含了 Telegram、Slack、Messenger、WhatsApp 和 Instagram 等知名社群軟體。在使用者創建的過程中，不需要花費太多複雜的技術，可透過 Chatfuel 的 AI 引擎來協助開發者建立聊天機器人。在開發聊天機器人的過程中，2015 年創立的 Motion AI 開發平臺 p6 為程式基礎較弱的使用者提供一個很好的開發平臺，除了支援許多知名社群平臺外，開發者也可以用拼圖的方式，將各種不同的動作模塊組合起來實現聊天機器人的開發，也可以快速連結各種不同的 API 和結合 IFTTT 等服務。

11-4 聊天機器人開發實務

本書將採用 Microsoft 當作機器人開發平臺，示範如何運用 Microsoft 提供的 Bot Framework 機器人服務建置自己的機器人，以及搭配 Facebook Messenger 做為與機器人溝通的平臺。在實作之前先介紹 Bot Framework 框架的三個重要的部分 Bot Connector、Bot Builder SDKs、Bot Directory 和 Microsoft Cognitive Services 感知服務，讓使用者可以依照自己的需求選擇想要的服務，如圖 11-13 所示。

1. Bot Connector

此服務是協助開發者將自己打造的機器人連接上各種不同的社群平臺，例如 Facebook Messenger、Skype、Slack 和 Kik 等社群平臺。只要將金鑰及密碼填入 Microsoft 提供的機器人服務，便可將機器人發行在社群平臺中供人使用。Microsoft 提供了 RESTful API 以及 Direct Line 的方式讓開發者串接其他沒有內建的社群平臺。Microsoft 的人工智慧助理 Cortana 在 2017 年加入了 Bot Connector 的服務中，讓使用者開發自己的客製化個人助理。搭配 Cortana Skill 的服務讓一般的聊天機器人，不再只是聊天機器人，而是將使用者所有的資訊整合在一起的貼身智能助理。

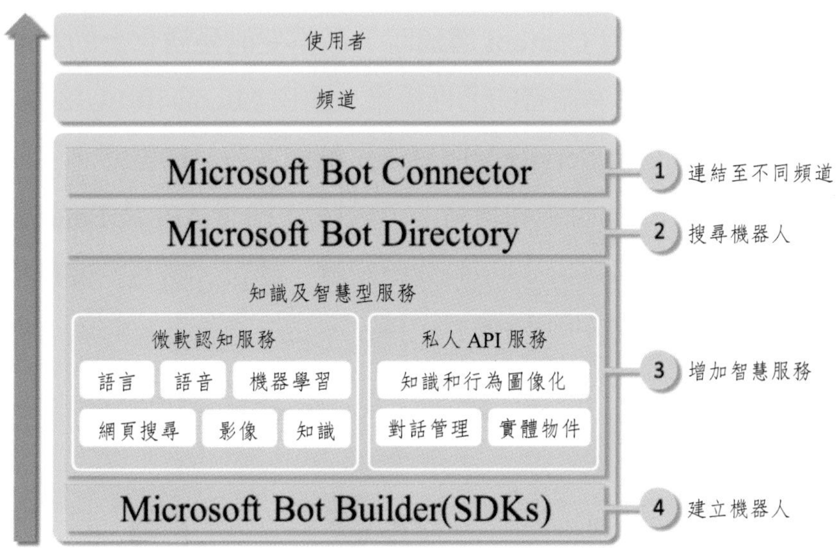

圖 11-13　Bot Framework 架構

2. Bot Directory

此服務提供一個公開展示自己作品的平臺。除了將自己的機器人發布到特定的社群平臺外，也可以發布到 Microsoft 相關的平臺上，分享給開發人員參考或推薦，讓自己開發的機器人與其他的開發者交流，互相學習不同的技術，也可以參考其他開發者的經驗提升自己的機器人功能，創造更好的服務。

3. Bot Builder (SDKs)

屬於機器人最底層的核心區域。Microsoft 提供了 C# 及 Node.js 兩種語言開發機器人，也提供很多套件給開發者使用，並且在 Github 上提供 SDK 開源，使開發者更深入開發及交流。機器人的開發採用 MVC 的架構，除了高獨立性外，在程式的修改及擴充也更加靈活，當機器人在不同的情境中，可以快速地置換修改的部分，相依性較低。

現今的聊天機器人服務不再只是提供一套制定好的 Q&A 系統，而是讓使用者用生活化的語言和機器人溝通，獲得完善的服務。Microsoft Cognitive Services 提供各種 API 與機器人結合，例如辨識（Vision）、語言（Language）、語音（Speech）、搜尋（Search）和知識（Knowledge），如圖 11-14 所示。在人與 Chatbot 溝通時，最重要的是語言上的互通性，因此利用 Bing Speech API 為語音的溝通橋梁，再由 Microsoft LUIS（Language Understanding Intelligent Service）服務去了解顧客說話的語意，進而了解顧客想要的服務。在顧客的特徵和情緒上可以採用 Face API 及 Emotion AP 收集及辨識顧客的特徵和情緒。以下將介紹辨識、語言、語音、搜尋和知識五種的感知服務，將這些感知服務與 Bot Framework 結合在一起就可以順利地應用在各種不同的產業。

圖 11-14　Cognitive Services

4. 辨識服務（Vision）

在 Vision 中，使用者可以上傳圖片進行各種特徵的分析。除了基本的 OCR 服務之外，也可以辨識人的年齡、性別和情緒特徵，這些技術將類比的影像轉為數位，透過機器學習引擎分析。除了從對話中了解顧客，也能從影像中得到更多的資訊加以分析，了解客戶的需求及適合的商品。在資料收集的部分，則是運用臉部辨識即時找出客戶的會員資料以及消費習慣，這些數據都是大數據分析的重要環節。

5. 語言服務（Language）

面對各種不同的客戶時，各國語言的支援度也很重要。藉由 Translator Speech 可以將語言轉換為特定的語言。在客戶說話中也富含客戶的情緒，因此可以運用 Text Analytics 分析客戶的情緒，給予適當的回應加強客戶體驗。在 Microsoft 的語言服務中最具特色的是語意分析服務 LUIS，使用者是透過自然語言，而不是依照固定格式和機器人溝通。在 LUIS 中必須先建立意圖（Intent）和物件（Entity）兩個重要的角色，透過意圖將客戶所表達的意義給予正確的回應，再將客戶語句中提到的關鍵字標記為物件，了解物件相關的資訊找到相對應的資料。針對語意服務自行訓練意圖，精準地判斷語意，也搭配 Microsoft 的人工智慧服務 Cortana Intelligent，學習搜尋引擎上收集的大量資料，能夠更口語化和更生活化判斷語意。

6. 語音服務（Speech）

語言是最好的溝通橋梁，比起文字說話的方式更為自然。透過 Facebook Messenger 與機器人溝通時，藉由說話可以節省打字的時間。因此可以運用 Speech API 將使用者的話語轉為文字，也可以將機器人的文字訊息轉換為語音回應客戶。另外也可以藉由說話者辨識的功能，能更加精準地判斷說話者的身分，作為提取會員資料的依據。

7. 搜尋服務（Search）

透過 Microsoft Bing 搜尋引擎搜尋想要的資料，除了文字外，也包含了相片、影片、超連結和新聞等。搜尋到的資訊除了使用者可以自訂格式外，Bing Search 會將搜尋的相關資料做正負評判斷，或是建立點擊率排行，提供完善的結果供客戶參考。

8. 知識服務（Knowledge）

客戶對各式各樣的商品往往難以抉擇，因此可以透過推薦系統協助客戶做出決定。Microsoft 的推薦引擎是運用 Azure Machine Learning 所建置出來的系統，透過分析經常購買的商品，再加入銷量較好的產品提出個人化的建議，個人化建議可以大幅縮短消費時所花的時間，也讓客戶有比較明確的選擇方向。除了推薦服務外，也透過 Q&A Maker 提供更完善的售後服務，即將以前遇到的問與答，建立問題庫以快速回答顧客詢問的問題，提高售後服務的品質。

本書中我們將機器人的服務建立在 Facebook Messenger 中，實現與機器人聊天的服務。在 Bot Framework 中，開發者在本地端撰寫機器人程式碼（Bot Builder SDK），然後發布至機器人平臺（Bot Directory），最後與各社群平臺進行頻道的連結（Bot Connector）。Microsoft 的雲端服務將這些不同的服務整合起來。本章將運用 Azure Bot Service 快速部署機器人服務，統一管理機器人以及快速的開發，如圖 11-15 所示。

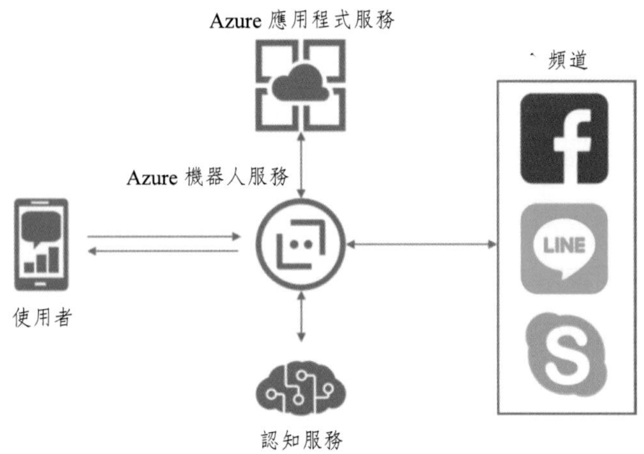

圖 11-15　Microsoft 聊天機器人架構

首先到 Microsoft Azure Portal（https://azure.microsoft.com/zh-tw/）的入口網站登入帳號，進入 Microsoft Azure 儀表板。在儀表板點選「資源群組」，然後點選「建立資源群組」，如圖 11-16 所示。

點選建立資源群組後，填入 (1) 使用者自行命名資源群組名稱和 (2) 設定資源群組位置，如圖 11-17 所示。

建立完成後即可在建好的資源群組上新增服務。建立聊天機器人服務前要先新增 App Service 服務，將特定應用程式配置到指定的資源集，首先 (1) 到資源群組的概觀介面中；(2) 選新增；(3) 輸入 App Service；(4) 選擇 App Service 方案，如圖 11-18 所示。

圖 11-16　資源群組列表

資源群組
建立空白資源群組
* 資源群組名稱
① Chatbot
* 訂用帳戶
免費試用版
* 資源群組位置
② 東南亞

圖 11-17　資源群組參數

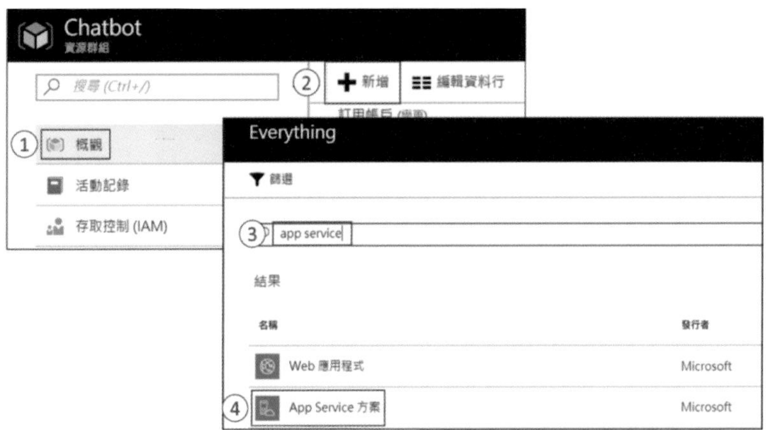

圖 11-18　新增服務

點選 App Service 方案後，輸入一些參數及設定如圖 11-19，填入 (1) 自訂 App Service 方案的名稱；(2) 選擇定價層（預設為 S1 標準計費層）。此處我們更改為 F1 免費如圖 11-20 所示；選取定價層後按下建立來建立 App Service 方案。

圖 11-19　新增 App Service 方案

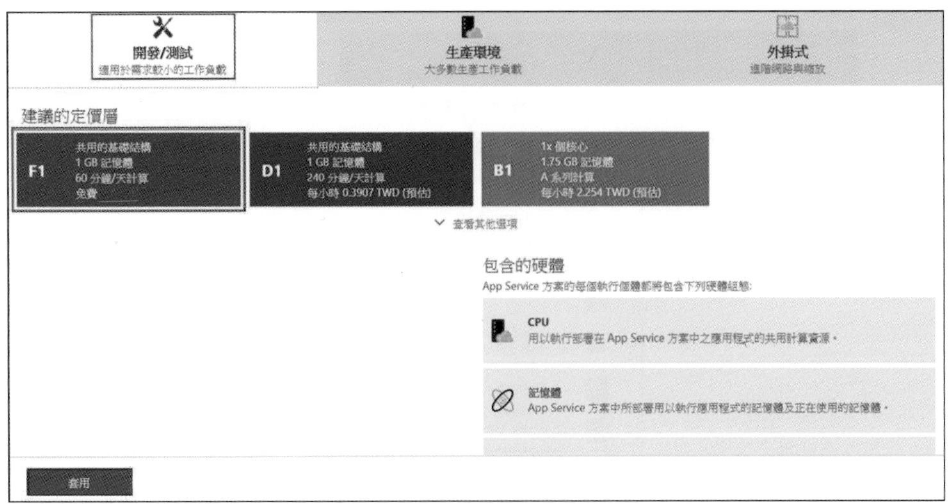

圖 11-20　選擇定價層 F1

接下來將使用 Bot Framework 建置機器人，並布署到 Facebook 上供使用者使用。首先到 Bot Framework 的首頁 https://dev.botframework.com，(1) 登入 Microsoft 帳號；登入後 (2) 點選 My Bots，如圖 11-21 所示。

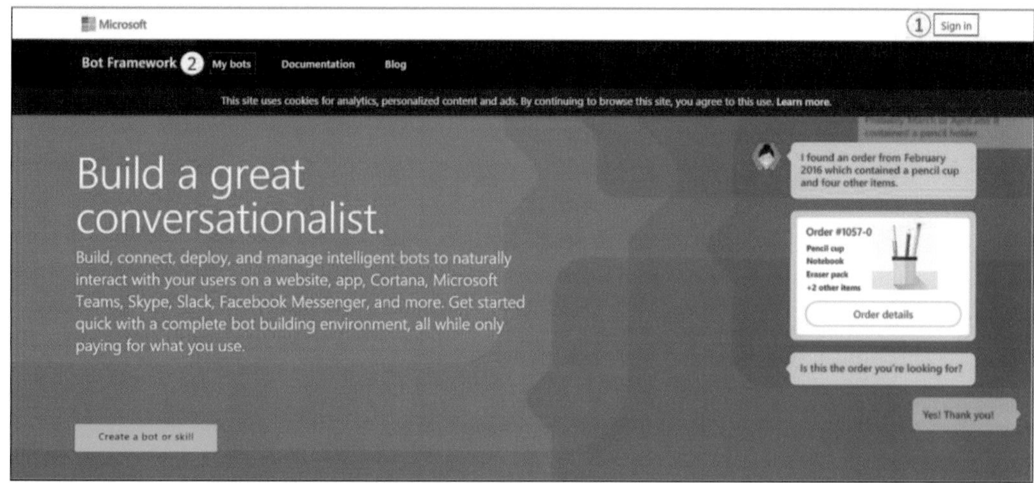

圖 11-21　Bot Framework 網頁

在 My Bots 頁面中顯示使用者所註冊的機器人以及機器人的狀態等資訊，請點選右上角的 Create a bot 建立新的機器人，如圖 11-22 所示。

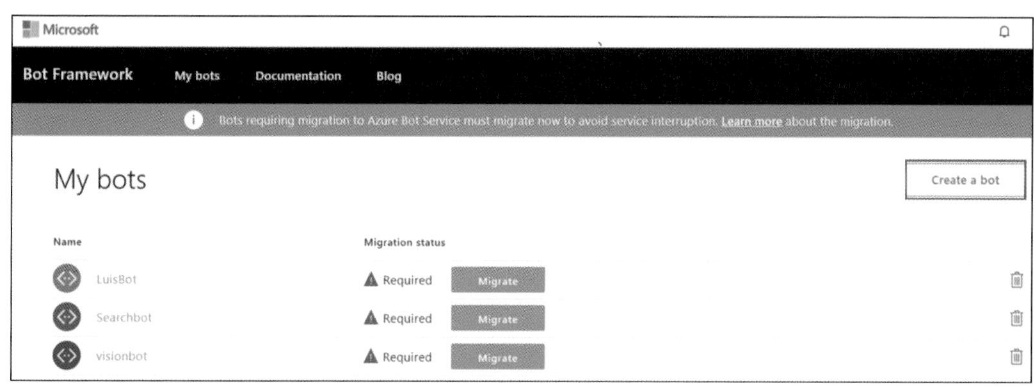

圖 11-22　Bot Framework 機器人列表

點選 Create a bot 後出現建立的頁面，如圖 11-23 所示，點選 Create 後網頁跳至 Microsoft Azure Portal 中。目前 Microsoft 提供了三種基本的機器人建置服務：Web App Bot、Bot Channels Registration 和 Function Bot，如圖

11-24 所示。此處我們選擇 Web App Bot 來開發機器人。Azure Bot Service 提供整合的開發環境，以及連結各種社群軟體通道，打造專屬的聊天機器人。

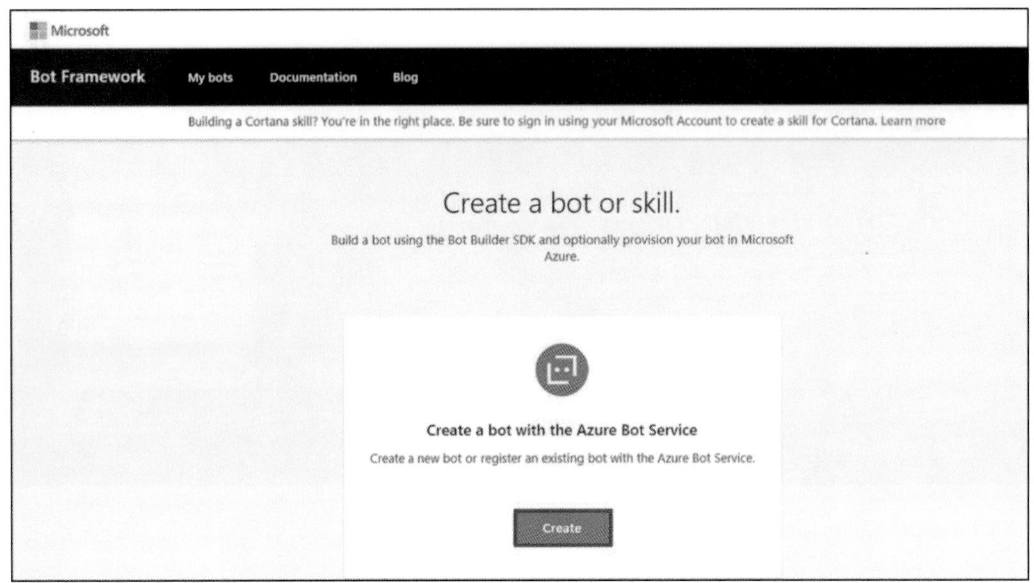

圖 11-23　建立機器人頁面

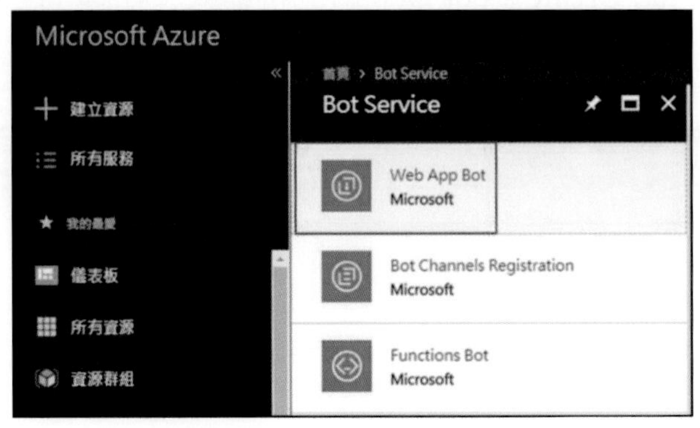

圖 11-24　Bot Service 類型

點選 Web App Bot 建立時，輸入一些參數如圖 11-25 所示，大部分採取預設值使用，(1) 輸入機器人名稱（使用者自訂）；(2) 資源群組的部分選擇先前建立好的資源群組；(3) 定價層的部分預設為 S1，更變為 F0 免費的定價層；(4)App Service 方案則選取先前建立好的 App Service 方案；(5) 儲存體的部分可以選擇既有的儲存體或者創建新項目，最後按下建立來創建機器人服務。

圖 11-25　建立 Web 應用程式機器人

建立完成後到新建的資源群組中，可看到已新增的資源列表，包含新建好的 Web 應用程式機器人如圖 11-26 所示，點選後即可開始使用。

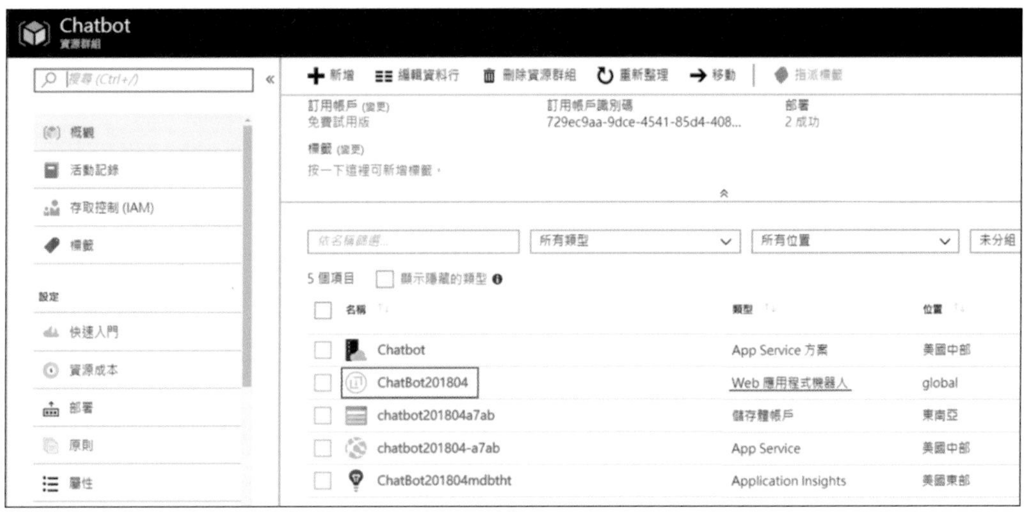

圖 11-26　資源群組列表

點選後結果如圖 11-27 所示，可以看到關於機器人的基本資訊，在機器人管理的地方點選「在 WebChat 中測試」，測試機器人是否可以正常使用，如圖 11-28 所示。

圖 11-27 Web 應用程式機器人

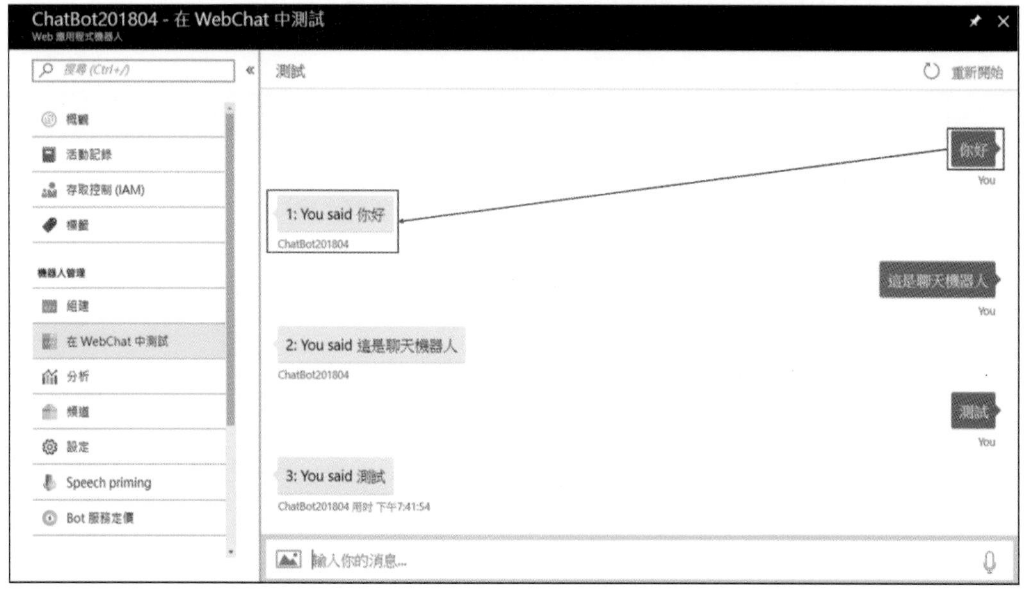

圖 11-28 WebChat 測試

聊天機器人測試完成後，可以開始建置各種聊天機器人的應用。將聊天機器人與各種不同的社群服務連結，創造各種更多的應用。本書選擇使用 Facebook Messenger 做為範例，如圖 11-29 所示。首先建立一個 Facebook 粉絲專頁搭配聊天機器人服務，然後到 Facebook 的開發人員網頁建立 Facebook 應用程式，最後再將應用程式跟粉絲專頁連接。

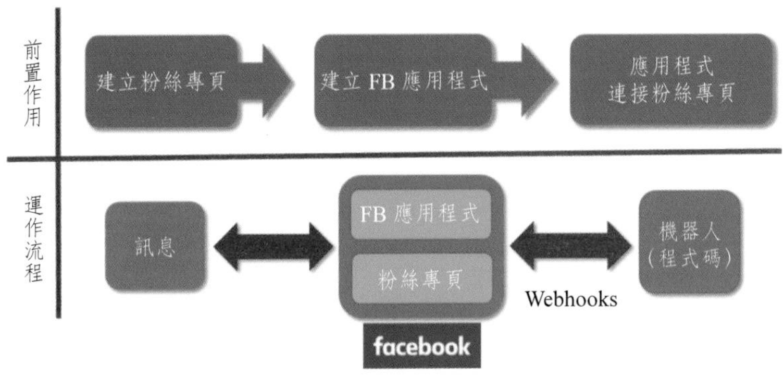

圖 11-29　Facebook 機器人流程

首先到機器人管理處選擇「頻道」，如圖 11-30 所示，可看見 Microsoft 的機器人服務除了提供 Microsoft 自己的社群服務連結外，也包含了許多其他的商業社群平臺的頻道連結，我們選擇 Facebook Messenger 做連接。

圖 11-30　機器人頻道總覽

點選後看到一些 Facebook Messenger 的相關資訊如圖 11-31 所示，此處分成兩個部分，(1) 第一個部分為粉絲專業及 Facebook 應用程式的相關資訊，此部分需建立粉絲專業以及 Facebook 應用程式後才可以填寫資訊；(2) 第二部分為 Facebook 的回呼網址（callback URL）和認證權杖，先將此兩部分資訊複製起來，之後設定 Facebook 的 Webhook 時會使用到。

圖 11-31　設定 Facebook Messenger

我們開始建立粉絲專頁，在個人 Facebook 主頁中如圖 11-32 所示，(1) 點選右上角的選單；(2) 點選建立粉絲專頁，準備建立新的粉絲專頁。選擇粉絲專業的分類並輸入粉絲專頁名稱，如圖 11-33 所示。

圖 11-32　建立粉絲專頁

圖 11-33　選擇專頁分類

建立好粉絲專頁後，開始建置 Facebook 應用程式。使用者可以到 Facebook 開發人員網站 https://developers.facebook.com/?locale=zh_TW 中登入自己的帳號來建置應用程式，如圖 11-34 所示。點選右上角「我的應用程式」，再點選新增應用程式。

圖 11-34　開發人員網站

接下來「建立新的應用程式編號」，如圖 11-35 所示。(1) 建立應用程式名稱；(2) 填入使用者的 Email 讓 Facebook 可以與開發人員聯絡；(3) 點選建立應用程式編號。

圖 11-35　建立新的應用程式編號

建立後在主控板會看到一些應用程式的相關資訊，如圖 11-36 所示，點選 Messenger 的設定新建 Messenger 服務。

圖 11-36　選擇新增產品 Messenger

到設定頁面後如圖 11-37 所示，在權杖產生的功能選單中，點選剛剛創建好的粉絲專頁即可，權杖產生後將權杖複製起來，之後與機器人連結時會使用到。

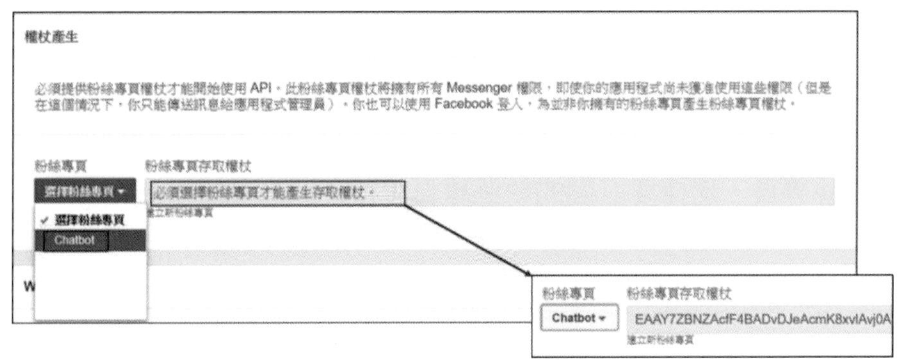

圖 11-37　權杖產生

Webhooks 的設定如圖 11-38 所示，點選設定 Webhooks 後如圖 11-39，可以看到 (1) 回呼網址的部分填入在圖 11-31 中第二部分的回呼網址；(2) 驗證權杖的部分填入圖 11-31 中的驗證權杖；(3) 訂閱欄位的部分，僅需勾選「messenger」、「messenger_postbacks」、「messenger_optins」和「messenger_deliveries」這四項，最後按下驗證並儲存即可。

Webhooks　設定 Webhooks

若要接收 Messenger 用戶傳送的訊息和其他活動，應用程式必須啟用 Webhooks 整合。

圖 11-38　Webhooks

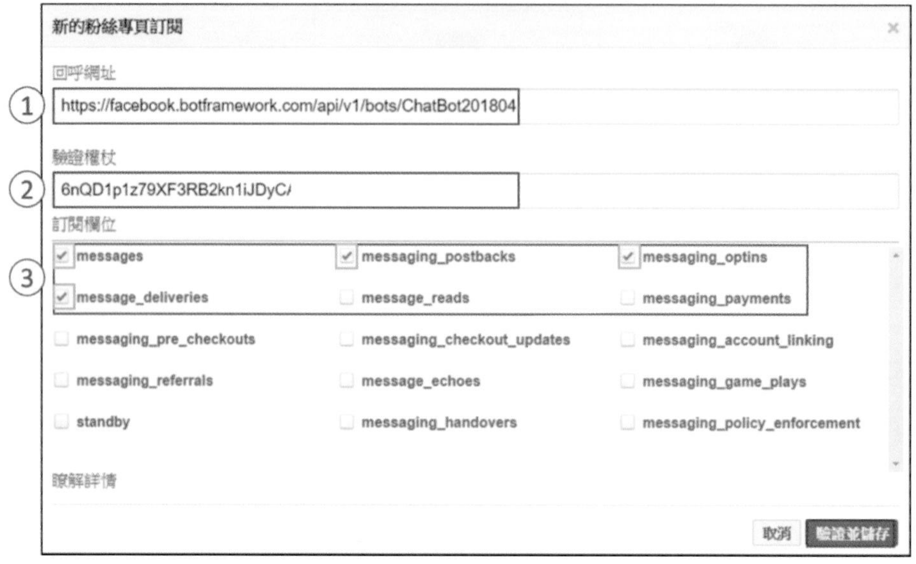

圖 11-39　設定 Webhooks 各項功能

設定完後如圖 11-40 所示，在 Webhooks 選項的部分將應用程式訂閱到指定的粉絲專頁，選擇要訂閱的粉絲專頁後按下「訂閱」。

圖 11-40　應用程式訂閱粉絲專頁

訂閱後來到（設定→基本資料）的頁面如圖 11-41 所示，記下「應用程式編號」以及「應用程式密鑰」，與機器人連結時會使用到這些相關資訊。再跳至（設定→進階）的頁面如圖 11-42 所示，在安全性的地方將允許 API

存取應用程式設定打開。

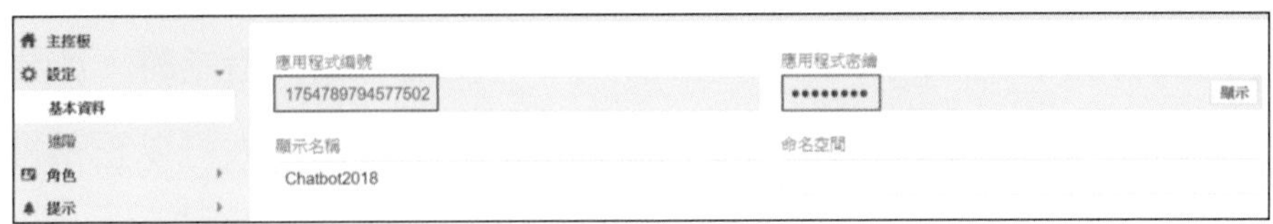

圖 11-41　應用程式基本資料

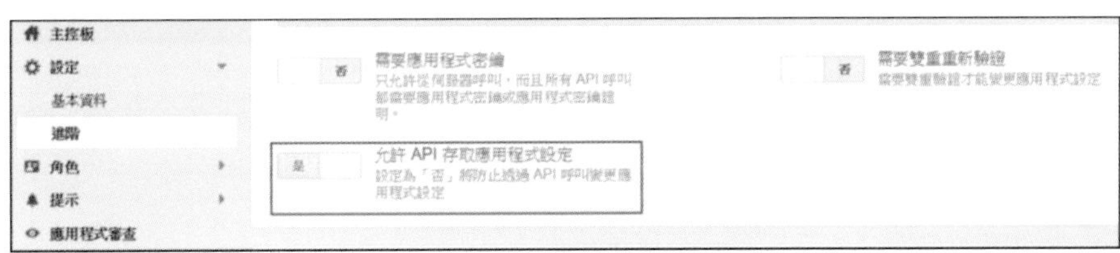

圖 11-42　設定 API 權限

設定完 Facebook 應用程式後，接下來回到 Azure Portal 應用程式機器人的頻道頁面中，輸入 Facebook messenger 的相關參數，如圖 11-43 所示。Facebook 專頁 ID 可以在個人粉絲專頁的關於選項中查詢，Facebook 應用程式 ID 及應用程式密碼則將之前圖 11-41 中記下的資訊貼上，頁面存取權杖則是貼上圖 11-37 中生成的權杖，輸入完相關資訊後按下儲存即可。

輸入您的 Facebook Messenger 認證
我能在哪找到我的 Facebook Messenger 認證？
Facebook 專頁 ID
1224075424
Facebook 應用程式 ID
1754789794
Facebook 應用程式密碼
4f5c13
頁面存取權杖
EAAY7ZBNZAcfF4BADvDJeAcml
Facebook 的回呼 URL 和認證權杖
取消
儲存

圖 11-43　輸入 Facebook messenger 認證

按下儲存後在重新點選頻道如圖 11-44 所示，會看到多一個 Facebook Messenger 的頻道已新增，此時即可點選 Facebook Messenger 測試是否可使用。在 Facebook Messenger 的聊天機器人中，使用者輸入對話時，如果系統顯示出使用者的對話表示 Facebook Messenger 的聊天機器人可以正常運作，如圖 11-45 所示。

圖 11-44　選擇頻道

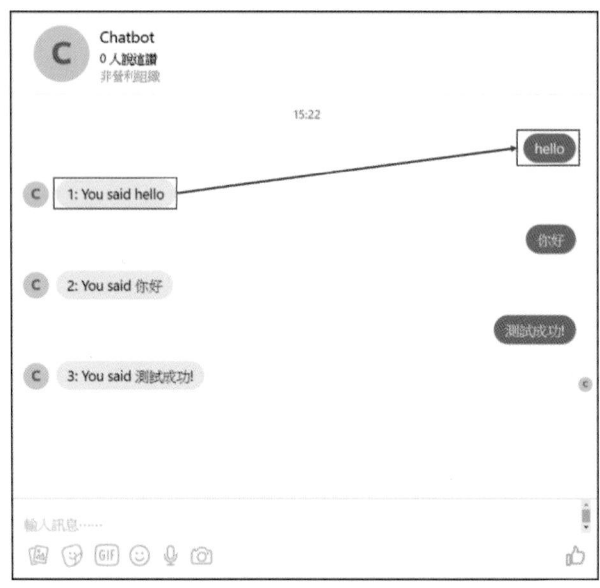

圖 11-45　Facebook Messenger 對話測試

當機器人與 Facebook Messenger 橋接後，可以開始實作相關的應用。我們將介紹 Microsoft 所提供的語意分析服務 LUIS，應用 LUIS 建立機器人，模擬速食店中的對話程式，了解語意分析服務的特色。首先利用之前所介紹 Azure Bot Service，建立一個新的機器人服務，不同之處如圖 11-25：「機器人範本」的部分，改成「Language Understanding」，選擇完 LUIS 範本後，勾選同意隱私條款才可以進行建立，如圖 11-46 所示。

圖 11-46　建立 LUIS 機器人

建立完成後選擇在 WebChat 中測試是否可以使用，測試完成後將 LUIS 機器人連結上 Facebook Messenger 的頻道，並在 Messenger 中測試如圖 11-47 所示，可以看到機器人顯示判斷的詞句是屬於哪一類型，此範例機器人判斷「Hello」為問候詞。

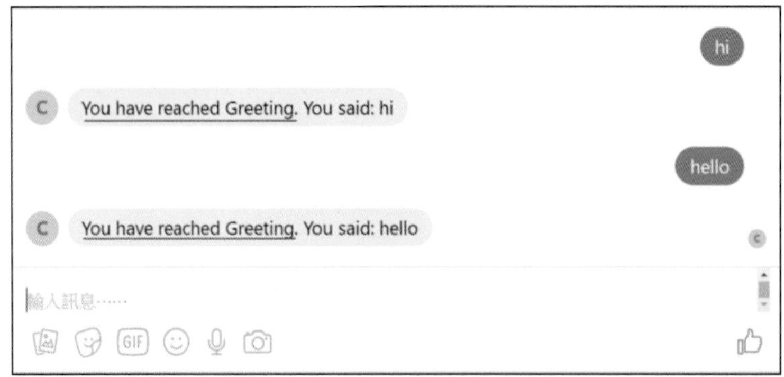

圖 11-47　LUIS 機器人 Messenger 測試

測試完畢後要開始建立 LUIS 語意服務的基本詞彙，先到 LUIS 的首頁 https://www.luis.ai，在 Sign in 中登入 Microsoft 帳號，登入後看到關於 LUIS 的相關資訊，點選 My Apps 會看到已建立好的 LUIS App，這是建立 LUIS 機器人服務時自動生成，如圖 11-48 所示。

Language Understanding　My apps　Docs　Pricing　Support　About

My Apps

Create new app　Import new app　Search apps

Name	Culture	Created date	Endpoint hits
LuisBot2018-add5 (V 0.1)	en-us	4/20/2018	0

圖 11-48　LUIS 建立 App 頁面

以下說明如何建立自己的 LUIS App 並連結至 Bot Service 中。我們將使用速食店作為聊天機器人的例子，讓使用者了解如何建立、訓練和發布自己的 LUIS App。在圖 11-48 中，我們點選 Create new app 新建自己的 LUIS App，如圖 11-49 所示。首先對 App 命名，再選擇「Culture」，此範例使用中文語言，因此選擇「Chinese」，最後按下 Done 即可建立。

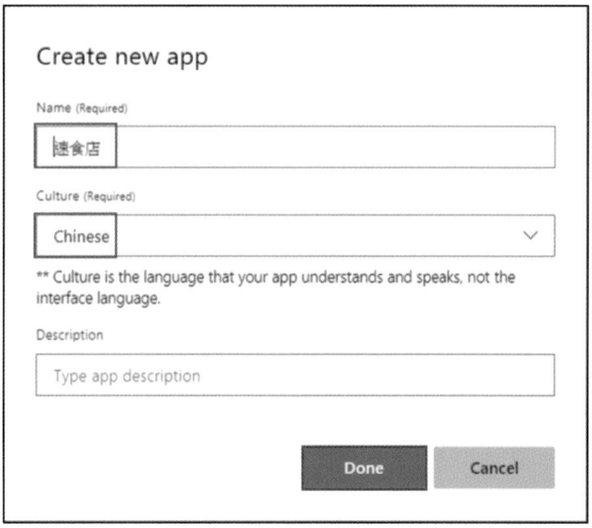

圖 11-49　新建 LUIS App

建立完成後，如圖 11-50 所示，可看到左邊的 App Assets 中有兩個選項，分別為 Intents（意圖）和 Entities（實體），在 Intents 中建立的是行為模式而在 Entities 是建立一些特定的詞彙，方便識別對話中的名詞。

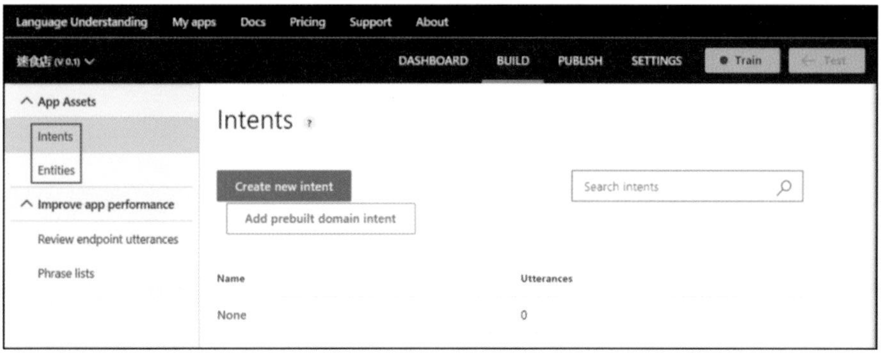

圖 11-50　LUIS 管理介面

此處將開始建立一個速食店的聊天機器人，在 Intents 的地方點選 Create new intent，如圖 11-51 所示，輸入「客人點餐」表示客人有點餐的意圖行為，輸入後按下 Done 即可建立。

圖 11-51　新增 Intent

新增 Intent 後可以開始增加語意庫，將針對點餐行為相關的詢問語句新增進來如圖 11-52 所示。輸入完語句後按下 Enter 即可新增，使用者可以依照自己的喜好新增多項語句。

圖 11-52　輸入新增的語句

輸入完後將新增的語句勾選起來，點選右上角的「Train」進行訓練如圖 11-53 所示。訓練完畢後，如圖 11-54 所示，可以點選右上方的「Test」測試，會顯示出訓練的分數，此訓練因為訓練語句的量而增加精準度。

圖 11-53　訓練新增的語句

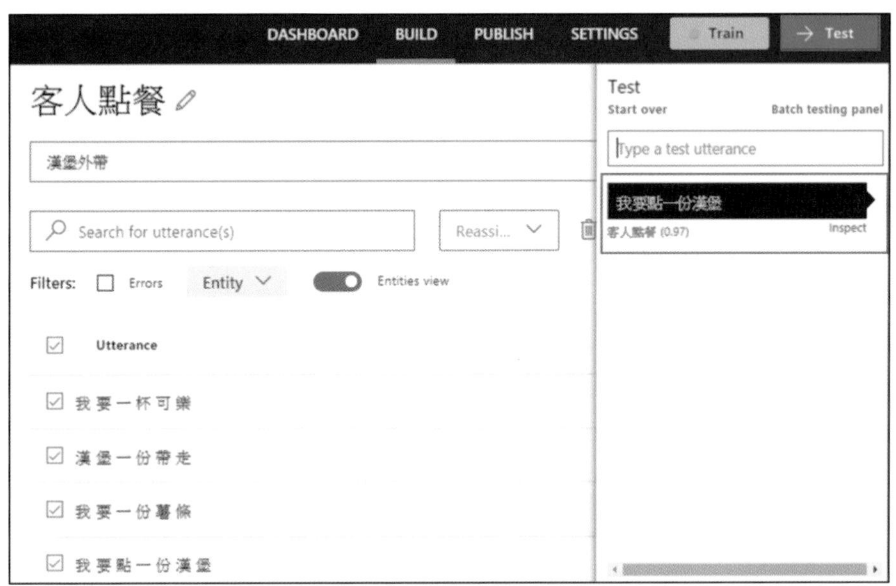

圖 11-54　測試訓練結果

建立完成基本的 Intent 後，將新增一些餐點的相關資訊，對 LUIS 判斷餐點的類型式非常有幫助，如圖 11-55 所示。我們在 Entities 的部分點選 Create new entity 新增「餐點」這個 Entity，並且採用 Hierarchical（階層式）的方式來將餐點下分為主餐跟副餐。

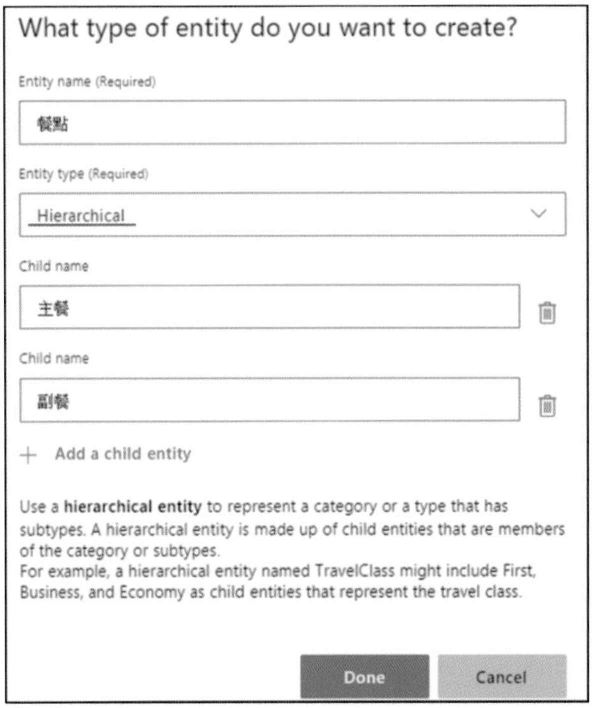

圖 11-55　新增 Entity

建立好 Entity 後回到 Intents 的地方，將訓練過語句中的餐點形式點選起來如圖 11-56 所示，將該餐點指定為主餐或是副餐，協助往後 LUIS 自行判斷餐點類型。

圖 11-56　選擇 Entity

將餐點分類後可以在 Intents 的地方看到我們分類的餐點類型如圖 11-57 所示，分類完之後按下 Train 也會在後面看到訓練後的分數。

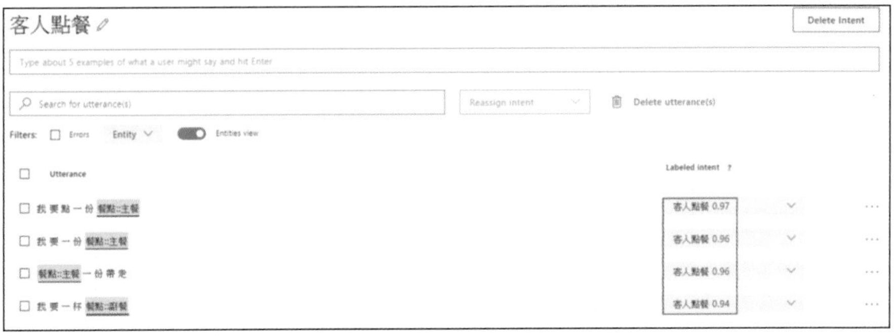

圖 11-57　分類後的 Intents

訓練完成後如圖 11-58 所示，(1) 點選 Publish 的頁面將發布訓練完的 App；(2) 點選 Publish to production slot 發布才可以讓機器人具有判斷語意的功能。請記得每一次修改都需要訓練後再發布（Train → Publish）；(3) 在 Endpoint 的地方提供了測試的網址，將該網址貼到瀏覽器中並在網址末端的「=」後加入使用者想輸入的語句來做測試，如圖 11-59，可以看到查詢的語句與哪一個 Intent 相似率最高以及 LUIS 將「漢堡」判斷為主餐的相似率。

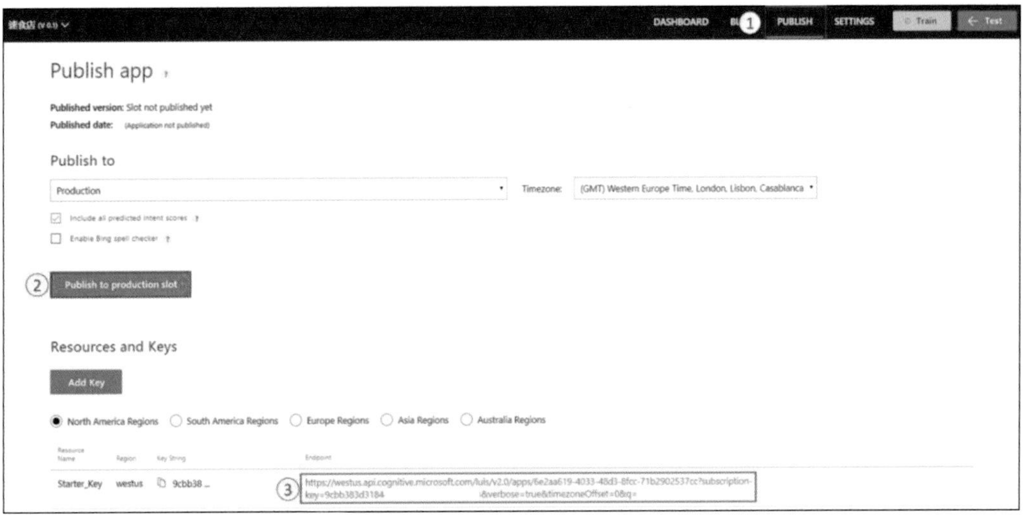

圖 11-58　Publish LUIS App

```
https://westus.api.cognitive.micro
soft.com/luis/v2.0/apps/6e2aa619
-4033-48d3-8fcc-
            7cc?subscription-
key=            18442b58d696e94
ae2087a3&verbose=true&timezon
eOffset=0&q=我想要一份漢堡
```



```
{
  "query": "我想要一份漢堡",
  "topScoringIntent": {
    "intent": "客人點餐",
    "score": 0.980197549
  },
  "intents": [
    {
      "intent": "客人點餐",
      "score": 0.980197549
    },
    {
      "intent": "None",
      "score": 0.0183292683
    }
  ],
  "entities": [
    {
      "entity": "漢堡",
      "type": "餐點::主餐",
      "startIndex": 5,
      "endIndex": 6,
      "score": 0.960661352
    }
  ]
}
```


圖 11-59　LUIS 測試

發布和測試完成後，要將此 LUIS App 連結至 Bot Service，才可以導入語意辨識的功能，如圖 11-60 所示，點選至 Setting 頁面後，將 Application ID 記下來做為機器人的連結。

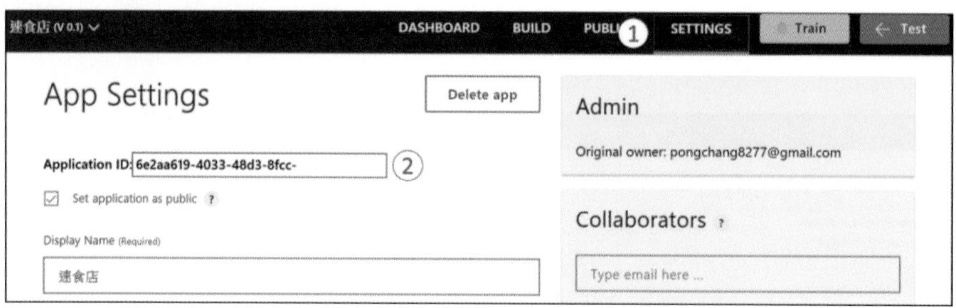

圖 11-60　取得 App ID

接下來回到 Azure Portal 的機器人服務中，如圖 11-61 所示，在應用程式設定中的「LuisAppId」將後面的 Key 替換成圖 11-60 取得的 App ID，最後按下儲存，即可將預設連結的 LUIS App 更改成新建立的 LUIS App。

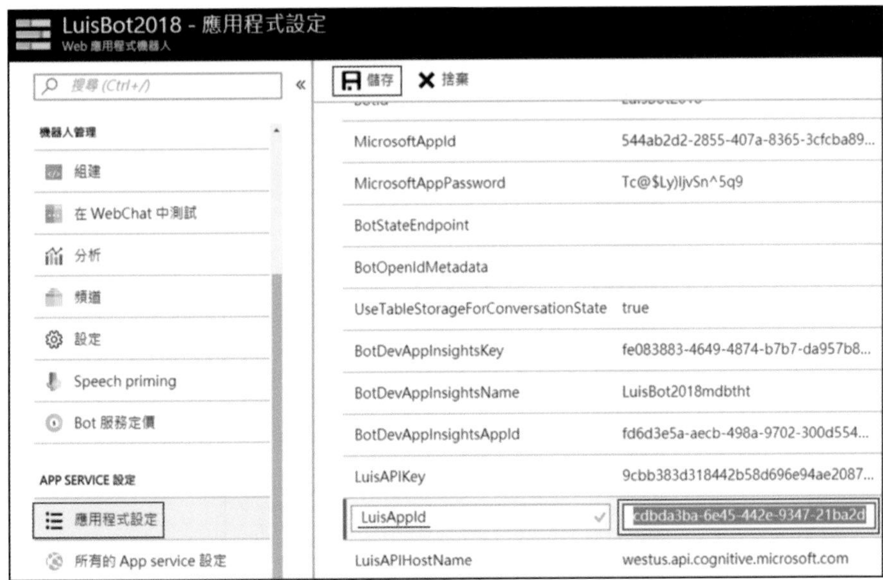

圖 11-61　修改 LUIS App ID

將 LUIS App 發布和連結完成後，選擇如圖 11-62 所示（機器人管理→組建），開啟線上代碼編輯器修改程式碼，本章速食店的聊天機器人範例，主要讓使用者了解整個機器人服務的流程，我們將修改 Dialogs 中的 BasicLuisDialog.cs 如圖 11-63 所示。

圖 11-62　開啟線上代碼編輯器

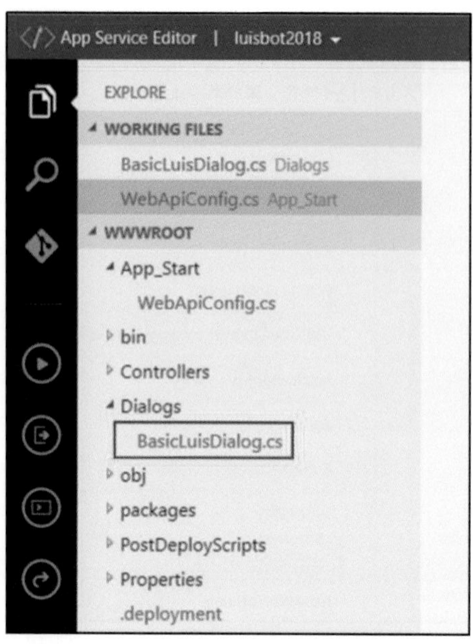

圖 11-63 線上編輯器目錄

將範例程式碼中的 Greeting、Cancel、Help 和 None 等程式碼替換成以下程式碼，如圖 11-64 所示，我們運用「選單風格」的呈現方式讓使用者了解聊天機器人的基本應用。

```
using System;
using System.Configuration;
using System.Threading.Tasks;
using Microsoft.Bot.Builder.Dialogs;
using Microsoft.Bot.Builder.Luis;
using Microsoft.Bot.Builder.Luis.Models;
using Microsoft.Bot.Connector;
using System.Collections.Generic;

namespace Microsoft.Bot.Sample.LuisBot
{
  // For more information about this template visit http://aka.ms/azurebots-
csharp-luis
  [Serializable]
  public class BasicLuisDialog : LuisDialog<object>
  {
    public BasicLuisDialog() : base(new LuisService(new LuisModelAttribute(
      ConfigurationManager.AppSettings["LuisAppId"],
```

```
        ConfigurationManager.AppSettings["LuisAPIKey"],
        domain: ConfigurationManager.AppSettings["LuisAPIHostName"])))
    {
    }

    [LuisIntent("None")]
    public async Task None(IDialogContext context, LuisResult result)
    {
        string message = $"請問想吃點什麼?";
        await context.PostAsync(message);
        context.Wait(MessageReceived);
    }
enum menu {漢堡,薯條,可樂};
    [LuisIntent("客人點餐")]
    public async Task order(IDialogContext context, LuisResult result)
    {
        var items = (IEnumerable<menu>)Enum.GetValues(typeof(menu));
        EntityRecommendation foods;
       PromptDialog.Choice(context,SelectFood,items,"我們有提供以下餐點");
    }
    private async Task SelectFood(IDialogContext context, IAwaitable<menu> food)
    {
        var message = string.Empty;
        switch (await food)
        {
            case menu.漢堡:
                await context.PostAsync("向您推薦這種漢堡!!");
                var hero = new HeroCard();
                hero.Title = "也許你會喜歡這種口味";
                hero.Images = new List<CardImage>();
                hero.Images.Add(new CardImage() {Url =
$"http://www.mcdonalds.com.tw/content/dam/taiwan/ch/product/hero/Big-
Mac_hero.png"});
                hero.Buttons = new List<CardAction>();
                hero.Buttons.Add(new CardAction()
                    {
                        Title = "到網站查看詳情吧!",
                        Type = ActionTypes.OpenUrl,
                        Value =
$"http://www.mcdonalds.com.tw/tw/ch/food/product_nutrition.nutrition.100001.2
00001.product.html"
                    });
                    var reply = context.MakeMessage();
                    reply.Type = "message";
                    reply.Attachments = new List<Attachment>();
```

```
                reply.Attachments.Add(hero.ToAttachment());
                await context.PostAsync(reply);
            break;
    case menu.薯條:
                await context.PostAsync("向您推薦這種薯條!!");
                var hero1 = new HeroCard();
                hero1.Title = "也許你會喜歡這種口味";
                hero1.Images = new List<CardImage>();
                hero1.Images.Add(new CardImage() {Url =
$"http://www.mcdonalds.com.tw/content/dam/taiwan/ch/product/hero/French%2
0Fries%20L_hero.png"});
                hero1.Buttons = new List<CardAction>();
                hero1.Buttons.Add(new CardAction()
                    {
                        Title = "到網站查看詳情吧!",
                        Type = ActionTypes.OpenUrl,
                        Value =
$"http://www.mcdonalds.com.tw/tw/ch/food/product_nutrition.nutrition.100002.2
00034.product.html"
                    });
                    var reply1 = context.MakeMessage();
                    reply1.Type = "message";
                    reply1.Attachments = new List<Attachment>();
                    reply1.Attachments.Add(hero1.ToAttachment());
                    await context.PostAsync(reply1);
            break;
    case menu.可樂:
                await context.PostAsync("向您推薦這種可樂!!");
                var hero2 = new HeroCard();
                hero2.Title = "也許你會喜歡這種口味";
                hero2.Images = new List<CardImage>();
                hero2.Images.Add(new CardImage() {Url =
$"http://www.mcdonalds.com.tw/content/dam/taiwan/ch/product/hero/Beverage
%20Syrup%20Coca%20Cola%20ZERO_S_hero.png"});
                hero2.Buttons = new List<CardAction>();
                hero2.Buttons.Add(new CardAction()
                    {
                        Title = "到網站查看詳情吧!",
                        Type = ActionTypes.OpenUrl,
                        Value =
$"http://www.mcdonalds.com.tw/tw/ch/food/product_nutrition.nutrition.100002.2
00066.zero.html"
                    });
                    var reply2 = context.MakeMessage();
```

```
                reply2.Type = "message";
                reply2.Attachments = new List<Attachment>();
                reply2.Attachments.Add(hero2.ToAttachment());
                await context.PostAsync(reply2);
            break;
            default:
              message = $"不好意思我們這裡沒有這項餐點!";
            break;
          }
          await context.PostAsync(message);
          context.Wait(MessageReceived);
        }
    }
}
```

圖 11-64　速食店聊天機器人範例程式碼

修改完成後進行程式碼的編譯，點選上面機器人名稱的下拉式選單，選擇 Open Kudu Console 如圖 11-65 所示，開啟後在 Console 視窗中輸入「cd site\wwwroot」再輸入「Build.cmd」後即可開始編譯如圖 11-66。編譯完成後顯示編譯成功的資訊如圖 11-67 所示。

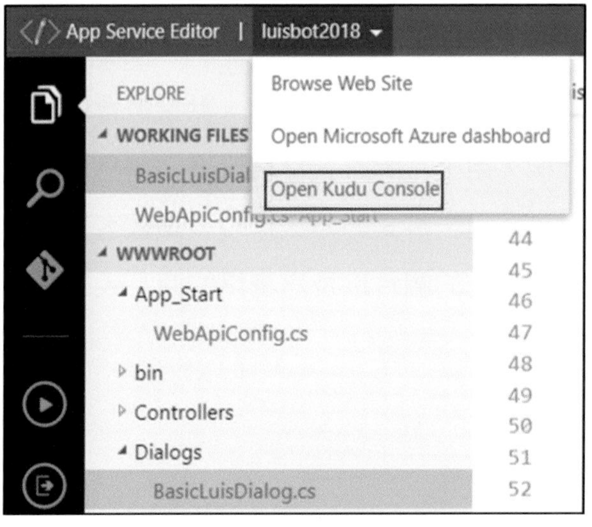

圖 11-65　Open Kudu Console

```
Kudu Remote Execution Console
Type 'exit' then hit 'enter' to get a new CMD process.
Type 'cls' to clear the console

Microsoft Windows [Version 10.0.14393]
(c) 2016 Microsoft Corporation. All rights reserved.

D:\home>cd site\wwwroot

D:\home\site\wwwroot>build.cmd
```

圖 11-66 進行程式碼編譯

```
Handling .NET Web Application deployment.
MSBuild auto-detection: using msbuild version '14.0' from 'D:\Program Files (x86)\MSBuild\14.0\bin\amd64'.
All packages listed in packages.config are already installed.
D:\Program Files (x86)\MSBuild\14.0\bin\Microsoft.Common.CurrentVersion.targets(1819,5): warning MSB3277: F
ound conflicts between different versions of the same dependent assembly that could not be resolved.  These
 reference conflicts are listed in the build log when log verbosity is set to detailed. [D:\home\site\wwwro
ot\Microsoft.Bot.Sample.LuisBot.csproj]
Dialogs\BasicLuisDialog.cs(36,34): warning CS0168: The variable 'fruits' is declared but never used [D:\hom
e\site\wwwroot\Microsoft.Bot.Sample.LuisBot.csproj]
  Microsoft.Bot.Sample.LuisBot -> D:\home\site\wwwroot\bin\LuisBot.dll
Finished successfully.
D:\home\site\wwwroot>
```

圖 11-67 編譯成功訊息

編譯完成後到 Facebook Messenger 中進行測試，當我們輸入的語句經過 LUIS 判斷後有點餐的意圖時，觸發程式碼中該意圖撰寫好的回應，此處運用選單式的呈現方式，讓使用者點選餐點，點選後會出現相對應的回覆。按下選單後中的物件後，用卡片的方式呈現選擇的商品。以漢堡為例，當顧客點選漢堡時，就可以運用卡片式的方式呈現，讓顧客快速了解商品資訊，也可以在卡片中加入該商品的圖片以及該賣場的商品入口網站等相關資訊，如圖 11-68 所示。

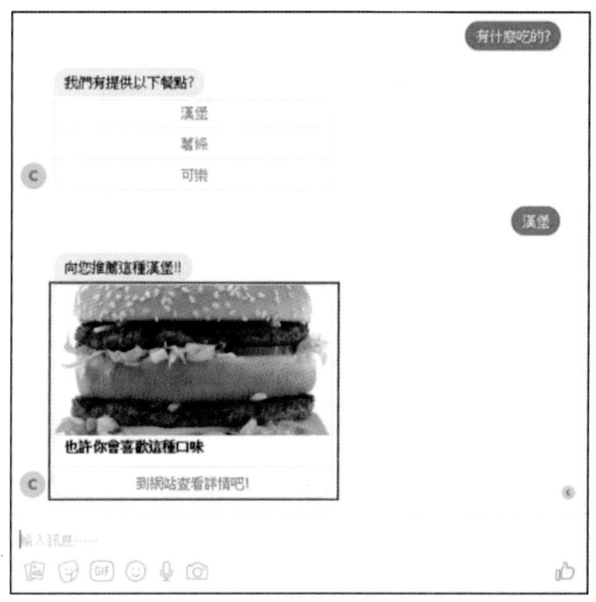

圖 11-68　Facebook Messenger 測試

LINE 在亞洲地區有廣大用戶群與高使用率的優勢，擴展至通訊、數位內容、遊戲、工具與更多其他服務，充分利用了與 LINE 連接的特點。在 LINE 上行銷已經是目前網路行銷的主流，我們將介紹如何運用 Bot Service 結合 LUIS 開發 LINE 聊天機器人。

首先到 Azure Portal 中建立一個 Web App Bot 如之前的圖 11-25，基本的設定與之前類似，但在機器人範本選擇 Node.js 的 Language understanding 如圖 11-69 所示，然後按下建立即可。建立機器人服務後，先到 WebChat 頁面中測試 LUIS 和機器人是否正常運作。

首先進入 LINE 開發人員網站 https://developers.line.me/en/，如圖 11-70 所示，使用者可以登入自己的 LINE 帳號並填寫基本資訊，如圖 11-71 所示。

圖 11-69　建立 Bot Service

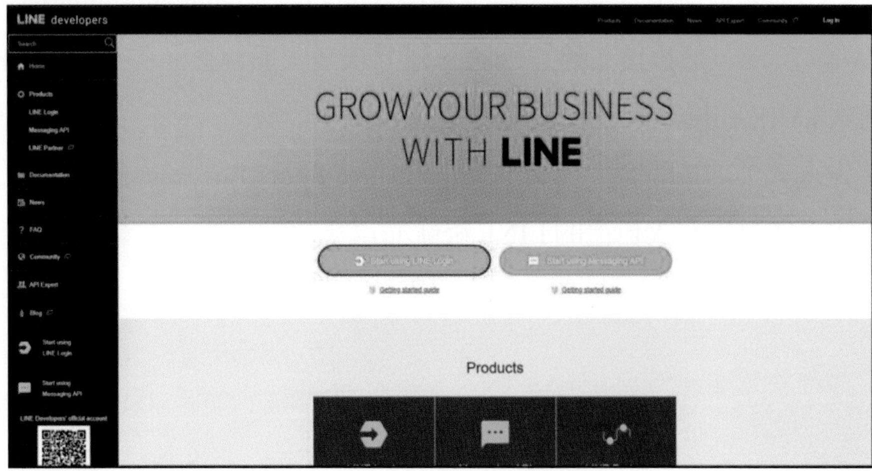

圖 11-70　LINE 開發人員網頁

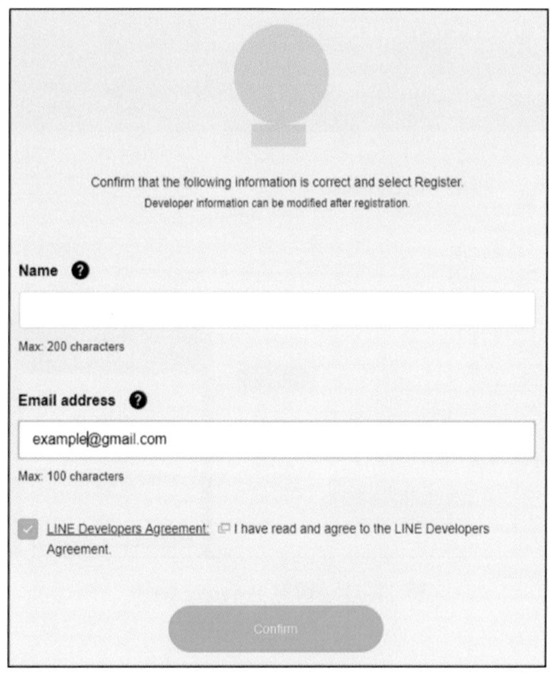

圖 11-71　填寫基本資料

接下來註冊 Messaging API，點選「Start now」即開始填寫基本資料，如圖 11-72 所示。(1) 填寫使用 App 提供者的名稱，然後按下 Add 即可進入下一步驟，如圖 11-73 所示。(2) 選擇一張圖片作為 App 圖示，填寫 App 名稱以及 App 的相關描述，在 Plan 的方案中選擇 Free，再來選擇分類和填入 Email，最後點選 Confirm，之後會要求使用者同意相關使用聲明，再按下 Create 即可建立，如圖 11-74 所示。

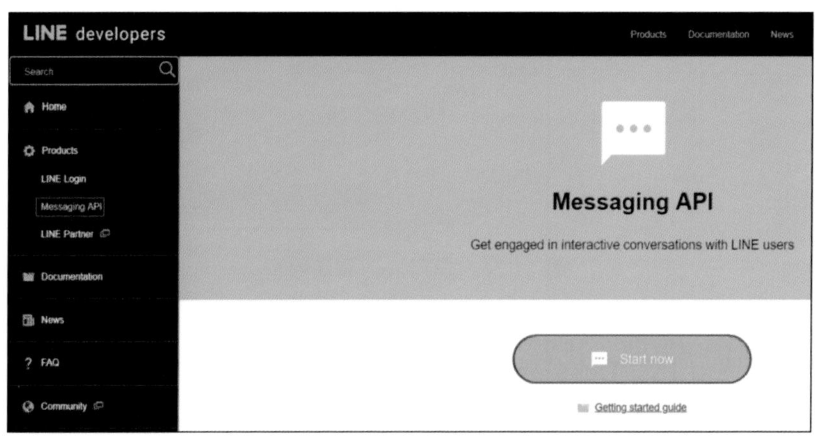

圖 11-72　註冊 Messaging API

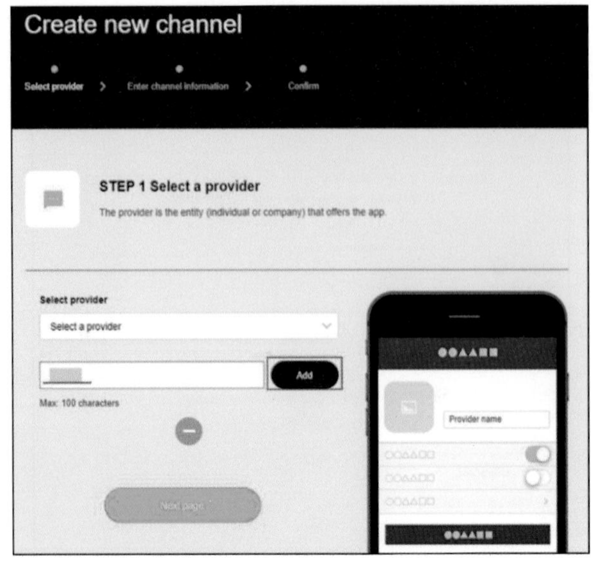

圖 11-73　填寫 Provider 名稱

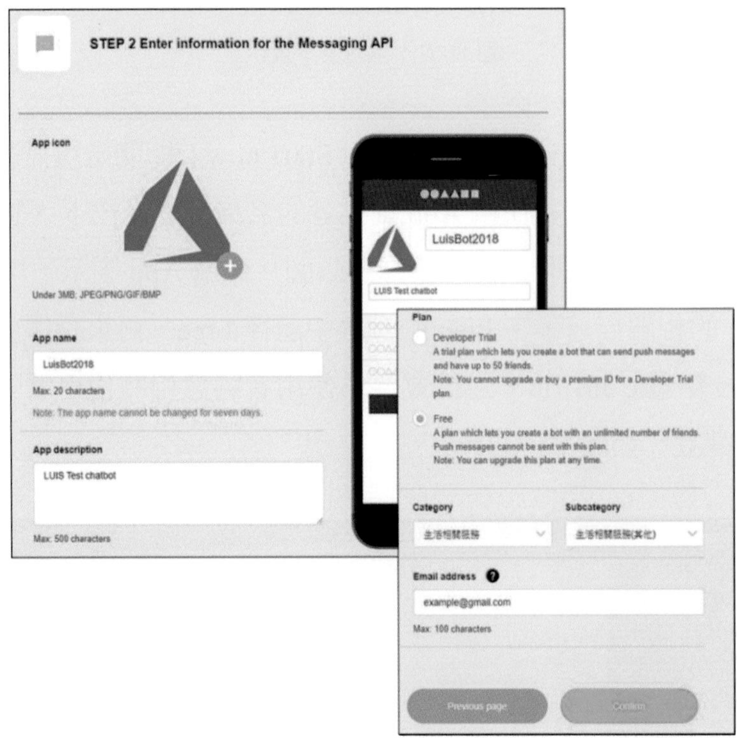

圖 11-74　填寫 App 基本資料

接下來回到 LINE Developers 主頁面，看到剛建立的 Messaging API，點選 Configuration not yet complete 進入設定，如圖 11-75 所示。

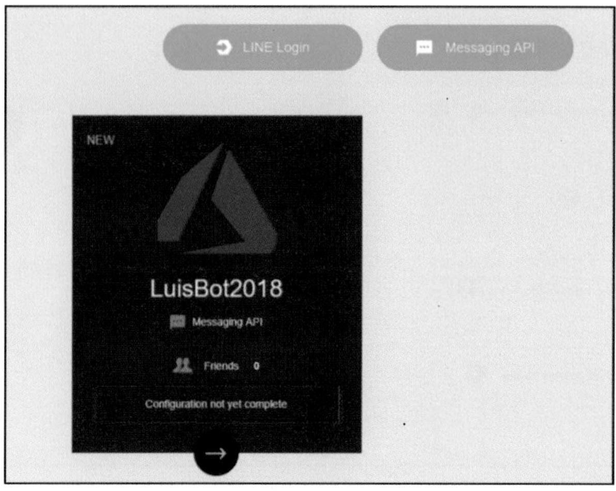

圖 11-75　Messaging API

點選後將會看到剛設定好的基本資訊以及 Channel ID 和 Channel Secret，如圖 11-76 所示。往下拉看到 Messaging Settings，點選 Issue 來取得連接權杖，如圖 11-77 所示。點選後顯示權杖保留時間，若要永久保持則選擇 0 小時即可，如圖 11-78 所示。

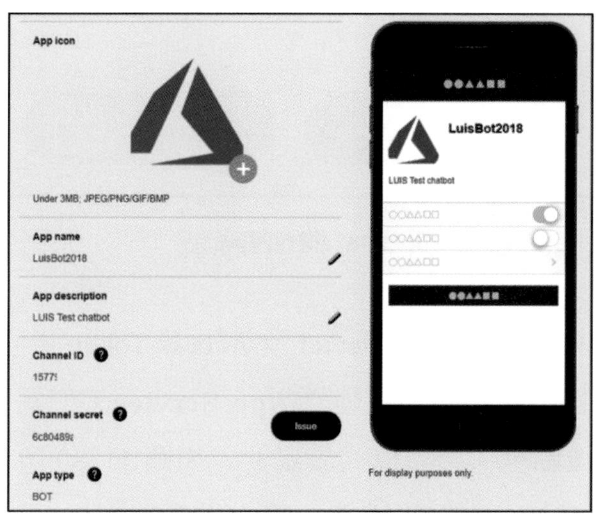

圖 11-76　Messaging API 基本資料

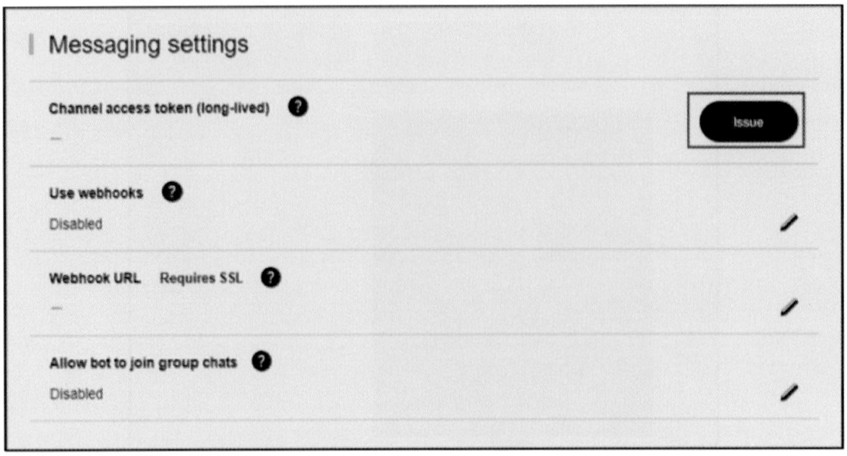

Messaging settings

Channel access token (long-lived)

Issue

Use webhooks

Disabled

Webhook URL Requires SSL

Allow bot to join group chats

Disabled

圖 11-77　取得權杖

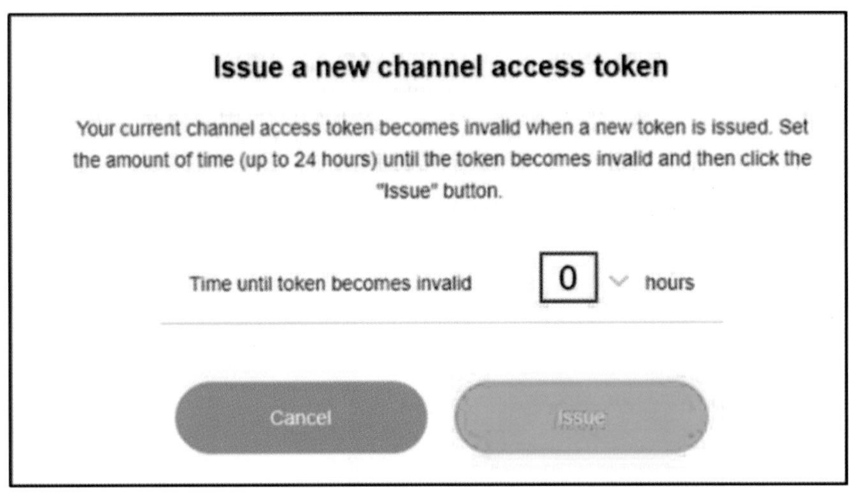
Issue a new channel access token
Your current channel access token becomes invalid when a new token is issued. Set the amount of time (up to 24 hours) until the token becomes invalid and then click the "Issue" button.
Time until token becomes invalid
0
hours
Cancel
Issue

圖 11-78　權杖保留時間

有了 Channel ID、Channel Secret 及 Access Token 後回到 Azure Portal 中，選擇建立機器人服務時一併建立 App Service，如圖 11-79 所示。選擇 App Service 後點選「應用程式設定」，如圖 11-80 所示。在該頁面下方點選新增設定增加 LINE 的橋接，輸入從 LINE Developers 中取得的 LineChannelID、LineChannelSecret 以及 LineChannelAccessToken 三個值，按下儲存保存設定，如圖 11-81 所示。

圖 11-79 選擇 App Service

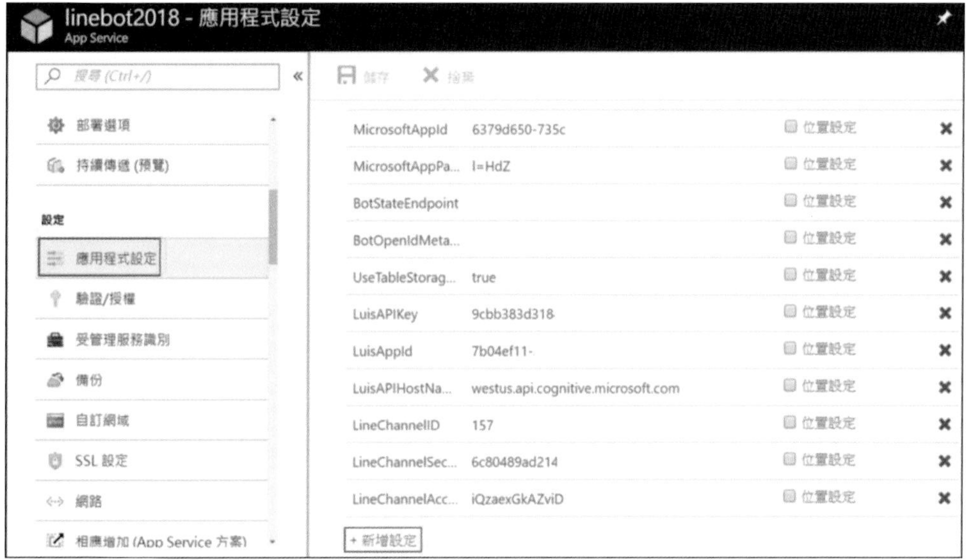

圖 11-80 應用程式設定

LineChannelID	1577	位置設定	✖
LineChannelSec...	6c8048ς	位置設定	✖
LineChannelAcc...	iQzaexGk/	位置設定	✖

圖 11-81 新增 LINE 平臺橋接

設定完成後，到組態中開啟線上編輯器，如圖 11-82 所示，選擇「app.js」修改程式碼，將原有的程式碼替換成如圖 11-83 的程式碼內容。修改完後需要安裝兩個 npm 套件 botbuilder-linebot-connector 和 bot-express，在線上編輯器中，點選 Open Console；輸入指令如下進行安裝如圖 11-84 所示。

```
npm install --save botbuilder-linebot-connector
npm install --save bot-express
```

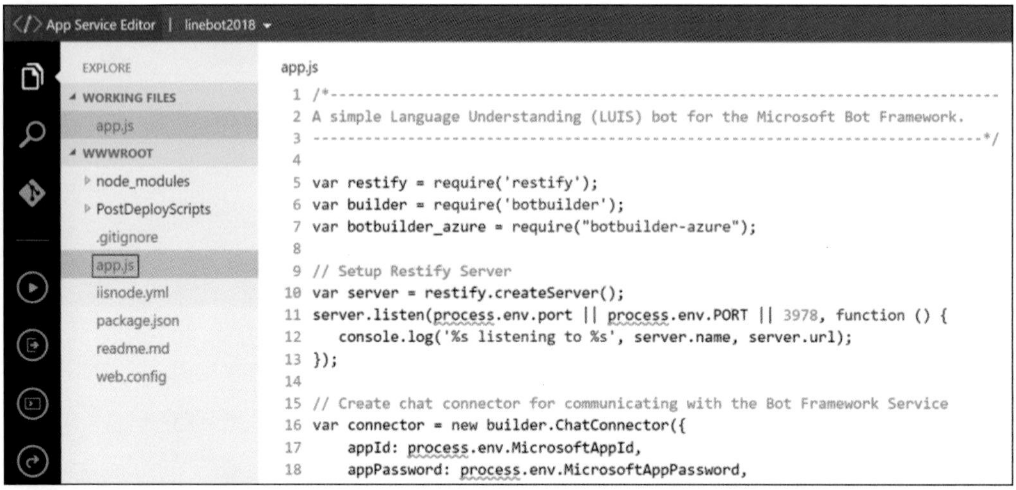

```
</> App Service Editor | linebot2018
EXPLORE
WORKING FILES
  app.js
WWWROOT
  node_modules
  PostDeployScripts
  .gitignore
  app.js
  iisnode.yml
  package.json
  readme.md
  web.config

app.js
/*-----------------------------------------------------------------------------
A simple Language Understanding (LUIS) bot for the Microsoft Bot Framework.
-----------------------------------------------------------------------------*/

var restify = require('restify');
var builder = require('botbuilder');
var botbuilder_azure = require("botbuilder-azure");

// Setup Restify Server
var server = restify.createServer();
server.listen(process.env.port || process.env.PORT || 3978, function () {
   console.log('%s listening to %s', server.name, server.url);
});

// Create chat connector for communicating with the Bot Framework Service
var connector = new builder.ChatConnector({
    appId: process.env.MicrosoftAppId,
    appPassword: process.env.MicrosoftAppPassword,
```

圖 11-82　線上編輯器

```
var express = require('express');
var builder = require('botbuilder');
var botbuilder_azure = require('botbuilder-azure');
var LineConnector = require('botbuilder-linebot-connector');
// Setup Express Server
var server = express();
server.listen(process.env.port || process.env.PORT || 3978, function () {
  console.log('%s listening to %s', server.name, server.url);
});
// Create chat connector for communicating with the Line Bot Service
var connector = new LineConnector.LineConnector({
   hasPushApi: false,
   autoGetUserProfile: true,
   channelId: process.env.LineChannelId || "",
   channelSecret: process.env.LineChannelSecret || "",
   channelAccessToken: process.env.LineChannelAccessToken || ""
```

```
});
// Listen for messages from users
server.post('/api/messages', connector.listen());
var bot = new builder.UniversalBot(connector);
var luisAppId = process.env.LuisAppId;
var luisAPIKey = process.env.LuisAPIKey;
var luisAPIHostName = process.env.LuisAPIHostName ||
'westus.api.cognitive.microsoft.com';
const LuisModelUrl = 'https://' + luisAPIHostName + '/luis/v1/application?id='
 + luisAppId + '&subscription-key=' + luisAPIKey;

// Main dialog with LUIS
var recognizer = new builder.LuisRecognizer(LuisModelUrl);
var intents = new builder.IntentDialog({ recognizers: [recognizer] })
.matches('Greeting', (session) => {
   session.send('You reached Greeting intent, you said \'%s\'.', session.message.text);
})
.matches('Help', (session) => {
   session.send('You reached Help intent, you said \'%s\'.', session.message.text);
})
.matches('Cancel', (session) => {
   session.send('You reached Cancel intent, you said \'%s\'.', session.message.text);
})
.onDefault((session) => {
   session.send('Sorry, I did not understand \'%s\'.', session.message.text);
});
bot.dialog('/', intents);
```

圖 11-83　LINE Bot 程式碼

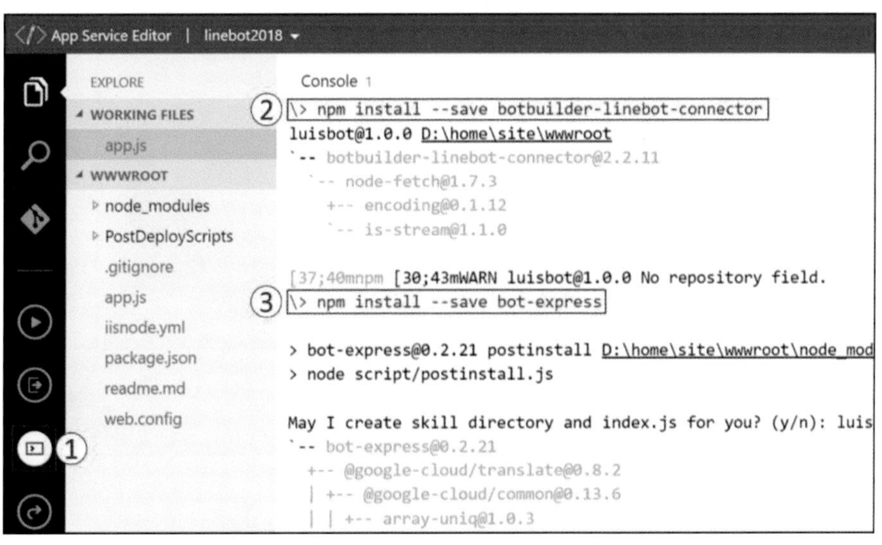

圖 11-84　安裝 npm 套件 botbuilder-linebot-connector 和 bot-express

程式碼修改完和安裝套件完畢後，在 LINE Console 中設定 Azure 的串接參數，使 Azure Bot Service 與 LINE Server 互相溝通，我們到 Azure Portal 中 Web App Bot 的概觀頁面取得訊息端點，如圖 11-85 所示。

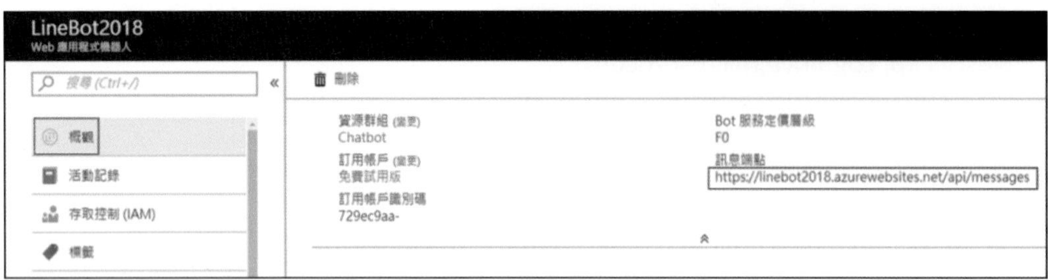

圖 11-85　取得訊息端點

取得訊息端點後，到 Messaging API 的頁面，點選進入設定，在 Webhook URL 的欄位填入訊息端點的網址，如圖 11-86 所示。填入網址後按下 Update 後再按下 Verify 則會看到 Success 的訊息。認證完成後在 Use webhooks 的地方切換成 Enabled，如圖 11-87 所示。最後在 LINE@ 的頁面將自動回覆的選項關閉，如圖 11-88 所示。

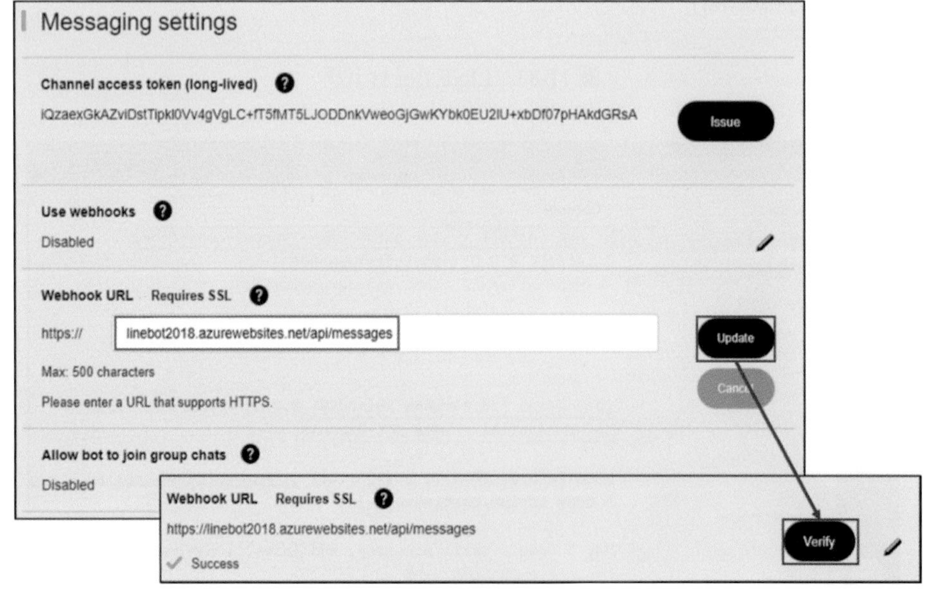

圖 11-86　認證 Webhook URL

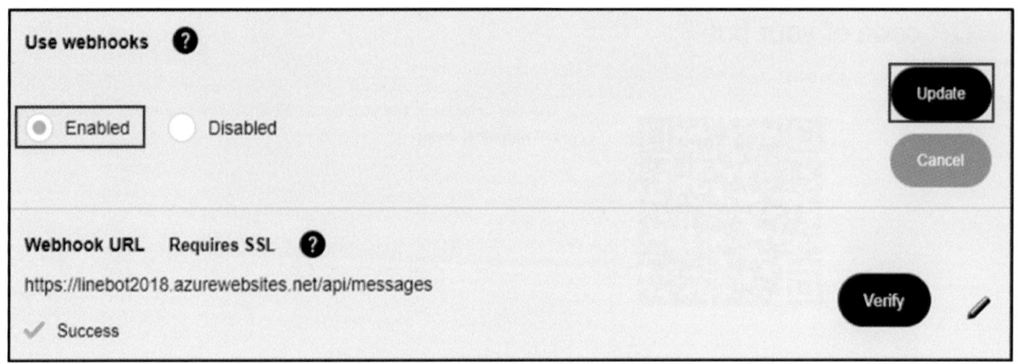

圖 11-87　開啓 Webhook 功能

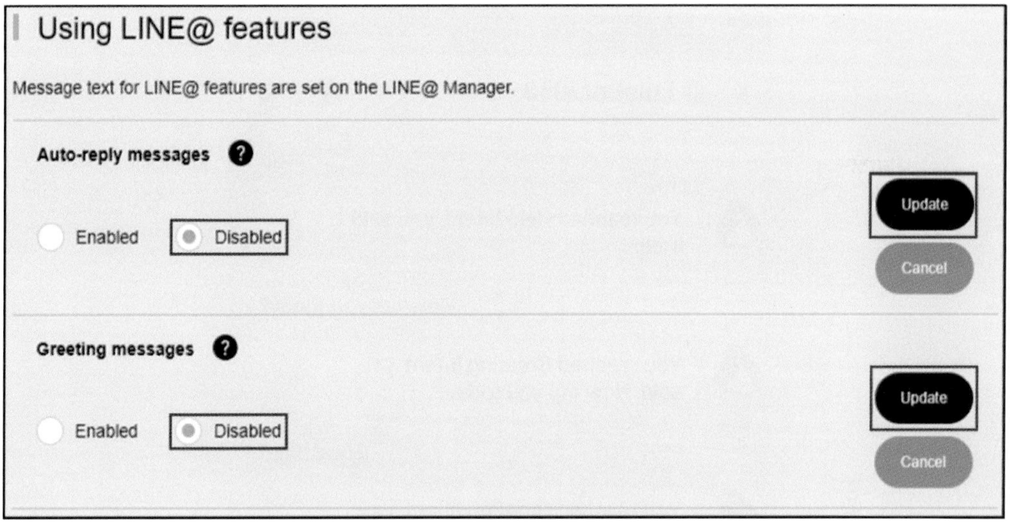

Using LINE@ features

Message text for LINE@ features are set on the LINE@ Manager.

Auto-reply messages

Enabled　Disabled

Update

Cancel

Greeting messages

Enabled　Disabled

Update

Cancel

圖 11-88　關閉自動回覆功能

設定完成後，利用 QRCode 將機器人加為好友，如圖 11-89 所示。將機器人加為好友後即可測試 LINE Bot 輸出 LUIS 語意分析的結果，如圖 11-90 所示。

圖 11-89　使用 QR Code 加機器人為好友

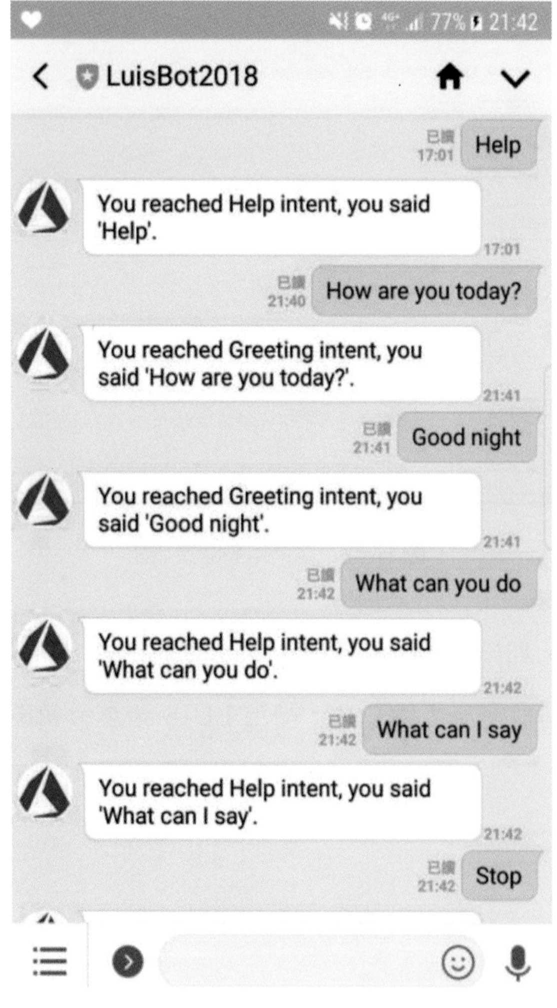

圖 11-90　LINE Bot 輸出 LUIS 語意分析的結果

以上為 Azure Bot Service 的各類型實作應用範例，使用者事先規劃好機器人服務的應用場景，再選擇建置的機器人類型。以本章範例而言，我們使用的是點餐的情境，必要的是消費者的基本語意判斷，因此建立時選擇 Language Understanding 模板，直接連結到 LUIS 服務，不像傳統必須大量撰寫判別式程式碼。Microsoft 提供了良好的語意判斷服務，直接使用 Azure Bot Service 進行快速部署及連結，讓開發者專注於機器學習的訓練以及如何呈現給消費者。傳統的社群平臺或是企業的客服多半為人與人之間的交談，自從 AI 的蓬勃發展，聊天機器人成為了各大公司的得力助手，除了減少人力成本外，也能將機器人應用在其他服務當中。機器人服務的應用不只是聊天對話，機器人自動化的特性結合了 AI 的認知服務，可以創造出意想不到的商業模式。

11-5　習題

1. 請說明在智慧機器人中在工業型及服務型中的應用。
2. 請說明 Microsoft Bot Framework 架構。
3. 請說明Microsoft Cognitive Services包含哪些服務，各提供什麼樣的功能。
4. 請讀者自行找一個聊天機器人的應用，利用 Azure Bot Service 來實作。

參考文獻

1. E. Freitas and M. Bhintade, “Building Bots with Node.js,” *Packt Publishing*, 2017.
2. K. Gaddam, “Building Bots with Microsoft Bot Framework,” *Packt Publishing*, 2017.
3. R. Khan and A. Das, “Build Better Chatbots: A Complete Guide to Getting Started with Chatbots,” *APress*, 2017.
4. G. A. Kulkarni, “Building Chatbots with Microsoft Bot Framework and Node.js,” *Manning Publications*, 2018.

5. O. Muldowney, "Chatbots: An Introduction And Easy Guide To Making Your Own," *Curses & Magic*, 2017.

6. A. M. Rahman, A. A. Mamun, and A. Islam, "Programming Challenges of Chatbot: Current and Future Prospective," *IEEE Region 10 Humanitarian Technology Conference (R10-HTC)*, 2017.

7. A. Shevat, "Designing Bots: Creating Conversational Experiences," *O'Reilly Media*, 2017.

8. S. Rozga, "Practical Bot Development: Designing and Building Bots with Node.js and Microsoft Bot Builder Framework," *APress*, 2018.

第十二章

物聯網雲端管理平臺——Microsoft Azure

12-1 Microsoft Azure 物聯網雲端平臺

資訊爆炸的時代中，短時間內可能有許多不同類型的設備大量產生數據。簡單來說，物聯網（IoT）就是透過網路、紅外線及 RFID 等無線傳輸方式收集和傳輸資料的設備，這些設備可能是手機、手錶和穿戴式裝置等隨身的東西，也可能是家中的冷氣、冰箱和洗衣機等大型的家電。這些設備隨時紀錄資料，將這些產生的大數據傳送到雲端，以供後續的數據處理及分析，或是透過 IoT 閘道器轉送訊息，對設備進行控制。IoT 的核心解決方案可以分為設備連接與數據處理和分析，如圖 12-1 所示。

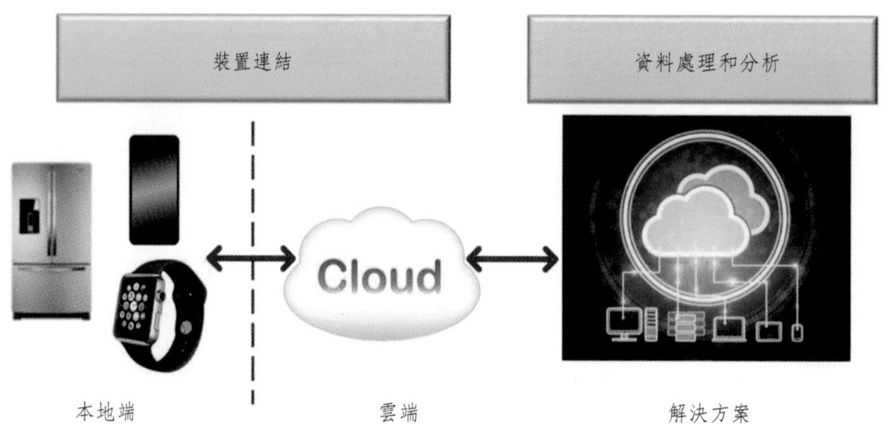

圖 12-1 IoT 的核心解決方案

設備的連接非常簡單，就是設備生成和收集數據，然後發送到雲端的閘道設備。雲端的閘道扮演中介者，即收集傳入的數據，並讓這些數據可以供 IoT 解決方案的其他服務和流程進一步處理。然而，IoT 解決方案中存在真實且獨特的挑戰：如何在設備和後端解決方案間創建安全可靠的連接？你的手機、手錶、計步器和健身追蹤器都是數據產生設備，所以，當處理設備連接時，所面臨的挑戰是如何提出最好和最有效的方法來提供安全而且可靠的設備連接。

IoT 解決方案不是典型客戶端的應用程式，這些 IoT 的設備並非存在於電腦的桌面或是瀏覽器中，而是分散在路上、工廠、家電和穿戴裝置等設備

上。因此，需要特別關注其獨特且令人困惑的特性，例如

- 較慢或不穩定的網路連接
- 有限的電力
- 對設備沒有實體的連接
- 可能使用專有或自定的應用協定
- 人機互動

除了以上幾點外還有許多的問題，其中一個就是 IoT 閘道器的雙向溝通。閘道器在 IoT 中扮演重要的角色，提供安全的資料傳輸非常重要。設備不僅可以發送數據（設備到雲端通訊），還可以接收數據並處理來自雲端點的訊息和資訊（雲端到設備通訊）。物聯網解決方案可能會向設備發送訊息，通知其更改配置值。例如，通知設備改變其提取數據的速率或更改溫度的上限或下限警報值。若能克服 IoT 閘道器遭遇的問題，能提供適當的安全性、可靠性及可擴展性。

為了克服前面討論 IoT 解決方案的挑戰，Microsoft 的 Azure IoT Hub 是一個完全託管的通訊服務，在物聯網設備和解決方案間，提供高度安全，可靠和可擴展的訊息。Azure IoT Hub 可看作是一個高級閘道器，當作所有設備間雙向通信管理器，包括以下之物聯網解決方案：

- 設備到雲端和雲端到設備間信賴和可靠的訊息
- 設備的即時註冊
- 透過設備的安全憑證和存取控制進行安全通訊
- 擴展設備的連接監控
- 事件監控
- 可用於大多數語言的程式庫和 SDK

在物聯網領域中，設備與設備以及用戶端與伺服器端的連接常讓人有安全性上的疑慮，Azure IoT Hub 提供了多種安全性存取控制憑證，可以儲存、同步處理和查詢裝置中繼資料與狀態資訊。針對每一個裝置都有獨一的安全金鑰，儲存裝置身分識別金鑰，設定裝置的存取白名單和黑名單，達到存取權完全控制。資料的傳送路由不需要撰寫任何的程式碼，是由 Azure

IoT Hub 定義路由的規則。在管理多個裝置的情況下，使用者會收到有關裝置連線的事件紀錄檔，列出所有裝置的連線資訊和訊息傳送資訊。在開發的部分提供 Azure IoT SDK，可供各種語言和平臺使用並支援許多作業系統。在使用的語言上也支援 C#、Java、Javascript 和 Node.js 等語言。在傳輸協定上也有高擴展性，如果使用者不能使用裝置程式庫，可讓裝置以原生方式使用 MQTT、HTTP 或 AMQP 通訊協定，也可以擴充支援自訂通訊協定。除了這些功能外，也能夠連結數百萬個裝置，同時處理數百萬個事件，Azure IoT Hub 的架構如圖 12-2 所示。

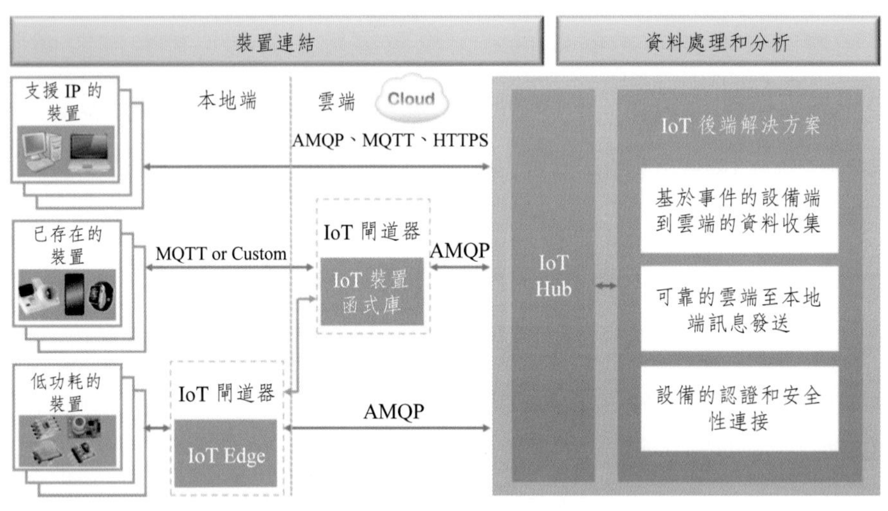

圖 12-2　Azure IoT Hub 架構

12-2　物聯網雲端實務

本節將以 Azure IoT Hub 建立一個氣候數據模擬的實作範例。我們模擬一個溫濕度的裝置，從裝置端接收溫度及相對濕度的資料，也可遠端控制此裝置。首先建立 Azure IoT Hub 與 MQTTBox 模擬裝置的連接，模擬物聯網使用 MQTT 協定做為資料的傳輸，為讓使用者了解資料的傳輸及應用，使用易讀的 JSON 資料格式。另外搭配 Device Explorer Tool 監看 MQTTBox 模擬裝置傳送至 Azure IoT Hub 的資料，進一步了解資料的傳輸過程。資料的接收後可以搭配 Stream Analytics，利用簡單的查詢語言或規則來過濾、篩選、排序及彙接收到的資料，再將此資料與其他的服務結合，達到資料價值的最大化。另外也可以將這些資料儲存到 Storage Blobs 中。如果搭配 Azure Machine Learning 的服務，可以將接收到的資料透過訓練好的機器學習模型完成資料的分群、分類甚至預測的服務。此流程可以讓使用者了解資料的收集傳輸過程以及資料的應用，因此我們將利用 Azure Machine Learning 訓練好降雨機率預測模型來預測接收到的模擬資料，此實作架構圖如圖 12-3 所示。

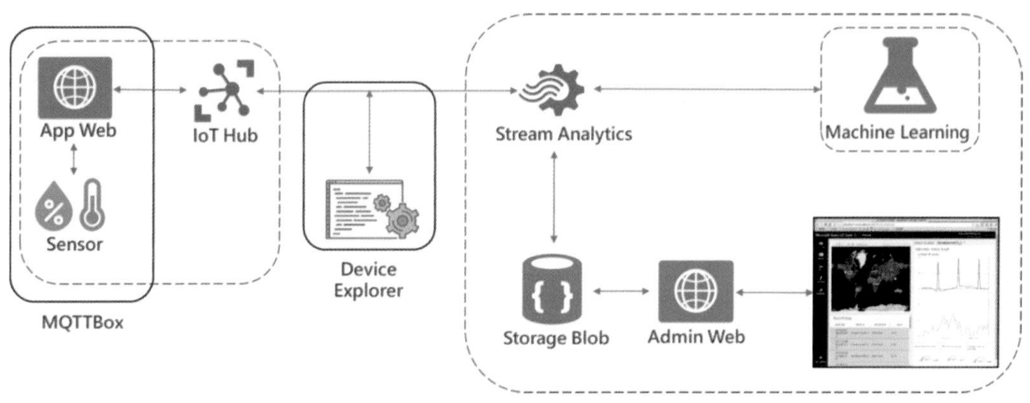

圖 12-3　Azure IoT Hub 實作架構圖——MQTTBox 模擬器發送訊息到 IoT Hub

首先到 Microsoft Azure Portal（https://azure.microsoft.com/zh-tw/）的入口網站登入帳號進入儀表板，顯示所有相關的資訊。在儀表板點選「資源群組」，然後點選「建立資源群組」，如圖 12-4 所示。

點選建立資源群組後，(1) 輸入資源群組名稱。(2) 選擇使用資源群組位置。(3) 按下建立完成建立資源群組，如圖 12-5 所示。

圖 12-4　建立資源群組頁

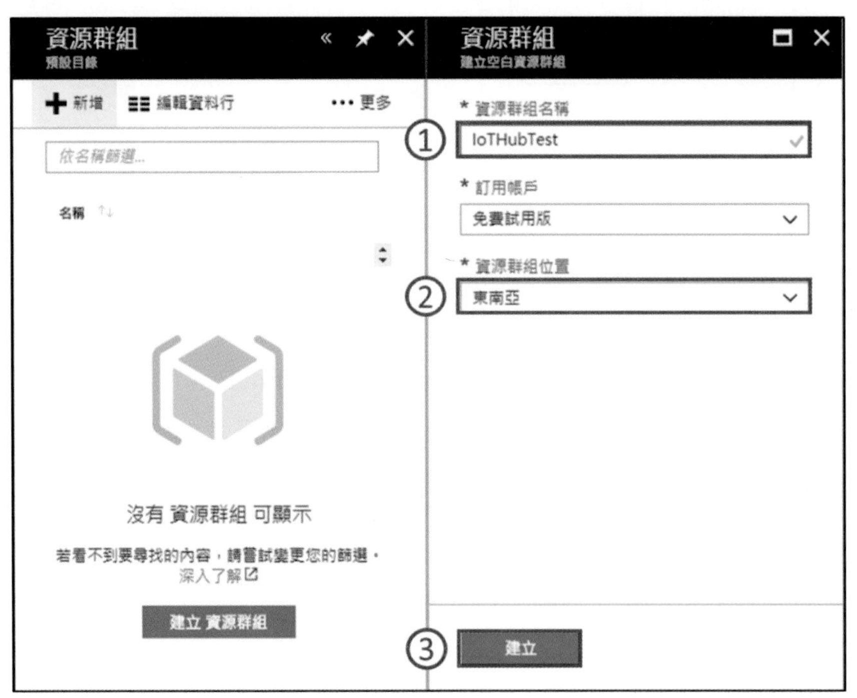

圖 12-5　建立資源群組

建立好資源群組後，到新建好的資源群組中，選擇 (1) 資源群組。(2) 概觀。(3) 新增，如圖 12-6 所示。之後在 Marketplace 的搜尋欄位中輸入 IoT Hub 即可找到 IoT Hub 服務，如圖 12-7，點選後按下建立。

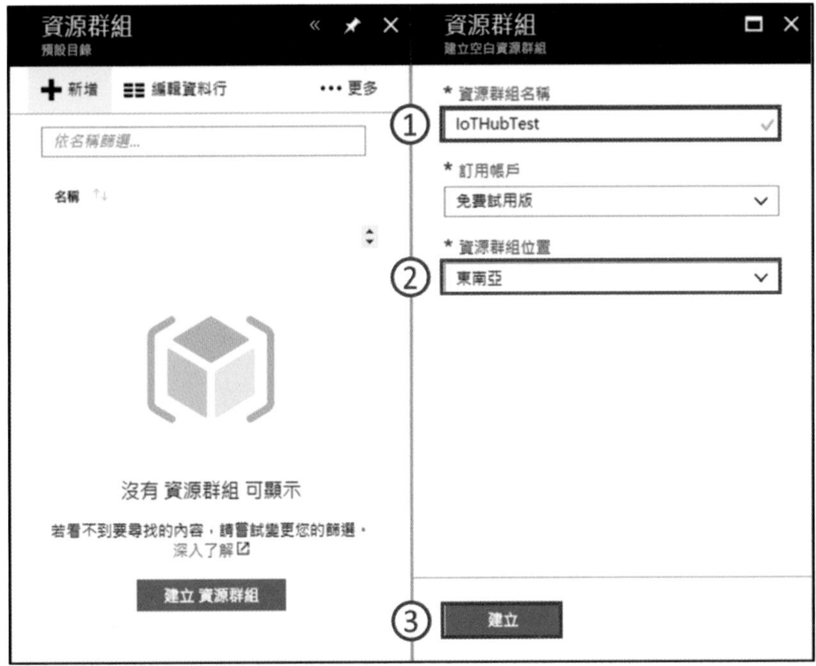

圖 12-6　資源群組中新增服務

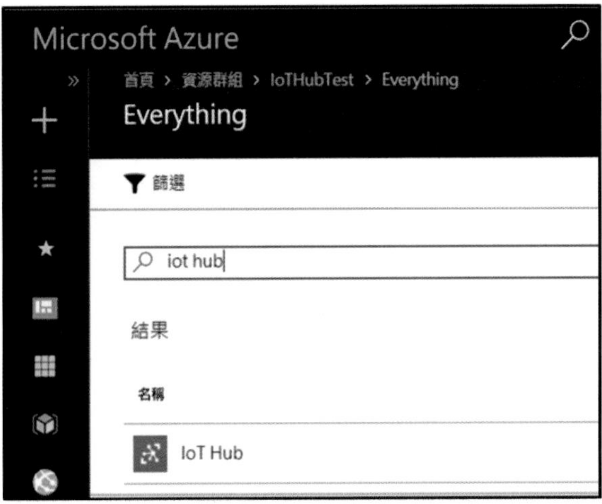

圖 12-7　搜尋 IoT Hub

建立後先輸入 IoT Hub 名稱，再選擇定價與級別層，此級別層關係到訊息的吞吐量，選擇免費做為測試，位置選擇東南亞，最後按下建立，如圖 12-8。部署完成後在資源群組中可以找到 IoT Hub，如圖 12-9 所示。

圖 12-8　建立 IoT Hub

圖 12-9　資源群組中的 IoT Hub

點選 IoT Hub 後可以看到相關資訊，如圖 12-10 所示，其中會顯示 Hub 的使用量。

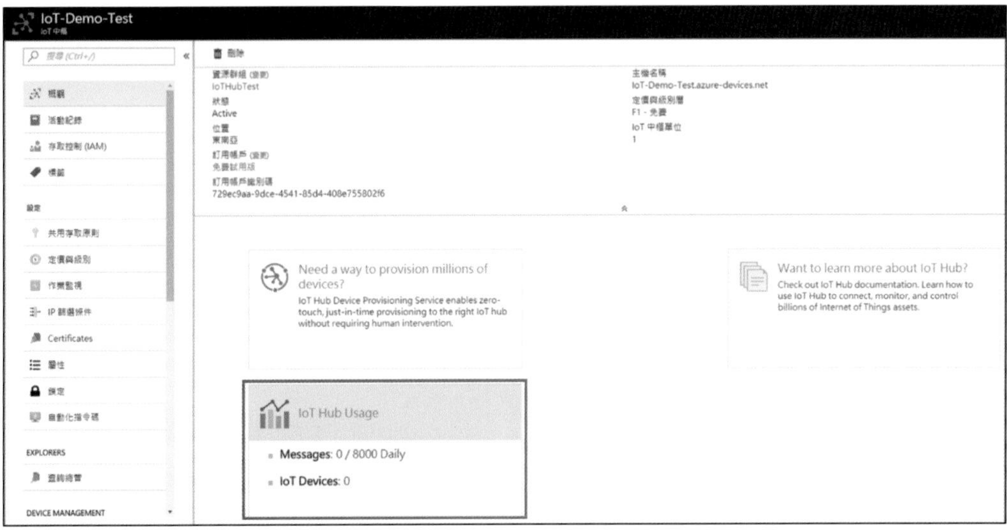

圖 12-10　IoT Hub 相關資訊

如圖 12-11 所示，(1) 點選「共同存取原則」會出現存取權限的相關資訊。(2) 點選 iothubowner 是關於登錄寫入、服務連線和專制連線的權限。點選後有一些共同存取金鑰如圖 12-12 所示，後續將會使用。

圖 12-11　共同存取原則

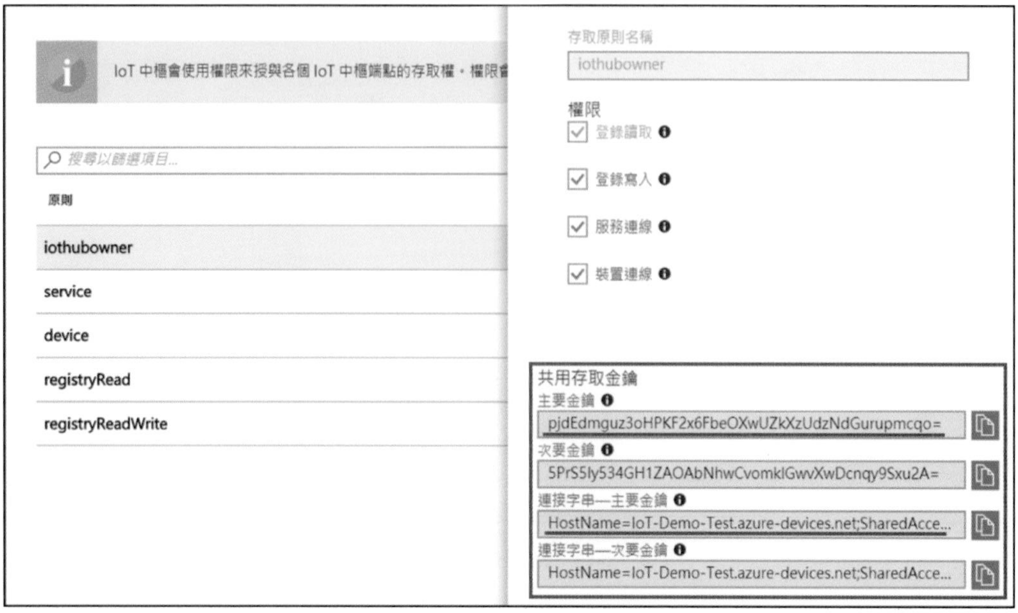

圖 12-12　共同存取金鑰

有了 IoT Hub 之後，需要一個模擬裝置的管理程式 Device Explorer 橋接裝置與 IoT Hub，也可觀察訊息的傳遞過程，請先行下載並安裝此程式，下載網址：https://github.com/Azure/azure-iot-sdk-csharp/releases/download/2017-7-14/SetupDeviceExplorer.msi。安裝完 Device Explorer 後啟動應用程式，如圖 12-13 所示，將看到 IoT Hub Connection String，(1) 填上之前的連接字串金鑰。(2) 按下 Update 後連結。

連上 IoT Hub 後，至 Management 的選單，如圖 12-14 所示，點選 Create 來新增裝置，輸入 Device ID 即可，下面的 Key 會自動生成，之後點選 Create 即可，如圖 12-15 所示。

新增完畢後需要生成 SAS 權杖為之後連接時使用，回到 Configuration 中點選右下角的「Generate SAS」生成 SAS 權杖，如圖 12-16 所示。

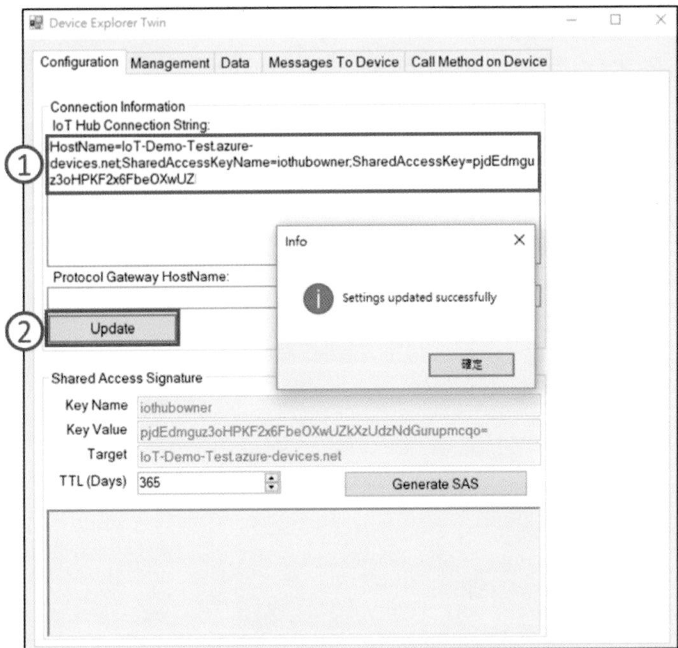

圖 12-13　Device Explorer 連接 IoT Hub

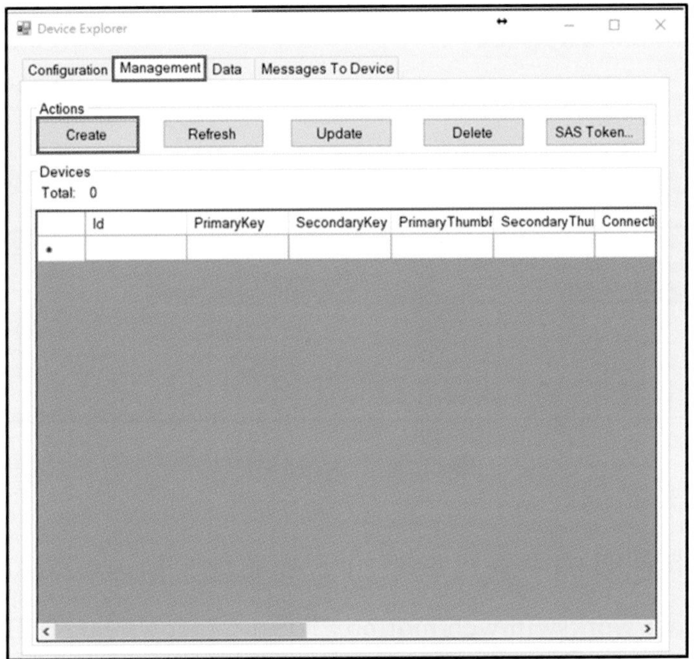

圖 12-14　Device 管理列表

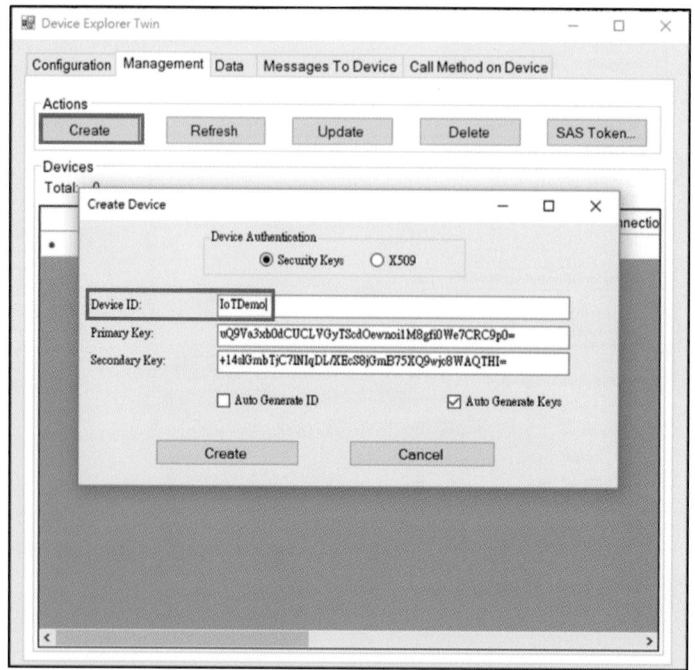

圖 12-15　新增 Device

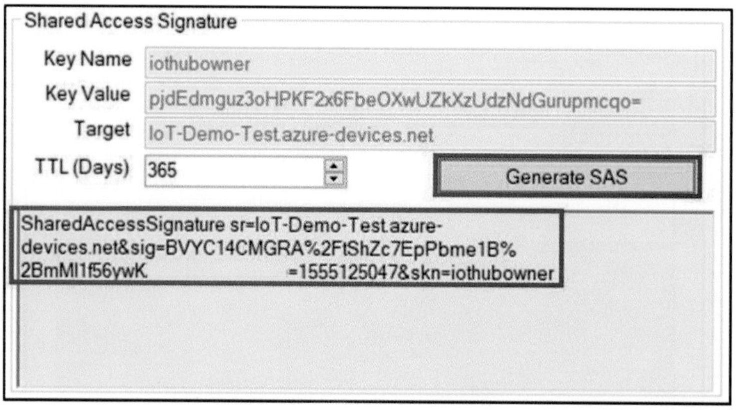

Shared Access Signature
Key Name　iothubowner
Key Value　pjdEdmguz3oHPKF2x6FbeOXwUZkXzUdzNdGurupmcqo=
Target　IoT-Demo-Test.azure-devices.net
TTL (Days)　365　Generate SAS
SharedAccessSignature sr=IoT-Demo-Test.azure-devices.net&sig=BVYC14CMGRA%2FtShZc7EpPbme1B%2BmMI1f56ywK　=1555125047&skn=iothubowner

圖 12-16　生成 SAS 權杖

傳送資料訊息的平臺可以經由下載網址：https://s3-us-west-2.amazonaws.com/workswithweb/mqttbox/latest/windows/MQTTBox-win.exe，下載 MQTTBox 程式，執行後按下「Create MQTT Client」準備連接我們的裝置。接下來需要填入一些參數，如圖 12-17 所示：(1) 填入 Device 名稱。(2) Protocol 部分選擇 mqtts/tls，IoT Hub 只接受加密協定。(3)Username 部分填

入固定格式 { 主機名稱 }/{Device 名稱 }。(4)MQTT Client Id 填入 Device 名稱。(5)Host 主機名稱可以在 IoT Hub 中的概觀取得或是依照格式 {IoT Hub 名稱 }.azure-devices.net:8883。(6)Password 部分就是之前在 Device Explorer 中取得的 SAS 權杖，將它貼上即可。(7) 時間戳記的選項不要勾選。(8) 最後按下 Save 就可以建立連結。

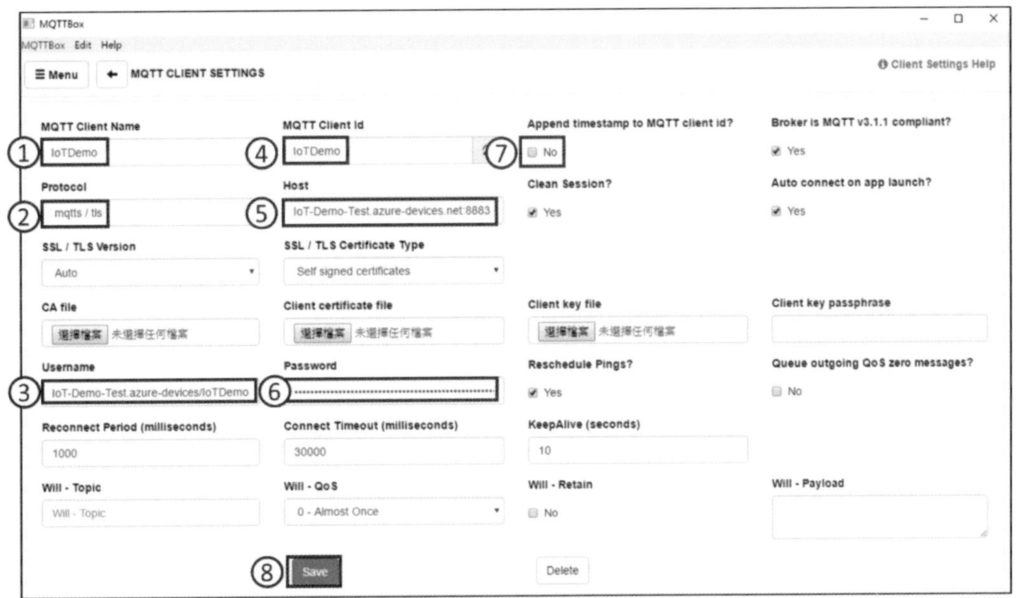

圖 12-17　MQTT Client 參數設定

建立好後畫面會跳至收發訊息的介面，如圖 12-18 所示，此處看到狀態上顯示 Connected，表示已經與 IoT Hub 連線。之後可以準備用 MQTTBox 測試傳送訊息給 IoT Hub，再經由 Device Explorer 觀察是否傳送訊息。

現在可以來測試藉由 Device Explorer 監控 MQTTBox 傳送訊息給 IoT Hub。首先到 Device Explorer 的 Data 選單中按下 Monitor 選項來啟動監控，之後如果在下方的訊息欄看到「Receiving events」，代表成功啟動監控模式，如圖 12-19 所示。

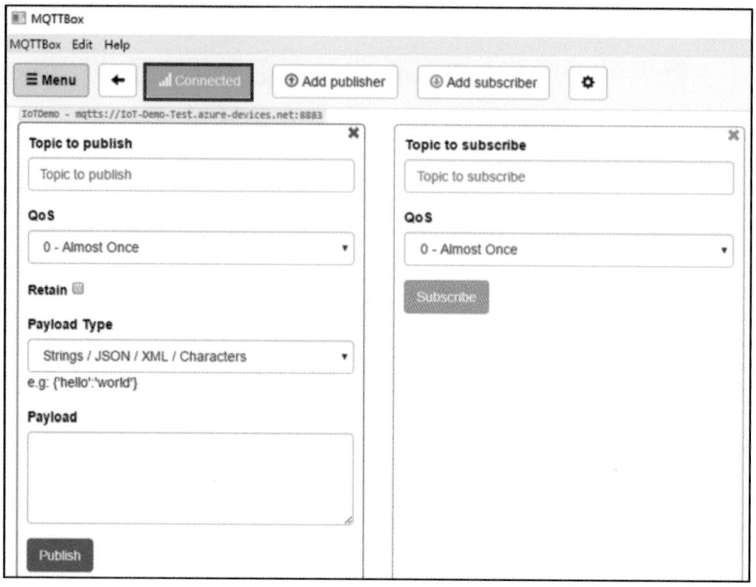

圖 12-18　成功連上 IoT Hub

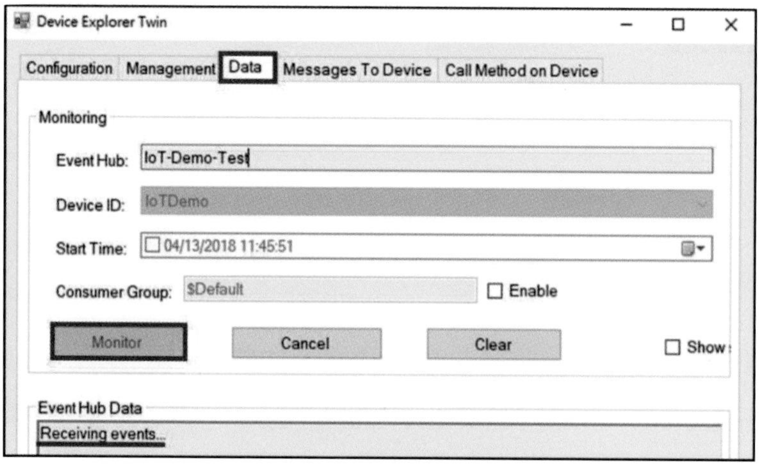

圖 12-19　啓用監控 IoT Hub

接下來到 MQTTBox 中輸入測試的資料，模擬傳送溫濕度的一些相關資料，如圖 12-20 所示。我們需要知道 Microsoft IoT Hub 的 Topic 才能傳送到 IoT Hub，Microsoft 的 Topic 格式為 {devices/{deviceid}/messages/events/{ 分類 }}，其中分類的部分使用者可以自行定義。(1) 輸入 Topic 的部分。(2) QoS 的部分選擇至少傳 1 次。(3)Payload 的部分就是傳送的資料，可以輸入一般文字也可以使用 JSON 格式。(4) 最後按下 Publish 傳送。成功傳送資料後可以到 Device Explorer 中查看資料欄，會出現傳送過的資料，如圖 12-21 所示。

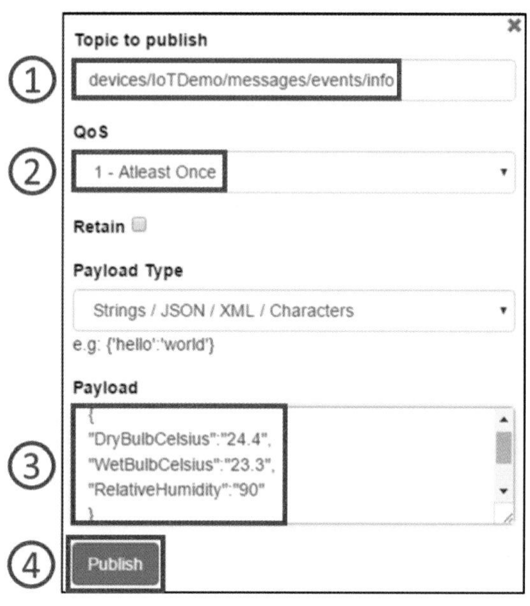

圖 12-20　模擬傳送資料

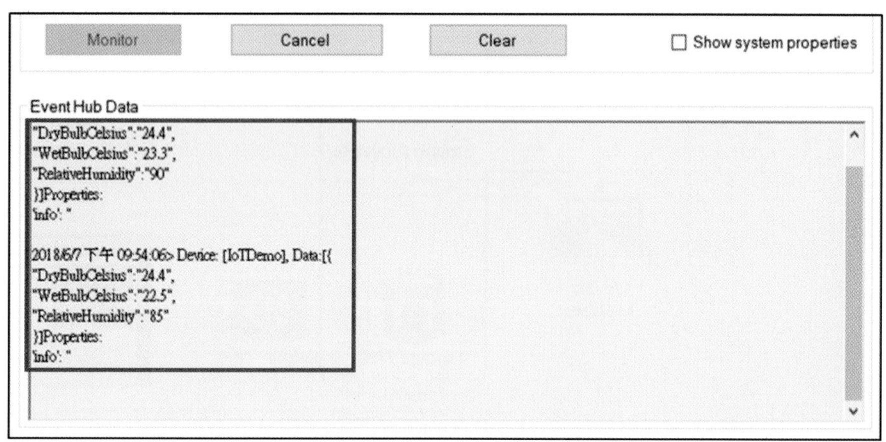

圖 12-21　IoT Hub 所收到的資料

最後回到 IoT Hub 的概觀中，看到裝置數量為 1，訊息的使用量多了 11 筆，即表示訊息已經成功傳送到 IoT Hub 中，如圖 12-22 所示。

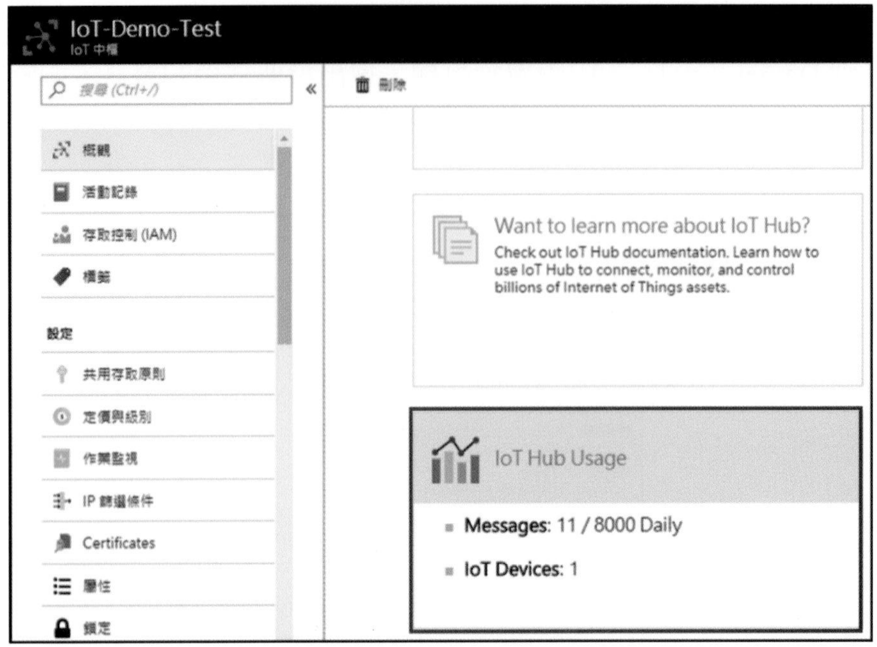

圖 12-22　IoT Hub 使用量

以下我們將要實作 Azure IoT Hub 在接收到資料後，利用 Stream Analytics 即時記錄再儲存到 Storage blobs 中，如圖 12-23 所示。

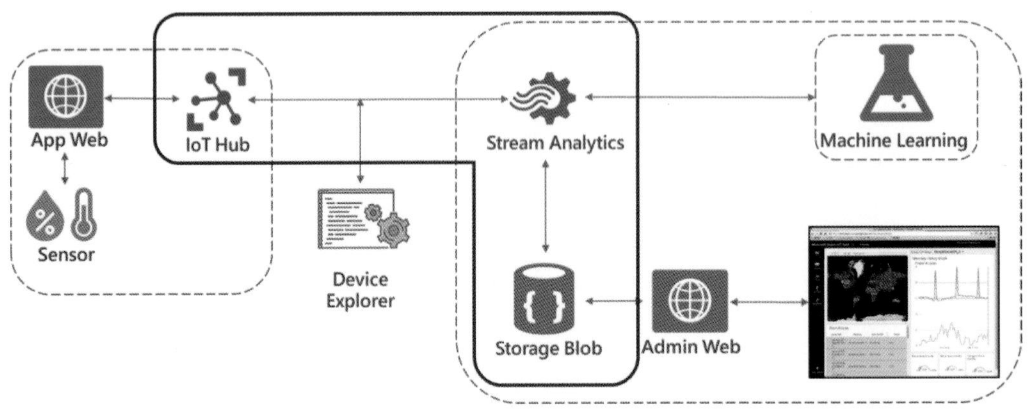

圖 12-23　Azure IoT Hub 實作架構圖——IoT Hub 傳送資料到 Stream Analytics 並儲存到 Storage Blob

在 Azure 的 Marketplace 中搜尋 Blob storage 服務。建立儲存體帳戶時，取一個名稱當成 blob 的 URL，帳戶種類選擇「Blob 儲存體」，存取層選擇「冷」，資源群組和位置都和 IoT Hub 一樣，其餘的選項使用預設值，點選建立，如圖 12-24 所示。

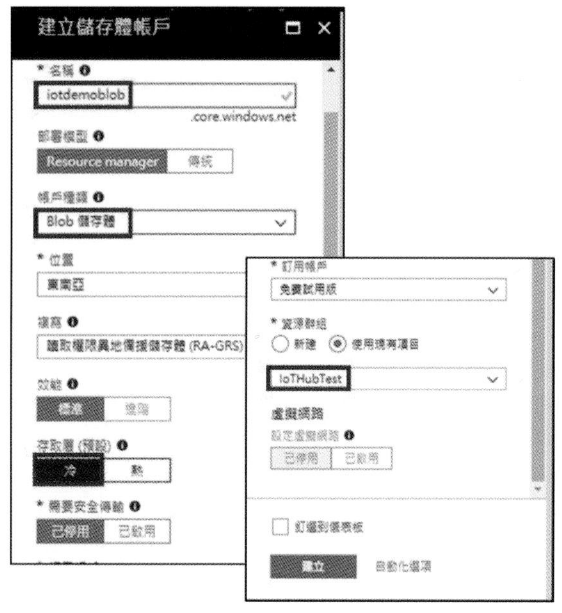

圖 12-24　建立儲存體帳戶

建立好儲存體帳戶後，在概觀中可以看到相關的資訊，包含儲存位置、存取層、讀寫權限和 Blob 服務端點等。接下來點選「容器」，新增容器中命名容器名稱，選取存取類型為「Blob」，如圖 12-25 所示。

圖 12-25　儲存體帳戶新增容器

建立容器後，IoT Hub 可從物聯網設備中接收到資料，但物聯網的應用並不僅於收集環境的資料，而是要將資料轉化為有用的訊息，接下來我們運用 Stream Analytics 進行有效率的資料處理。Stream Analytics 提供來自裝置或處理程序大量資料流的檢查，從資料流當中擷取資訊，識別模式、趨勢和關聯性。使用串流分析工具可以觸發程序或動作、自動化工作流程和將資訊提供給視覺化報告工具等服務。我們在 Marketplace 輸入 Stream Analytics 即可點選並建立。建立串流分析工作只需新增工作名稱即可，資源群組與位置也和 IoT Hub 相同，如圖 12-26 所示。

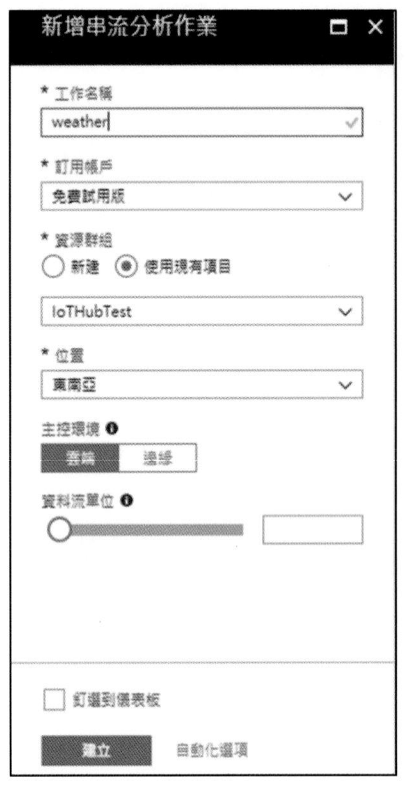

圖 12-26　新增串流分析工作

接下來將串流分析工作的輸入端設定成 IoT Hub，點選工作拓樸的輸入選項如圖 12-27 所示。按下輸入後會跳到輸入端的列表，點選「新增資料流輸入」後選擇 IoT 中樞即可加入新的輸入端。除了輸入別名外，其餘的設定使用預設值即可，最後按下「儲存」即可，如圖 12-28 所示。

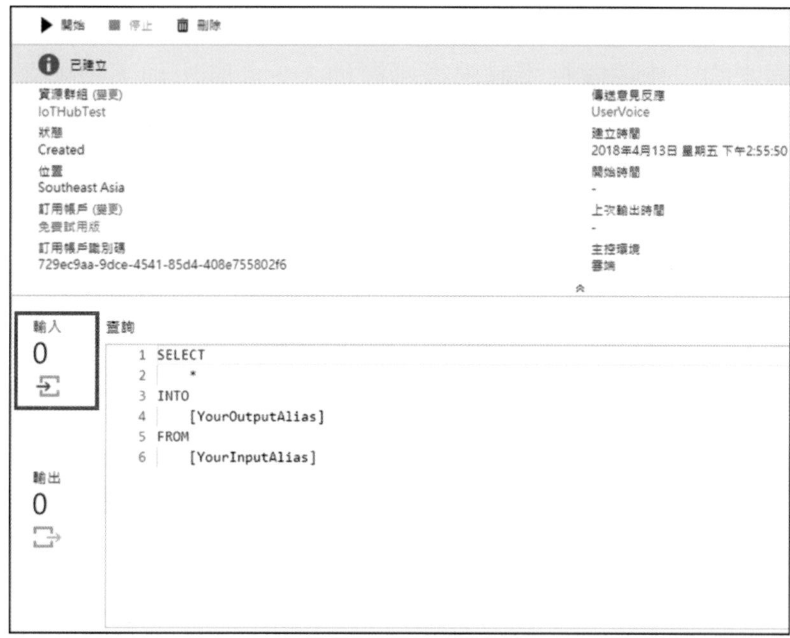

圖 12-27　串流分析工作介面

圖 12-28　新增輸入端

新增加輸入端之後處理新增輸出端。與之前處理輸入端一樣，在串流分析工作概觀中的工作拓樸點選輸出後選擇加入，此時出現下拉式選單供使用者選擇各式各樣的服務來連接，這個部分我們選擇「Blob 儲存體」，點選後會自動連結到使用者先前建議的儲存體以及容器，因此只需要設定輸出別名及設定路徑模式。路徑模式為在指定容器內尋找 Blob 的檔案路徑，直接使用預設的路徑 logs/{date}/{time}，其餘的皆使用預設值即可，最後點選「儲存」，如圖 12-29 所示。

圖 12-29　新增輸出

將輸入與輸出都建立好之後，概觀的畫面將看到輸入與輸出的數量為 1。接下來要設定查詢的規則，先按下編輯查詢來修改查詢語法，我們將設定 IoT Hub 接收的資料都傳到 Blob 儲存體中，因此設定查詢的語法如圖 12-30 所示。

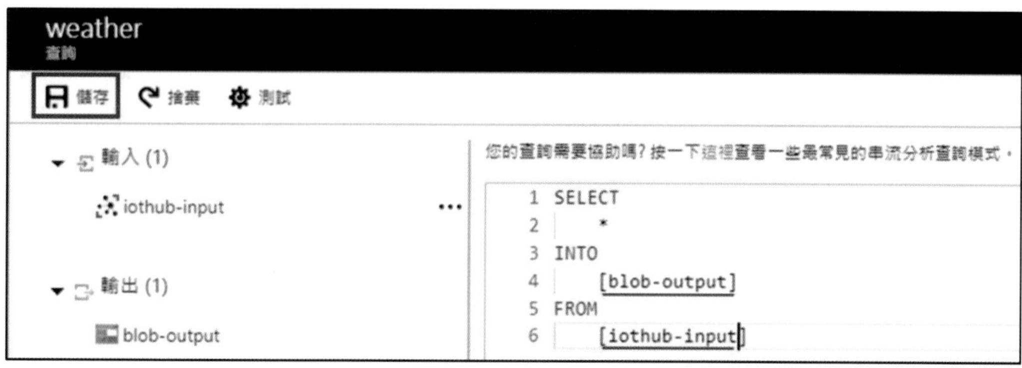

圖 12-30　查詢語法

設定好之後開始串流分析工作，如圖 12-31 所示，按下開始將工作輸出開始時間設定成「立即」，直到狀態顯示資料流工作已成功啟動。啟動後將之前實作過的資料傳送到 Azure IoT Hub，此時可以在概觀的儀表板中看見設備資源的使用率，如圖 12-32 所示，使用者也可以到儲存體的容器中找到所接收到的資料、時間和大小等資訊並將檔案下載下來，如圖 12-33 所示，下載下來的資料格式為最初定義的 JSON 格式如圖 12-34。

圖 12-31　啟動串流分析工作

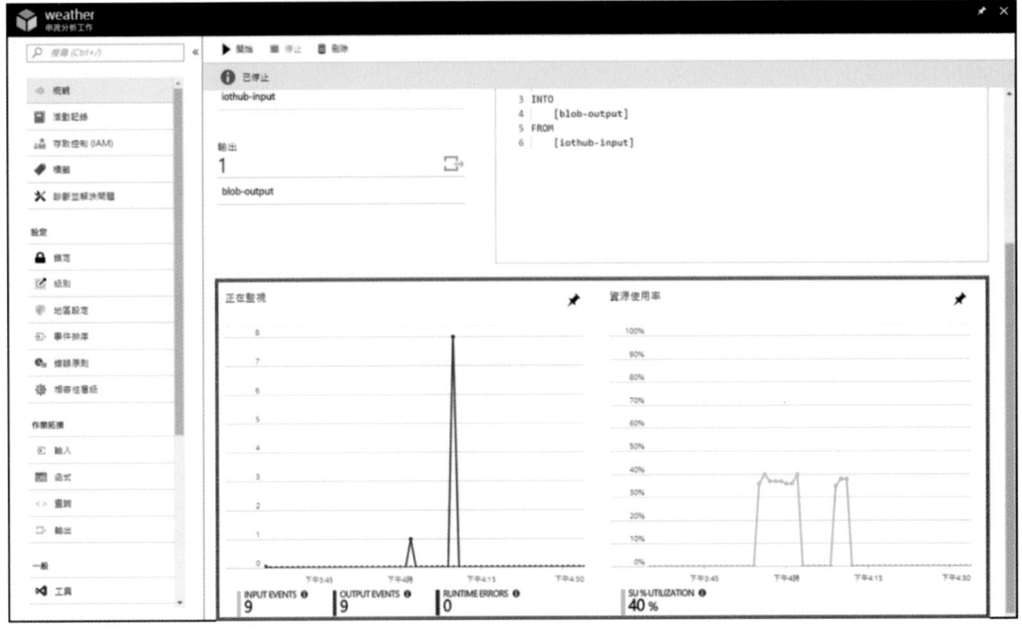

圖 12-32　串流分析工作資訊監控儀表板

圖 12-33　下載 IoT Hub 資料

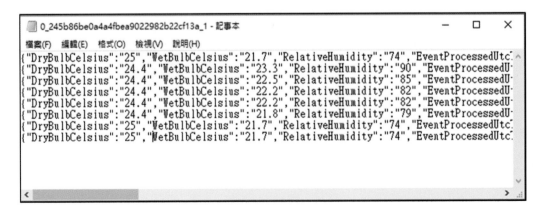

0_245b86be0a4a4fbea9022982b22cf13a_1 - 記事本

檔案(F)　編輯(E)　格式(O)　檢視(V)　說明(H)

{"DryBulbCelsius":"25","WetBulbCelsius":"21.7","RelativeHumidity":"74","EventProcessedUtc
{"DryBulbCelsius":"24.4","WetBulbCelsius":"23.3","RelativeHumidity":"90","EventProcessedU
{"DryBulbCelsius":"24.4","WetBulbCelsius":"22.5","RelativeHumidity":"85","EventProcessedU
{"DryBulbCelsius":"24.4","WetBulbCelsius":"22.2","RelativeHumidity":"82","EventProcessedU
{"DryBulbCelsius":"24.4","WetBulbCelsius":"22.2","RelativeHumidity":"82","EventProcessedU
{"DryBulbCelsius":"24.4","WetBulbCelsius":"21.8","RelativeHumidity":"79","EventProcessedU
{"DryBulbCelsius":"25","WetBulbCelsius":"21.7","RelativeHumidity":"74","EventProcessedUtc
{"DryBulbCelsius":"25","WetBulbCelsius":"21.7","RelativeHumidity":"74","EventProcessedUtc

圖 12-34　資料格式樣式

物聯網提供許多相關資訊，但這些資訊要應用才可以顯示資料的價值。接下來我們將實際運用 Azure Machine Learning 分析 Azure IoT Hub 中的溫濕度資料，預測降雨機率。圖 12-35 為 Microsoft 的物聯網與機器學習應用模型，藉由設備收集資料後傳輸到 Azure IoT Hub 中，再由 Stream Analytics 輸出到 Azure Storage，藉由 Azure Machine Learning 分析結果。

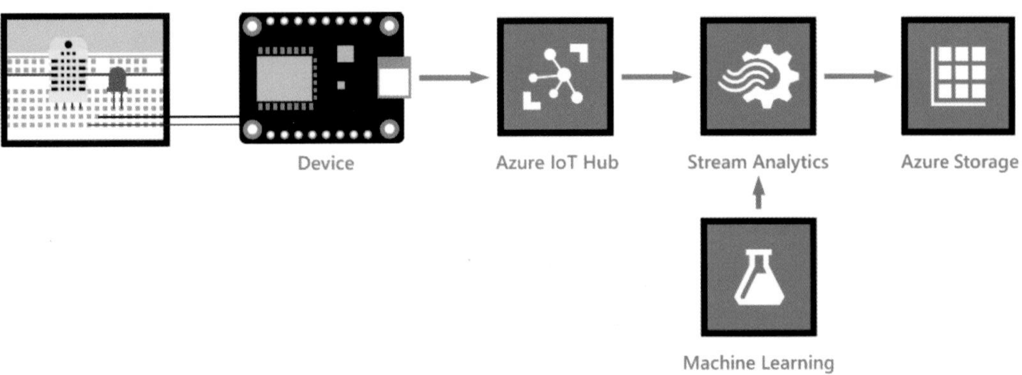

圖 12-35　Azure IoT Hub 收集資料，使用 Azure Machine Learning 分析資料

開始前我們需要知道要完成的工作項目：

- 將氣象預報模型部署為 Web 服務。
- 新增取用者群組，讓 IoT Hub 準備好進行資料存取。
- 建立串流分析作業，以及設定：
  - ✧ 從 IoT Hub 讀取溫度和濕度資料。
  - ✧ 呼叫 Web 服務分析降雨機會。
  - ✧ 將結果儲存至 Azure Blob 儲存體。
- 使用 Microsoft Azure 儲存體總管來檢視氣象預報。

首先到氣象預報模型頁面中 https://gallery.cortanaintelligence.com/Experiment/Weather-prediction-model-1，登入 Microsoft Account 後，點選 Open in Studio 進入 Azure Machine Learning 的頁面，如圖 12-36 所示。

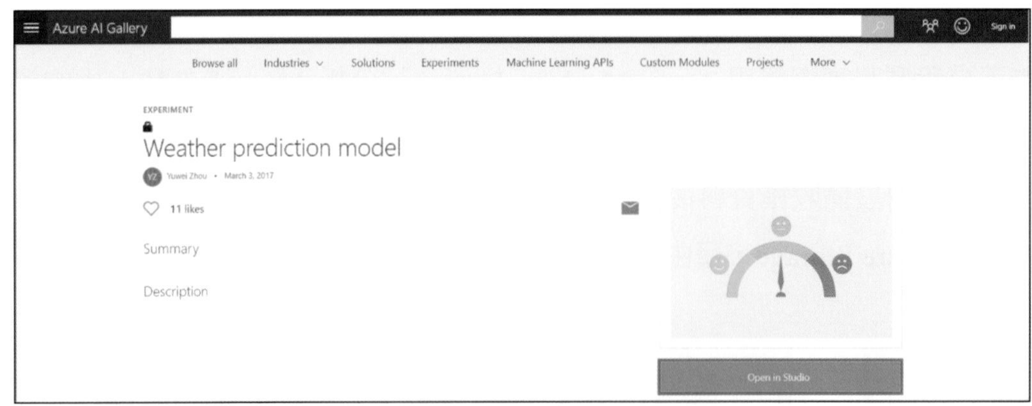

圖 12-36　登入模型頁面

進入 Azure Machine Learning（AML）頁面後，可以看到畫面中的樹狀圖，即資料分析的整個流程。從資料送到 AML 中到選擇想要的分析模型，最後得出預測的結果，在下方點選 Run 的動作需要一些時間驗證這個模型，如圖 12-37 所示。

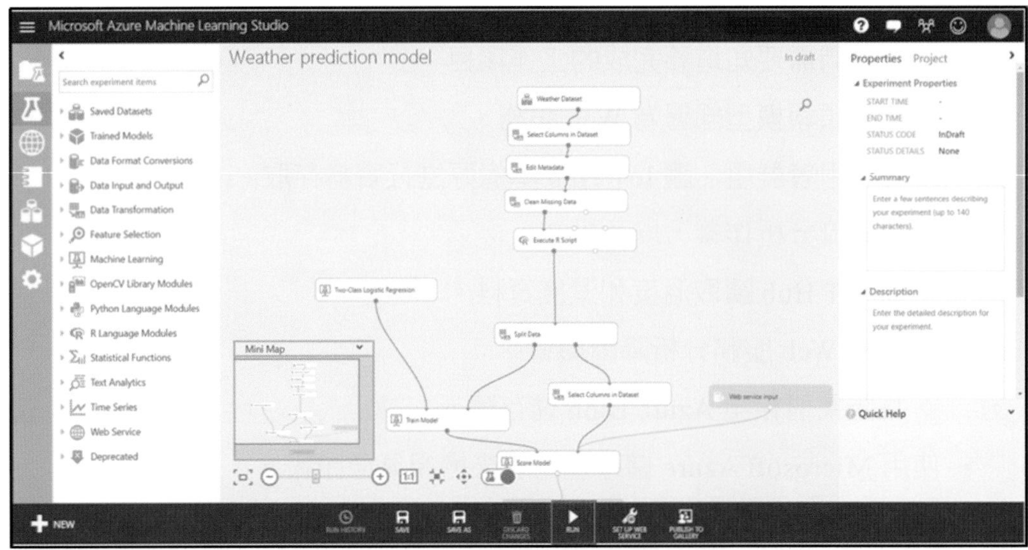

圖 12-37　Azure Machine Learning Studio

完成後將滑鼠移到下方的 SET UP WEB SERVICE 中顯示兩種服務，我們選擇 Predictive Web Service，如圖 12-38 所示。

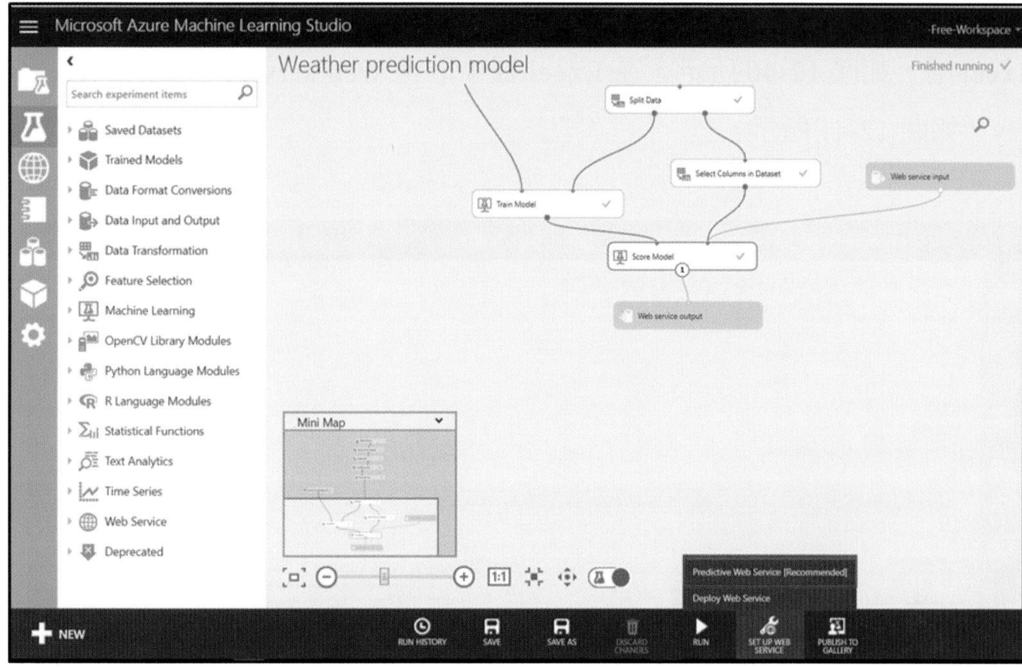

圖 12-38　Predictive Web Service

選擇好預測服務後，將畫面中的 Web service input 連線至 Score Model，如圖 12-39 所示，再點選一次 Run 來驗證，最後再選擇一次 Deploy Web Service。

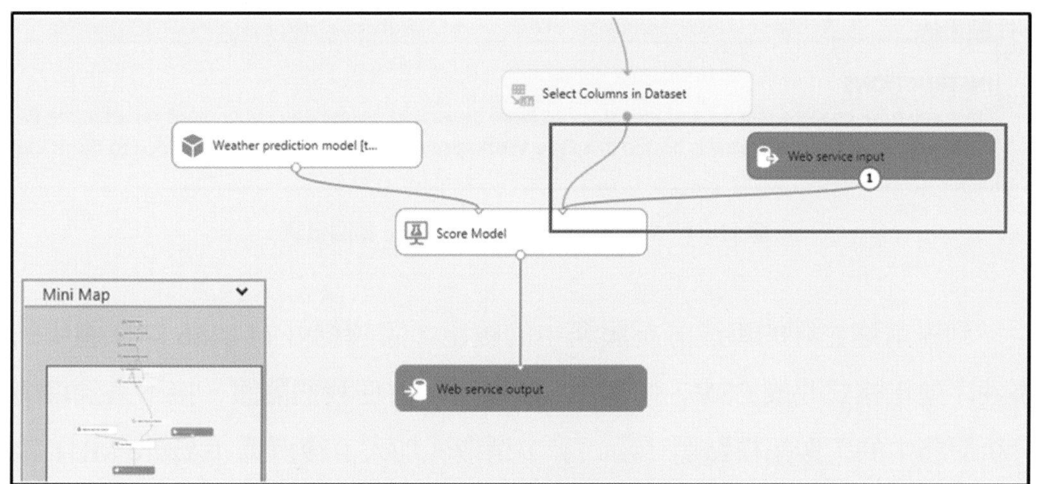

圖 12-39　將 Web Service Input 連接至 Score model

部署完後至下方 REQUEST/RESPONE 的 APPS 處點選 Workbook 下載 Excel 檔，如圖 12-40 所示，在 Excel 檔中取得 Web service URL 和 Access key，如圖 12-41 所示。

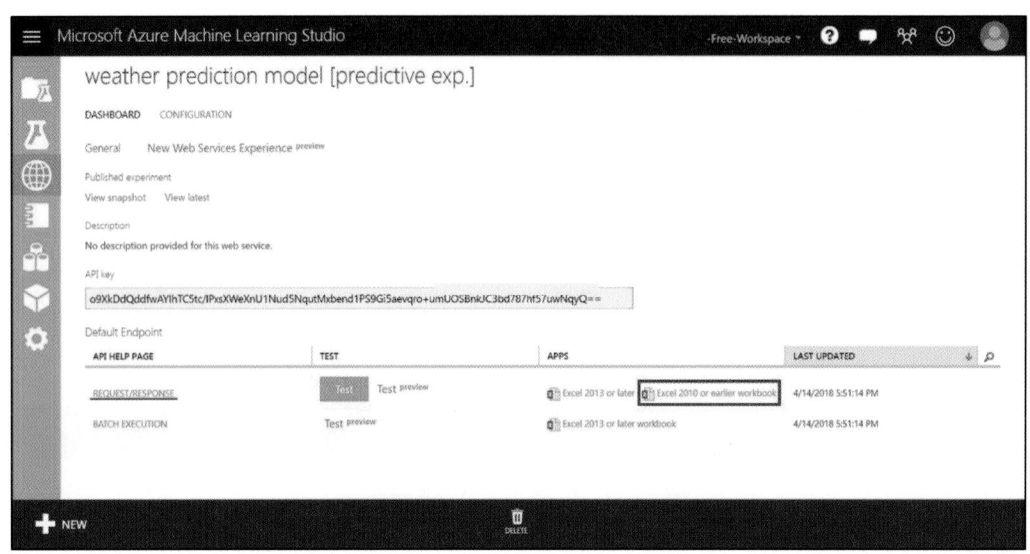

圖 12-40　下載 Workbook

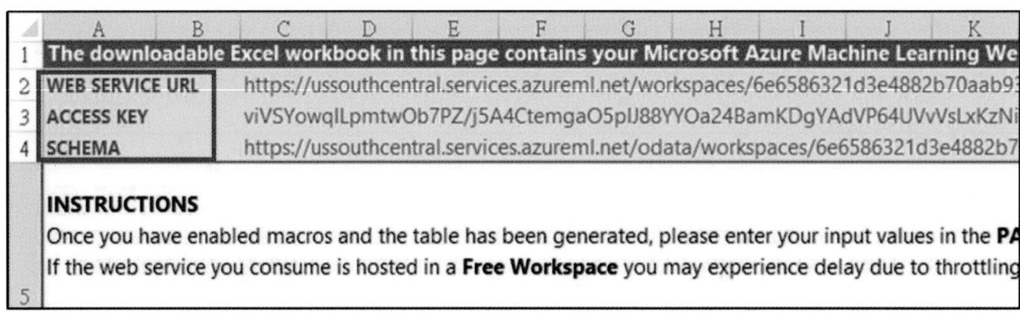

圖 12-41　Workbook 中的 Web service 相關資訊

到先前建立好的串流分析服務中的輸出，將連結好的 Blob 儲存體中的事件序列化格式改成 CSV，如圖 12-42 所示，方便我們閱讀。接下來到串流分析服務中的工作拓樸點選「函式」，選取「加入」後選擇「Azure ML」來新增函式，如圖 12-43 所示，點選 Azure ML 後給定此函式名稱，並選擇手動提供函數設定來將 Workbook 中的 URL 及 Access Key 填入來獲取服務，如圖 12-44 所示。

圖 12-42　選擇資料格式

圖 12-43　新增 Azure ML 函式

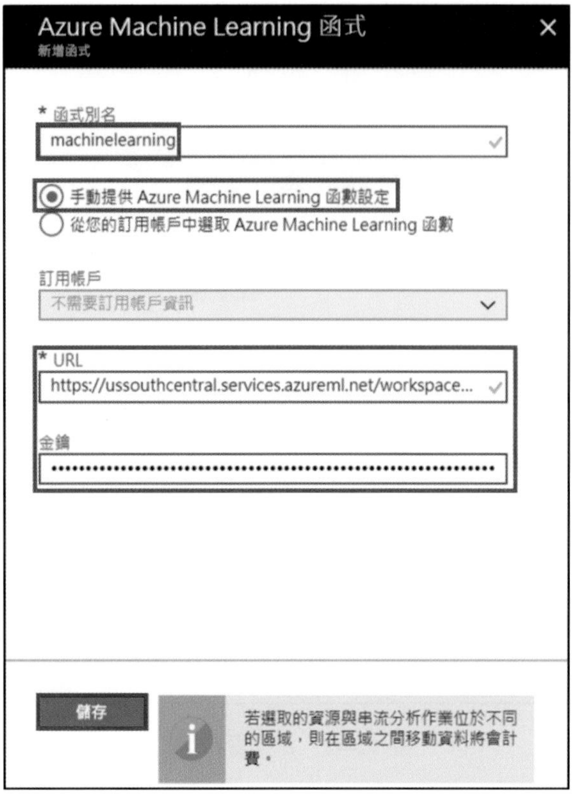

圖 12-44　Azure ML 函式設定

再回到串流分析服務的作業拓樸點選查詢，將本來的查詢語言更換成如圖 12-45 中的程式碼，並將圖中的 [YourInputAlias] 改成原本的 input 名稱，[YourOutputAlias] 改為 output 名稱，更改完畢後按下儲存。

```
WITH machinelearning AS (
    SELECT EventEnqueuedUtcTime, temperature, humidity,
    machinelearning(temperature, humidity) as result from [iothub-input]
)
SELECT System.Timestamp time, CAST (result.[temperature] AS FLOAT) AS temperature,
CAST (result.[humidity] AS FLOAT) AS humidity,
CAST (result.[Scored Probabilities] AS FLOAT) AS 'probabalities of rain'
INTO [blob-output]
FROM machinelearning
```

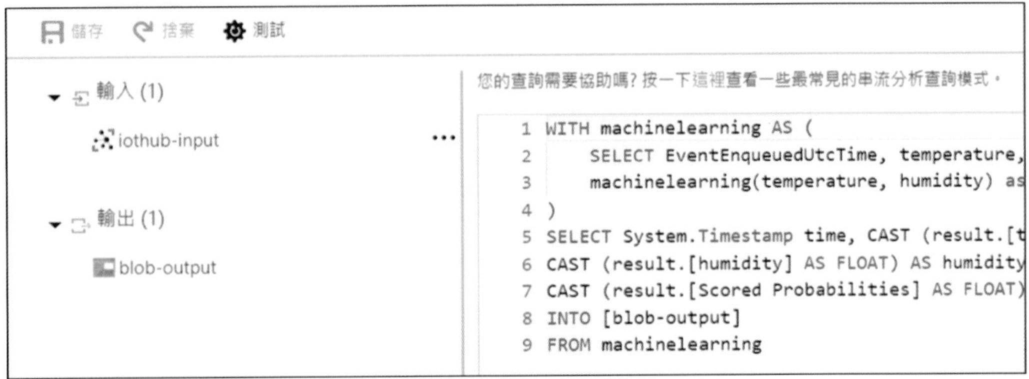

圖 12-45　更改查詢語言

儲存完畢後，點選開始串流分析工作後，開始測試分析服務。運用前面建立好的 MQTT 服務傳送想要分析的資料，只需要提供溫度及濕度的參數即可，如圖 12-46 所示。

Topic to publish

devices/IoTDemo/messages/events/info

QoS

1 - Atleast Once

Retain

Payload Type

Strings / JSON / XML / Characters

e.g: {'hello':'world'}

Payload

```
{
"temperature":"22.7",
"humidity":"61"
}
```

Publish

圖 12-46　傳送溫度及濕度資料

有了資料後，使用 Azure 儲存體總管檢視儲存體內的資料，將 Azure IoT Hub 收集的資料經過串流分析作業，呼叫 Azure Machine Learning 的氣象分析 Web 服務分析下雨的機率。接著儲存到 Azure Blob 儲存體中，藉由儲存體總管檢視。先到 http://storageexplorer.com/ 下載並安裝 Azure 儲存體總管。開啟 Azure 儲存體總管，登入 Azure 帳戶並選取使用者的訂用帳戶，再到 Storage Accounts 中選取自己的 Container 取得資料，如圖 12-47 所示。最後打開下載的 Log 後，就可以看到分析的結果，如圖 12-48 所示，最後一欄為降雨的機率。

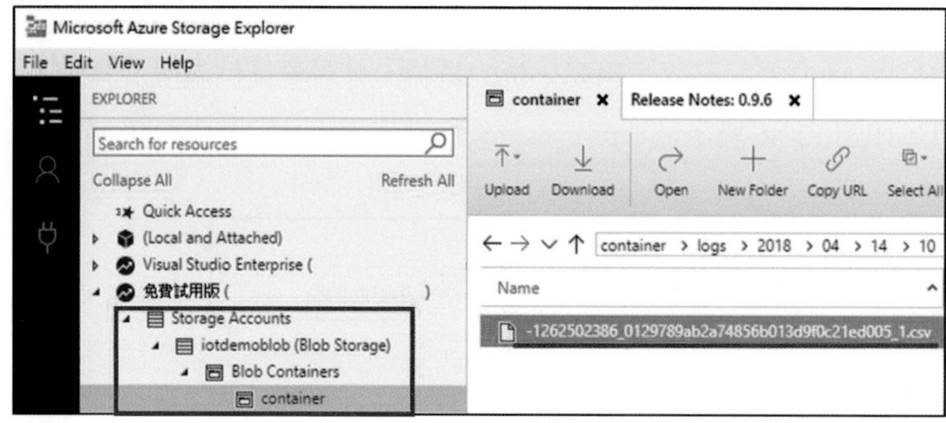

圖 12-47　降雨機率資料集

	A	B	C	D	E
1	time	temperature	humidity	probabalities of rain	
2	2018-04-14T10:23:40.5150000Z	27	88	0.823353052	
3	2018-04-14T10:24:11.6720000Z	23.3	90	0.6482988	
4	2018-04-14T10:24:19.6270000Z	22.5	85	0.734778881	
5	2018-04-14T10:24:33.4590000Z	21.8	79	0.759796798	
6	2018-04-14T10:24:40.1480000Z	23	63	0.687988758	
7	2018-04-14T10:24:44.6800000Z	23.5	63	0.697435617	
8	2018-04-14T10:24:49.7270000Z	22.7	61	0.67403537	

圖 12-48　分析後的降雨率

本章的實作是運用 MQTTBox 傳送資料到 Azure IoT Hub 後，由 Stream Analytics 建立 IoT Hub 和 Machine Learning 的橋接，在 Stream Analytics 中撰寫 SQL 查詢語言，對接收的資料做篩選、排序或是特定的資料處理。在

Machine Learning 中，可以自行建立機器學習的模型或是選擇 Microsoft AI Gallery 中提供的現有模型來分析，再將分析出來的結果輸出到 Blob Storage 查看。如果使用者自行建置感測器，可以將 MQTTBox 換成感測器，即時傳送資料做分析。本章的實作讓讀者知道物聯網的可擴展性，了解物聯網的應用，從資料的模擬到資料的收集和分析，最後創造出新的商業模式。

12-3　習題

1. 請說明 Azure IoT Hub 的架構。
2. 請讀者自行找一個物聯網的應用，利用 Azure IoT Hub 來實作。

參考文獻

1. Azure, https://azure.microsoft.com/
2. R. Barga, V. Fontama, and W. H. Tok, "Predictive Analytics with Microsoft Azure Machine Learning," *APress*, 2nd Edition, 2015.
3. B. Barton, "Microsoft Public Cloud Services: Setting Up Your Business in the Cloud," *Microsoft*, 2015.
4. S. J. Johnston, N. S. O'Brien, H. G. Lewis, E. E. Hart, A. White, and S. J. Cox, "Clouds in Space: Scientific Computing Using Windows Azure," *Journal of Cloud Computing*, Vol. 2, No. 2, 2013.
5. S. Mund, "Microsoft Azure Machine Learning," *Packt Publishing*, 2015.
6. A. Puca, M. Manning, B. Rush, M. Copeland, and J. Soh, "Microsoft Azure: Planning, Deploying, and Managing Your Data Center in the Cloud," *APress*, 2015.
7. J. Savill, "Mastering Microsoft Azure Infrastructure Services," *Sybex*, 2015.
8. M. Washam, "Automating Microsoft Azure Infrastructure Services," *O'Reilly*, 2014.
9. G. Webber-Cross, "Learning Windows Azure," *Packt Publishing*, 2014.

第十三章

物聯網雲端管理平臺——Amazon Web Services

13-1 Amazon Web Services 簡介

Amazon Web Services（AWS）是電子商務平臺 Amazon 建立於資料中心的雲端系統。早期建立主要的目的是希望能夠解決伺服器運算資源閒置的問題，但發展至今，成為 Amazon 旗下主要營收來源之一。AWS 是最早期提供雲端服務的供應商之一，用戶可以透過網站的介面管理和監控所需的資源，並可計算依照使用量付費為基礎的運算費用。

AWS 的 EC2（Elastic Compute Cloud）提供運算資源，構建雲端運算系統的基本元素。使用者利用服務提供商的虛擬機範本建立伺服器，或是經由提供包裝好的映像檔，讓自行製作的伺服器在雲端上執行。使用者可以預先安裝作業系統和軟體，將其封裝成映像檔上傳至雲端，自行在伺服器上配置記憶體和處理器以及儲存設備。AWS 的 S3（Simple Storage Service）能夠自由地存取檔案，藉由網路連接儲存資源，提供方便的網路服務介面，不論任何時間和地方都可透過網路存取資料。S3 提供開發人員高度的擴展性、可靠性、安全性、快速和價格低廉的資料儲存設施。

除了運算和儲存的相關服務外，AWS 也提供其他網路的服務，例如 AWS VPC 及 AWS Direct Connect 能夠建立並且控管虛擬或私有網路；AWS Machine Learning 針對大量資料進行分析；AWS AutoScaling、AWS ELB 和 AWS CloudWatch 可以自動監控並且動態增減服務所消耗的硬體資源，以符合經濟的效益；AWS IoT 是針對物聯網環境設備與設備間的通訊需求，以及後端的資料分析所建立的閘道平臺服務；AWS SNS 是能夠搭配其他服務自動通知使用者或是管理員的服務。

在 AWS 雲端平臺上利用上述的服務，能夠搭建一個完整的物聯網系統架構。底層的設備與設備間的資料通訊使用 AWS IoT 服務；感測資料的儲存使用「Amazon S3」服務；設備與服務間安全的虛擬網路則使用 Amazon VPC 及 AWS Direct Connect 服務；分析資料達成智慧判斷使用 AWS Machine Learning 服務；物聯網需要的運算伺服器、使用者介面的網站或是網路服務可以透過 AWS EC2 服務；動態的資源調整及資源配置的最佳化則可利用 AWS AutoScaling、AWS ELB 以及 AWS CloudWatch 來完成。

AWS IoT 系統架構如圖 13-1 所示。IoT 設備燒錄 SDK 的程式後與 AWS IoT 通訊，可以將感測資料上傳到 AWS IoT。首先需要通過 AWS 的 IAM 身分驗證，使用者在 IoT 設備中燒錄登入註冊檔，每隔一段時間連線設備都需透過此註冊檔與 AWS IoT 進行權限核對。如果權限核對完成，IoT 設備就能傳輸感測資料到 AWS 建立的 MQTT 閘道中，然後根據建立在 AWS IoT 的規則，對閘道中不同主題的感測資料進行不同的處理。也能結合 AWS 的其他服務一起運作，使用者可以直接在程式語言中呼叫 AWS IoT 提供的 API，直接控制 IoT 設備或是取得 MQTT 中的感測資料。IoT 設備影子（Device Shadow）服務可以為連接到 AWS IoT 的每臺設備保留一個影子，使用該影子通過 MQTT 或 HTTP 獲取和設置設備的狀態。

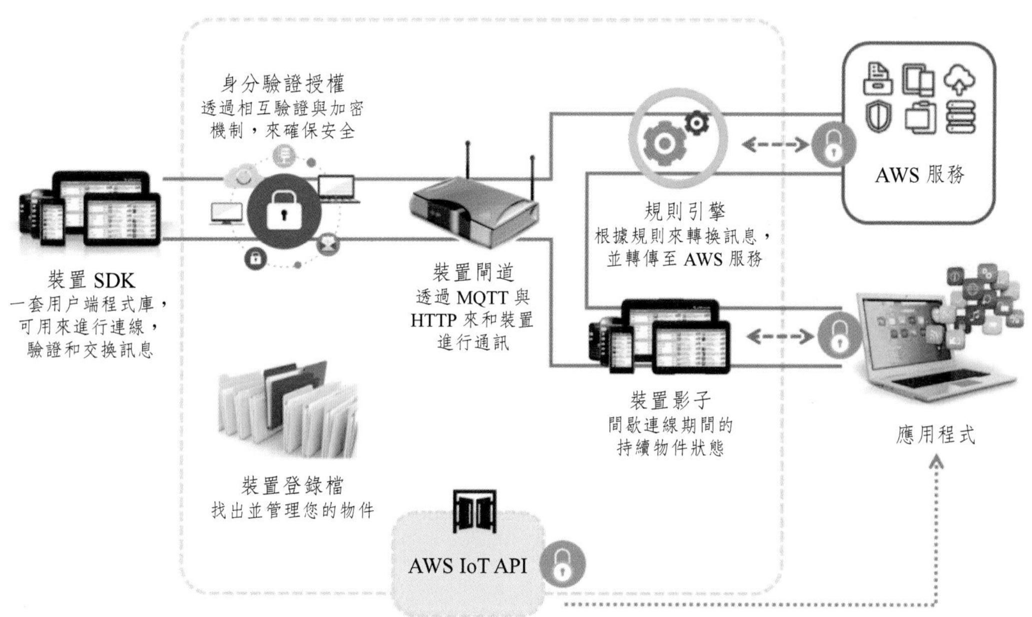

圖 13-1　AWS IoT 架構圖

在本章中，我們將利用 AWS IoT 收集資料，並且將資料存放在 Amazon S3 儲存服務中以及用 AWS SNS 發送簡訊通知服務。為了達成此目的需要使用 AWS 三項的服務：AWS IoT、Amazon S3 與 AWS SNS。

13-1-1 AWS IoT

AWS IoT 平臺能夠輕鬆連接嵌入式開發板與 AWS 的雲端運算服務，使得連線的裝置能夠安全地與雲端應用程式及其他裝置進行互動、收集、處理和分析連線裝置上產生的資料並採取行動。AWS IoT 主要由四個部分所組成：(1)「Message Broker」負責資訊的傳輸，利用 MQTT 或是 HTTP 等 IoT 通訊協定，讓雲端和智慧物件間能夠相互傳遞訊息；(2)「Rules Engine」根據智慧物件上傳的訊息觸發相對應的處理，與 AWS 中的其他服務連動，可讓資料轉送到儲存服務中儲存、觸發機器學習模組進行預測，或是開啟雲端運算資源等；(3)「Thing Registry」管理所有連接到 AWS 的裝置。可進行連線權限的控管、物件對應的裝置控管和智慧物件傳送的訊息統計等；(4)「Thing Shadow」將網路上的事物虛擬化，同時讓智慧物件離線時仍能在控制端留下訊息，以便下次連線時將訊息傳出，如此就能追蹤狀態的變化以及監控智慧物件目前的狀態。

13-1-2 Amazon S3

Amazon S3 藉由網路儲存檔案，提供簡單的網路服務介面，不論任何時間和地方都可存取資料。它給開發人員一個高度擴展性、可靠性、安全性、快速和便宜的網路基礎設施。Amazon S3 將物件儲存在 bucket 裡，一個儲存的文件就會自動形成一個 S3 物件，使用者可以自行設定描述檔案的 metadata。在 Amazon S3 儲存物件時，首先上傳檔案到 bucket 中，針對該物件及其 metadata 設定存取權限。對物件來說 bucket 是邏輯的容器，使用者可以有一個或多個 bucket，但是 bucket 會有一個 DNS 的定址，因此所有使用者的 bucket 名稱不能重複。使用者對於 bucket 可以建立、刪除和列表物件，並且可以查看內容。

13-1-3 AWS SNS

AWS SNS 是發布／訂閱簡訊和行動通知服務，可用於協調訂閱終端節點和用戶端的訊息交換。AWS SNS 可以使用主題分離訊息發布者與訂閱者，將訊息一次發布給多位收件人，如此可以免除應用程式中的輪詢。SNS 支援多種訂閱類型，可將訊息直接推送到 Amazon Simple Queue Service（SQS）佇列、AWS Lambda 函數及 HTTP 終端節點。Amazon EC2、Amazon S3 和 Amazon CloudWatch 等 AWS 服務也可發布訊息到 SNS 主題，觸發事件驅動的運算和工作流程。SNS 搭配 SQS 可提供功能強大的簡訊解決方案，用來建立具備容錯能力且容易擴展的雲端應用程式。SNS 這項服務主要應用是將訊息散發給大量訂閱者，包含分散式系統和服務以及行動裝置。SNS 服務設定簡單且操作方便，最重要的是比起自己建立伺服器去執行訊息廣播的服務，SNS 更能夠可靠地傳送通知到所有終端節點，而且沒有數量限制。在接下來的範例中，我們將示範如何利用 IoT 服務結合 AWS SNS 能夠動態的將 IoT 事件傳到手機上。

13-2　AWS IoT 實作

此節設計一個實作的場景範例：假設機場免稅店的工作人員，由於周遭並沒有窗戶所以無法判斷外面是否下雨。但是工作人員又希望知道機場的天氣狀況，決定是否將雨傘放到顯眼的位置，方便剛下飛機即將出關的旅客購買雨傘。此場景需要一套物聯網系統，定期回傳機場的天氣狀況，下雨時能夠發送電子郵件通知，同時儲存天氣紀錄方便以後的查詢。此物聯網氣象通知架構圖，如圖 13-2 所示。

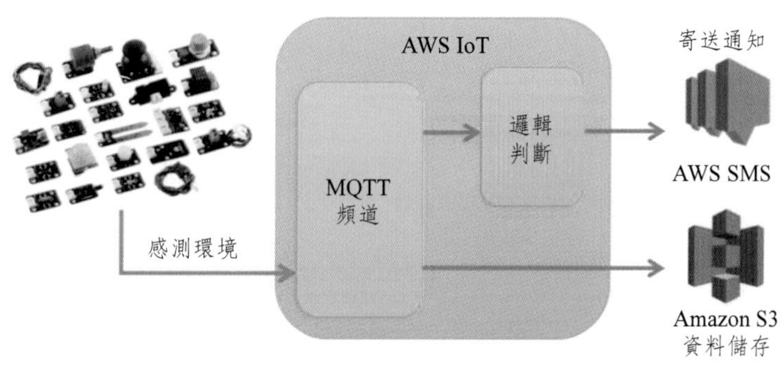

圖 13-2　物聯網氣象通知架構圖

首先介紹如何註冊並使用 Amazon Web Service。圖 13-3 為 AWS 的官方首頁，提供介面供使用者進行 AWS 帳號的申請。

圖 13-3　Amazon Web Service 網站

在官網上登入主控臺後，註冊一個新的帳號，如圖 13-4 所示。按照 AWS 的步驟完成註冊的動作。註冊中需要信用卡資訊以及行動電話號碼，信用卡是該帳號用來付款的方式，行動電話則是確認帳號之用。

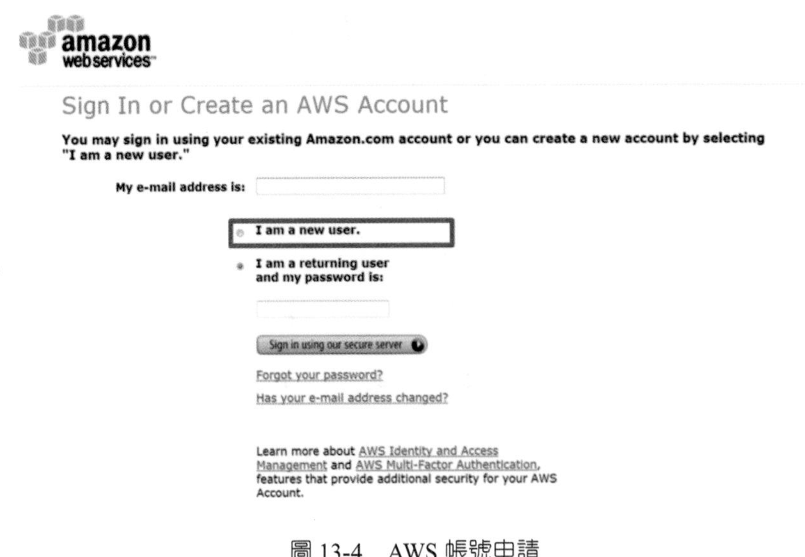

圖 13-4　AWS 帳號申請

註冊完成後進到使用者的 Management Console，點選 Services 可以看到 AWS 的所有服務。將卷軸向下捲動後看到 Internet of Things 類別，選擇 AWS IoT Core 服務，如圖 13-5 所示。

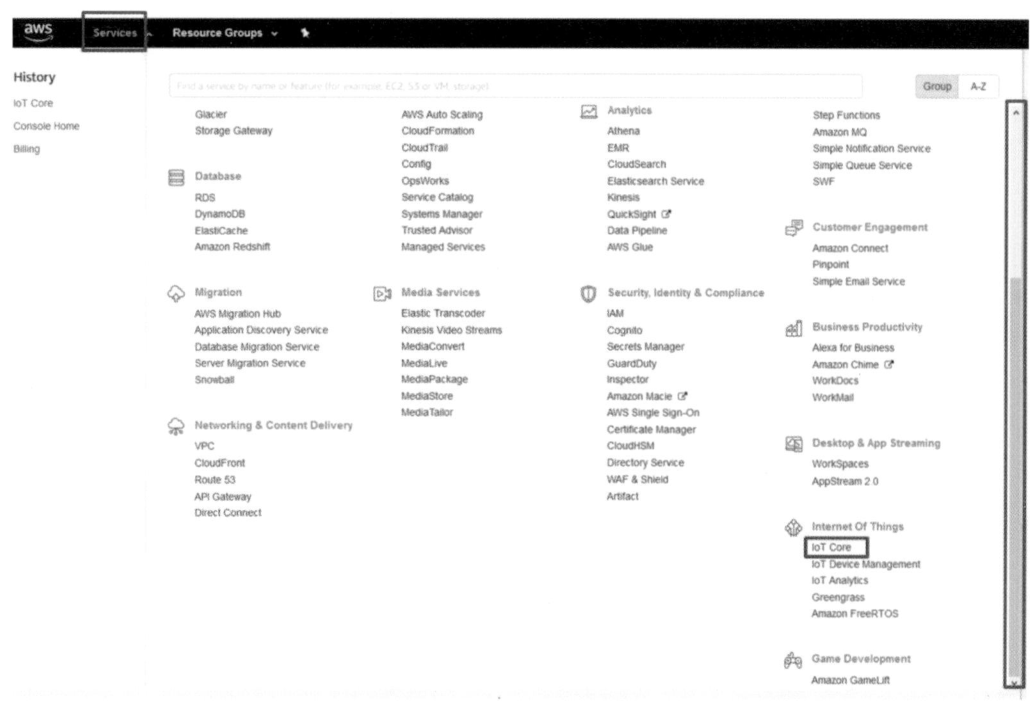

圖 13-5　AWS 主控臺的管理介面

點選 AWS IoT 服務後，進入 AWS IoT 的管理介面。我們開始建立物聯網的流程，包含建立智慧物件、建立智慧邏輯判斷以及觸發事件處理。請點選左邊的入門選項進入設定物聯網設備，如圖 13-6 所示。

按下「開始使用」後跳出物件建立精靈，說明建立智慧物件的步驟以及需要進行的設定，再按下「開始使用」後設定物聯網設備，如圖 13-7 所示。

建立物聯網智慧物件時，需要設定物件名稱，由於 AWS IoT 會根據此名稱給予唯一的網路路徑（類似 DNS 格式，AWS 中稱為 ARN），因此該名稱不能重複。輸入名字後按下「下一步驟」後進行下一步設定，如圖 13-8 所示。

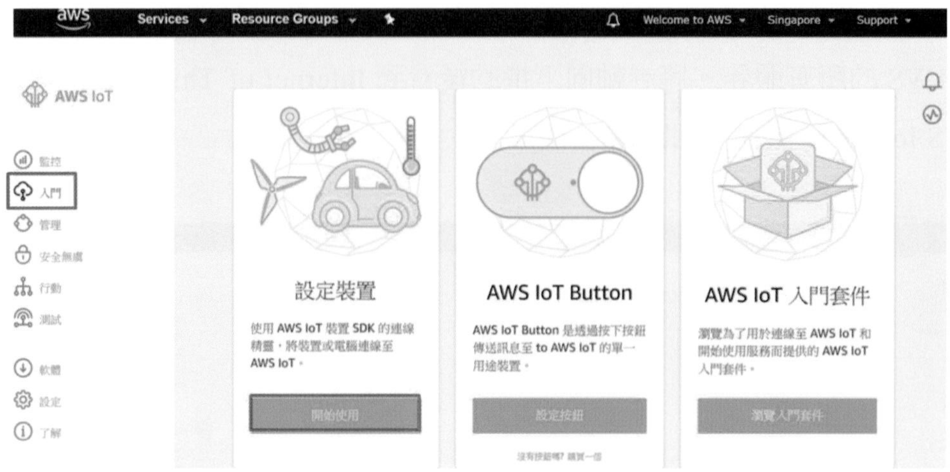

圖 13-6　設定物聯網設備

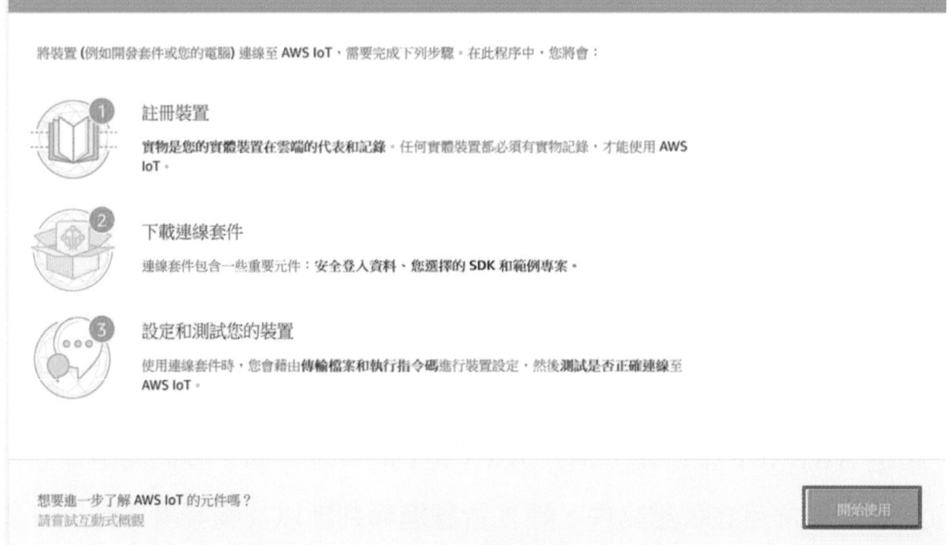

圖 13-7　設定物聯網設備說明操作步驟

實物是您的實體裝置在雲端的代表和記錄。任何實體裝置都必須有實物，才能使用 AWS IoT。建立實物也會建立實物影子。

改為選擇現有的實物？

名稱

TTU_IoT

顯示選用組態 (這可以稍後再執行)

返回　下一步驟

圖 13-8　設定物件名稱

以下系統會自動建立權限相關設定，只有通過 AWS 權限認證的智慧物件，才能上傳資料至 AWS IoT 閘道，如圖 13-9 所示。設定完成後 AWS IoT 將自動產生認證檔案，若使用真正的設備連線至 AWS IoT，則需要將下載的認證檔案存放至智慧物件中，並且連線至 AWS 進行認證。

圖 13-9　下載連線套件

現在說明如何將上個步驟中的連線檔案安裝到智慧物件中，如圖 13-10 所示。例如最常見的 Arduino 智慧物件，可以經由燒錄函式庫至基板中進行認證。因本範例是利用 AWS IoT 本身的虛擬物件進行實作，因此不需要進行燒錄與額外的認證。

最後建立 AWS IoT 閘道的網路規則。AWS IoT 會自動建立一個簡易的規則，讓建立的智慧物件通過 AWS IoT Gateway，如圖 13-11 所示。

由於本範例中並沒有用到真實的智慧物件，而是利用 AWS IoT 中的 MQTT 模擬器，將感測資料送到 AWS IoT。因此將忽略上述驅動程式燒錄至智慧物件中的步驟。我們的系統架構將感測資料上傳到 AWS IoT 後，收到的資料將儲存到 Amazon S3 的儲存空間。首先設定 Amazon S3，進入後點選 Create bucket，建立一個 bucket 存放感測資料，如圖 13-12 所示。

圖 13-10　設定和測試裝置

圖 13-11　智慧物件基本權限的 ARN 位置

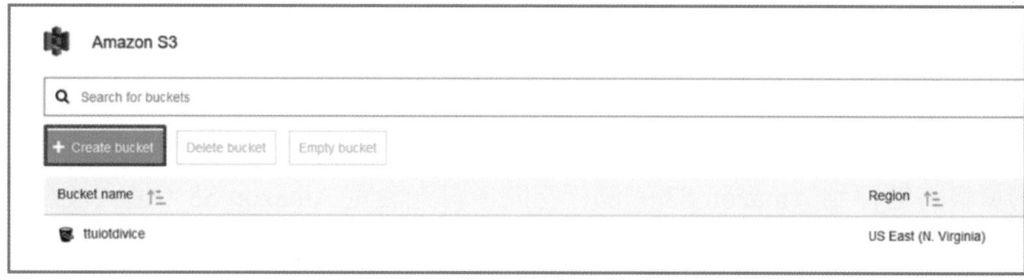

圖 13-12　建立 Amazon S3 的儲存空間

然後輸入 bucket 的名稱，此名稱不能與其他存在的 bucket 名稱重複。接下來設定 Amazon S3 bucket 的存放位置，最好設定與 IoT 服務相同的資料中心，如圖 13-13 所示。

設定 bucket 的屬性，此處我們不設定任何的屬性，直接點選「Next」即可，如圖 13-14 所示。

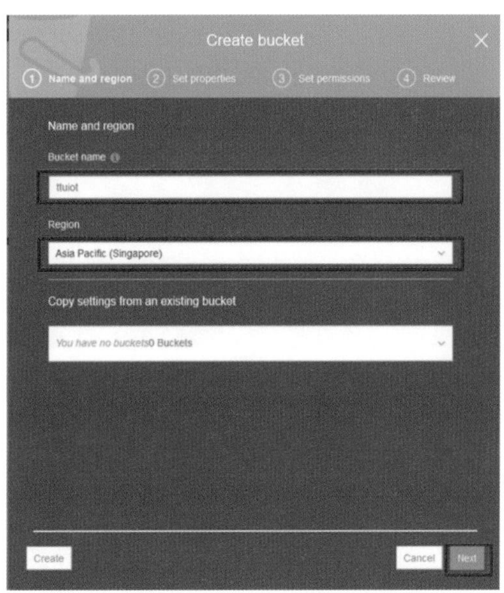

圖 13-13　設定 bucket 的名稱和存放位置

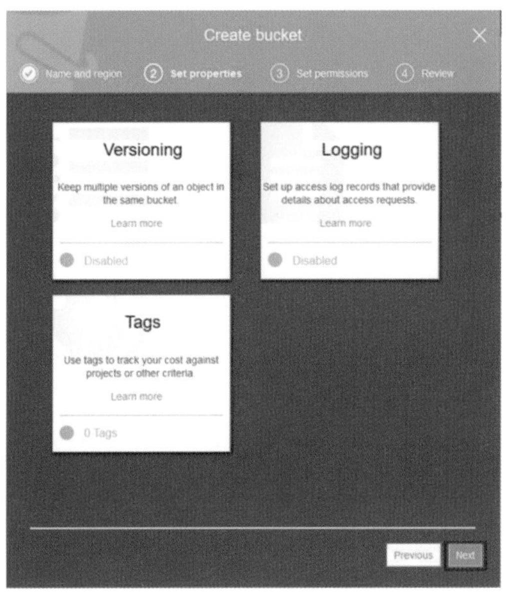

圖 13-14　設定 bucket 的屬性

接下來設定 bucket 的權限，決定哪些使用者或服務可以存取該 bucket。本範例將 AWS IoT 收到的資料存到 Amazon S3 中，不讓其他的使用者存取 S3 中的資料。因此權限設定中設定使用者的帳號，對此 bucket 有完整的存取權限，如圖 13-15 所示。

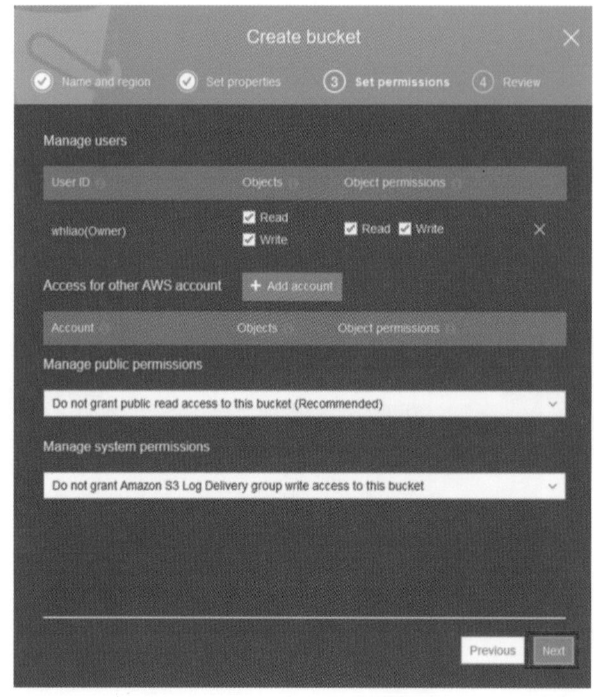

圖 13-15　bucket 的權限設定

最後將會顯示設定的結果，按下「Create bucket」後即可建立 bucket，如圖 13-16 所示。

Bucket 設定完成後，S3 中儲存感測的資料。回到 AWS IoT 畫面，點選 Rule 標籤後進入建立規則的頁面，如圖 13-17 所示。目前 AWS IoT 中並沒有任何規則，因此點選畫面中的「建立規則」即可依據需求建立規則。

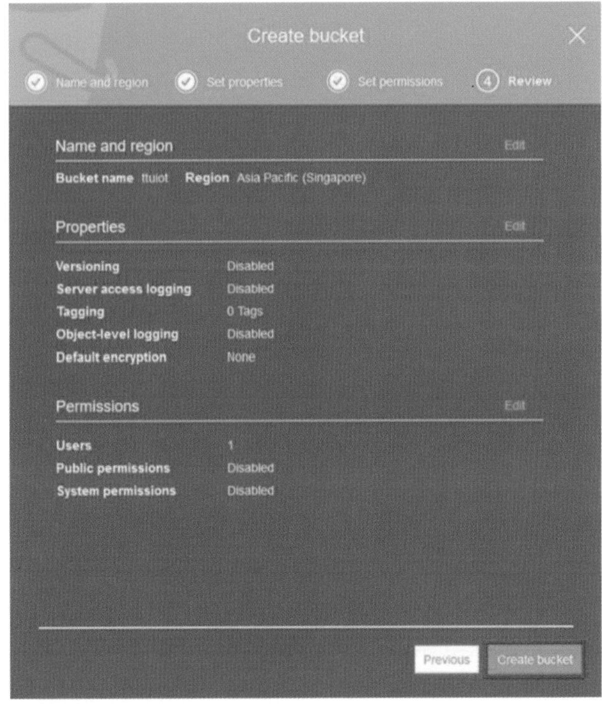

圖 13-16　建立 bucket 確認畫面

圖 13-17　AWS IoT 建立規則頁面

進入建立規則後設定規則的名稱，如圖 13-18 所示。此處設定依據是由哪一個 MQTT 頻道中資料傳輸進來時觸發規則。我們設定為「myTopic/TTU/1」，點選「新增操作」後即可設定本規則採取動作，如圖 13-19 所示。

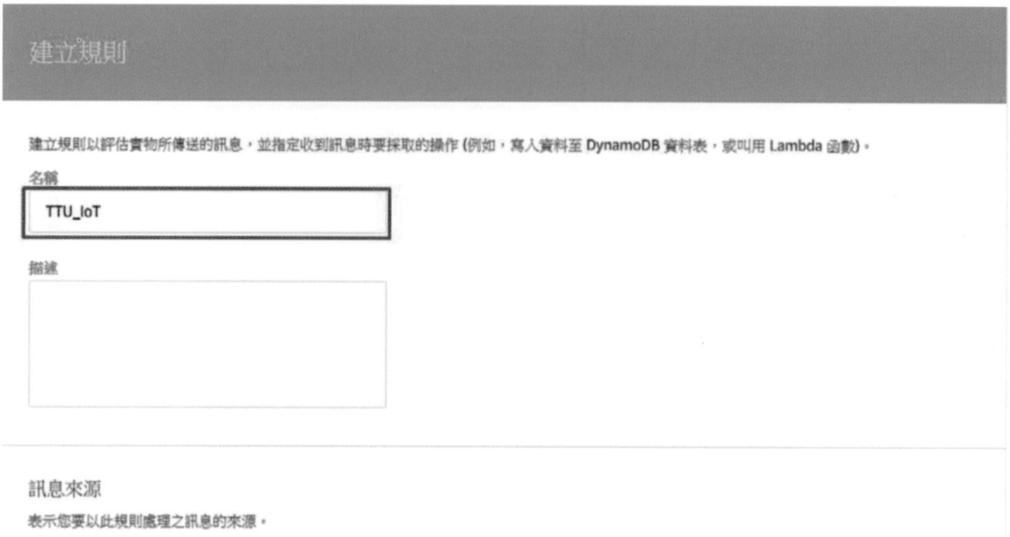

建立規則

建立規則以評估實物所傳送的訊息，並指定收到訊息時要採取的操作 (例如，寫入資料至 DynamoDB 資料表，或叫用 Lambda 函數)。

名稱

TTU_IoT

描述

訊息來源

表示您要以此規則處理之訊息的來源。

圖 13-18　AWS IoT 設定規則名稱

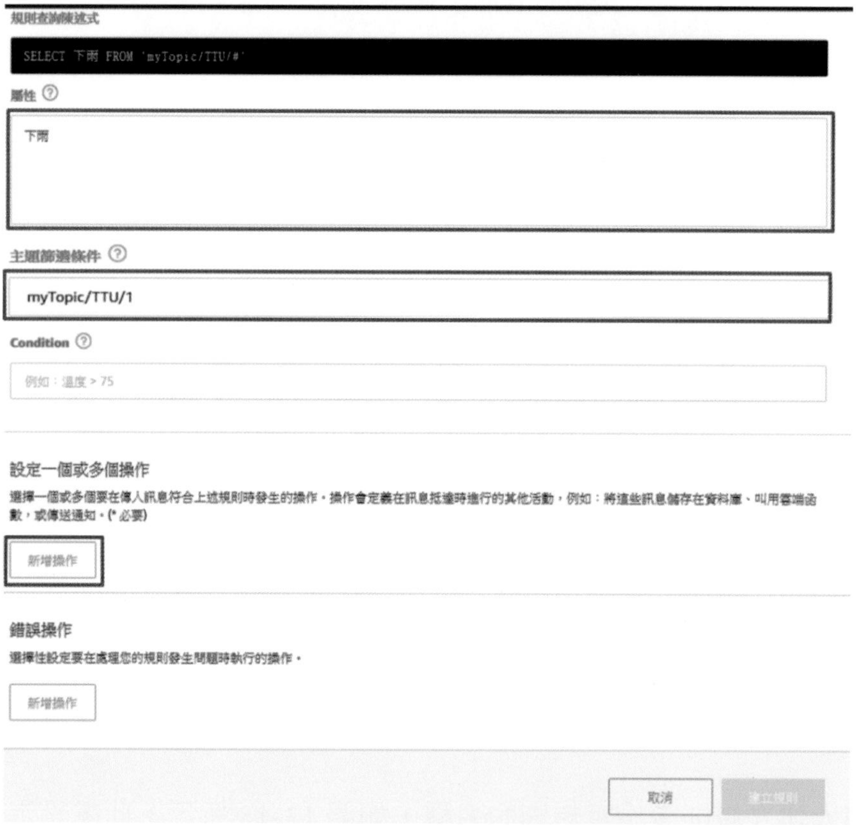

規則查詢陳述式

```
SELECT 下雨 FROM 'myTopic/TTU/#'
```

屬性

下雨

主題篩選條件

myTopic/TTU/1

Condition

例如：溫度 > 75

設定一個或多個操作

選擇一個或多個要在傳入訊息符合上述規則時發生的操作。操作會定義在訊息抵達時進行的其他活動，例如：將這些訊息儲存在資料庫、叫用雲端函數，或傳送通知。(* 必要)

新增操作

錯誤操作

選擇性設定要在處理您的規則發生問題時執行的操作。

新增操作

取消　建立規則

圖 13-19　設定反應 MQTT 的主題

在「新增操作」後會顯示 AWS 所有的服務選單，因為本範例將收到的訊息存放在 Amazon S3 的儲存體，因此選擇第一項，如圖 13-20 所示。

圖 13-20　選擇操作 AWS 服務

接下來在 S3 bucket 欄位中輸入建立的「ttuiot」bucket，Key 欄位設定為「${topic()}/${timestamp()}」，前面的 ${topic()}/ 代表將資料存到 S3 bucket 的資料夾，此資料夾的名稱是 MQTT Client 所訂閱主題的名稱。以本範例而言，定義的 MQTT 主題為「myTopic/TTU/1」，所以在 S3 中先建立「myTopic」資料夾，在該資料夾中建立「TTU」資料夾，並在「TTU」資料夾中再建立「1」資料夾。最後 ${timestamp()} 代表將收到 MQTT 的訊息，儲存收到時間為檔案名稱的純文字檔案，如圖 13-21 所示。要注意的是剛設定完成後，因為尚未有 MQTT 訊息觸發儲存的動作，因此 S3 中不會有任何資料夾或是檔案。

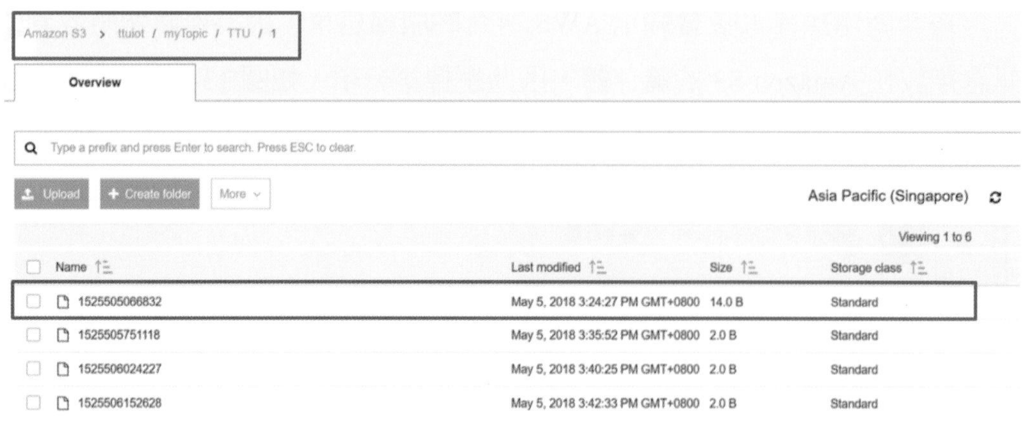

圖 13-21　選擇行動之 AWS 服務

現在設定規則存取管理權限（IAM），如圖 13-22 所示。首先點選「建立新角色」系統顯示 IAM 的設定畫面，設定角色名稱，建立 IAM 權限提供 AWS IoT 使用。完成建立角色後，在角色名稱的下拉式選單中選擇剛建立好的角色，並且按下「更新角色」以完成 IAM 的設定，然後按下「新增操作」即建立完成。

圖 13-22　選擇 S3 的相關資訊和建立 IAM

接下來將設定 SNS 服務，當 AWS IoT 收到感測器的資料後，發送提醒訊息到手機上。新增的步驟跟之前 S3 的設定一樣，選擇「新增操作」即可，在服務清單裡選擇 AWS SNS，如圖 13-23 所示。

圖 13-23　選擇 SNS 服務

在 SNS 服務的設定畫面中與之前的 S3 服務類似。目前尚未建立 SNS 資源，因此需要為 SNS 服務建立新的資源。點選「建立新資源」，系統就會自動呼叫 AWS SNS 服務，如圖 13-24 所示。

在 AWS SNS 的設定介面中，點選「Create new topic」即可建立新的主題，如圖 13-25 所示。

然後設定主題名稱，完成後按下「Create topic」建立新主題，如圖 13-26 所示。點選剛建立好主題旁邊的 ARN，進入 SNS 服務的設定畫面，如圖 13-27 所示。

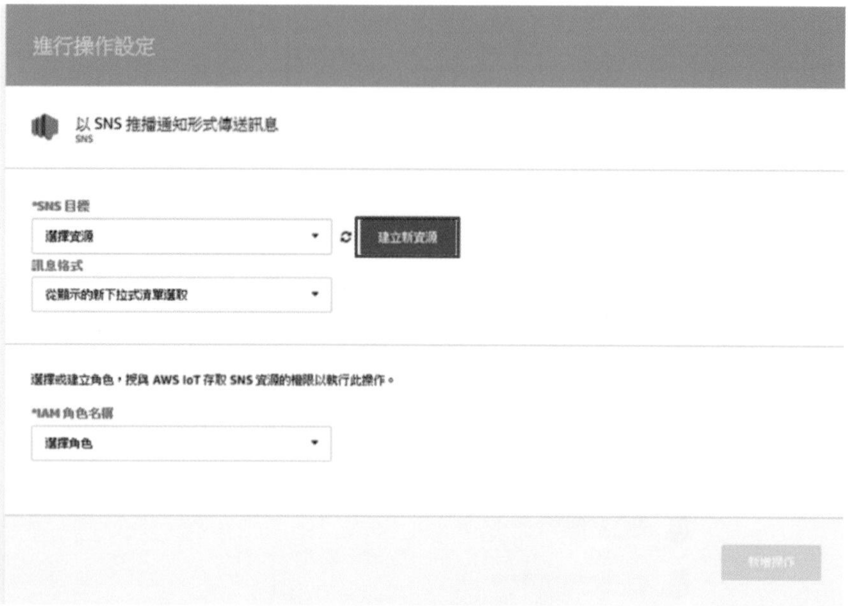

進行操作設定
以 SNS 推播通知形式傳送訊息
SNS
*SNS 目標
選擇資源
建立新資源
訊息格式
從顯示的新下拉式清單選取
選擇或建立角色，授與 AWS IoT 存取 SNS 資源的權限以執行此操作。
*IAM 角色名稱
選擇角色

圖 13-24　設定 SNS 服務選項

aws
Services
Resource Groups
SNS dashboard
Topics
Applications
Subscriptions
Text messaging (SMS)
Topics
Publish to topic
Create new topic
Actions
Filter
Name
ARN

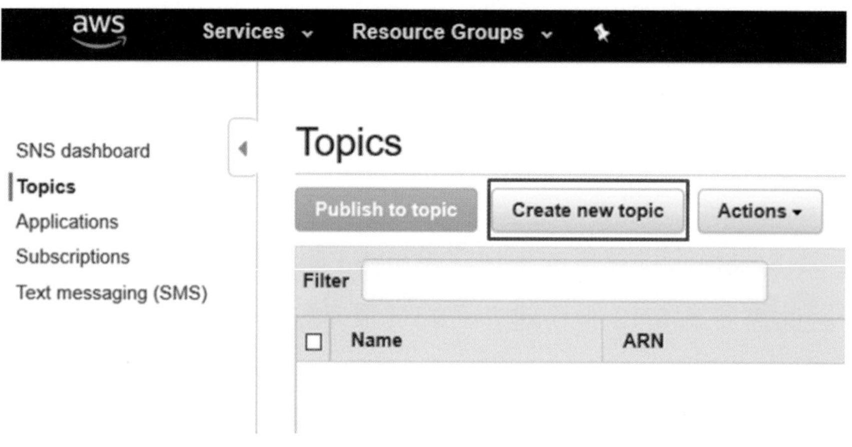

圖 13-25　建立 SNS 新的主題

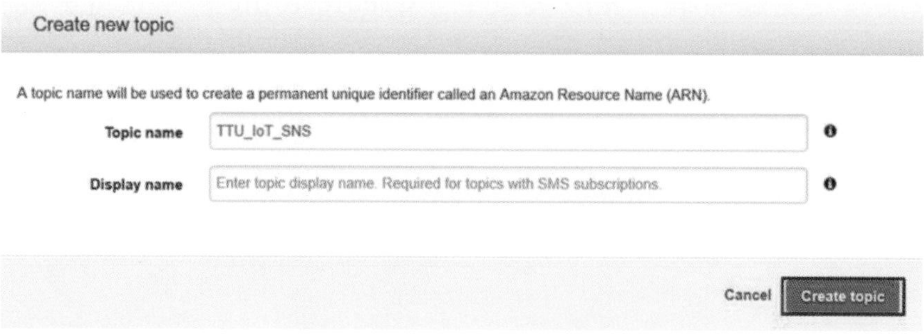

Create new topic
A topic name will be used to create a permanent unique identifier called an Amazon Resource Name (ARN).
Topic name
TTU_IoT_SNS
Display name
Enter topic display name. Required for topics with SMS subscriptions.
Cancel
Create topic

圖 13-26　建立 SNS 服務資源

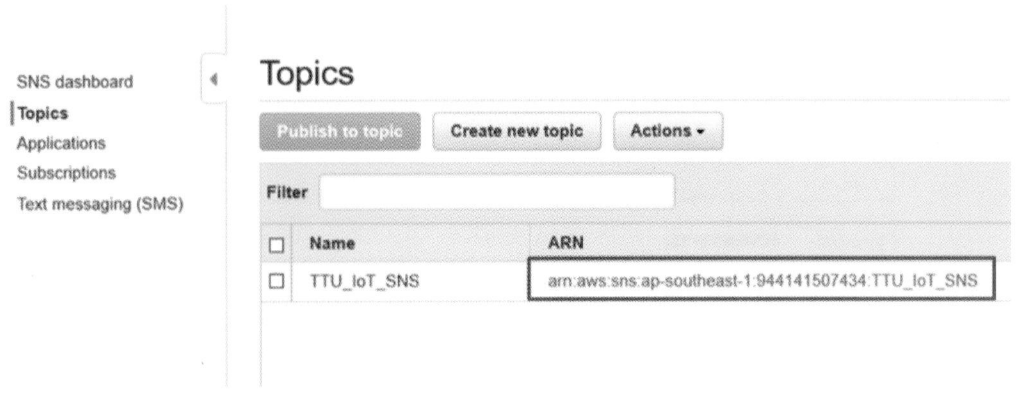

圖 13-27　設定 SNS 服務

現在建立 SNS 服務訂閱，點選「Create subscription」即可進行設定，如圖 13-28 所示。

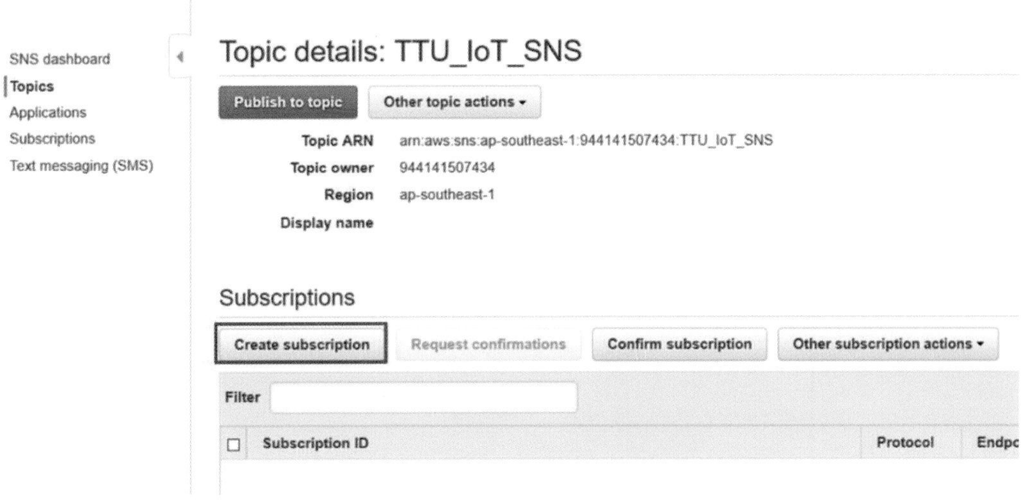

圖 13-28　建立 SNS 服務的訂閱

SNS 能夠設定不同的通知行動，包含傳送 HTTP 格式的訊息給 Web Service，也能夠透過 Email 傳送訊息。本範例的通知是透過傳送簡訊到手機，因此在「Protocol」欄位中選擇 SMS 簡訊服務，「Endpoint」填寫手機號，然後按下「Create subscription」即可完成設定。如圖 13-29 所示。

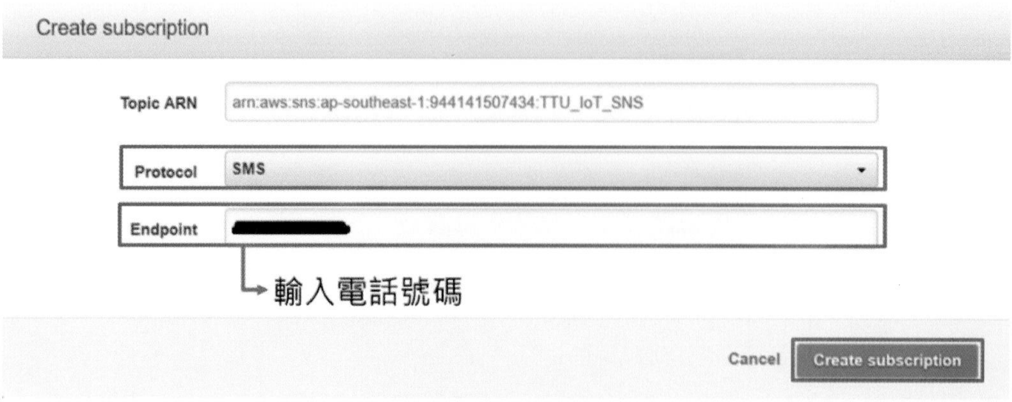

圖 13-29　建立 SNS 訂閱

SNS 完成設定後即可發送訊息。在「Subject」欄位填入簡訊的標題，「Message」欄位填入簡訊的內容，填寫完成後點選「Publish」即可將簡訊送出，如圖 13-30 所示。若設定都正確，幾分鐘內手機即會收到簡訊，如圖 13-31 所示。

圖 13-30　SNS 發送簡訊

圖 13-31　手機端接收的簡訊通知

完成 SNS 的設定後回到 AWS IoT 的頁面，如圖 13-32 所示。在 SNS 目標看到已經設定好的 SNS 資源，訊息格式的地方設定成 RAW 即可。下方的 IAM 角色名稱直接選取 S3 就已經建立的 TTU_IoT 角色，然後按「更新角色」系統才會自動加入 SNS 相關的權限。設定完成後點選「新增操作」即可完成 SNS 行動設定。

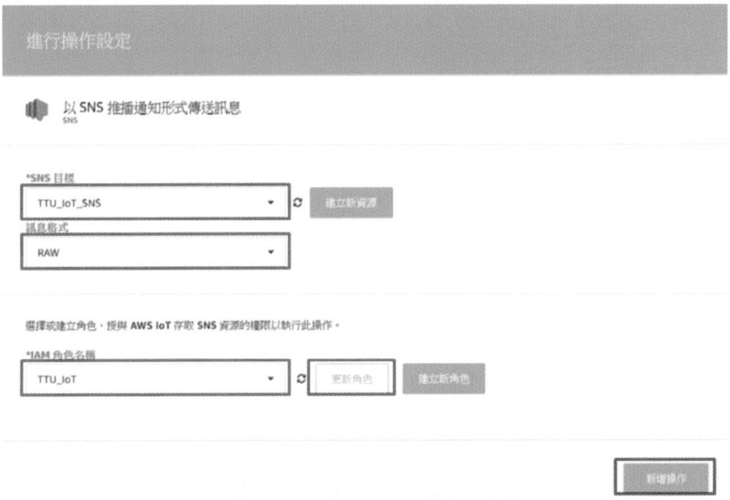

圖 13-32　SNS 行動設定

完成上述的設定後，資料轉存至 S3 以及透過 SNS 服務發送簡訊通知的兩個操作都會顯示在建立規則的清單中。確認設定無誤後，按下「建立規則」即可完成，如圖 13-33 所示。

圖 13-33　完成建立規則

完成建立規則後，可在規則清單中看到建立的規則。點選該規則後即可看到設定的所有詳細規則，包含 S3 的資料儲存服務以及 SNS 發送簡訊通知服務，如圖 13-34 所示。

上述的設定完成後，AWS IoT 裡有一組規則。使用者可以透過智慧物件上傳感測資料到 MQTT 中，規則會從 MQTT 中進行判斷，當符合設定條件時便會觸發其設定的操作。由於我們並不使用實體的智慧設備進行資料傳輸，因此本範例將利用 AWS IoT 的模擬物件模擬傳送資料至 AWS IoT 閘道。在左方工具列選擇「測試」進入模擬功能。設定 AWS IoT 閘道接收檔案的位置，利用智慧物件的 Topic 路徑位置接收資料，如圖 13-35 所示。首先設定訂閱的主題，填入建立智慧物件時設定的「myTopic/TTU/1」，然後按下「訂閱主題」完成訂閱。

主題篩選條件

myTopic/TTU/1

Condition

例如：溫度 > 75

取消　更新

操作

操作是觸發規則時要如何處理的方式。進一步了解

將訊息存放在 Amazon S3 儲存貯體　移除　編輯

ttuiot

以 SNS 推播通知形式傳送訊息　移除　編輯

TTU_IoT_SNS

新增操作

錯誤操作

選擇性設定要在處理您的規則發生問題時執行的操作。

新增操作

圖 13-34　規則設定清單

圖 13-35　模擬傳送 MQTT 通訊協定之智慧物件

完成上述的訂閱之後，就可以將資料傳送至 AWS IoT 閘道。在發布欄位中確認是智慧物件的 Topic 位置，在下方的欄位中輸入上傳的資料。按「發布到主題」即可將資料送至 AWS IoT 閘道，同時上傳的資料也會顯示在下方的的訊息清單中，如圖 13-36 所示。

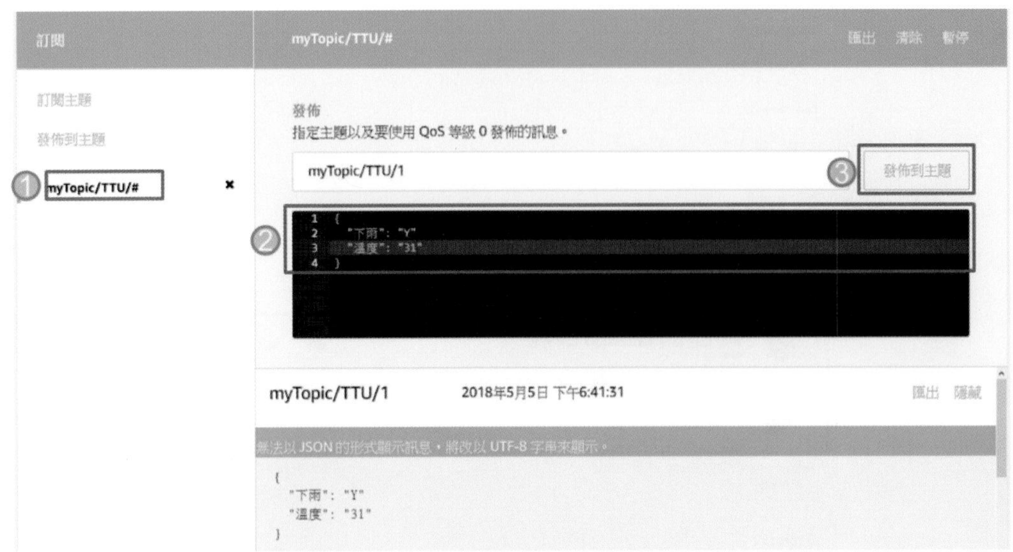

圖 13-36 模擬智慧物件送出 MQTT 訊息

現在已經成功送出 MQTT 資料，AWS IoT 收到資料後，將資料存到 S3 中。我們回到 Amazon S3 的畫面中，確認 bucket 中是否已經儲存了上傳的 MQTT 訊息。點選 bucket 的檔案後，進入詳細的資料清單，點選「Download」後，瀏覽器會下載該檔案到電腦中，可以用記事本開啟這個純文字檔，可以看到 MQTT Client 上傳的訊息。而前面 SNS 服務所設定的門號也可以收到簡訊，裡面是剛剛 MQTT 上傳的訊息，如圖 13-36 所示。

13-3 習題

1. 請說明 AWS IoT 架構圖。
2. 請說明 AWS IoT、Amazon S3 與 AWS SNS 的功能。
3. 請讀者自行找一個物聯網的應用，利用 AWS IoT 來實作。

參考文獻

1. AWS IoT, [Online] https://aws.amazon.com/tw/iot/
2. W. Tärneberg, V. Chandrasekaran, and M. Humphrey, “Experiences Creating A Framework for Smart Traffic Control Using AWS IOT,” *IEEE/ACM 9th*

International Conference on Utility and Cloud Computing (UCC '16), 2016.

3. A. Kurniawan, "Learning AWS IoT," *Packt Publishing*, 2018.
4. A. Sarkar and A. Shah, "Learning AWS," 2nd Ed., *Packt Publishing*, 2015.

第十四章

物聯網開源管理平臺——OM2M

14-1 物聯網管理平臺簡介

IoT（Internet of Things）和 M2M（Machine to Machine）是在說明物聯網時常被提到的二個名詞，這二個名詞都可譯為物聯網，其中 M2M 比較強調機器對機器的通訊，IoT 則是比較強調可允許各式各樣物件的彼此連接。M2M 也可說是目前物聯網最普遍的應用形式。詳細一點地說，M2M 是指機器與機器間的通訊與資料交換，各個機器可依設定好的步驟主動互相連繫，再依收到的數據資料與遠端的機器互動並送出指令。這種能智慧化互動的特徵可有效地控制身邊的多種設備，在各種應用領域如建築、能源、醫療保健、工業、交通、零售和環境等，都可利用M2M的優勢提供更便利的服務。

由於網路技術的快速進步，物聯網利用電信網路結合雲端系統，擴大了涵蓋和應用範圍，已成為全球注目的焦點。物聯網在各個領域的應用如雨後春筍般出現，這個現象使得「如何快速有效發展物聯網應用」開始受到關注。在發展各種不同物聯網應用時，為每一種應用單獨制定標準，耗費太多時間，而且也不能利用過去已開發過的技術，不是發展物聯網應用的理想策略。許多研究人員發現不同的物聯網應用間，其實存在著許多相同的基本功能。因此若能發展一個可適用於各種不同應用的標準基本功能，就可以用低成本快速地開發高互通性的物聯網系統，也可以讓物聯網應用朝全球化發展。

近年來物聯網市場的蓬勃發展，各個行業對物聯網平臺的需求愈來愈高，所以許多企業都在物聯網平臺上投入大量的人力物力，希望能快速增加物聯網平臺的功能。例如 Cisco 收購了物聯網平臺 Jasper；Parametric Technology Corporation（PTC）收購了 Thingworx、Axeda、ColdLight 等技術與平臺，大幅提升了在物聯網平臺的地位；IBM 在 2015 成立物聯網事業部，致力於物聯網平臺的建設；Microsoft 收購了 Solair 以加強自家 Azure 物聯網與雲端服務；Samsung 收購了 SmartThing 用於自家雲端平臺；Amazon 則推出了 AWS IoT 等。雖然各家企業各自推出物聯網平臺，但許多平臺都有提供類似功能，例如各平臺皆稱提供大數據分析和機器學習，AWS IoT、

Microsoft Azure IoT 等也都提供終端擴充套件、SDK 等智慧硬體連接方式。另一方面，各個物聯網平臺強調的重點和提供的服務也有很大的差異，各個物聯網平臺也並不都能提供完整物聯網功能。如雨後春筍般出現的物聯網平臺各有其設計目標，若依現存的各種物聯網平臺所強調的重點，各個物聯網平臺可分類如下：

1. 強調連接性的物聯網管理平臺：此類平臺主要提供終端的連接管理、診斷以及管理功能。屬於此類的平臺包括如 Cisco 的 Jasper 平臺、Ericsson 的 DCP、Telit 的 M2M 平臺、PTC 的 Thingworx 和 Axeda。

2. 強調雲服務的應用開發平臺：此類平臺主要提供設備與資料讀取，存儲和呈現服務，是可以忽略後臺服務系統實現和維運細節的物聯網解決方案。屬於此類的平臺包括 LogMeIn 的 Xively、Yeelink、中國移動的 OneNet、京東智能雲，騰訊微信 QQ 物聯、阿里雲、百度 IoT、中興通訊（ZTE）的 AnyLink。

3. 運用智慧硬體的應用開發平臺：此類型平臺多是由物聯網新創公司建立，重點放在智慧硬體的連接。此類平臺包括 Ayla Networks、中國大陸的 AbleCloud、機智雲等。

4. 數據分析平臺：此類平臺將焦點放在物聯網的大數據和人工智慧，例如 IBM 的 Bluemix 和 Watson、Amazon 的 AWS IoT 和 Microsoft 的 Azure。

5. 製造業的運營服務平臺：提供應用軟體、基礎架構、業務流程等企業外包服務的平臺，如 Accenture 的 CPaaS。

6. 針對專業領域的業務應用平臺：此類平臺專注某一行業的垂直應用業務系統，例如在智慧家居領域中的海爾 U+ 平臺，Samsung 的 SmartThing 平臺。還有一些針對智慧城市、智慧農業等的平臺也都自稱為物聯網平臺。

雖然許多企業投入了物聯網平臺的開發，但是因為沒有一個共同的標準，增加了使用者選擇和使用這些系統的困擾。例如不同裝置要用不同的平臺，不同的業務又要切換不同平臺，讓物聯網平臺的使用仍有許多障礙，推廣物聯網應用也受到很多限制。為增加物聯網應用的普及性和互通性，於是就產生了制定物聯網統一標準的需求。

14-2 oneM2M 的起源

許多組織努力制定物聯網標準，也嘗試協調以達成統一標準的目標，其中一個廣受認同的物聯網標準是由歐洲電信標準學會（European Telecommunications Standards Institute, ETSI）所提出。ETSI 發布了幾個 M2M 規格，涵蓋了 M2M 業務需求、功能架構和通信介面等。此規格也利用使用案例說明其與現有標準和技術之間的互通性。

ETSI 於 2009 年 1 月成立 M2M 技術委員會（Technical Committee, TC），為不同領域的物聯網應用定義共通的應用服務層標準。經過三年的努力，M2M 技術委員會在 2011 年完成了第一版的物聯網共通服務層標準，發表了約 15 本的技術報告及標準規格。如圖 14-1 所示，此物聯網網路架構包含三個部分：

1. 物聯網設備區塊（M2M Device Domain），由物聯網設備（Device）組成，各個設備透過物聯網區域網路（M2M Area Network）互相連接。

2. 物聯網網路區塊（M2M Network Domain），即物聯網核心網路（M2M Network Domain），提供長距離的通訊服務，可由現存的互聯網實現。

3. 物聯網應用區塊（M2M Application Domain），由物聯網應用程式與使用者應用程式所組成。

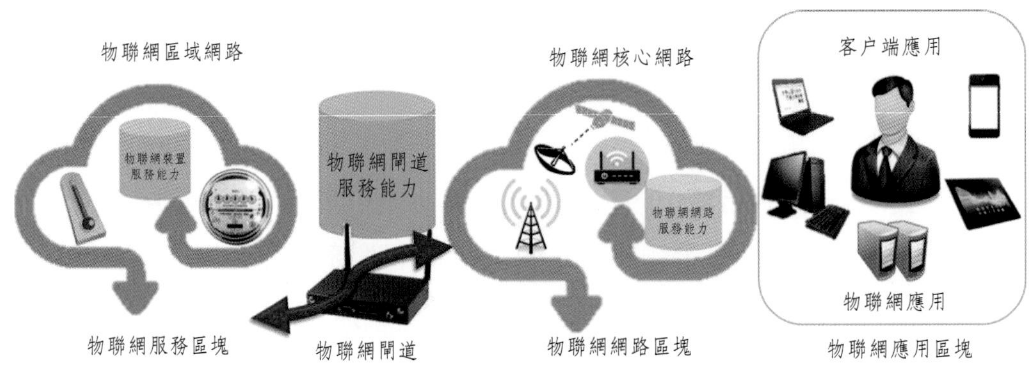

圖 14-1 ETSI 網路架構

其中，物聯網設備區塊會透過物聯網閘道（M2M Gateway）連上網路區塊（M2M Network Domain），而物聯網應用區塊則會透過物聯網共同服務功能（M2M Network Service Capabilities）使用核心網路功能。

許多國家見到 ETSI 在 M2M 標準的發展迅速，也紛紛建立了 M2M 的工作小組，制定各自的 M2M 標準，結果是世界各國有許多套不同的物聯網標準，相當混亂。為了能有統一的 M2M 標準，ETSI 依其在 3GPP 計畫下成功制定了 3G、4G LTE 無線網路的經驗，努力邀請其他國家的標準組織一起參與制定物聯網的國際標準。ETSI 在 2012 年與其他著名的 ICT 領域組織（包含美、中、日、韓等共七個通信標準化組織）合作，成立新的物聯網領域國際標準化組織——oneM2M，一起合作制定物聯網的國際標準。成立 oneM2M 後，ETSI 也很大方地將其 M2M 規格移轉給 oneM2M，放棄自己制定的標準。而 oneM2M 也是立基於 ETSI 的 M2M 規格基礎之上制定的物聯網標準。除了各國的標準組織外，oneM2M 同時也邀請設備製造商、零件供應商、電信業者等垂直行業加入制定標準。發展至今，oneM2M 已經有了超過 200 個成員參與，成為全球知名的 M2M 標準之一。圖 14-2 上方所列的八個制定標準的組織 [1] 為 oneM2M 的創始組織，而圖 14-2 下方所列的六個機構 [2] 則是由六個全球活躍的行業聯盟和標準發展組織（Standards Developing Organization）組成。oneM2M 的目的在是發展統一物聯網服務的相關技術規範，也就是要定義一個物聯網平臺，使其能應用在不同領域。

oneM2M 發表的文件可分為兩類：技術報告（Technical Reports）和技術規範（Technical Specifications）。技術報告是在制定標準前所執行的技術研究報告，技術規範才是根據技術報告制定出的標準。oneM2M 專注於物聯網服務層（service layer）的標準制定，包括以下項目：

1 此八個組織為ATIS、TIA（美國）、ARIB、TTC（日本）、CCSA（中國）、ETSI（歐洲電信協會）、TSDSI（印度）以及TTA（韓國）。

2 此六個機構為Broadband forum、European Committee for Standardization、European committee for electrotechnical standardization、GlobalPlatform、Next Generation M2M Consortium以及Open Mobile Alliance。

1. 通用服務層的需求及案例。
2. 具高階及詳細的服務架構的服務層。
3. 開放的協定、APIs 和標準物件。
4. 安全和隱私。
5. 服務的找尋和可達性。
6. 互通性，包含測試和一致性的規範。
7. 收集資費紀錄的數據（用於電信商的收費及統計）。
8. 設備和應用識別與命名。
9. 訊息模式和資料管理（如訊息儲存和訂閱／通知功能）。
10. 管理功能（如遠端管理元件）。
11. 通用案例、終端／模組功能（如應用層和服務層間的介面／APIs）。
12. 服務層與通訊功能。

圖 14-2　參與 oneM2M 計畫的組織

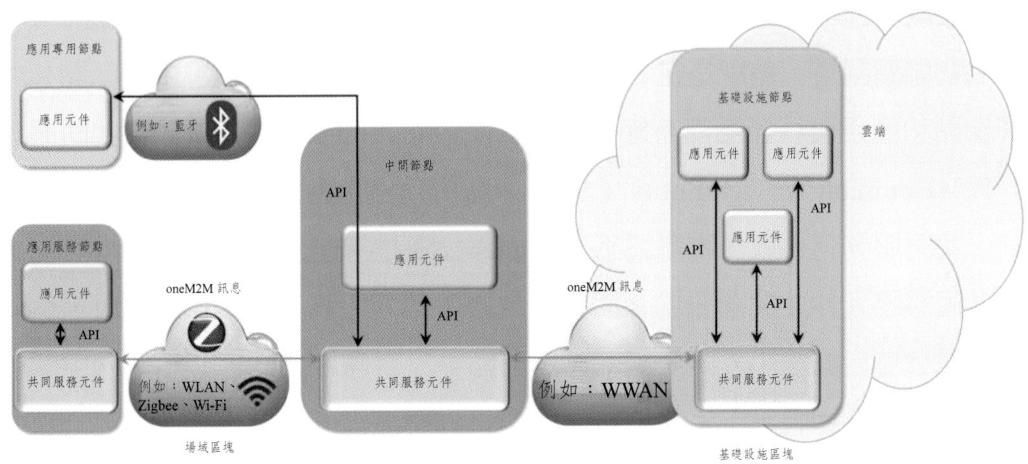

圖 14-3　oneM2M 網路架構

14-3　oneM2M 標準

14-3-1 oneM2M 架構

因為 ETSI 花了許多時間研究與制定 M2M 標準，制定出的 M2M 架構已經相當完整，所以 oneM2M 也採用了與 ETSI 的 M2M 相似的架構，但完全改掉了 ETSI 對各個元件的命名方式，如圖 14-3 所示。oneM2M 架構主要包含兩個區塊：場域區塊（Field Domain）和基礎設施區塊（Infrastructure Domain）。場域區塊是由終端的物聯網設備和中介節點互相連接而成的物聯網區域網路。基礎設施區塊是由通常位於雲端的基礎架構節點（Infrastructure Node）組成的核心網路，此處的核心網路提供長距離的通訊服務，可由現存的固定式或移動式廣域網路實現，用以連接場域區塊。

場域區塊中的物聯網設備可因不同的需求採用不同的硬體規格。物聯網設備可分為應用服務節點（Application Service Node）及應用專用節點（Application Dedicated Node）兩類。應用服務節點具較強的運算和存儲能力，而應用專用節點則是運算和存儲能力較弱，通常是為了降低成本而採用的設備。場域區塊中的中間節點（Middle Node）具有核心網路界面，是負責連接場域區塊和基礎設施區塊的設備。中間節點可對應到 ETSI M2M 標準中的物聯網閘道，差別是在 oneM2M 的架構中，可以有很多層中間節點。中間節點和應用服務節點都有應用元件（Application Entity, AE）和共同服務元件（Common Service Entity, CSE）。應用元件是為實現某個任務的應用程式，共同服務元件就是物聯網平臺。oneM2M 標準制定了在各個不同設備上的共同服務元件之間通訊的介面，也定義了共同服務元件提供的 API，供使用者開發自己的應用程式。應用專用節點中只有應用元件，必須透過中間節點才能連接上物聯網平臺。場域區塊中的物聯網設備可以透過 WiFi/ZigBee/BLE 等無線區域網路技術互相通訊。

基礎設施區塊和基礎架構節點在實務上一般都是放在雲端系統中，每個基礎架構節點都包含共同服務元件和的應用元件。每個基礎架構節點就是一個物聯網應用的伺服器，都可經由共同服務元件，利用像是 3G/4G/5G 等廣域網路技術與其他的物聯網平臺溝通。

針對共同服務元件，oneM2M 標準共定義了 12 項一般服務：

1. 註冊（Registration）
2. 服務發現（Discovery）
3. 安全管理（Security）
4. 群組管理（Group Management）
5. 資料管理和儲存庫（Data Management & Repository）
6. 訂閱和通知（Subscription & Notification）
7. 裝置管理（Device Management）
8. 應用和服務管理（Application & Service Management）
9. 通訊管理（Communication Management）
10. 網路服務介面（Network Service Exposure）
11. 位置管理（Location）
12. 服務收費（Service Charging & Accounting）

14-3-2 運用資源的通訊方式

oneM2M 標準通訊的兩端都有運用資源（Resource-based）的訊息模型，通訊的兩端會利用此模型完成訊息的交換。oneM2M 中的所有實體（如 AE、CSE 和資料等）都以資源（Resource）的形式表示，而每一種資源都有一個特定的資源型態，決定資源裡訊息的語意。每個端點的資源以樹狀的結構連接，每個資源都可以透過 URI 定址，例如由根節點開始的完整路徑定址某個資源。因為是由 URI 定址，所以透過瀏覽器就可以取得各個資源。透過對資源執行建立（Create）、讀取（Read）、更新（Updated）和刪除（Delete）等運算，oneM2M 中的實體就可以達到存取和運用訊息的目的。

圖 14-4 是一個典型的資源樹結構。資料型態 CSEBase 是 oneM2M 共同服務元件中所有資源的根節點。所有的資源型態的定義可參閱 oneM2M 標準 oneM2M-TS0001（Table 9.6.1.1-1）。以下我們簡單介紹其中幾個資源型態。

1. 共同服務元件型態（cseType）：新建的共同服務元件資源是屬於哪種 cse 類型，例如：基礎設施共同服務元件（IN-CSE）或中間節點共同服務元件（MN-CSE）。

2. 遠端共同服務元件（RemoteCSE）：記錄已經向本地共同服務元件（CSEBase）註冊的遠端共同服務元件。

3. 應用元件（AE）：儲存有關此 AE 的資訊。此資源是在 AE 成功向 CSE 註冊後建立。

4. 容器（Container）：放置要在各元件間共享的資料。

5. 訂閱（Subscription）：記錄有關此資源的訂閱者訊息，讓訂閱者在事件發生時收到通知。事件包括收到新的感測器資料或資源的建立，更新或刪除等。

一個典型的應用元件子資源樹和其容器子資源樹如圖 14-5 所示。其中資源 contentInstance 即是真正資料的放置處。

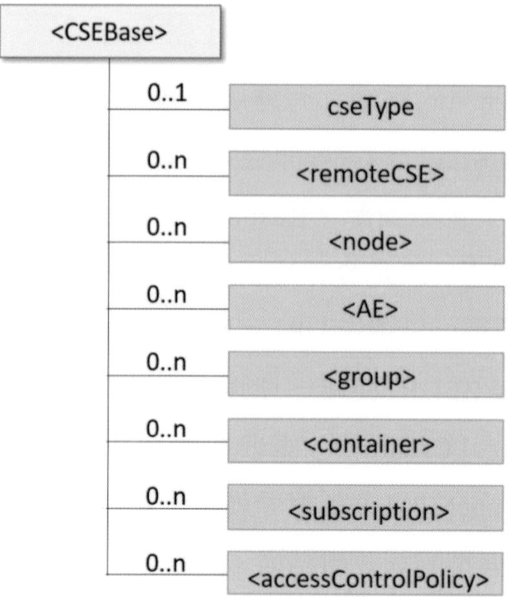

圖 14-4　一個典型的資源樹結構

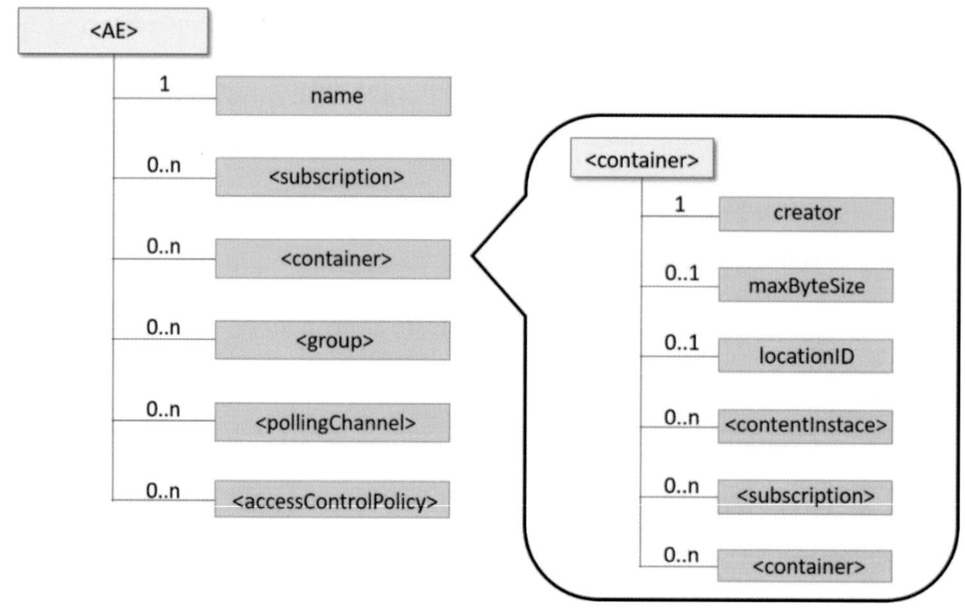

圖 14-5　應用元件資源型態下的子資源結構

14-3-3 物聯網使用案例

在制定 oneM2M 平臺標準規格時，oneM2M 組織是在研究調查了許多實際的使用案例，列出各案例對物聯平臺的需求後，才制定出 oneM2M 平臺的使用時機和所需提供的功能。在技術報告 TR0001 中也列出許多案例的研究結果。以下說明技術報告 TR0001 中描述的「智慧建築」這個案例，幫助大家了解 oneM2M 在制定標準前的準備工作。

智慧建築是在建築物中的適當位置布置了大量的感測器、控制器、警報器和閘道等設備，並且搭配應用程式和伺服器，提供自動化的建築物管理功能。智慧建築系統可以大幅降低電力、人員等管理成本。智慧建築系統可以由控制中心管理多種功能，如監視器、燈光控制、冷氣控制和電源供應等，也可以自動啟動一些防災設備或緊急應變措施以即時如處理火災、瓦斯洩漏等危急事件。

參與智慧建築至少包含 (1) 物聯網服務提供商：提供包括閘道、平臺等實體設備以及連接各設備的通訊線路等。物聯網服務提供商還會提供應用程式介面（API）讓使用者開發各種物聯網應用系統，服務提供商提供的閘道可用於連接不同感測器和控制器等設備。(2) 控制中心：即建築物的管理中心，負責接收感測器收集的所有數據、發送所有的命令和控制放置於建築物周圍的設備。(3) 智慧建築服務提供商：提供智慧建築服務的公司，負責在建築物周圍安裝設備、設置控制中心、提供控制中心管理系統、培訓控制中心工作人員等。智慧建築服務提供商會與物聯網服務提供商簽訂合約，使用物聯網服務提供商提供的線路、閘道、物聯網平臺和應用程式介面。

智慧建築的一個使用情境是由控制中心控制一棟 50 層建築物中不同樓層的電燈，其中每層樓的電燈至少 100 個且每盞電燈都可單獨控制。為了能有效管理，智慧建築提供者在每一層樓都設置一個閘道以連結同一層的所有電燈開關，閘道透過 WiFi 與電燈開關連接，透過 3GPP 與物聯網平臺連線，控制中心則是透過有線網路連線至物聯網平臺。另有巡邏員可透過移動裝置連線至閘道控制電燈開關，如圖 14-6 所示。

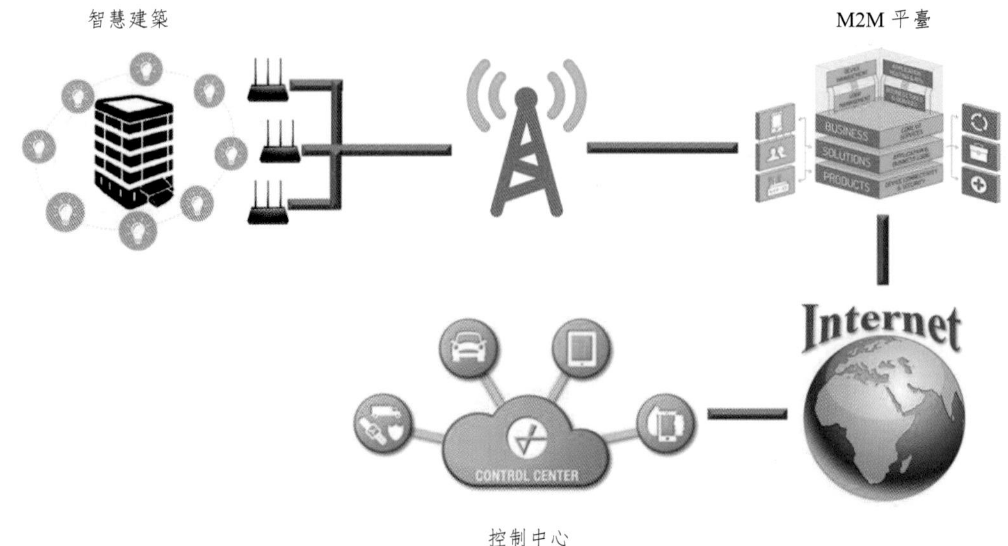

圖 14-6　智慧建築情境

要打開或關閉整層樓的電燈，每一層樓的閘道可以把同層的電燈設為一個群組，因此當要開啟整層樓的 100 盞電燈，控制中心只需對此群組送出一道指令即可，而不是費時費力地分別為每一盞燈發送一個開啟指令。

此智慧建築對物聯網平臺系統的潛在需求包括以下各項：

1. 物聯網系統應協調設備間的一系列動作，並且不中斷每個裝置的運作。

2. 物聯網系統應支援設備回報其位置。

3. 物聯網系統應支援將設備設為同群組的機制。

4. 物聯網系統應支援透過群組將相同的操作發送到每個設備。

5. 物聯網系統應支援群組成員的管理，即新增，刪除，檢索和更新。

6. 物聯網系統應支援該群組檢查其成員設備是否為同一種類型。

7. 物聯網系統應該支援群組包括另一群組為其成員。

14-4　OM2M 安裝與實例

OM2M 是基於 oneM2M 標準開發的一個開源物聯網服務平臺。OM2M 透過具有開放介面的 RESTful 方法，讓使用者可以在開發服務和應用程式時，不用考慮底層網路的實際連接方式，可簡化開發流程並降低開發所需時間。以下將先說明如何安裝 OM2M 平臺，再以在 OM2M 平臺上建立基礎架構節點和中間節點，並在中間節點上新增一筆感測資料為例，說明 OM2M 的操作方式。目前 OM2M 物聯網平臺僅實作於 Linux 系統中，所以使用者必須在 Linux 環境下才能使用 OM2M 物聯網服務平臺。若是使用 Windows 作業系統，可透過虛擬機軟體建立虛擬機，安裝 Linux 系統後使用 OM2M 服務平臺。我們用以下 4 個步驟說明如何安裝和使用 OM2M 平臺：

1. OM2M 系統安裝。
2. 啟動基礎架構節點與中間節點。
3. 新增 resource 至中間節點。
4. OM2M 與雲端平臺結合。

14-4-1 OM2M 系統安裝

若要在 Windows 作業系統下執行 OM2M，使用者可選用現存的任何一個虛擬機（Virtual Machine, VM）軟體安裝 Linux 作業系統。以下我們以使用 Oracle VM VirtualBox 軟體[3]，安裝 Ubuntu 14.04 版本[4]為例說明。VirtualBox 軟體下載頁面如圖 14-7 所示，點選以紅色方框標出的圖標即可下載 VirtualBox 5.2 版。Ubuntu 下載頁面如圖 14-8 所示，使用者可依自身需求安裝不同版本，我們以安裝伺服器版本、16.04LTS、64 位元為例介紹。

3 Oracle VM VirtualBox下載網址：https://www.virtualbox.org/

4 Ubuntu下載網址：https://www.ubuntu-tw.org/modules/tinyd0/

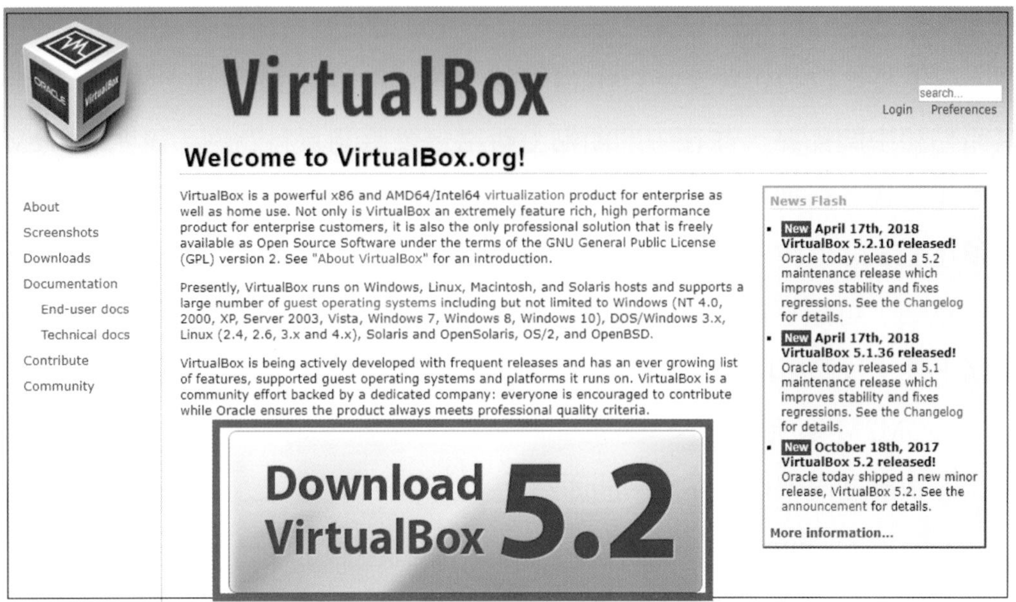

圖 14-7　VirtualBox 下載頁面

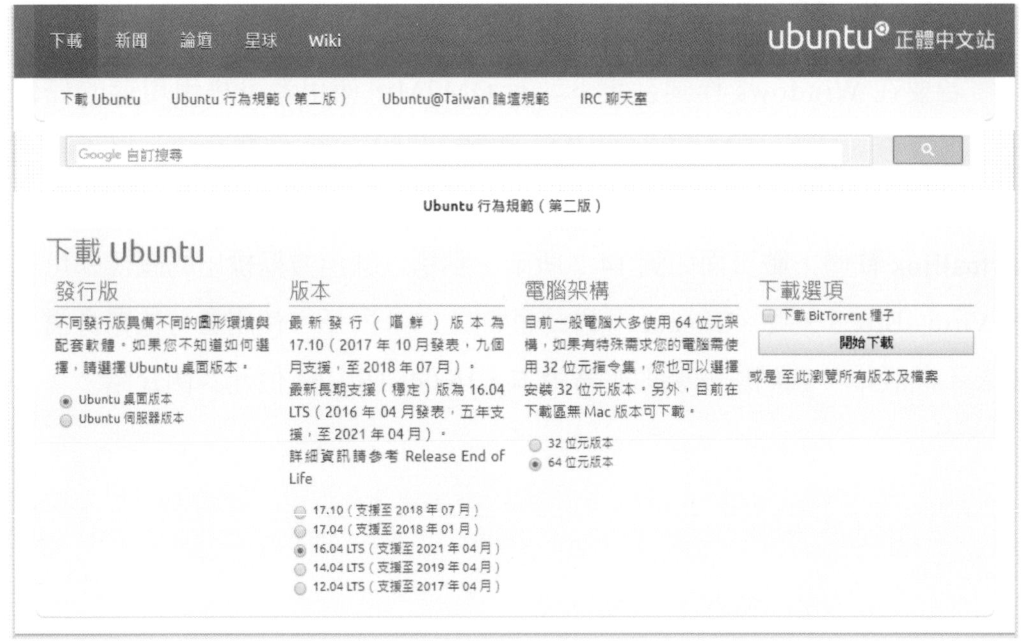

圖 14-8　Ubuntu 下載頁面

成功安裝好虛擬機後，開啟虛擬機準備安裝 OM2M 平臺。在安裝之前，要先確定虛擬機使否具備網路連接功能，並確認虛擬機已安裝下列三個軟體：git（用於下載 OM2M 安裝包）、java（用於執行 OM2M）和 Apache

Maven 3（用於建立 OM2M）。未安裝以上軟體會導致 OM2M 無法運行。安裝好這些軟體後，開啟終端機（terminal）輸入以下指令以下載安裝包。

```
$ git clone https://git.eclipse.org/r/om2m/org.eclipse.om2m
```

接著移動至」org.eclipse.om2m」資料夾，輸入以下指令以建置 OM2M。

```
$ mvn clean install
```

以上步驟的執行結果如圖 14-9 所示。

```
number1█@instance-1:~$ git clone https://git.eclipse.org/r/om2m/org.eclipse.om2m
Cloning into 'org.eclipse.om2m'...
remote: Total 4386 (delta 0), reused 4386 (delta 0)
Receiving objects: 100% (4386/4386), 13.40 MiB | 2.78 MiB/s, done.
Resolving deltas: 100% (1736/1736), done.
Checking connectivity... done.
number1█@instance-1:~$ cd org.eclipse.om2m/
number1█@instance-1:~/org.eclipse.om2m$ mvn clean install
```

圖 14-9　安裝 OM2M 步驟

14-4-2 啓動基礎架構節點與中間節點

安裝完畢後，開啟一個終端機並移動到安裝程式建立的 IN-CSE 資料夾（路徑：/org.eclipse.om2m/org.eclipse.om2m.site.in-cse/target/products/in-cse/linux/gtk/x86_64）之後，輸入啟動指令。

```
$ sh start.sh
```

就可以在基礎架構節點上建立 OM2M 共同服務元件，如圖 14-10 所示。如果建立成功，我們會在終端機上看到「CSE Started」訊息，如圖 14-11 所示。使用類似的步驟（開啟一個終端機並移動到 MN-CSE 資料夾、輸入指令 sh start.sh），可以在中間節點建立 OM2M 共同服務元件，如圖 14-12 所示。

```
number1█@instance-1:~/org.eclipse.om2m$ cd org.eclipse.om2m.site.in-cse/target/products/in-cse/linux/gtk/x86_64/
number1█@instance-1:~/org.eclipse.om2m/org.eclipse.om2m.site.in-cse/target/products/in-cse/linux/gtk/x86_64$ sh start.sh
```

圖 14-10　移動至 IN-CSE 資料夾建立 OM2M 共同服務元件

```
Register /webpage http context
osgi> [INFO] - org.eclipse.om2m.persistence.eclipselink.internal
l
DataBase initialized.
[INFO] - org.eclipse.om2m.persistence.eclipselink.Activator
Registering Database (JPA-EL) Service
[INFO] - org.eclipse.om2m.core.Activator
DataBase persistence service discovered
[INFO] - org.eclipse.om2m.core.thread.CoreExecutor
Creating thread pool with corePoolSize=5 & maximumSize=50
[INFO] - org.eclipse.om2m.core.CSEInitializer
Initializating the cseBase
[INFO] - org.eclipse.om2m.core.CSEInitializer
Create AccessControlPolicy resource
[INFO] - org.eclipse.om2m.core.CSEInitializer
Create CSEBase resource
[INFO] - org.eclipse.om2m.core.Activator
Registering CseService...
[INFO] - org.eclipse.om2m.binding.http.Activator
CseService discovered
[INFO] - org.eclipse.om2m.binding.coap.Activator
CSE Service discovered
[INFO] - org.eclipse.om2m.core.Activator
CSE Started
```

圖 14-11　在基礎架構節點建立 OM2M 共同服務元件

```
 requestIdentifier=001,
 content=<?xml version="1.0" encoding="UTF-8"?>
<m2m:csr xmlns:m2m="http://www.onem2m.org/xml/protocols" rn="mn-cse">
    <ty>16</ty>
    <ri>/in-cse/csr-997009</ri>
    <pi>/in-cse</pi>
    <ct>20170510T152651</ct>
    <lt>20170510T152651</lt>
    <acpi>/in-cse/acp-937156255</acpi>
    <poa>http://127.0.0.1:8282/</poa>
    <cb>//om2m.org/mn-cse</cb>
    <csi>/mn-cse</csi>
    <rr>true</rr>
</m2m:csr>

,
 to=admin:admin,
 from=/mn-cse,
 location=/in-cse/csr-997009,
 contentType=application/xml;charset=ISO-8859-1,
]
[INFO] - org.eclipse.om2m.core.CSEInitializer
Successfully registered to in-cse
```

圖 14-12　在中間節點建立 OM2M 共同服務元件

有一點需要特別提醒：前述共同服務元件建立的順序不能相反，因為中間節點在建立 OM2M 共同服務元件後，也會向基礎架構節點註冊，所以在基礎架構節點上的 OM2M 共同服務元件必須先建立起來，否則中間節點建立 OM2M 共同服務元件後會無法成功註冊。

OM2M 服務平臺提供了一個簡易的方式讓我們確認是否成功地建立了 OM2M 共同服務元件：用 HTTP 協定分別連線至基礎架構節點和中間節點查看各自擁有的 resource tree。查詢基礎架構節點的方式是在啟瀏覽器中輸入 URL http://127.0.0.1:8080/webpage/ 進入 OM2M 登入畫面（如圖 14-13 所示，URL 中埠號 8080 是基礎架構節點中共同服務元件的預設埠號）。輸入預設的登入帳密（admin/admin）後，若可以看到基礎架構節點中的資源樹，如圖 14-14 所示，即表示已成功建立 OM2M 共同服務元件。在圖 14-14 左側 IN-CSE 資源樹中 in-name 底下也確實出現 mn-cse（此即 remoteCSE），表示中間節點也註冊成功。類似的步驟也可用以查詢中間節點是否已建立 OM2M 共同服務元件，只需將前述 URL 中的埠號改為 8282，其餘的步驟皆相同。

前述的 OM2M 安裝步驟是將基礎架構節點與中間節點架設在同一臺虛擬機內，所以前述 URL 中的 IP 位址都是使用本機 IP（localhost, 127.0.0.1）。然而在實務上，基礎架構節點與中間節點很可能是架設在不同地方，我們隨後也將介紹在這樣的環境下如何修正連線設定方式。

圖 14-13　OM2M 登入畫面

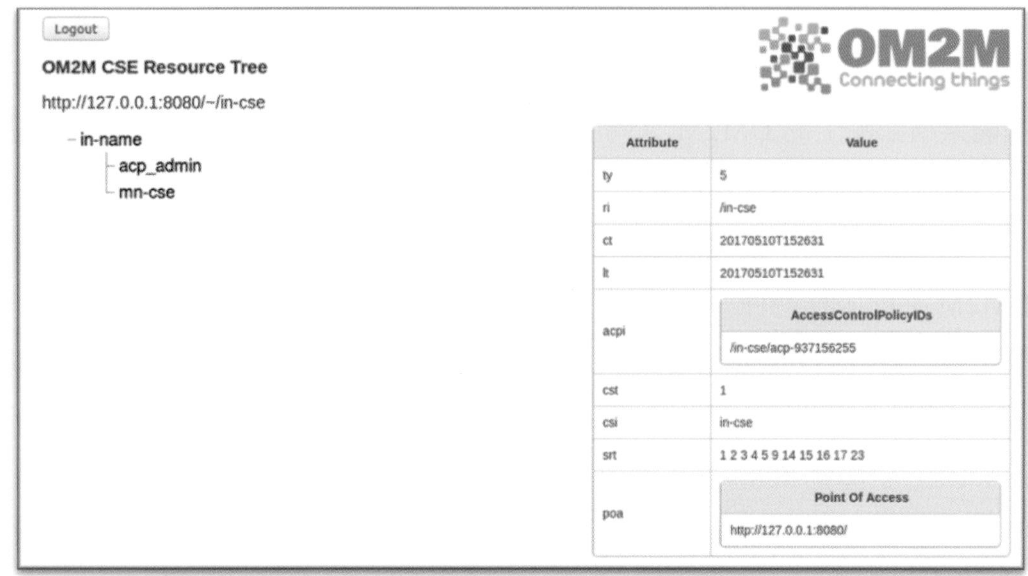

圖 14-14　登入基礎架構節點後的畫面

14-4-3 新增資源至中間節點

OM2M 服務平臺允許使用者透過 RESTful 的方法新增資源，而 Postman 軟體的功能就包括送出 HTTP 的各種請求（request），如 GET、POST、PUT 和 DELETE 等。此節我們說明如何利用 Postman 新增資源到 OM2M 中間節點。Postman 是為 chrome、MAC、Linux 以及 Windows 環境提供免費的 API 測試工具，安裝以後可以在 Linux 的虛擬機主控臺（console）左側的工作列裡面看到 Postman 的圖標，如圖 14-15 所示。

要在中間節點新增一筆資料，必須先在中間節點建立一個應用元件，在此新建的應用元件中建立存放資料的資料夾（容器），再將一筆資料存入此資料夾中。以下我們以建一個稱為 TestA 的應用元件，在其下建立一個稱為 DATA 的資料夾，再於此資料夾中新增一筆資料為例說明。

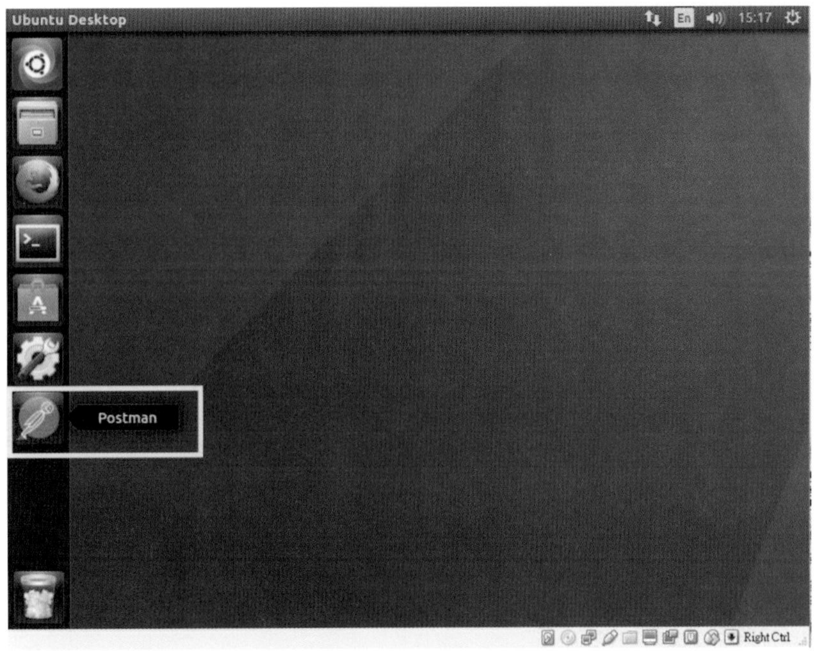

圖 14-15　Postman 圖標

首先，可開啟 Postman 輸入以下資訊，在中間節點新增一個稱為 TestA 的應用元件（型態 =2）：

URL	http://127.0.0.1:8282/~/mn-cse
Method	POST
Header	X-M2M-Origin: admin:admin Content-Type: application/xml;ty=2 X-M2M-NM: TestA
Body	<om2m:ae xmlns:om2m="http://www.onem2m.org/xml/protocols"> <api>app-sensor</api> <lbl>Type/just a test/temperature Location/home</lbl> <rr>false</rr> </om2m:ae>

詳細操作步驟如圖 14-16 所示。首先在標示 1 處先選擇 POST 方法，在標示 2 處選擇填入網址後，選擇分頁 Header 並在標示 3 處欄位 key 處填入標頭行（header lines）冒號左邊文字，如 X-M2M-Origin，在欄位 value 處填入標頭行冒號右邊文字，然後在標示 4 處選擇分頁 body，在標示 5 選擇

分頁 raw 並在下方空白處填入 body 內容，最後在標示 6 按下 send 鍵即完成一筆資料新增。要持別提出說明的是 oneM2M 定義了許多不同的資源型態（content-type），各個型態對應的 ty 數值可以在 oneM2M 官網上查到。此範例用到的 ty 數值為 2、3 和 4，分為代表資源型態應用元件（AE）、資料夾（container）和一筆資料（contentInstance）。

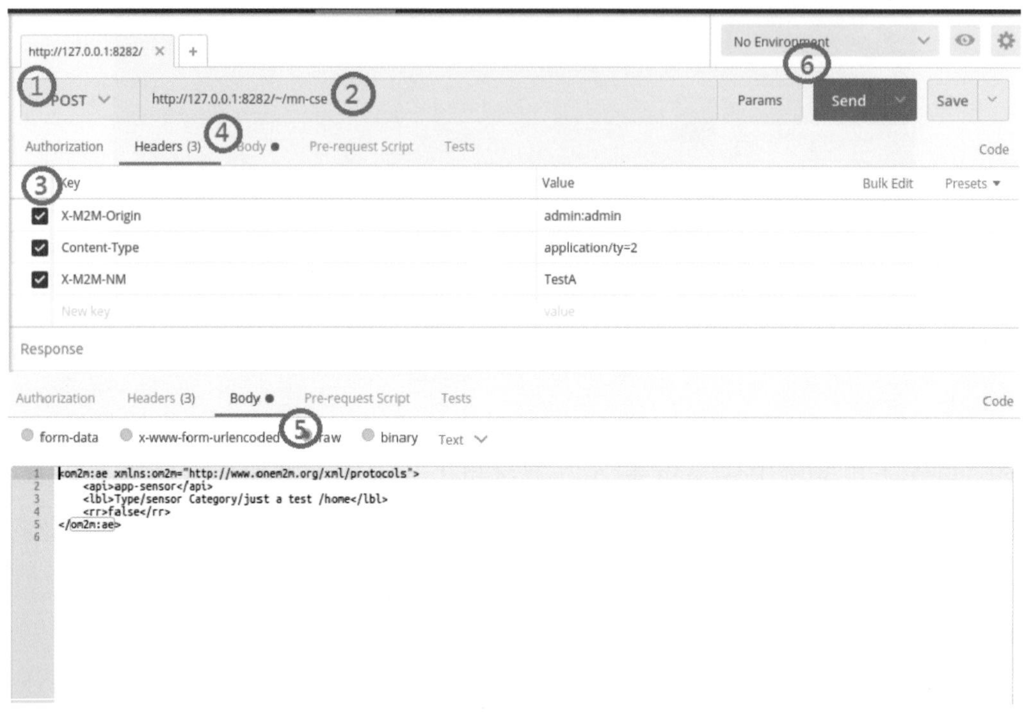

圖 14-16　postman 輸入方式

如果此新增資料的要求被成功地送出，我們可以在 OM2M 中間節點的資源樹上找到剛建立名稱為 TestA 的應用元件，如圖 14-17 所示。

OM2M CSE Resource Tree

http://127.0.0.1:8282/~/mn-cse

```
– mn-name
    ├ acp_admin
    ├ acpae-653166818
    ├ TestA
    └ in-name
```

圖 14-17　在中間節點上成功建立名為 TestA 的應用元件

接下來，類似於上述步驟，我們可透過輸入以下資訊，在 TestA 下建立一個資料夾（ty=3）：

URL	http://127.0.0.1:8282/~/mn-cse/mn-name/MY_SENSOR
Method	POST
Header	X-M2M-Origin: admin:admin Content-Type: application/xml;ty=3 X-M2M-NM: DATA
Body	<om2m:cnt xmlns:om2m="http://www.onem2m.org/xml/protocols"> </om2m:cnt>

送出此要求後，應可在 OM2M 中間節點的資源樹上找到剛建立的資料夾，如圖 14-18 所示。

OM2M CSE Resource Tree

http://127.0.0.1:8282/~/mn-cse/CAE653166818

```
– mn-name
    ├ acp_admin
    ├ acpae-653166818
    ├ TestA
    │   └ DATA
    └ in-name
```

圖 14-18　在 TestA 下建立一個稱為 DATA 的資料夾

最後我們可透過輸入以下資訊，在 TestA 下新增一筆資料（ty=4）：

URL	http://127.0.0.1:8282/~/mn-cse/mn-name/TestA/DATA
Method	POST
Header	X-M2M-Origin: admin:admin Content-Type: application/xml;ty=4
Body	<om2m:cin xmlns:om2m="http://www.onem2m.org/xml/protocols"> <cnf>message</cnf> <con> </con> </om2m:cin>

成功建立一筆資料的結果如圖 14-19 所示。

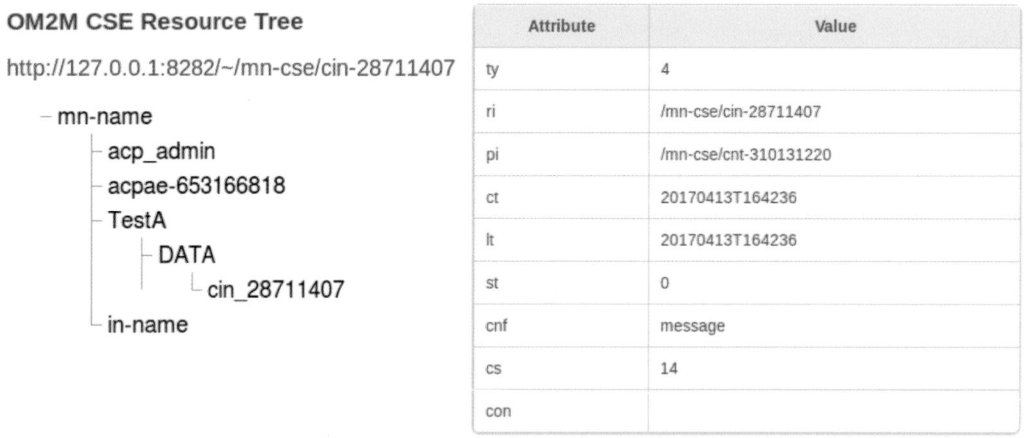

OM2M CSE Resource Tree

http://127.0.0.1:8282/~/mn-cse/cin-28711407

- mn-name
  - acp_admin
  - acpae-653166818
  - TestA
    - DATA
      - cin_28711407
  - in-name

Attribute	Value
ty	4
ri	/mn-cse/cin-28711407
pi	/mn-cse/cnt-310131220
ct	20170413T164236
lt	20170413T164236
st	0
cnf	message
cs	14
con	

圖 14-19　在資料夾 DATA 下建立一筆資料

在物聯網中有些應用有即時性的需求，例如智慧家電應用中，當溫度感測器發現溫度異常時，可能需要立即通知使用者，並依照使用者的指示，執行特定功能（如關閉造成溫度異常的設備）。上述的功能，可透過 OM2M 中的「訂閱與通知」服務達成。以下我們以一個使用者 A，想在要在中間節點的應用元件 TestA 中的 DATA 有資料異動時收到通知為例，說明 oneM2M 的訂閱和通知服務。此例中，使用者 A 是訂閱者，我們以一個監控程式（持續監控 DATA 中的資料是否有異動）為通知介面，即當中的資料 DATA 有異動時，OM2M 會透過此監控程式顯示出異動的資料。著名的 IDE 開發環境 Eclipse 有提供監控埠號（port number）1400 的範例程式[5]，即在使用者 A 訂閱 DATA 時，需設定當發生資料異動時，要透過埠號 1400 傳送通知訊息給此監控程式。安裝監控程式的方式很簡單：下載監控範例程式後，用終端機輸入指令 java -jar monitor.jar 即進入監聽狀態，如圖 14-20 所示。

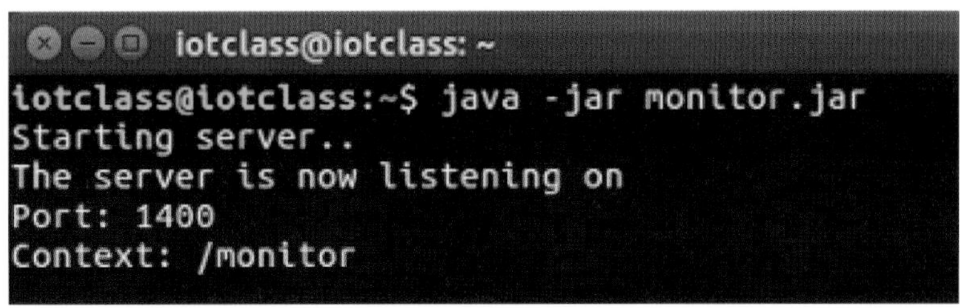

圖 14-20　監控範例程式

接著要設定使用者 A 的訂閱對象為 TestA 的 DATA，可開啟 postman 輸入以下資訊：

URL	http://127.0.0.1:8080/~/mn-cse/mn-name/TestA/DATA
Method	POST
Header	X-M2M-Origin: admin:admin Content-Type: application/xml;ty=23 X-M2M-NM: SUB_DATA
Body	<m2m:sub xmlns:m2m="http://www.onem2m.org/xml/protocols" <nu>http://localhost:1400/monitor</nu> <nct>2</nct> </m2m:sub>

輸入完成後，送出指令即完成訂閱對象設定。其中 Header 內，ty=23 代表的是 oneM2M 中「訂閱」的資源型態，Body 中標籤 <nu> 內的資訊是設定通知訊息要傳送到的位址（URL），此例使用的是監控範例程式監聽的埠號 1400，埠號 1400 後的 / monitor 是送給監控程式的參數。若訂閱成功，中間節點的資源樹中的 DATA 下會出現 SUB-DATA，如圖 14-21 所示。

5 https://www.laas.fr/projects/IOT/sites/www.laas.fr.projects.IOT/files/u77/monitor.jar

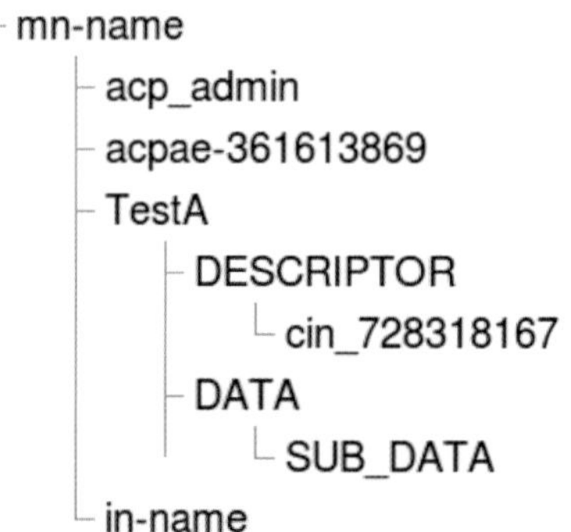

圖 14-21　完成訂閱設定後的中間節點資源樹

完成訂閱設定之後，我們可以在 TestA 的 DATA 裡面新增一筆資料，測試訂閱與通知的運作。若設定都正確，會在監控程式執行的終端機上看見剛剛新增的資料。

14-4-4 在雲端平臺上使用 OM2M

在物聯網中的裝置與裝置之間，常常有大量且頻繁的資訊交換，有時也需要強大的運算能力以計算和分析收集到的資訊。因此，建置物聯網應用時，常常會需要具有強大運算能力的伺服器主機。為每個物聯網應用建置一個伺服器的採購和維護成本過高，也還有擴充彈性低的缺點，所以有許多物聯網應用會將伺服器放上雲端平臺。雲端平臺提供了高運算和儲存能力，降低了軟硬體建置和維護成本，又可以依照不同的系統需求，動態地調整所提供的計算和分析能力，是現在企業提供物聯網應用時，最喜歡使用的模式。本節我們將說明如何在雲端平臺上建立 OM2M 平臺，以及如何利用 OM2M 平臺開發物聯網應用系統。

現在雲端平臺已經相當普及，使用者可依需求選擇適用的平臺，此處我們以 Google Cloud Platform（GCP）為例說明。開啟 GCP 官網（https://cloud.google.com/，如圖 14-22 所示）後，點選免費試用，開始註冊。

圖 14-22　Google Cloud Platform 首頁。

在 GCP 上的運作是以專案的方式進行，要得到任何服務，都要以新增一個專案開始。在建立專案後，下一步是新增執行個體。我們可在左方的工具列選擇 Compute Engine 中的 VM 執行個體（如圖 14-23 所示），在出現的視窗中選擇建立執行個體（如圖 14-24 所示）以新增一個執行個體。新增的執行個體可透過 VM 的設定介面設定欲新增的虛擬機規格（如硬碟大小、OS、CPU、防火牆等），使用等級高的配置當然就要付出較高的費用。在建立虛擬機的過程中，會有許多選項供使用者設定虛擬機，虛擬機的設定方式很直覺，此處我們只需要變更開機磁碟的作業系統為 Ubuntu 16.04 LTS 即可。安裝完畢後，應可在 VM 執行個體中看見新增的虛擬機。

完成虛擬機安裝後，按下「連接」欄位下的 SSH 即可登入至虛擬機，如圖 14-25 所示。

圖 14-23　選擇 VM 執行個體

圖 14-24　建立執行個體

圖 14-25　連線至虛擬機方式

虛擬機上安裝 OM2M 平臺的步驟可參考章節 12-4-1。由於 OM2M 預設是在 localhost 執行，所以要能讓不同臺機器之間也能建立連線，需要修改 OM2M 的設定檔。我們以在本機端建立 MN-CSE 並且在雲端虛擬機上建立 IN-CSE 為例，說明 OM2M 設定檔的修改方式。我們要先修改位於 IN-CSE 與 MN-CSE 的資料夾中 configuration 資料夾內的設定檔 config.ini[6] 裡的參數。在 IN-CSE 中，要將 org.eclipse.om2m.cseBaseAddress 參數改成雲端虛擬機的 IP 位址，如圖 14-26 所示。在 MN-CSE 中的設定檔，要修改 org.eclipse.om2m.remoteCseAddress 參數為雲端虛擬機的 IP 位址，如圖 14-27 所示。修改完成後，啟動 IN-CSE 與 MN-CSE 後，應可發現 OM2M 成功運作。

```
org.eclipse.om2m.cseBaseProtocol.default=http
org.eclipse.om2m.cseBaseName=in-name
org.eclipse.om2m.cseBaseAddress=127.0.0.1
eclipse.p2.profile=DefaultProfile
org.eclipse.om2m.dbUrl=jdbc\:h2\:./database/indb
osgi.framework.extensions=
org.eclipse.om2m.webInterfaceContext=/webpage
osgi.bundles.defaultStartLevel=4
org.eclipse.om2m.dbUser=om2m
```

將127.0.0.1改為雲端虛擬機的IP位址

圖 14-26　修改 IN-CSE 設定檔

6　此設定檔中有許多參數可以調整，詳細內容可參考網址https://wiki.eclipse.org/OM2M/one/Configuration

```
org.eclipse.om2m.remoteCseContext=/
org.eclipse.om2m.dbDriver=org.h2.Driver
org.eclipse.om2m.remoteCseAddress=127.0.0.1
org.eclipse.om2m.adminRequestingEntity=admin\:admin
org.eclipse.om2m.cseType=MN
org.apache.commons.logging.Log=org.apache.commons.l
org.eclipse.om2m.cseAuthentication=true
eclipse.p2.data.area=@config.dir/../p2
org.eclipse.om2m.coap.port=5684
```

將127.0.0.1改為雲端虛擬機的IP位址

圖 14-27 修改 MN-CSE 設定檔

在虛擬機上成功建立 OM2M 平臺後，我們就可以利用 OM2M 平臺開發物聯網應用了。此處我們以使用開發工具 Node-RED 為例說明。Node-RED 是 IBM 以 Node.js 為基礎而開發出來的視覺化 IoT 開發工具，在安裝 Node-RED 前要先確定是否已安裝 Node.js，如尚未安裝可以輸入下列指令下載及安裝 Node.js：

```
$ sudo apt-get install node.js
```

```
$ sudo apt-get install nodejs-legacy
```

```
$ sudo apt-get install npm
```

安裝 Node-RED 的指令如下：

```
$ sudo npm install -g node-red
```

輸入指令 sudo node-red 即可啟動 Node-RED，如圖 14-28 所示。

因為 Node-RED 是個 Web-Based 的工具，所以要使用 Node-RED 的圖型編輯工具，必須透過瀏覽器連到 URL：http://127.0.0.1:1880。Node-RED 也可匯入其他人開發的模組（Node-RED 中稱為 Nodes），Node-RED 提供了函式庫，讓使用者可快速開發其物聯網應用。載入 Nodes 的方法是先在 .node-red/node-modules 資料夾下輸入以下指令（如圖 14-29 所示）

```
$ sudo git clone https://github.com/themaco/node-red-contrib-om2m.git
```

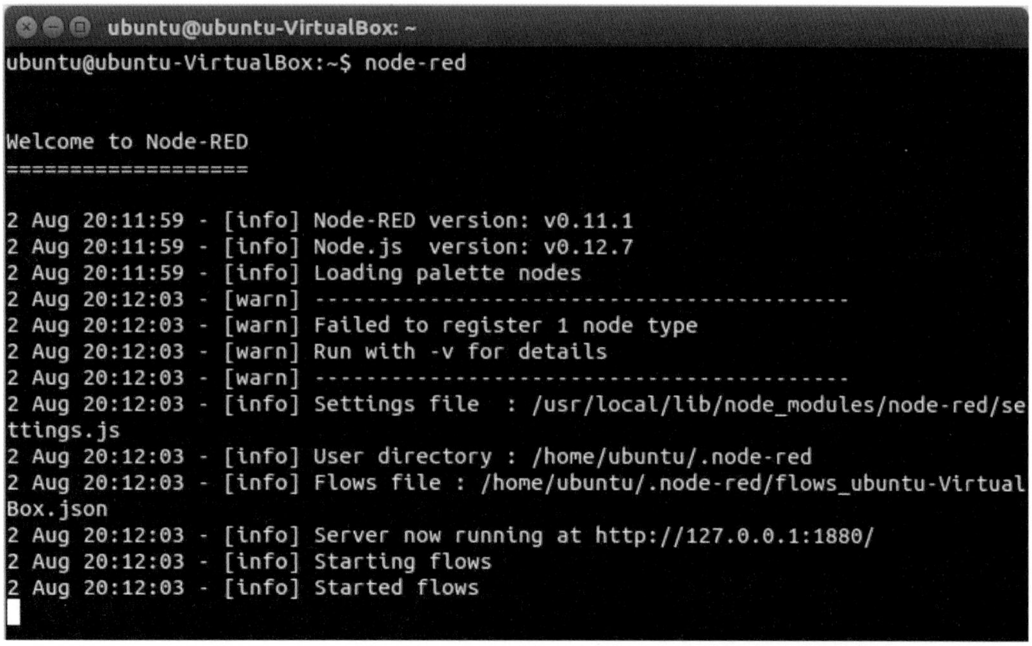

```
ubuntu@ubuntu-VirtualBox: ~
ubuntu@ubuntu-VirtualBox:~$ node-red


Welcome to Node-RED
===================

2 Aug 20:11:59 - [info] Node-RED version: v0.11.1
2 Aug 20:11:59 - [info] Node.js  version: v0.12.7
2 Aug 20:11:59 - [info] Loading palette nodes
2 Aug 20:12:03 - [warn] ------------------------------------------
2 Aug 20:12:03 - [warn] Failed to register 1 node type
2 Aug 20:12:03 - [warn] Run with -v for details
2 Aug 20:12:03 - [warn] ------------------------------------------
2 Aug 20:12:03 - [info] Settings file  : /usr/local/lib/node_modules/node-red/se
ttings.js
2 Aug 20:12:03 - [info] User directory : /home/ubuntu/.node-red
2 Aug 20:12:03 - [info] Flows file : /home/ubuntu/.node-red/flows_ubuntu-Virtual
Box.json
2 Aug 20:12:03 - [info] Server now running at http://127.0.0.1:1880/
2 Aug 20:12:03 - [info] Starting flows
2 Aug 20:12:03 - [info] Started flows
```

圖 14-28　啓動 Node-RED

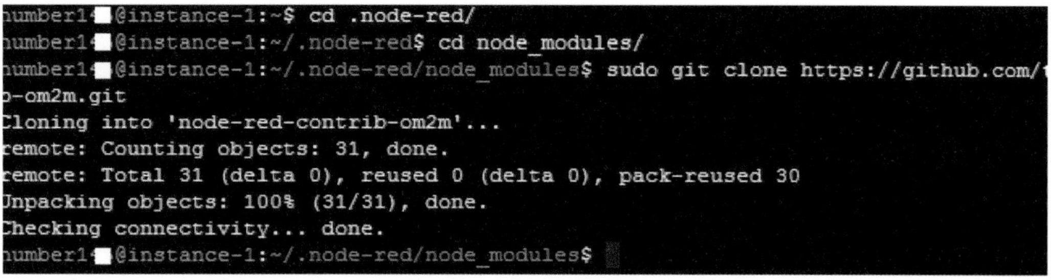

```
umber1■@instance-1:~$ cd .node-red/
umber1■@instance-1:~/.node-red$ cd node_modules/
umber1■@instance-1:~/.node-red/node_modules$ sudo git clone https://github.com/
-om2m.git
loning into 'node-red-contrib-om2m'...
emote: Counting objects: 31, done.
emote: Total 31 (delta 0), reused 0 (delta 0), pack-reused 30
npacking objects: 100% (31/31), done.
hecking connectivity... done.
umber1■@instance-1:~/.node-red/node_modules$
```

圖 14-29　載入已開發 Nodes

之後，在重啟虛擬機後，啟動 Node-RED 即可。我們可以透過 web 看到新增的 nodes，如圖 14-30 所示。

最後以一個實際應用說明 OM2M 的運作方式。此應用是利用溫度感測器讀取溫度，當溫度超過（小於）某一門檻值（如攝式 20 度）時，控制繼電器以開啟（關閉）電源。此應用所需的實驗設備包括：

1. 溫度感測器
2. 手機一臺
3. 電腦兩臺，皆需安裝 OM2M 平臺和 Node-RED

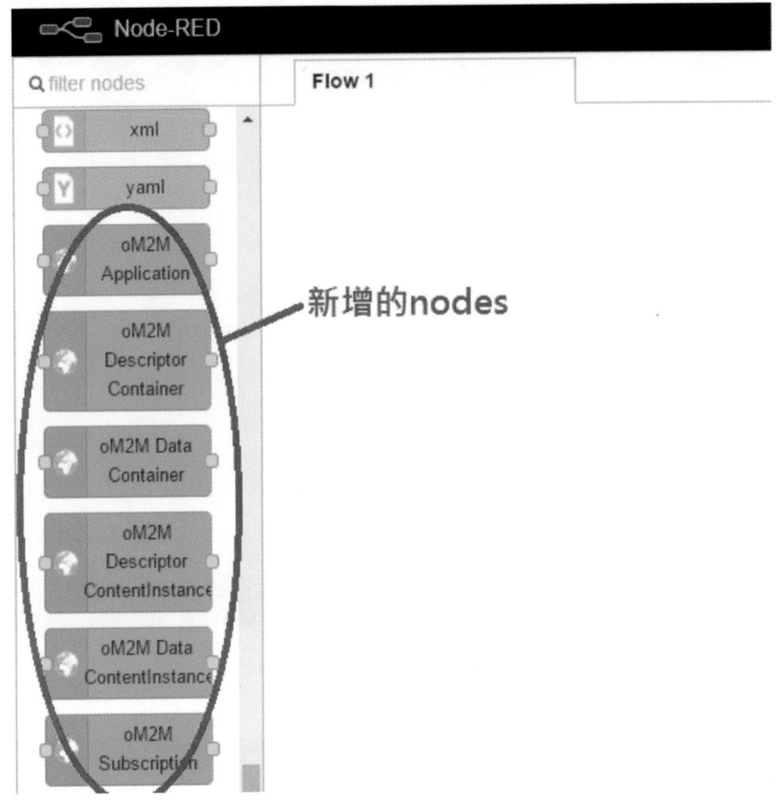

圖 14-30　新增的 Node-RED Nodes

4. Arduino 控制板一個
5. 繼電器一個
6. 藍牙模組一組
7. 電風扇一臺

實作此應用的第一步是將電風扇開啟，然後將溫度感測器接到 Arduino 控制板上，並透過藍牙將收集到的數據傳送至手機端，顯示在手機螢幕上。手機端收到據據後，透過 App 將收集的數據傳送至 MN-CSE，如圖 14-31 所示。MN-CSE 收集到數據後，會依溫度是否有超過門檻值決定是否轉送至 IN-CSE。最後，由 IN-CSE 將數據繪製成圖，如圖 14-32 所示。IN-CSE 會在溫度超過一門檻值（如攝式 26 度）時，傳送通知至手機，讓使用者決定是否透過手機端的 App 來控制繼電器打開電風扇；當溫度小於另一門檻值（如攝式 26 度）時，讓使用者決定是否關掉電風扇。

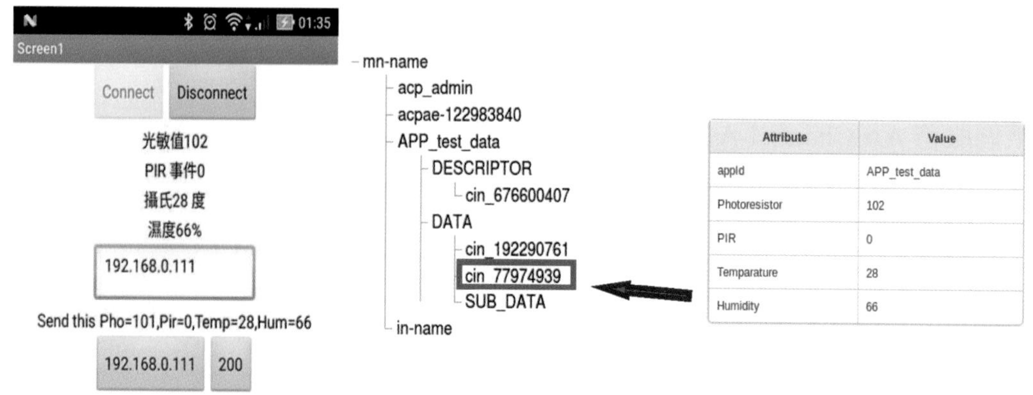

圖 14-31　傳送感測器資料至 MN-CSE

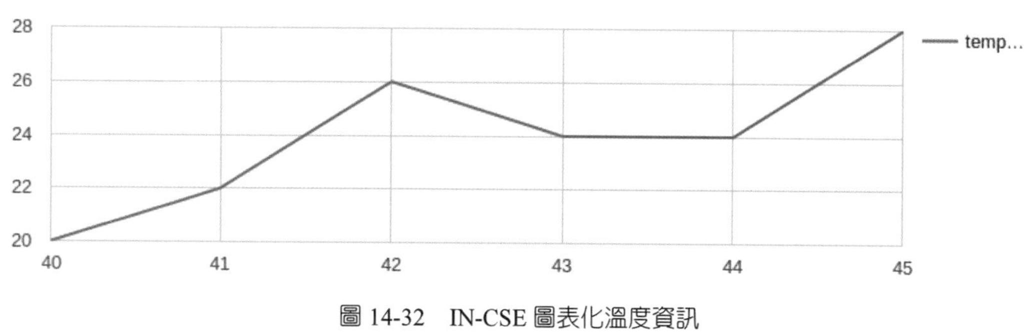

圖 14-32　IN-CSE 圖表化溫度資訊

14-5　物聯網工具

14-5-1 IFTTT 簡介與應用

2010 年 IFTTT 公司共同創辦人 Linden Tibbets，在其部落格網站上發布一篇名為「ifttt the beginning」的文章，從此宣布這個新的應用為 IFTTT。隔年九月，Tibbets 宣布 IFTTT 開放給所有人使用，到目前為止，IFTTT 至少累積了 87000 的開發者活躍在 IFTTT 平臺上。

IFTTT 是希望藉由程式邏輯中「if this then that」的概念，達到服務與服務的連接，進一步實現能自動化運作的雲端平臺，即 IFTTT 能自動幫助使用者達到目的，不需要使用者再額外手動處理工作。近年來，IFTTT 深耕行動裝置，推出 IFTTT 的 Android、iPhone 和 iPad 版本，讓網路服務的應用能更貼近民眾的生活層面，享受智慧生活帶來的便利。

IFTTT 平臺是一個連結許多常用網路服務的自動化工具，使用者能指定某個服務 A（Channel A）在發生某個條件後，觸發（Trigger）另一個服務 B（Channel B）進行某個反應行動（Action），這整個流程就被稱為一個自動化任務（Recipe）。當一個自動化任務建立並啟動後，IFTTT 每隔 15 分鐘會自動連結服務 A，檢查設定條件是否滿足。當然 IFTTT 也提供使用者下載其他使用者分享的自動化任務，讓使用者也能使用別人的創意。

下面說明如何建立第一個自動化任務，此處以使用電腦版本說明操作步驟（手機版本操作較為直覺，讀者可輕易上手）。我們的範例任務是設定時間（服務 A）在晚上 10 點（條件），設定 Android 手機（服務 B）為靜音。首先開啟網頁連結 https://ifttt.com/，連線至 IFTTT 首頁後 IFTTT 會要求使用者登入帳號，此處可以連結 Facebook 帳號或是 Google 帳號，當然也可以註冊 IFTTT 的帳號。如圖 14-33 所示。

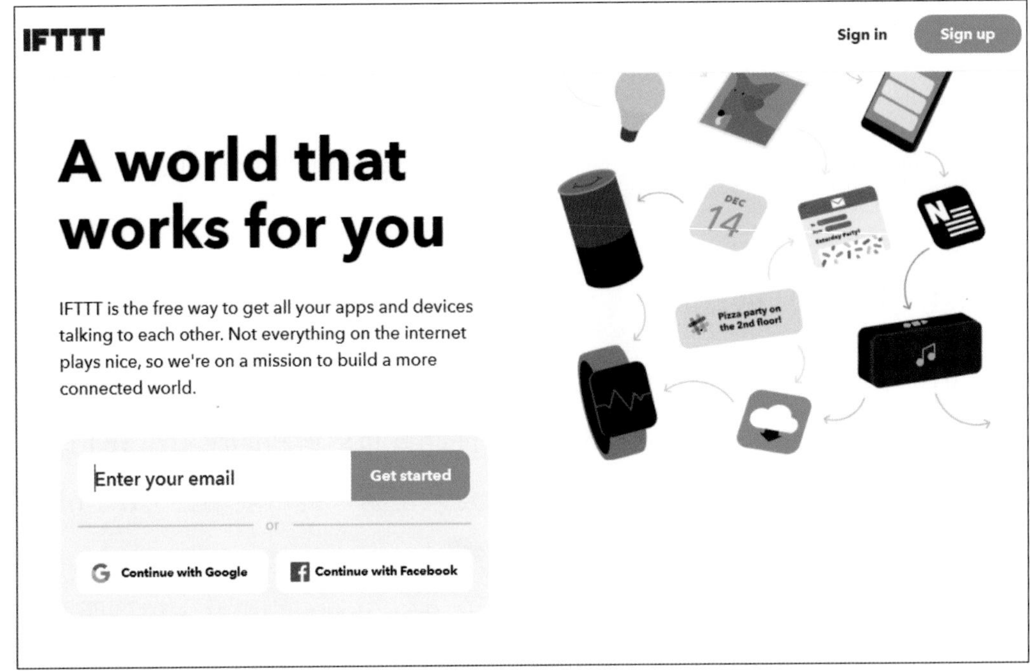

圖 14-33　IFTTT 首頁

登入完畢 IFTTT 會在我們選定常見的應用程式後，列出一些其他使用者利用選定的應用程式完成的自動化任務。我們可以快速存取這些自動化任務。此處我們新建一個自動化任務，即點選右上角的 X，不套用現存的自動化任務，如圖 14-34 所示。建立一個自動化任務首先點選 My Applets 後點選 New Applet，如圖 14-35 所示。完成後我們先點選 this 即可開始建立自動化任務，如圖 14-36 所示。

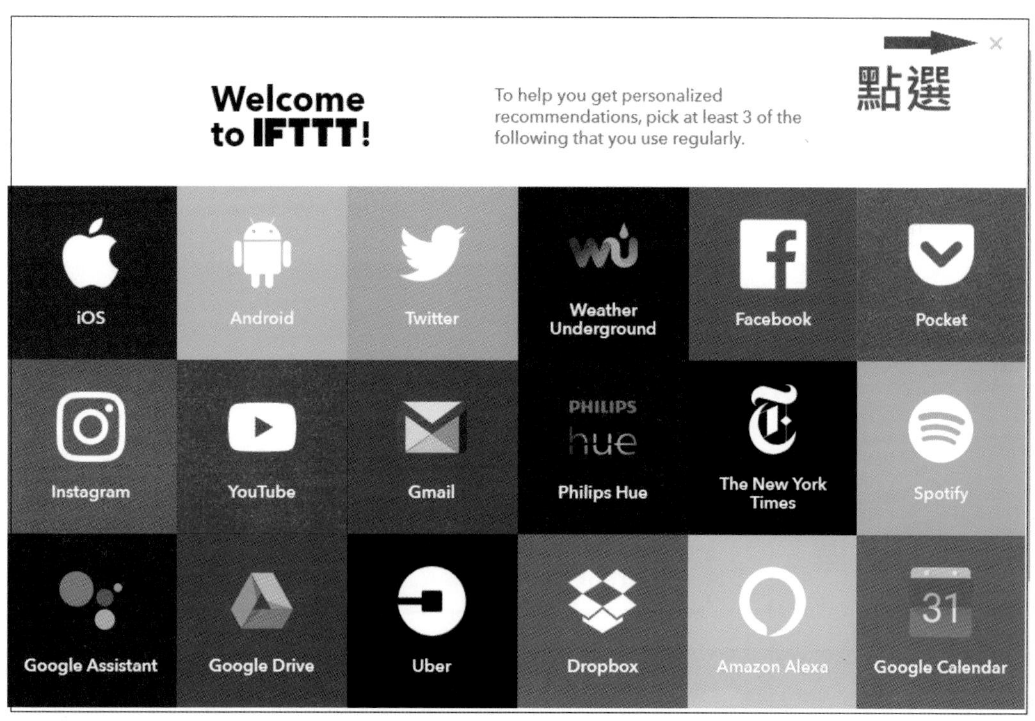

圖 14-34　選擇有興趣的應用

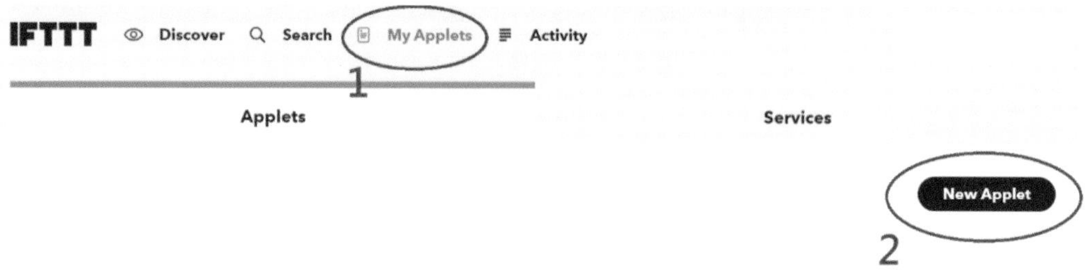

圖 14-35　建立新的應用

圖 14-36　創建自動化任務

接著 IFTTT 會讓我們選擇一個服務 A，此例我們要選擇的是時間，在搜尋處輸入 Time 後，選擇第一個功能（Date & Time），如圖 14-37 所示。

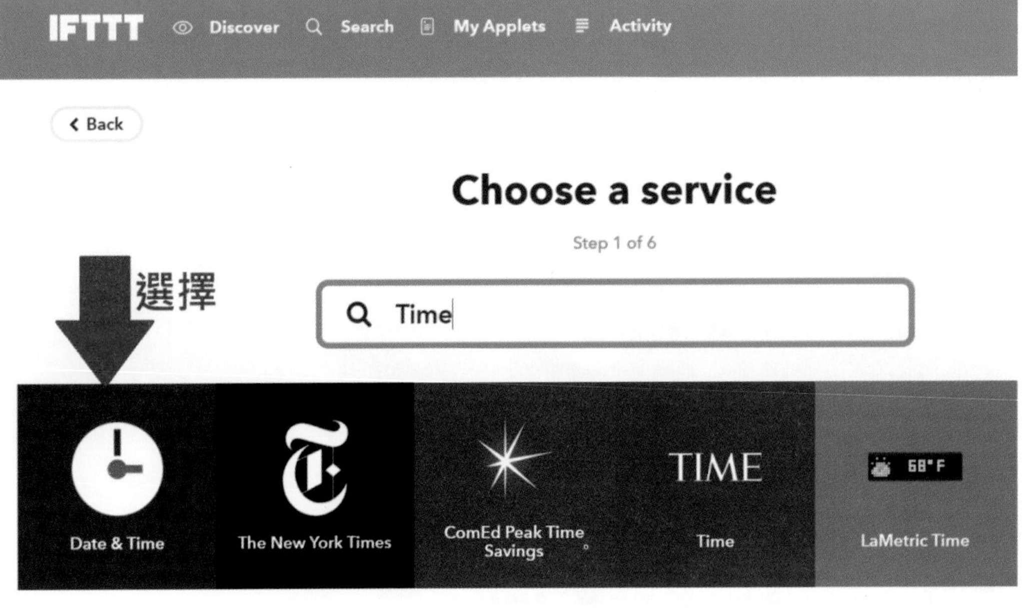

圖 14-37　選擇服務 A。

第一次使用某一個服務時，IFTTT 會要求使用者確認服務的相關環境設定，在此例中服務需要設定的就是時區確認，如圖 14-38 所示，此處以選擇（GMT +08:00）Taipei 為例。完成後點擊 connect 繼續下面步驟。

Connect Date & Time

Select your current time zone to connect the Date & Time service.

Time zone

(GMT+08:00) Taipei ← 選擇區域

Connect

圖 14-38　選擇使用者所在區域

完成服務的環境設定後，IFTTT 平臺會直接轉回首頁，回到新建自動化任務，在點選 Date & Time 後點選 Every day at 設定觸發此服務的頻率是每天一次，如圖 14-39 紅色圓圈處所示。接著設定服務觸發時間為晚上 10 點整，如圖 14-40 所示，完成後按下 Create trigger 即完成此服務的設定。

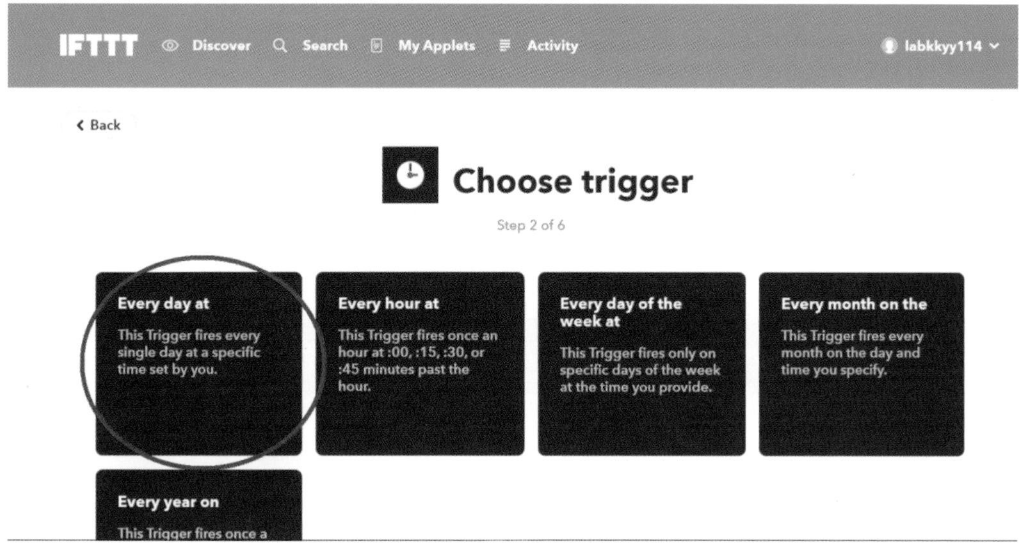

圖 14-39　選擇觸發時間

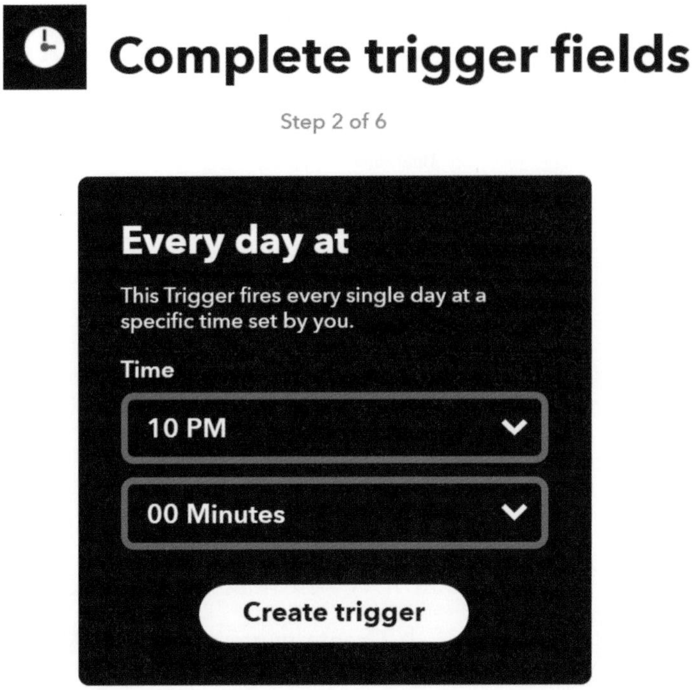

Complete trigger fields

Step 2 of 6

Every day at

This Trigger fires every single day at a specific time set by you.

Time

10 PM

00 Minutes

Create trigger

圖 14-40　設定時間

當服務 A 設定好後，我們可以看見圖 14-41 中 this 已經被設定為時間，而 that 出現了加號。接下來便是設定服務 B，點選 that 開始設定讓手機靜音的服務。

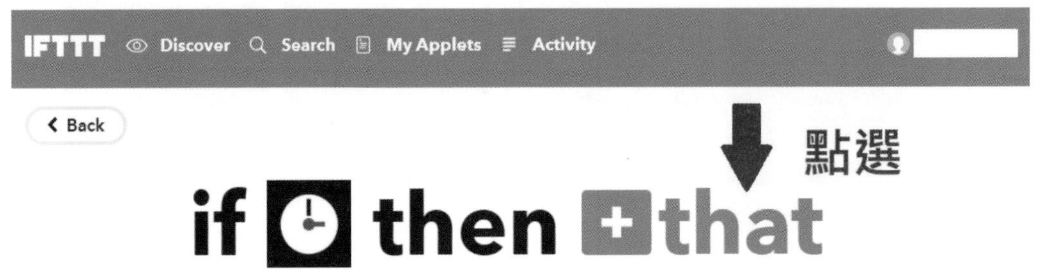

圖 14-41　設定服務 B

首先在搜尋列輸入 Android Device 選擇紅色圓圈處，如圖 14-42 所示。如果是第一次使用，會如同先前設定 Date & Time 一樣，需要確認服務的相關環境設定，這裡我們假設使用者已經完成上述設定。

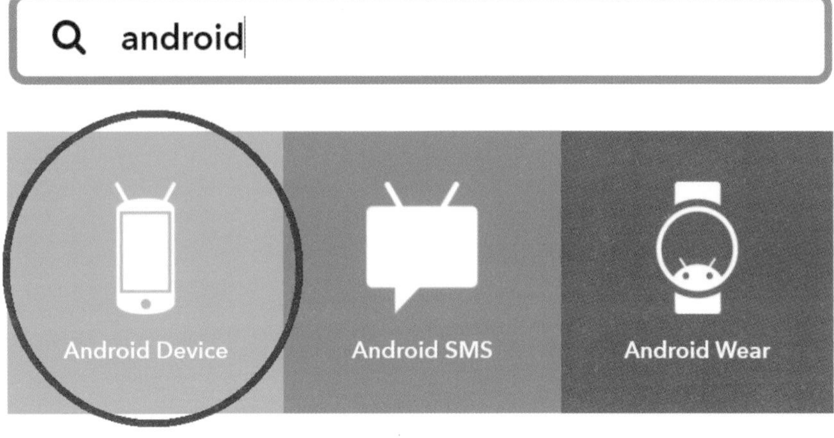

圖 14-42　選擇 Android Device

之後選擇 Mute ringtone（靜音），如圖 14-43 所示。接著會詢問使用者是否要開啟震動，使用者可依喜好自行決定。完成後按下 Create action 即可完成我們第一個自動化任務，如圖 14-44 所示。

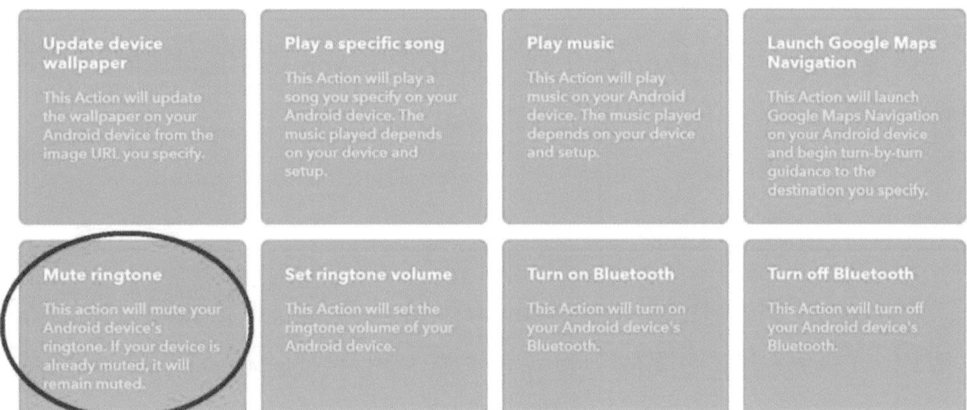

圖 14-43　選擇事件

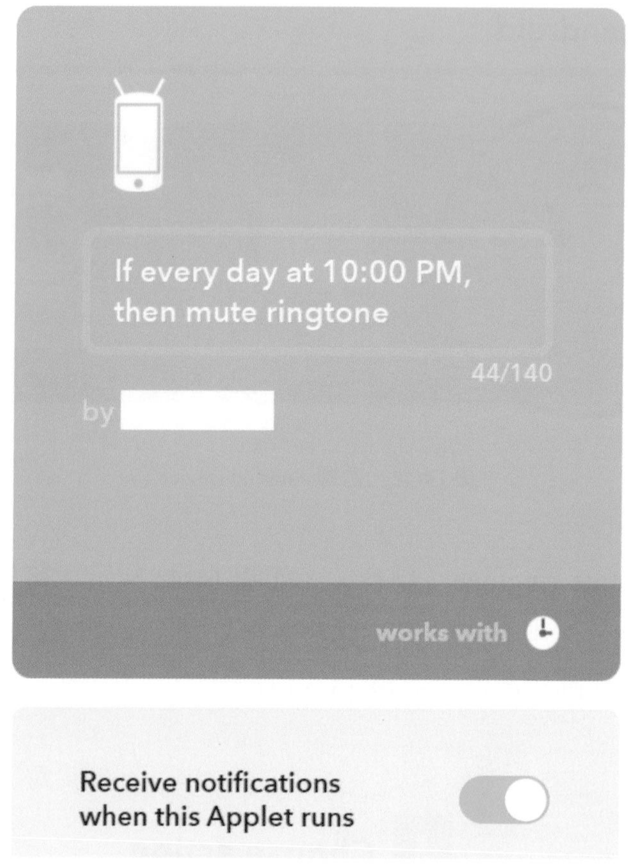

圖 14-44　完成建立自動化任務

最後使用者可用 Android 手機下載 IFTTT App，開始測試自動化任務是否成功建立。

14-5-2 Microsoft Flow

Microsoft Flow 是 Microsoft 在 2016 年 4 月推出預覽版的自動化活動串接服務，自動整合電子郵件、圖片、天氣、訊息、文件等多種線上服務，現在 Microsoft Flow 已經正式免費開放。Microsoft Flow 提供與 IFTTT 類似的功能，不過 Microsoft 針對的是商務市場。Microsoft Flow 的功能比 IFTTT 更多，它可以同時觸發多項動作，例如在 twitter 的貼文中找出超過 100 個讚的文章，並記錄到自己的清單中。Microsoft Flow 現在支援的作業系統包括 Windows、iOS 及 Android 等。Microsoft Flow 在一個月內有 750 次的免費服務，如果是重度使用者，每人每月收費 5 美元可以無限次數使用。

我們可以透過網址 https://flow.microsoft.com/zh-tw/ 連線至 Microsoft Flow 網頁，如圖 14-45 所示，在註冊帳號後即可免費使用。下面我們以 Gmail 附件自動存入 Google 雲端硬碟為例，說明如何使用 Microsoft Flow 建立一個自動化流程。首先我們需登入 Microsoft Flow 的帳號，可點選右上方的免費註冊或是登入，如圖 14-45 所示。

圖 14-45　Microsoft Flow 首頁

登入帳號後，點選左上方選項中的範本，如圖 14-46 所示。

圖 14-46　使用者 Flow 首頁

在搜尋欄輸入 Gmail 找到欲設定的項目，如圖 14-47 中選擇「將 Gmail 附件儲存到您的 Google 雲端硬碟」。

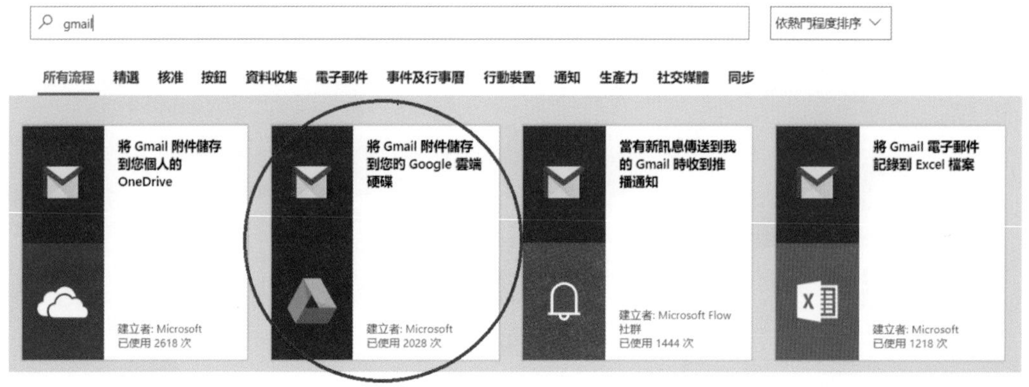

圖 14-47　選擇欲操作的項目

選擇項目後，系統會向使用者要求授權 Gmail 信箱及 Google 雲端硬碟權限，分別登入帳戶後便可建立流程。

將 Gmail 附件儲存到您的 Google 雲端硬碟
Gmail
Google Drive
此範本會自動下載所有傳送到您收件匣的 Gmail 附件，並將其存放到 Google 雲端硬碟上您選取的資料夾中。
此流程會連線到:
Gmail
@gmail.c...
Google Drive
@gmail.c...
建立流程

圖 14-48　授權並建立流程

按下「建立流程」按鈕後，系統會幫使用者建立好預設項目並將頁面跳轉至流程主頁中，如圖 14-49 所示。流程主頁的中間顯示執行歷程，告知使用者執行狀況，右上方有一個編輯流程選項，讓使用者可以根據個人喜好調整流程，如圖 14-50 所示。流程的運作可分為觸發程序及觸發內容，在觸發程序中使用者可以透過修改條件以選擇需要備份的信件，當 Gmail 收到新信件後，便依照觸發內容的設定轉送至雲端硬碟。流程建立好後，使用者便可以體驗自動化流程的便利。

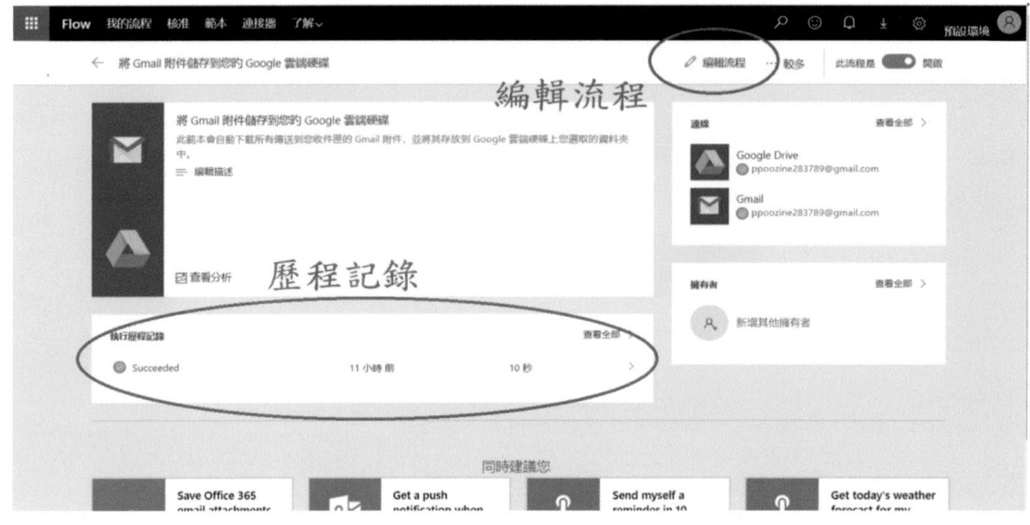

圖 14-49　流程主頁

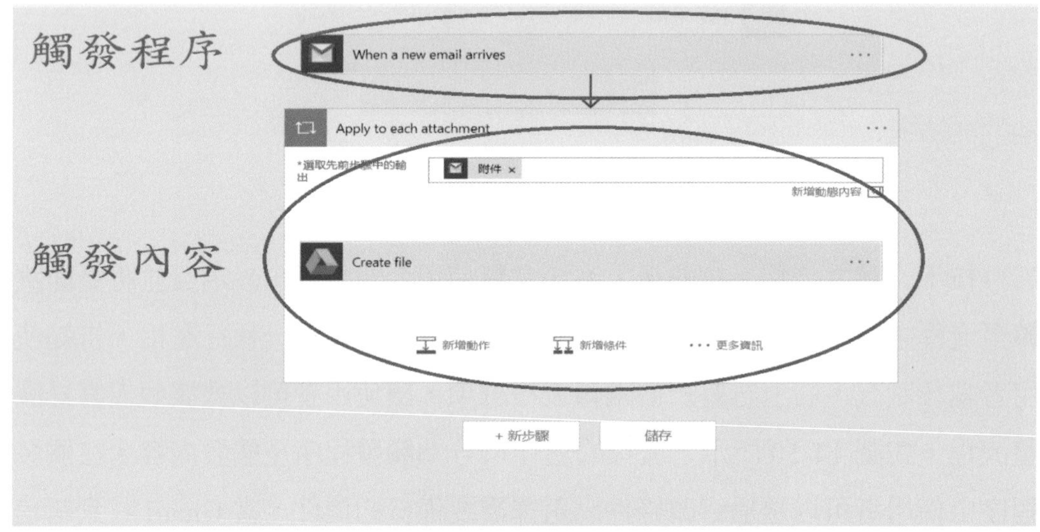

圖 14-50　編輯流程

14-6　習題

1. 何謂 M2M？
2. 為何需要物聯網平臺？
3. 請說明 oneM2M 物聯網標準的重要里程碑。
4. oneM2M 制定了哪些物聯網服務層（Service layer）的標準？

5. 請簡單說明 oneM2M 的網路架構。
6. 請設計一個物聯網的使用案例。
7. 請利用 OM2M 建立能互相連線的 IN-CSE 與 MN-CSE。
8. 請利用 OM2M 建立一個可定期上傳資源至 IN-CSE 的應用。
9. 請利用 IFTTT 建立一個可定期將 Facebook 內容轉送至 Twitter 的應用。
10. 請利用 Microsoft Flow 建立一個將每日的氣象預報寄送到自己的電子郵件信箱與手機。

參考文獻

1. 中國通訊網：物聯網平臺，聚合生態鏈的業務使能者。https://kknews.cc/zh-tw/tech/28b2g9.html (Jun. 01, 2017)
2. oneM2M Release 2 specifications, Functional Architecture (TS 0001), http://www.onem2m.org, 2016.
3. oneM2M Release 2 specifications, Use Cases Collection (TR 0001), http://www.onem2m.org, 2016.
4. Oracle VM VirtualBox 下載網址：https://www.virtualbox.org.
5. Ubuntu 下載網址：https://www.ubuntu-tw.org/modules/tinyd0.
6. S.-C. Lee, K.-R. Wu, and C.-K. Hsu, "Aggregating Small Packets in M2M Networks: An OM2M Implementation," *IEEE Mobile Ad Hoc and Sensor Systems (MASS)*, pp. 380-381, 2016.
7. T. Pflanzner and A. Kertesz, "A Survey of IoT Cloud Providers," *IEEE Information and Communication Technology, Electronics and Microelectronics (MIPRO)*, 2016.
8. S. Sicari, A. Rizzardi, A. Coen-Porisini, L. A. Grieco, and T. Monteil, "Secure OM2M Service Platform," *IEEE Autonomic Computing (ICAC)*, 2015.

第十五章

物聯網未來發展與挑戰

15-1 物聯網的創新思維

根據研究機構的預測，到了 2020 年將有超過 250 億臺設備經由網路相連，物聯網市場價值將達 2 兆美元。隨著物聯網在未來幾年擴展到數百億臺，它不但將對整個 IT 生態系統的基礎建設、行業標準、安全性以及商業模式產生影響，也將對運算、網路以及服務提供者等參與者產生深遠的影響。這些變化為科技公司、企業、開發商、投資者和新創團隊創造許多機會。以商業發展的角度來看，目前物聯網的發展是設備驅動的發展型態，微小、低功耗和便宜的設備建構出各式各樣的分散式網路。現在不僅可以利用電腦，也可以利用各式各樣的設備（例如智慧手機等）連接感測器，快速地收集更多的數據。過去需要花費大量時間收集數據，每日或每周進行資料彙整並產生分析報告的機制已不符需求，現在的發展已經朝向即時監控和即時反應。在這種情況下需要大數據的分析技術，除了加快分析的速度外，還能夠發掘富有洞察力的現象，為決策提供可行的建議或判斷。各廠商現在正在創造出各式新的使用案例以及應用模式，甚至產生了許多創新的商業模式。這些新的使用案例建立新的共通標準，提供足以滿足不同需求客戶的創新應用情境，為生態系統提供新的機會。因此在物聯網的商業模式中會迫使許多公司進行轉型，從原本單獨提供軟體或是硬體設備的廠商轉變為提供整體性解決方案的服務公司。

物聯網促使工業 4.0 的到來，製造業將以多樣化和客製化取代統一標準化的產品。產品依照客戶需求而生產，所以商業模式勢必也將改變。價值創造是任何商業模式的核心，包含經營品牌以提高公司產品的價值，舉辦行銷活動鼓勵顧客購買產品。在傳統的產品公司中，創造價值意味著找到持久不輟的顧客需求，並且製造精心設計的解決方案，主要是與競爭對手競爭產品的功能。當功能創新不再具有優勢，價格競爭將隨之而來，產品也將會變得過時。

透過物聯網物與物的溝通能力，產品可以連接到其他的產品，利用新的分析和服務，促進更有效地預測、流程優化和顧客服務體驗。從 Nest 恒溫器、Philips 的 Hue 燈泡，到 IFTTT 應用，各式各樣的消費性產品和服務，突顯了物聯網價值創造的可能性。然而，要在連線的物聯網環境中獲利，並不侷限於銷售實體產品。在傳統的產品銷售中，收入來源就止於產品交付到顧客的手上，但是物聯網的產品出售之後，可能會創造出其他的收入來源，例如加值服務和訂閱和 App 的收入，這些獲利可能超越顧客最初的購買價格。

在物聯網的環境中，商業模式由過去工業時代以廠商為中心的 B2C 或 B2B 模式，正逐步由物聯網時代以消費者為中心的 C2B 模式所取代。也就是客戶參與製造，成為其中的需求提出者。B2C 商業模式是大量生產標準性產品並為其建立銷售模式，而 C2B 則是客戶提出銷售模式及客製化商品，並以其為起點進行製造。隨著網路技術的成熟，加上物聯網掀起電腦業、自動化及通訊業等三大產業融合，相關技術貫穿整個生產鏈與供應鏈，自然走向彈性生產與無庫存生產的 C2B 模式。充分利用生產流程收集到的大數據進行分析，協助內部產品開發及行銷是 C2B 模式與傳統模式不同的核心價值。開放式創新引入內外部專業人士共同進行產品製造，不僅需要具備跨越產業、跨越組織、超越專業性和國際觀開放性高者等不同人才或資源。最佳例子就是亞馬遜，從網路書店跨越到零售業，為加快貨品遞送引入航空專家開發無人飛機打入物流業。

物聯網在價值創造上，以主動積極的方式，滿足客戶即時和正在出現的需求；透過無線更新和具備綜效價值，使產品煥然一新；利用資訊匯流為目前的產品創造體驗，並能提供後續服務。在價值捕獲方面，獲利是由經常性的收入產生；加入個人化和情境與產品間的網路效應確保產品的優勢；了解生態系統其他夥伴如何賺錢，制定發展的方向。物聯網的創造和捕獲價值皆異於傳統產品的思維方式，其思維的比較如表 15-1 所示。

表 15-1　物聯網與傳統產品思維之比較

		傳統產品思維	物聯網思維
價值創造	客戶需求	以被動因應的方式，解決和滿足目前的需求與生活風格	以主動積極的方武，滿足客戶即時和正在出現的需求
	產品	獨立式產品隨著時間的流逝而過時	透過無線更新和具備綜效價值使產品煥然一新
	資料扮演的角色	單點資料用於未來的產品需求	利用資訊匯流為目前的產品創造體驗，並能提供後續服務
價值捕獲	獲利之路	銷售下一個產品或裝置	獲利是由經常性的收入產生
	控制點	包括商品優勢、擁有智慧財產權、品牌	加入個人化和情境與產品問的網路效應確保產品的優勢
	能力發展	運用核心能力、現有的資源和流程	了解生態系統其他夥伴如何賺錢，制定發展的方向

15-2　物聯網的角色策略

物聯網的功能及其對日常生活方面的影響至關重要，它正在改變組織和消費者與實體世界的互動方式，如圖 15-1 所示。組織通過電子化的方式觀察或管理使用者，依據這些數據產生決策，再進一步影響人類生活。透過此過程優化整個系統的流程或效能，不論對於使用者或是組織都能節省時間增加效率。隨著組織不斷發展創新的過程中，除了了解客戶之外，更重要的是創造滿足客戶需求的產品或是服務。物聯網設備目前大多屬於消費電子產品，使用者需要花費大量的金錢在這些設備上，因此如何吸引使用者消費使用變

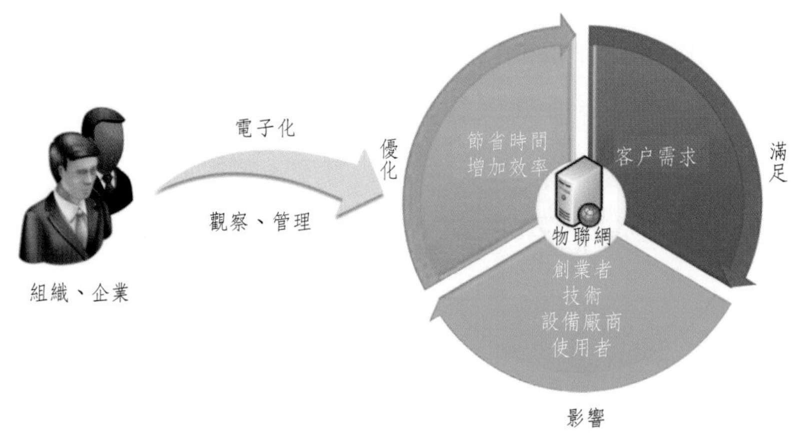

圖 15-1　物聯網改變組織和消費者與實體世界的互動方式

得很重要。要達到此目的，通常採取的訴求是提高現有產品的便利性，如智慧家電、運動手環或是智慧汽車，都是以提高便利性為努力發展的目標。在公共建設方面，政府也利用物聯網技術進行公共建設，如將感測器布建在道路上，幫助改善交通環境，或是利用智慧電表做到節約能源或是降低成本等項目。

物聯網的發展對每個參與者都產生影響，包含創業者、技術或設備廠商以及終端的使用者。影響的層面包括企業的定位、技術的更新以及商業模式的改變。處於物聯網中不同的角色其影響都有所不同，但是很明顯的這些影響都是十分巨大。物聯網是市場發展初期技術進步的新浪潮，如同之前處於這個階段的科技發展一樣，有創新、零碎、混亂、競爭激烈和新興標準待定等特性。市場上有很多新創公司改良現有公司提供的產品或是服務。物聯網目前發展的一大特色是利用結合雲端運算、大數據、移動設備和社交網路，提供貼近使用者的資料收集模式，因此物聯網提供了很多全新的應用方法和商業機會，但同時也會衝擊到現有的行業、市場及產品。

物聯網創造全新的成長，當感知的技術進步且全面，也出現愈來愈多的共享經濟。除了自行車之外，從共享大物品（如房屋和飛機等）到小物品（如雨傘）紛紛出籠。物聯網提供了追蹤與管理物件的狀態，此特性將之前成本太高轉變為經濟的商業模式，但同時也讓傳統認為經濟的商業模式成為不經濟。由此可以理解，物聯網的價值並不在設備以及感測器本身，而是在於全面的解決方案以及服務。比起開發物聯網中的新設備，更重要的挑戰是回答下面兩個問題：利用物聯網的技術解決什麼問題？能夠為客戶提供什麼新價值？

15-2-1 新創團隊的策略

全球的物聯網相關投資金額大幅提升，綜觀各類科技應用的發展歷史也實屬少見，連帶也為發展物聯網相關應用的新創團隊提供豐沛的孵化養分。但是目前物聯網相對積極的資金來源與傳統議題發展有所不同，這波物聯網發展的資金來源傳統的財務型投資機構相對占比較少，反而是非傳統的企業創投較多。這幾年像是 Intel Capital 和 GE Ventures 等大型企業創立的創投部門都積極投入資金到物聯網相關產業，這也代表物聯網的開發方向多以改善現狀為主。

對於新創團隊而言，最重要的是避免開發技術驅動的產品，也就是說確立發展概念後要及早結合實際運用，取得使用者的回饋以決定是否要繼續發展。同時在開發與實作的過程中就要考慮靈活性，因為在開發的過程中協議與體系的結構變化一定會持續地進行，商品或服務的發展必須能夠快速地跟進，如圖 15-2 所示。

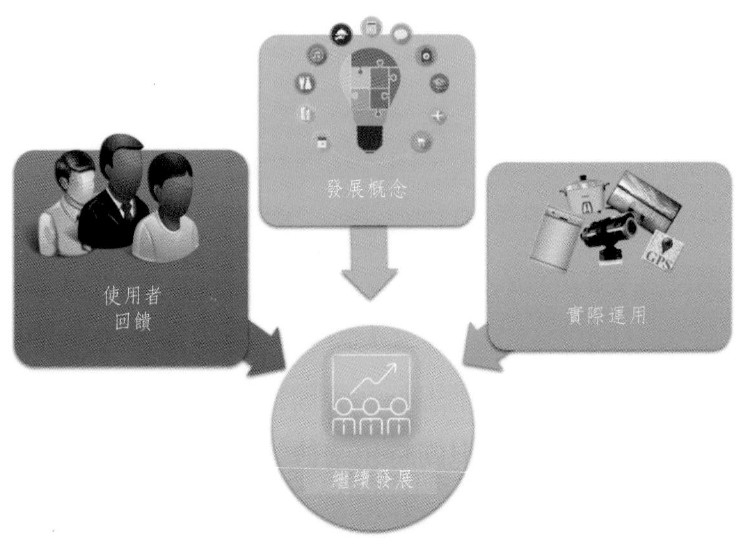

圖 15-2　新創團隊的策略

由於物聯網環境過於複雜，客戶很難自行掌握所有知識，並將不同廠商的東西串接成為適合的方案，因此在物聯網的環境中最重要的是尋求完整的解決方案。如果團隊的物聯網專業知識偏向某個領域，所發展的產品或是服務偏向某個面向，最好的方法是透過與其他物聯網相關廠商結合，集合各家所長整合成一個完整的解決方案，較容易被客戶採納。在資金成本方面，開發的過程中必須要持續地關注標準的制定，最好能夠與大型的技術公司尋求合作，確保趕上未來的發展性或是行銷機會。最後，最重要的是有充足的資金。由於物聯網的發展充滿未知性，同時標準也尚未完全制定，投入的資金可能比最初預估更多。同時企業組織的保守慣性與混亂的市場，也會形成銷售或是市場發展的阻力，因此需堅持的時間可能比已經發展成熟的產業更長。

15-2-2 物聯網產品或服務的策略

對於想要利用物聯網，增加競爭力的現有服務提供商而言，需要制定利用物聯網的特性增強當前與未來產品競爭力的策略，增加產品附加價值或是改善公司的營運狀況。例如家用電器業者 Whirlpool 採用物聯網技術推出智慧家電，並且藉由感測器收集的數據，提供特殊狀況警示、預測機器問題與安排維修，以互動方式讓使用者擁有全新的家電體驗，進而強化客戶關係。農業機具供應商 John Deere 在農業機具上加裝感測器，收集當地偵測到的雨量、溫度與濕度等數據，並且從土壤狀態、氣候的情況和雨水等變數中，分析各因素的相關影響，藉由物聯網技術找出提高農民收益的方案，如今已然成功轉型為農業資訊的服務供應商。

由此可見，現今企業利用物聯網面臨最大的挑戰在於策略。也就是企業想要藉由物聯網技術達到什麼樣的策略目標。目前常見的幾個方向為增進與消費者間的互動、優化企業流程、降低營運成本、增加附加價值和創造新的商業營運模式等，如圖 15-3 所示。但是企業在開始投入物聯網時，對於這些問題大都還沒有很清楚的答案和方針。另一方面，想要進行物聯網投資時，企業必須要涉獵更多的技術，而不再只限於內部的基礎架構，因此科技的複雜性也成為企業另一項必須克服的挑戰。

確認策略後要關注相關領域，自行或是鼓勵第三方開發人員在平臺上開發，用以充實整體解決方案。若是關鍵的新創團隊出現，則需要評估該團隊是潛在的競爭對手、合作夥伴或是收購目標。若有必要可以透過收購的方式，將新創團隊納入公司取得缺乏的技術。經過多年的發展，人們的生活中已經充滿連網的產品，然而這些產品卻無法吸引大量的消費者去購買。消費

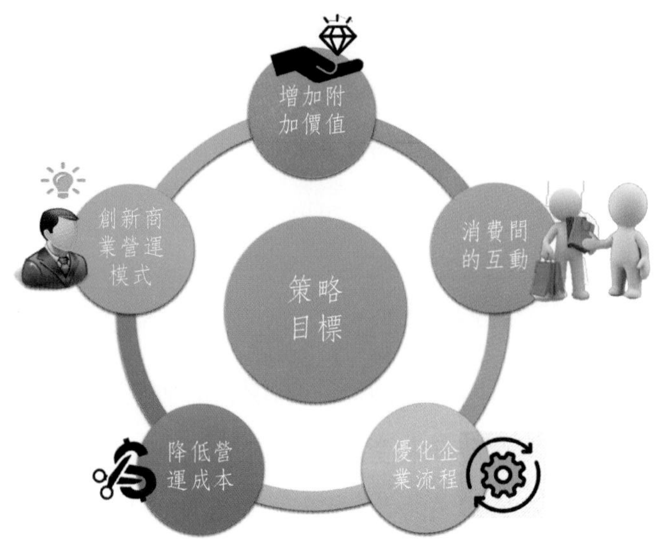

圖 15-3　物聯網產品或服務的策略目標

者是否買單的關鍵並不在物品是否可以連網，而是其背後帶來的服務是否足夠吸引人。舉例而言，現在許多物聯網的家電設備，所帶來的好處僅是可以透過手機的 App 開關家中的電器，如此的服務並不能解決真正的痛點。當使用者覺得現在的生活中，沒有必要購買此商品時，就代表商品背後的服務並未有足夠的吸引力。由以上的例子可看出，物聯網應用的成功，不只是因為將物品連上網路收集環境中的資料，而是資料加值所提供服務改變使用者的生活，使得生活更美好。因此，物聯網未來的發展也會繼續朝向提供服務的面向發展。

15-2-3 導入物聯網的策略

導入物聯網的策略，首先要確認物聯網能為公司的業務或客戶的服務增加價值。這些價值包含吸引新的客戶、提供新的服務、增加營運的效率或是降低營運的成本，如圖 15-4 所示。物聯網改善企業的流程中，目前最常運用在工廠中，用以提升工廠的自動化程度、加強品質控制、延長設備使用壽命、降低安全風險以及強化整個製造流程的可視性。利用感測器所收集的數據改善製程、簡化操作及提高生產率。

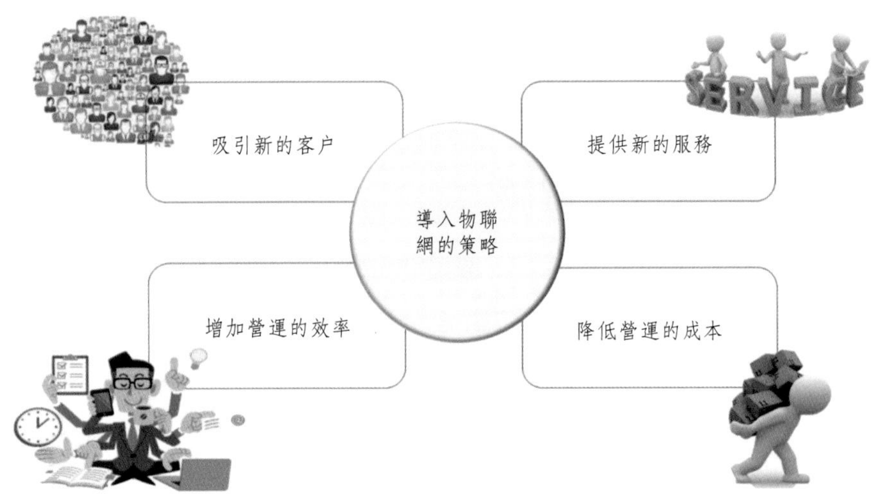

圖 15-4　導入物聯網的策略

企業考慮導入物聯網時，首先需考慮物聯網與現今流程的整合中是否符合企業的目標和使命，關注安全性同時也要確保網路安全。與合作夥伴或投資者密切合作的企業，應將對方納入決策過程，如此一來不僅能確保升級過程中的溝通順暢，且能大幅提升實現物聯網布署的成功機率。再來必須考慮成本是否符合效益，例如先進的辦公室或廠房本身就已經具備高速網路交換機、乙太網路和專用 IP 地址等必要基礎設施，此狀況下僅需添購一些額外設備就能開始導入物聯網，不需太大的成本負擔。但是若沒有這些基礎建設，則必須花費龐大的成本從頭建置，此時就必須考慮導入後創造的利益是否大於投入的成本。

導入物聯網時不能只由技術人員主導，必須讓業務部門以及實際使用的人員一起加入，如此才能確保物聯網的功能滿足業務的需求、改善效率或是提供更好的客戶服務，而不只是一場技術實驗而已。另外導入時應該盡量追求與現有機制或是系統（例如 ERP、CRM、行動裝置應用程式、網站等）之整合，盡量避免替換舊有系統，或是大幅度地改變使用者習慣以免導致反彈。要成功推行物聯網，必須積極探索新技術並且了解最新標準，鼓勵實驗與測試，加速內部經驗與專業知識的累積，同時培養及審核運用創意及想法，以利在物聯網發展過程中快速迭代。另外，參加相關會議或是觀察競爭對手的物聯網應用是成為新的商業模式或是營運手法的靈感來源，能結合商業夥伴進行整合才能夠達到較好的效果。

15-3 物聯網與人工智慧

在 2015 年底，Google 旗下子團隊開發的人工智慧 AlphaGo 開始挑戰並連續擊敗全球職業圍棋棋士，多數產業界人士認為是這波人工智慧浪潮最重要的里程碑。人工智慧是資訊科技領域近年來最重要的技術之一，事實上人工智慧發展的歷史已經非常悠久，自從電腦之父 Turing 於 1950 年發表的論文中提出機器思考的概念開始，至今已經有 60 年以上的發展史。人工智慧的發展與資料緊密相關，在人工智慧技術中，目前最受到注目的深度學習（Deep Learning）是一種自我修正的機制。深度學習透過輸入訓練的資料，逐一修正神經網路中各個神經元的連結權重，讓整體的錯誤率可以降到最低。簡單的深度學習定義就是大量的訓練樣本配合龐大的計算能力，加上靈巧的神經網路結構設計。但是人工智慧在以前的發展過程中未能完全成功，主要歸咎於兩個原因，一是運算能力不足，另一是資料量不足。

目前物聯網結合人工智慧運用在各式各樣的應用情境中，如智慧家庭、智慧城市、智慧製造和智慧交通等。依據物聯網系統基本的「感測層」、「網路層」和「應用層」三層架構，「智慧」的成分主要存在於網路層傳輸後，儲存資料的雲端運算，透過運用人工智慧的機器學習和大數據提供貼心的服務，讓消費者擁有良好的體驗。在智慧城市中，預計 2020 年全球所有城市設置的監控攝影機將達 10 億部，所產生的影像可成為智慧城市系統的絕佳應用。例如透過道路上的監控影像進行車流分析，進而改善交通；或是追蹤特定車型與車牌，協助執法人員找出犯罪或肇事車輛的行駛路線。過去這類型系統的運作方式都必須人力親為，然而隨著數據量的大幅增加，人力已難以負荷，科技的持續進步，也讓數位系統的能力超越人類。2015 年人工智慧對於人臉照片的辨識正確率已達到 97%，超過人類的 95%，因此無論就速度或精準度來看，人工智慧都比人力更適合此一工作。除了智慧城市的影像資料外，廣泛應用於各領域的物聯網系統，也各自產生不同數據，例如製造、醫療和農業等，這些數據必須透過強大的運算平臺，方能發揮系統的建置效益。

之前提到人工智慧面臨資料量不足的困境，在現今的環境下因為大量的物聯網設備布署後已經獲得解決。演算法的持續精進、手機與網路盛行帶來的大量資料擷取、處理器運算效能的大幅提升等，都是人工智慧快速發展的重要因素，如圖 15-5 所示。物聯網系統經由底層感測器所擷取的資料，也能構成人工智慧平臺最主要的運算數據來源，透過大數據與高效能運算單元形成的人工智慧物聯網（AI+IoT, AIoT）架構，將提供各領域有別於以往的智慧化系統。人工智慧在物聯網的應用，近來已經有許多驚艷的成果。2014 年能夠識別人類情緒的機器人 Pepper 登場，可以跟人類聊天。2015 年 Google 展示首次由盲人在公共道路上駕駛的自駕車，讓各大車廠紛紛跟進宣布自駕車計畫。同年中國大疆無人機在農田裡協助噴灑農藥；而電子商務巨頭 Amazon 也展示自家的送貨無人機原型，並於 2016 年在英國展開無人機送貨服務。除了在上述的商業用途之外，在個人或是家庭等用途中，Amazon 也在 2015 年開始販賣智慧音箱 Echo，內建人工智慧 Alexa 可以幫助處理家中的各項事務，包含替使用者排定行程、回答使用者想知道的問題以及替使用者控制家中的眾多電器。強大的功能讓 Echo 到 2017 年初已賣出超過五百萬臺，很多大廠亦搶著跟 Amazon 合作。而這項創新應用也讓 Google、三星和小米等大廠加入了物聯網與人工智慧的結合研發。

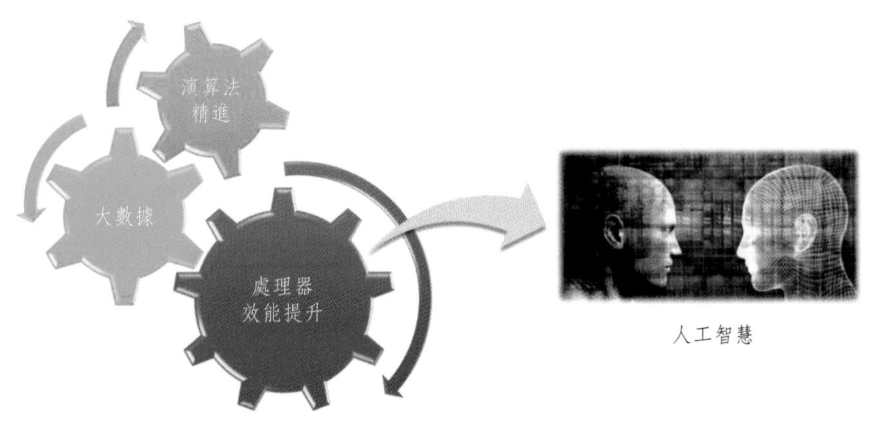

圖 15-5　人工智慧快速發展的重要因素

以上這些例子，都是由物聯網設備取得環境中的參數或是訊息後，與人工智慧整合而成。物聯網與人工智慧結合的應用主要可以歸納幾個發展方向，如圖 15-6 所示：

1. 視覺辨識分析

利用物聯網設備取得環境中的影像，並且透過這些影像運算出結果後，作為回應之準則或依據。例如商店透過攝影機取得的影像資料，分析客戶的年齡、性別或是目前的情緒等。這些資料可以運用人工智慧，作為行動行銷或是客戶關係管理的判斷依據，或是利用人臉辨識作為身份判別付款的依據。

2. 語音辨識分析

利用物聯網設備取得語音資料，作為輔助判斷的依據。例如智慧機器人客服系統，可以透過麥克風收集客戶的語音資料，辨識分析後轉成文字，找出關鍵字判斷客戶之意圖，當作回應的參考。另外也可透過收集聲音的能量與頻率，分析出客戶背後的情緒。

3. 自然語言處理

除了電腦視覺領域，聽聲辨語的語音辨識以及閱讀並翻譯文字的自然語言處理也是非常活躍的感知智慧領域。自然語言處理主要是讓電腦能夠妥善處理文字和語言，最終讓電腦可以理解自然語言。例如在各國語言之間進行對應翻譯，Alexa 辨識出聲音的意義，然後產生應對或下達指令。

4. 大數據分析

物聯網設備回收的大量資料經過各種資料整合，能夠正確判斷異常或是預測趨勢。例如智慧工廠透過平時收集的機器運作資料，隨時分析評估狀況，可在機器損壞前讓工作人員進行預防性保養。智慧醫療透過穿戴式裝置以及可上傳資料的家用血糖／血壓計，分析收集到的資料之後，可建議病患是否需要前往醫院就診。

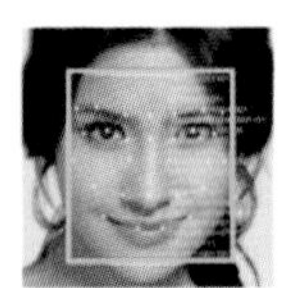

視覺辨識分析

• 利用物聯網設備取得環境中的影像，並且透過這些影像運算出結果之後作為回應之準則或依據。

語音辨識分析

• 利用物聯網設備取得環境中的影像，並且透過這些影像運算出結果後，作為回應之準則或依據。

自然語言處理

• 自然語言處理主要是讓電腦能夠妥善處理文字、語言，最終讓電腦可以理解自然語言。

大數據分析

• 物聯網設備回收的大量資料經過各種資料整合，能夠正確判斷異常或是預測趨勢。

圖 15-6　物聯網與人工智慧結合應用的發展方向

AIoT 背後蘊藏著驚人的潛能，許多公司努力以全新的創意結合物聯網和人工智慧，甚至在已經廣為人知的物聯網應用中發現革命性的新場景。例如「智慧城市」就是其中一個有趣的例子，智慧城市在物聯網的環境中已經是廣為人知的應用情境。但是在智慧城市的發展中，智慧網路基礎建設的重要性日益提升，影響人們看待自己所處世界的方式。許多設計師重新思考日常生活中常見的物品，為之加入新功能，或是從頭重新設計。因此，便出現了智慧路燈這類全新的 AIoT 裝置。這種新型態的路燈演變成高度實用、聯網且具備高能源效率的門戶，構成了智慧城市基礎設施的骨幹。物聯網與人工智慧的結合，使得路燈可以感測到車輛接近時，據此提高或降低燈光的亮度。智慧路燈能夠感測到附近空出的停車位，並告知車內的導航系統。這種路燈還可以當作電動車的充電站，甚至可以監控和分析路燈本身的效能，在需要預防性維修時通知中央監控系統。

15-4　物聯網面臨的挑戰

與之前發展成熟的各種 IT 或是網路技術一樣，物聯網會遭遇到許多各式各樣的障礙，包含傳統的習慣、預算的考量和風險的控制等因素，都可能造成使用物聯網的阻力。即使如此，依然有許多企業希望藉由物聯網加強企業的競爭力，包含提供客戶更好的服務、開發新的業務、降低成本或是提高商品的附加價值，均是物聯網增加企業競爭力的面向。然而物聯網產業的興起，也會面臨一些尚待解決的問題。Gartner 的報告指出，估計到 2020 年，智慧設備的數量將達到 250 億個。數量龐大的設備將對於現在的資訊基礎建設造成嚴峻的問題，以下是物聯網即將面臨資訊基礎建設的問題，如圖 15-7 所示：

- **電量消耗**

伴隨物聯網設備的大量增長，能源需求也會隨之增加。人與設備的連結有時間上限，而設備與設備的聯繫則不然。物聯網設備可能 24 小時運行，並且忠實地執行任務，收集的資料儲存在各種公有雲或私有雲上，需要消耗大量的電力。對於電力的需求會愈來愈大，因此能源和省電將成為非常重要的議題。

- **網路延遲**

隨著物聯網時代來臨，可連網設備將呈現爆炸式的成長，這些設備產生的數據量將會占用網路頻寬，業者已預見現有的 4G 網路將不敷使用，早已著手進行布建 5G，以因應物聯網時代龐大的資訊傳輸需求。但目前的主流無線通訊技術有功耗過高且傳輸距離短的問題，並不完全符合物聯網時代機器之間低功耗且長距離連結的需求，因此新標準的發展與制定也是十分重要。

- **資料儲存**

Cisco 預測至 2018 年為止每人每月平均雲端存儲使用量將由 2013 年的 186 MB 增加至 2018 年的 811 MB，這個數字已經成長了四倍。同時 Gartner 預估物聯網科技會產生大量數據，估計 2018 年數據中心的流量為 8.6 ZB，物聯網技術將會產生高達 400 ZB 規模的資料量。因此新一代的資料處理以及儲存方式將成為物聯網發展的重要課題。

- **法律與責任**

由於雲端運算的分散式協同運算，對使用者及供應商帶來資料保護的風險，使用者可能難以確認供應商對資料處理方式是否合法。特別是在不同雲端之間傳送資料，供應商是否提供相關資訊及證明，將是選擇供應商的重要參考。另外，由於雲端屬於分散式多地備援的架構，往往不知道資料或是服務放在何處的資料中心內。因此，各個地方不同的資訊法規也成為討論議題。

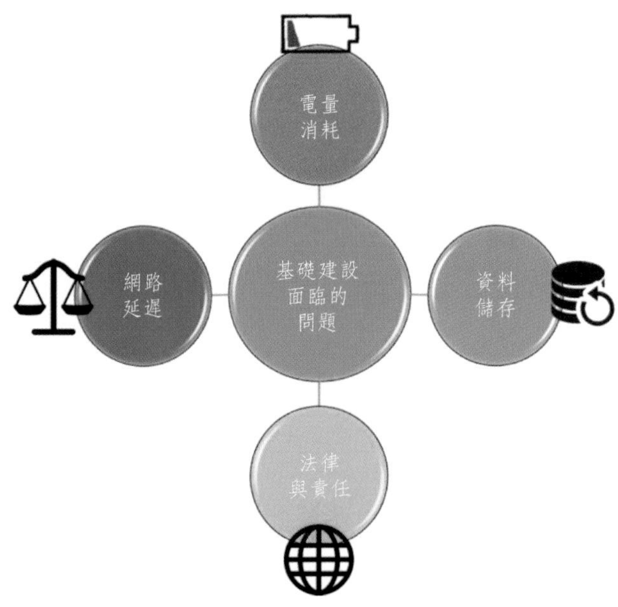

圖 15-7　物聯網面臨資訊基礎建設的問題

除了上述面臨的基礎建設面問題外，物聯網也面臨一些對物聯網的運用至關重要的問題與挑戰。這些挑戰將為科技公司、中介軟體和工具開發商、系統整合商、設備製造商和跨平臺整合商提供新的商業機會。以下為五大關鍵挑戰領域，如圖 15-8 所示。

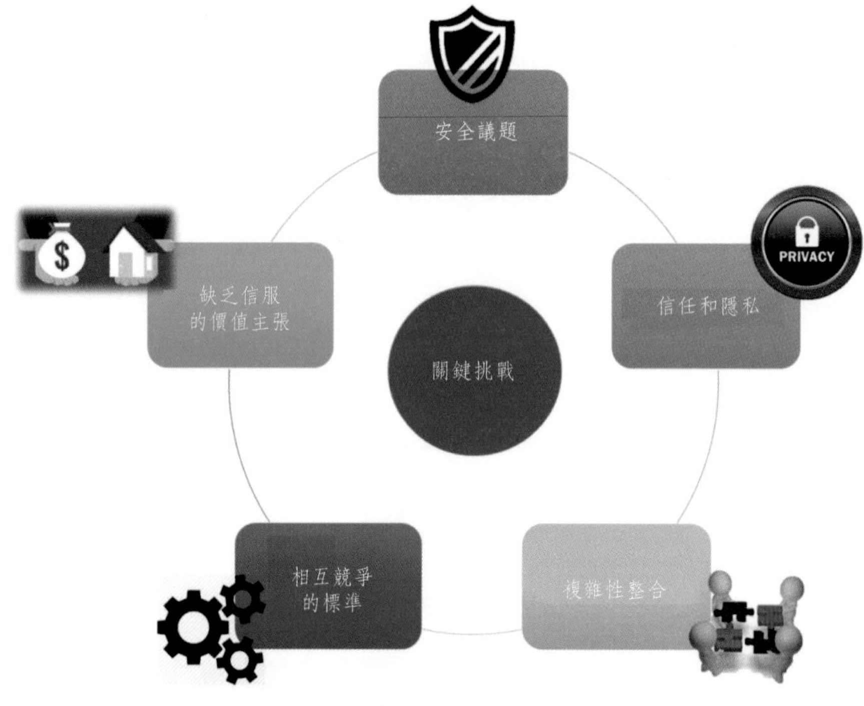

圖 15-8　物聯網五大關鍵挑戰領域

- **安全議題**

雖然物聯網將許多的設備連結在一起，但是也為攻擊者創造了更多的攻擊機會與管道。由於物聯網設備的運算能力限制並不能負擔太大量且複雜的運算，導致其中運行的程式更容易被攻擊或是竄改。物聯網由於其物件導向的功能設計延伸出多層次的軟體，具有中介軟體架構以及 API 架構，同時設備與設備之間的相互通信帶來更大的複雜度以及新的安全風險。

- **信任和隱私**

物聯網的環境中，遠端遙控以及遠端登入是運作的核心。因此，對控制登入和數據所有權的敏感度將會更高。至今發生過的很多物聯網安全事件，其中一項就是攻擊者透過攻擊系統的第三方供應商，取得物聯網系統的操作憑證，通過遠端登入以及資料控管機制取得資料。除此之外，系統的可靠性也將成為重要問題，尤其是醫療和生活輔助應用中，因為可能會造成生死攸關的後果。要解決這些問題，訂定新的共通標準以及控管機制將是未來發展的重點。相反地，若無法妥善解決這些問題，將成為運用物聯網技術的強大阻力。

- **複雜性和整合問題**

物聯網系統橫跨多種平臺，其中包含著大量的協定以及各種規格不同的API，因此物聯網系統的整合和測試將是一個挑戰。由於複雜的使用情境，共通標準的發展一直停滯不前。這將導致API的發展可能會消耗大量的開發資源，降低添加核心新功能的能力。較長的開發時間和無法預估的額外開發資源，將會延長產品的上市時間並增加預估利潤減少的風險。這樣的特性很容易讓物聯網應用花費比預估更多的資金，同時也讓新創團隊需要花費更長的時間進行開發。

- **相互競爭的標準**

由於參與物聯網發展的成員眾多，傳統大型企業的初衷一定是為了保護其舊有商業優勢，而開放標準的陣營也必定會制訂一套標準，兩者之間必然會出現一番爭戰。在市場上會有多種標準根據設備類別、功率要求、功能和用途的不同要求而發展，這為平臺供應商和開源倡導者提供了促進和影響未來標準的機會。

- **缺乏信服的價值主張**

物聯網另外一個問題是目前看到的大多都還僅是可能的應用案例，具體明確的使用案例太少。更重要的是物聯網的投資報酬率難以量化，這些都將成為物聯網發展的阻力。雖然現在有一些應用的個案在理論上的用途和未來的概念滿足一些嚐鮮的場景，但是主流應用的物聯網需要更加擊中客戶的需求點，物聯網服務提供商必須更清楚地營造出屬於各自的優勢來吸引客群。

15-6　習題

1. 說明物聯網與傳統產品思維之比較。
2. 說明物聯網改變組織和消費者與實體世界的互動方式。
3. 說明新創團隊的策略。

4. 說明物聯網產品或服務的策略目標。
5. 說明導入物聯網的策略。
6. 說明人工智慧快速發展的重要因素。
7. 說明物聯網與人工智慧結合應用的發展方向。
8. 說明物聯網面臨資訊基礎建設的問題
9. 說明物聯網的五大關鍵挑戰領域。

參考文獻

1. C. C. Aggarwal, N. Ashish, and A. Sheth, "The Internet of Things: A Survey from the Data-Centric Perspective," In: C. C. Aggarwal (Ed.), Managing and Mining Sensor Data, *Springer*, pp. 383-428, 2013.
2. F. A. Alaba, M. Othman, I. A. T. Hashem, and F. Alotaibi, "Internet of Things Security: A survey," *Journal of Network and Computer Applications*, Vol. 88, pp. 10-28, 2017.
3. A. Alrawais, A. Alhothaily, C. Hu, and X. Cheng, "Fog Computing for the Internet of Things: Security and Privacy Issues," *IEEE Internet Computing*, Vol. 21, No. 2, pp. 34-42, 2017.
4. A. M. Alberti and D. Singh, "Internet of Things: Perspectives, Challenges and Opportunities," *International Workshop on Telecommunications (IWT 2013)*, 2013.
5. M. Chiang and T. Zhang, "Fog and IoT: An Overview of Research Opportunities," *IEEE Internet of Things Journal*, Vol. 3, No. 6, pp. 854-864, 2016.
6. I. Goodfellow and Y. Bengio, "Deep Learning," *MIT Press*, 2016.
7. J. Gubbi, R. Buyya, S. Marusic, and M. Palaniswami, "Internet of Things (IoT): A Vision, Architectural Elements, and Future Directions," *Future Generation Computer Systems*, Vol. 29, No. 7, pp. 1645-1660, 2013.

8. D. L. Hall and J. Llinas, "Handbook of Multisensor Data Fusion," *CRC Press*, 2001.
9. G. Hui, "How the Internet of Things Changes Business Models," *Harvard Business Review*, 2014.
10. Y. LeCun, Y. Bengio, and G. Hinton, "Deep Learning," *Nature*, Vol. 521, pp. 436-444, 2015.
11. I. Lee and K. Lee, "The Internet of Things (IoT): Applications, Investments, and Challenges for Enterprises," *Business Horizons*, Vol. 58, No. 4, pp. 431-440, 2015.
12. J. Lin, W. Yu, N. Zhang, X. Yang, H. Zhang, and W. Zhao, "A Survey on Internet of Things: Architecture, Enabling Technologies, Security and Privacy, and Applications," *IEEE Internet of Things Journal*, Vol. 4, No. 5, pp. 1125-1142, 2017.
13. M. Porter, "Creating Shared Value," *Harvard Business Review*, Vol. 89 No. 1/2, pp. 62-77, 2011.
14. Jeremy Rifkin, "The Zero Marginal Cost Society: The Internet of Things, the Collaborative Commons, and the Eclipse of Capitalism," *St. Martin's Griffin*, 2015.
15. D. Silver, A. Huang, C. J. Maddison, A. Guez, L. Sifre, G. van den Driessche, J. Schrittwieser, I. Antonoglou, V. Panneershelvam, M. Lanctot, S. Dieleman, D. Grewe, J. Nham, N. Kalchbrenner, I. Sutskever, T. Lillicrap, M. Leach, K. Kavukcuoglu, T. Graepel, and D. Hassabis, "Mastering the game of Go with deep neural networks and tree search," *Nature*, Vol. 529, pp. 484-489, 2016.
16. D. Silver, J. Schrittwieser, K. Simonyan, I. Antonoglou, A. Huang, A. Guez, T. Hubert, L. Baker, M. Lai, A. Bolton, Y. Chen, T. Lillicrap, F. Hui, L. Sifre, G. van den Driessche, T. Graepel, and D. Hassabis, "Mastering the Game of Go Without Human Knowledge," *Nature*, Vol. 550, pp. 354-359, 2017.
17. G. Tripathi and D. Singh, "EOI: Entity of Interest Based Network Fusion for

Future Internet Services," *International Conference on Hybrid Information Technology (ICHIT2011)*, Vol. 206, pp. 39-45, 2011.

18. A. M. Turing, "Computing Machinery and Intelligence", *Mind*, Vol. 59, No. 236, pp. 433-460, 1950.

19. M. Yun and B. Yuxin, "Research on the Architecture and Key Technology of Internet of Things (IoT) Applied on Smart Grid," *International Conference on Advances in Energy Engineering (ICAEE)*, 2010.

索引

英文索引

中文索引

一畫

二畫

三畫

四畫

六畫

七畫

八畫

九畫

十畫

十一畫

十二畫

十三畫

十四畫

十五畫

十六畫

十七畫

十八畫

國家圖書館出版品預行編目資料

物聯網智慧應用與實務／廖文華等著. ——初版. ——臺北市：五南, 2018.09

面；　公分

ISBN 978-957-11-9948-1(平裝)

1.資訊服務業　2.產業發展　3.技術發展

484.6　　107015841

5R25

物聯網智慧應用與實務

作　　者— 廖文華（334.9）、張志勇、趙志民、劉雲輝

發 行 人— 楊榮川

總 經 理— 楊士清

主　　編— 王正華

責任編輯— 金明芬

封面設計— 王麗娟

出 版 者— 五南圖書出版股份有限公司

地　　址：106台北市大安區和平東路二段339號4樓

電　　話：(02)2705-5066　　傳　　真：(02)2706-6100

網　　址：http://www.wunan.com.tw

電子郵件：wunan@wunan.com.tw

劃撥帳號：01068953

戶　　名：五南圖書出版股份有限公司

法律顧問　林勝安律師事務所　林勝安律師

出版日期　2018年9月初版一刷

定　　價　新臺幣700元

凝煉知識品味閱讀